中国科学院科学出版基金资助出版

U0296336

"十三五"国家重点出版物出版规划项目

大气污染控制技术与策略丛书

钢铁行业大气污染控制技术与策略

朱廷钰　王新东　郭旸旸 等 著

科学出版社

北京

内 容 简 介

　　本书针对我国钢铁行业现阶段大气污染控制方面存在的问题及未来面临的挑战，从行业污染物排放特征及控制技术需求出发，对钢铁生产全流程多工序污染物排放来源、特征及控制技术进行了深入的探讨，重点介绍了新标准下国内外钢铁烧结（球团）、焦化等工序中烟气污染物控制技术的最新研究进展以及作者研究团队的最新成果，对钢铁行业各工序全流程污染物控制最佳可行性技术进行了汇总，提出了钢铁行业大气污染控制对策及建议，为我国钢铁行业大气污染物防治提供了重要的参考和指导。

　　本书可供从事环境保护或钢铁生产的科研人员、工程技术人员、相关管理人员参考，也可作为高等院校环境工程、环境科学、钢铁冶金等专业的本科生、研究生的参考用书。

图书在版编目(CIP)数据

钢铁行业大气污染控制技术与策略/朱廷钰等著. —北京：科学出版社，2018.6
　（大气污染控制技术与策略丛书）
　"十三五"国家重点出版物出版规划项目
　ISBN 978-7-03-057297-4

　Ⅰ.①钢⋯　Ⅱ.①朱⋯　Ⅲ.①钢铁工业—空气污染—污染防治—研究
　Ⅳ.①X757

中国版本图书馆 CIP 数据核字（2018）第 084390 号

责任编辑：杨　震　刘　冉　李丽娇 / 责任校对：韩　杨
责任印制：徐晓晨 / 封面设计：黄华斌

斜 学 出 版 社 出版
北京东黄城根北街 16 号
邮政编码：100717
http://www.sciencep.com

北京中石油彩色印刷有限责任公司 印刷
科学出版社发行　各地新华书店经销
*

2018 年 6 月第 一 版　开本：720×1000　1/16
2019 年 1 月第二次印刷　印张：20 3/4
字数：420 000

定价：138.00 元
（如有印装质量问题，我社负责调换）

丛书编委会

主　编：郝吉明

副主编（按姓氏汉语拼音排序）：

柴发合　　陈运法　　贺克斌　　李　锋

刘文清　　朱　彤

编　委（按姓氏汉语拼音排序）：

白志鹏　　鲍晓峰　　曹军骥　　冯银厂

高　翔　　葛茂发　　郝郑平　　贺　泓

宁　平　　王春霞　　王金南　　王书肖

王新明　　王自发　　吴忠标　　谢绍东

杨　新　　杨　震　　姚　强　　叶代启

张朝林　　张小曳　　张寅平　　朱天乐

丛 书 序

当前，我国大气污染形势严峻，灰霾天气频繁发生。以可吸入颗粒物（PM_{10}）、细颗粒物（$PM_{2.5}$）为特征污染物的区域性大气环境问题日益突出，大气污染已呈现出多污染源多污染物叠加、城市与区域污染复合、污染与气候变化交叉等显著特征。

发达国家在近百年不同发展阶段出现的大气环境问题，我国却在近 20 年间集中爆发，使问题的严重性和复杂性不仅在于排污总量的增加和生态破坏范围的扩大，还表现为生态与环境问题的耦合交互影响，其威胁和风险也更加巨大。可以说，我国大气环境保护的复杂性和严峻性是历史上任何国家工业化过程中所不曾遇到过的。

为改善空气质量和保护公众健康，2013 年 9 月，国务院正式发布了《大气污染防治行动计划》，简称为"大气十条"。该计划由国务院牵头，环境保护部、国家发展和改革委员会等多部委参与，被誉为我国有史以来力度最大的空气清洁行动。"大气十条"明确提出了 2017 年全国与重点区域空气质量改善目标，以及配套的十条 35 项具体措施。从国家层面上对城市与区域大气污染防治进行了全方位、分层次的战略布局。

中国大气污染控制技术与对策研究始于 20 世纪 80 年代。2000 年以后科技部首先启动"北京市大气污染控制对策研究"，之后在"863"计划和科技支撑计划中加大了投入，研究范围也从"两控区"（酸雨区和二氧化硫控制区）扩展至京津冀、珠江三角洲、长江三角洲等重点地区；各级政府不断加大大气污染控制的力度，从达标战略研究到区域污染联防联治研究；国家自然科学基金委员会近年来从面上项目、重点项目到重大项目、重大研究计划各个层次上给予立项支持。这些研究取得丰硕成果，使我国的大气污染成因与控制研究取得了长足进步，有力支撑了我国大气污染的综合防治。

　　在学科内容上，由硫氧化物、氮氧化物、挥发性有机物及氨等气态污染物的污染特征扩展到气溶胶科学，从酸沉降控制延伸至区域性复合大气污染的联防联控，由固定污染源治理技术推广到机动车污染物的控制技术研究，逐步深化和开拓了研究的领域，使大气污染控制技术与策略研究的层次不断攀升。

　　鉴于我国大气环境污染的复杂性和严峻性，我国大气污染控制技术与策略领域研究的成果无疑也应该是世界独特的，总结和凝聚我国大气污染控制方面已有的研究成果，形成共识，已成为当前最迫切的任务。

　　我们希望本丛书的出版，能够大大促进大气污染控制科学技术成果、科研理论体系、研究方法与手段、基础数据的系统化归纳和总结，通过系统化的知识促进我国大气污染控制科学技术的新发展、新突破，从而推动大气污染控制科学研究进程和技术产业化的进程，为我国大气污染控制相关基础学科和技术领域的科技工作者和广大师生等，提供一套重要的参考文献。

2015 年 1 月

序

重霾天气频发已经成为我国社会经济和民生的焦点问题。2016 年，全国 338 个地级及以上城市中，75.1%的城市环境空气质量超标，338 个城市发生重度污染 2464 天次、严重污染 784 天次。对于新标准第一阶段监测实施的 74 个城市，以 $PM_{2.5}$ 为首要污染物的天数占重度及以上污染天数的 57.5%，以 O_3 为首要污染物的占 30.8%，区域性复合污染问题日益突出。大气污染控制既要大幅削减现有存量，还要坚决压缩未来增量，面临巨大挑战。

我国大气污染防治已开始从电力行业向非电行业转变，国家环境保护"十三五"规划基本思路中首次提出建立环境质量改善和污染物总量控制的双重体系，对重点行业污染物的控制提出了新的要求和挑战。钢铁行业作为仅次于电力行业的污染排放大户，在污染物总量及排放强度两方面均面临着巨大的减排压力：2015 年我国黑色金属冶炼及压延加工业 SO_2 排放量为 203.7 万吨，烟（粉）尘为 240.3 万吨，NO_x 为 267.1 万吨，分别占全国工业排放总量的 14.5%、21.7%和 24.5%，全国重点钢企烟（粉）尘排放强度为 0.90 kg/t，SO_2 为 0.96 kg/t，均明显高于国外企业。2018 年政府工作报告已明确提出推动钢铁等行业超低排放改造，提高污染排放标准，实行限期达标。

受污染处理技术水平和经济条件所限，我国钢铁行业大气污染控制种类单一，主要对 SO_2 和烟（粉）尘进行控制，长期忽视对 NO_x、二噁英及重金属等污染物的控制，造成有毒有害污染物的大量排放；以脱硫除尘等末端控制技术为主，烟气处理费用较高，且在污染物处理过程中往往会产生新的副产物，无法从根源上消除污染物。

针对钢铁行业现行排放标准相对宽松，无法体现重点区域更加严格的污染控制要求，2017 年环境保护部发布《关于征求〈钢铁烧结、球团工业大气污染物排放标准〉等 20 项国家污染物排放标准修改单（征求意见稿）意见的函》，提出自

2017 年 10 月 1 日起京津冀大气污染传输通道城市（"2+26"城市）钢铁行业烧结（球团）工序执行污染物特别排放标准（颗粒物≤20 mg/Nm³，SO₂≤50 mg/Nm³，NOₓ≤100 mg/Nm³），规定烧结烟气基准含氧量为 16%，对烧结（球团）、炼铁、炼钢、轧钢、采选矿、铁合金等工序全面增加无组织排放控制措施要求，要求自 2019 年 1 月 1 日起执行。

《钢铁行业大气污染控制技术与策略》一书针对我国钢铁行业现阶段大气污染存在的问题及未来面临的挑战，在查阅大量文献及资料的基础上，结合作者多年来在国家重点研发计划项目、科技部"863"计划项目、环境保护部环保公益性项目、中国科学院"大气灰霾"项目及国家自然科学基金等项目的支持下取得的成果，从行业污染物排放特征及控制技术需求出发，对钢铁生产全流程多工序污染物排放来源、特征及控制技术进行了深入的探讨，重点介绍了新标准下国内外钢铁烧结（球团）、焦化等工序中烟气污染物控制技术的最新研究进展，综合源头、过程及末端治理技术介绍，对各工序污染物控制最佳可行性技术进行了汇总，结合我国钢铁行业转型发展的未来趋势，对钢铁行业大气污染控制提出了对策及建议，为我国钢铁行业大气污染控制提供了重要的指导。

本书由中国科学院过程工程研究所朱廷钰研究员、郭旸旸副研究员和河钢集团有限公司王新东教授级高工等联合编写。朱廷钰研究员主要从事钢铁行业烟气污染物控制，在基础应用及技术研发方面积累了大量的成果，王新东教授级高工从事钢铁行业节能减排技术研发应用工作近 30 年，积累了丰富的工程经验。本书凝聚了作者们长期积累的理论成果和实践经验，希望能够为从事钢铁行业大气污染控制的科研和技术人员提供参考和帮助，感谢作者们为撰写本书付出的辛勤努力！

清华大学环境科学与工程研究院院长

中国工程院院士

2018 年 4 月于清华园

前　　言

钢铁行业产业链长、工序复杂、资源消耗量大，一直是我国大气污染防治的重点行业之一。钢铁排放的废气具有排放量大、污染因子多、污染面广、烟气阵发性强、无组织排放多等突出特点，向大气中排放的污染物包括烟（粉）尘、二氧化硫（SO_2）、氮氧化物（NO_x）、氟化氢（HF）、苯、苯并[a]芘、二噁英、酸雾等多达十余种，对外界环境影响直接且影响面广。

针对钢铁行业污染物治理，《国家环境保护"十三五"科技发展规划纲要》提出要重点开发钢铁等重点行业多污染物协同控制、污染物回收及高值化利用、非常规污染物控制等核心技术与关键装备。《钢铁工业"十三五"发展规划》提出"十三五"期间钢铁行业污染物排放总量下降 15%以上，其中 2020 年吨钢 SO_2 排放量要由 2015 年的 0.85 kg/t 降低到 0.68 kg/t 以下，以促进钢铁行业多污染物的深度减排。环境保护部 2012 年颁布的 8 项钢铁工业污染物排放系列标准按工序细化、分时段、分区域对污染物排放指标进行了限定，为钢铁行业大气污染治理提供了政策标准；随着近年来钢铁行业污染物治理技术的成熟，环境保护部于 2017 年提出对钢铁行业烧结（球团）等工序污染物特别排放限值进行修改的征求意见，特别排放地区颗粒物由 40 mg/m^3 降低为 20 mg/m^3，SO_2 由 180 mg/m^3 降低为 50 mg/m^3，NO_x 由 300 mg/m^3 降低为 100 mg/m^3，全行业增加无组织排放控制措施要求。2018 年政府工作报告中已明确提出开展钢铁行业超低排放改造，钢铁行业大气污染防治工作已全面趋严，对先进污染物控制技术存在迫切的需求。

我国钢铁行业除尘脱硫技术发展迅速，近年来除尘技术在预荷电、电凝并、新型布袋滤料等方面开展了大量的技术开发，对于支撑钢铁行业的烟（粉）尘减排起到了重要的作用；钢铁行业目前已应用的脱硫技术种类繁多，随着脱硫装置的大范围建设，早期从电力行业直接移植过来的装置开始出现拆除、改造的现象，干法及半干法脱硫比例有所上升，除尘脱硫技术呈现由"湿"到"干"的技术发展趋势；钢铁行业对于 NO_x、二噁英、重金属等污染物的控制技术尚处于起步阶段，相关研究及应用开展较少，单一污染物串联式的控制技术占地面积大、投资成本高，开展多污染物协同控制技术对实现低成本多污染物削减尤为重要；现阶段我国钢铁行业治污主要以末端治理为主，随着末端治理技术应用空间的收窄，污染物源头与过程减排技术将引起重视。

本书在对钢铁行业污染物排放来源、特征及控制技术需求深入分析的基础上，结合钢铁行业污染物控制技术发展趋势，系统梳理了钢铁工业全流程多工序污染物控制技术，重点对烧结（球团）、焦化、炼铁、炼钢、轧钢工序污染物来源及控制技术进行了介绍，按生产流程提出重点工序最佳可行性技术路线并对钢铁行业实施多污染协同及超低排放控制提出建议，对于全面掌握钢铁行业大气污染物控制技术现状，明确重点工序减排潜力及策略，引导钢铁企业节能减排提供技术参考。

本书由中国科学院过程工程研究所朱廷钰研究员承担主要编写工作，并负责全书统稿和整体修改工作，河钢集团有限公司王新东教授级高工负责第 6 章的编写，中国科学院过程工程研究所郭旸旸副研究员负责第 1 章和第 7 章的编写。李玉然副研究员、王健博士参与了第 2 章的编写，李玉然副研究员、刘霄龙副研究员参与了第 3 章的编写，郑扬硕士参与了第 4 章的编写，王雪研究员、刘霄龙副研究员参与了第 5 章的编写，刘义教授级高工、田京雷工程师参与了第 6 章的编写。在本书成稿中，徐文青研究员、李超群博士、罗雷硕士等参与了书稿校对工作。感谢科学出版社的杨震编辑、刘冉编辑在本书立项和出版各环节提供的诸多建议和帮助。感谢国家重点研发计划项目（2017YFC0210600）、高技术研究发展计划（"863"计划）项目、环保公益性项目、中国科学院"大气灰霾"项目及国家自然科学基金等项目的资助。感谢清华大学郝吉明院士在百忙之中为本书作序。

受作者水平所限，书中不足之处在所难免，恳请广大读者批评指正。

朱廷钰　王新东　郭旸旸
2018 年 5 月

目　录

第1章 绪 论

1.1 钢铁行业大气污染物排放现状

1.1.1 钢铁行业发展现状及趋势

钢铁行业是我国国民经济的重要支柱产业，2015 年我国粗钢产量为 8.038 亿 t，占全球产量的 49.6%，居世界第一（图 1-1）。

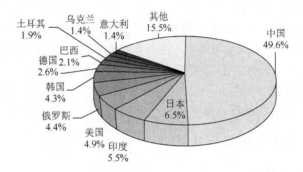

图 1-1　世界粗钢产量分布图（2015 年）

中国粗钢产量统计中未含港澳台数据

进入 21 世纪后我国钢铁产业快速发展，粗钢产量平均年增长 21.1%；与 2000 年相比，2014 年我国生铁产量翻了 5.4 倍，粗钢产量翻了 6.4 倍，钢材产量翻了 8.5 倍（图 1-2）[①]。

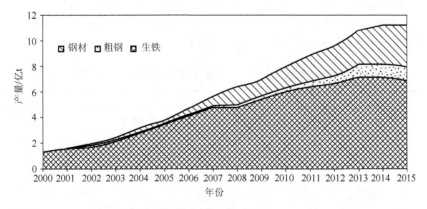

图 1-2　我国钢铁产量变化（2000～2015 年）

---

① 资料来源：中华人民共和国国家统计局, http://www.stats.gov.cn

受市场价格及钢铁行业产能过剩的影响，2014 年我国钢铁产能首次出现拐点，2015 年生铁、粗钢产量分别较上一年降低了 3.1%和 2.2%，未来我国钢材需求总量将呈下降走势，根据工业和信息化部 2016 年 10 月 28 日发布的《钢铁工业调整升级规划（2016—2020 年）》，我国粗钢产量预计 2020 年将下降至 7.5亿～8 亿 t，压缩 1%～1.5%的产能。

按照废钢循环动态平衡的观念，钢铁产品约 10～20 年转化为废钢，因此目前，欧美等发达国家钢铁行业以短流程电炉炼钢为主，而中国以长流程高炉转炉炼钢为主。欧美等先进工业化国家粗钢消费量峰期(1960～1980 年)达 400～500 kg/(人·年)，1980 年后呈缓慢下降趋势，目前消费量已降至 200 kg/（人·年），而 2012 年我国粗钢消费量高达 497.73 kg/（人·年），预计未来我国粗钢产量会在稳定中逐步下降，生产工艺由长流程向短流程转变。

根据 2016 年美国发布的国际钢铁企业竞争力排名榜，我国共有 5 家钢铁企业（宝钢、沙钢、鞍钢、武钢和马钢）入围，数量有所增加，但与连续 7 年蝉联第一的韩国浦项钢铁公司相比，我国钢铁企业综合竞争力相对较低，产业集中度以及技术创新能力还存在一定的差距，吨钢污染物排放量高。受资源环境的约束，绿色可持续已成为我国钢铁行业未来发展的必然趋势。

1.1.2　钢铁行业大气污染现状

1. 污染物排放总量

钢铁行业产业链长、工序复杂，资源消耗量巨大，一直是颗粒物、二氧化硫等污染物排放的重点行业之一。根据国家统计局数据，黑色金属冶炼及压延加工业污染物排放情况如表 1-1 所示。2011 年黑色金属冶炼及压延加工业二氧化硫、烟（粉）尘及氮氧化物排放量分别为 251.4 万 t、206.2 万 t 和 95.1 万 t，2015 年则分别为 203.7 万 t、240.3 万 t 和 267.1 万 t，分别下降 19.0%、增长 16.5%和增长180.9%。这表明除二氧化硫下降外，其他主要污染物均有不同程度的增长，从总量看钢铁行业大气污染物排放仍呈增长的趋势。

表1-1　2011～2015年黑色金属冶炼及压延加工业主要污染物排放量（万t）

年份	二氧化硫	烟（粉）尘	氮氧化物
2011	251.4	206.2	95.1
2012	240.6	181.3	97.2
2013	235.1	193.5	99.7
2014	215	427.2	100.9
2015	203.7	240.3	267.1
2015 年全国工业	1400.7	1108.2	1088.1

　　2015 年我国黑色金属冶炼及压延加工业污染物排放占全国工业排放总量的比重分别为 14.5%、21.7% 和 24.5%。

　　近年来，我国黑色金属冶炼及压延加工业污染物排放情况见图 1-3。可以看出 2011 年以来我国黑色金属冶炼及压延加工业氮氧化物排放波动最小，呈小幅增长的趋势，由 2011 年的 95.1 万 t 增加到 2014 年的 100.9 万 t；二氧化硫排放则呈小幅下降的趋势，由 2011 年的 251.4 万 t 下降到 2015 年的 203.7 万 t；变化最为明显的是烟（粉）尘的排放，特别是 2014 年变化尤为显著，2014 年我国黑色金属冶炼及压延加工业烟（粉）尘排放达到 427.2 万 t，是 2011 年的 2.1 倍。

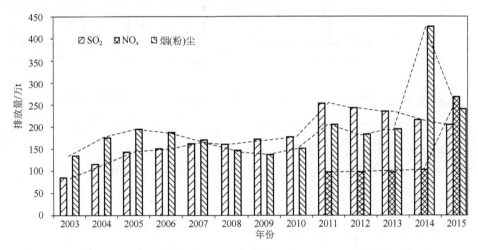

图 1-3　黑色金属冶炼及压延加工污染物排放（2003～2015 年）

　　除酸性气体及颗粒物外，钢铁生产过程排放的二噁英、重金属等非常规污染物也不容忽视[1]。根据 2007 年《中华人民共和国履行〈关于持久性有机污染物的斯德哥尔摩公约〉国家实施计划》，2004 年我国钢铁等金属生产过程中向大气排放的二噁英总量为 2486.20 g TEQ[①]，占全国总排放量的 49%，为二噁英的主要排放源，其中烧结过程二噁英排放量约占整个行业排放总量的 95%，其次为电炉炼钢过程，约占整个行业的 2.5%，焦化、高炉喷入废塑料和转炉炼钢过程也会产生一定的二噁英[2]。王堃等[3]根据《中国钢铁工业年鉴》，采用排放因子法估算了 2011 年我国钢铁行业 6 种典型有害重金属 Hg、Pb、Cd、As、Cr、Ni 的大气排放量分别约为 18.8 t、3745.8 t、39.4 t、132.2 t、241.2 t、105.3 t，总排放量约为 4282.7 t，其中 Pb 大气排放量占总排放量的 87.5%，在缺乏有效控制的情况下，我国钢铁行业大气污染物仍将持续增长。

---

① TEQ（toxic equivalent quantity），由于二噁英类主要以混合物的形式存在，在对二噁英类的毒性进行评价时，国际上常折算成相当于 2,3,7,8-TCDD（四氯二苯并对二噁英）的量来表示，称为毒性当量

根据企业活性水平、地理分布及排放因子，统计 2011 年全国部分省、自治区、直辖市钢铁行业污染物排放量分布情况，如图 1-4 所示[3]。

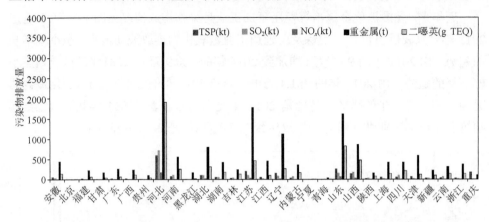

图 1-4 2011 年全国部分省、自治区、直辖市钢铁行业污染物排放量分布情况

全国部分省、自治区、直辖市中河北、江苏、山东、辽宁、山西、湖北、河南 7 省的污染物排放总量居前列，其中河北省各项污染物排放量约占全国排放总量的 24%，钢铁企业污染物排放主要集中在中东部地区，西部地区相对较少。

2．污染物排放强度

我国钢铁企业相对分散，集中度低，中小规模企业生产工艺落后，造成能源利用率低，吨钢污染物排放量高，处理难度大。与国外钢铁企业相比，我国钢铁企业环保水平差距比较明显（表 1-2）[4]。

表1-2 我国钢铁行业与世界先进钢铁企业污染物排放强度对比

项目	全国钢企	我国重点钢企	韩国浦项	日本新日铁	蒂森克虏伯（欧洲）
	2014 年	2015 年	2011 年	2010 年	2007 年/2008 年
二氧化硫/（kg/t）	2.2	0.94	0.73	0.55	—
烟（粉）尘/（kg/t）	1.23	0.90	0.11	—	0.42
氮氧化物/（kg/t）	0.69	—	1.06	1.02	1.25

注：我国钢铁行业氮氧化物排放强度较低，主要原因是氮氧化物排放集中在烧结、球团、自备电厂和焦化等环节；我国钢铁企业自备电厂比重较低，而大部分中小企业都没有焦化厂，因而计算时强度较低

德国蒂森克虏伯钢铁公司烟（粉）尘排放量为 0.42 kg/t，韩国浦项钢铁公司为 0.11 kg/t，而我国 2014 年烟（粉）尘排放强度为 1.23 kg/t，钢协统计的重点钢企烟（粉）尘排放强度为 0.73 kg/t，均高于国外企业。日本新日铁 SO_2 排放量为 0.55 kg/t，而我国 SO_2 排放强度为 2.2 kg/t，为日本新日铁的 4 倍，重点钢企 SO_2

排放强度为 0.94 kg/t，约为日本新日铁的 2 倍。

在巨大的环保压力下，近年来我国部分钢铁企业在废气污染物排放控制方面取得了较大进步（表 1-3），其中宝钢和太钢的废气排放强度指标已经达到世界先进钢铁企业的水平，宝钢二氧化硫排放强度由 2008 年的 1.43 kg/t 下降至 2014 年的 0.38 kg/t，烟（粉）尘的排放强度由 2008 年的 0.59 kg/t 下降至 2014 年的 0.45 kg/t，太钢废气污染物排放强度与宝钢接近。其他重点钢企如武钢和马钢废气污染物排放强度也大幅降低，以马钢为例，2008 年二氧化硫排放强度为 2.03 kg/t，2014 年已降至 1.20 kg/t，下降幅度为 40.9%，烟（粉）尘排放强度也由 2008 年的 1.13 kg/t 降至 2014 年的 0.85 kg/t，下降幅度为 24.8%。

表1-3 2008～2014年我国部分钢铁废气污染物排放强度变化（kg/t）

年份	武钢		宝钢		太钢		马钢	
	二氧化硫	烟（粉）尘	二氧化硫	烟（粉）尘	二氧化硫	烟（粉）尘	二氧化硫	烟（粉）尘
2008	1.82	0.77	1.43	0.59	1.41	0.52	2.03	1.13
2009	1.75	0.72	1.11	0.52	1.07	0.49	2.01	1.02
2010	1.59	1.74	0.75	0.52	0.82	0.44	1.66	0.98
2011	1.45	0.51	0.57	0.46	0.57	0.42	1.58	0.95
2012	1.38	0.55	0.51	0.48	0.50	0.38	1.46	0.84
2013	1.41	0.50	0.43	0.46	0.49	0.38	1.46	0.86
2014	1.20	0.51	0.38	0.45	0.40	0.38	1.20	0.85

1.1.3 钢铁生产流程及大气污染物来源

1. 钢铁生产主要流程

钢铁生产流程（图 1-5）一般分为"高炉-转炉"长流程工艺和"电炉"短流程

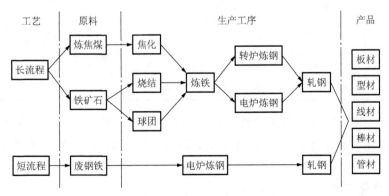

图 1-5 钢铁生产主要流程

工艺。长流程的起点是铁矿石等含铁物料，终点是钢铁产品，包括采矿、选矿、烧结、高炉、转炉、连铸、轧钢等工序；短流程的起点是废钢等含铁物料，终点是钢铁产品，包括电炉、连铸、轧钢等工序；此外还包括对生产流程有较大影响的辅助生产工序，主要包括炼焦工序、铁合金工序等。

2. 钢铁各工序污染物来源及分布

1）钢铁各工序污染物来源

A. 烧结（球团）工序

烧结是把铁精矿等含铁原料和燃料、熔剂（生石灰）混合在一起，利用燃料燃烧，使部分含铁原料熔融，从而使散料黏结成块，并满足后续炼铁对原料强度和粒径的要求。烧结生产方式主要为带式烧结机，点火后燃料燃烧，将混合料熔融为烧结饼，料层产生的废气由主抽风机经烧结机下部风箱抽出，烧结饼经破碎、冷却、筛分后形成成品矿。

球团是把铁精粉矿等含铁原料与适量的膨润土均匀混合后，通过造球机造生球，然后高温焙烧，使其氧化固结的过程。球团焙烧方式主要有竖炉、带式焙烧机和链箅机-回转窑。球团和烧结工序中污染物来源均来自于矿石燃料，成分比较接近，表1-4列出了烧结（球团）污染源和主要污染物。

表1-4　烧结（球团）污染源和主要污染物

废气种类	生产工序	污染源	主要污染物
无组织排放	原料场	原料的装卸、堆取	粉尘
	原料准备	煤粉制备、卸车、破碎、筛分、干燥、皮带运输等	粉尘
	配料混合	配料、混合、造球	粉尘
烧结（球团）烟气	烧结（焙烧）	烧结（球团）生产设备	烟（粉）尘、SO_2、NO_x、CO、HF、二噁英、重金属
无组织排放	破碎冷却	冷却、破碎、鼓风	粉尘
	成品整粒	破碎、筛分	粉尘

烧结（球团）气体污染源特点是：烟气温度高、流量大、成分复杂，除产生大量的烟（粉）尘外，还含有 SO_2、NO_x、CO、HF、二噁英等多种气态污染物。

B. 焦化工序

焦化是钢铁工业重要的辅助工序，是以煤为原料，在 950℃左右高温干馏生产焦炭的过程。较大规模的钢铁企业（如宝钢、太钢、济钢、鞍钢、武钢等）

都配有联合焦化厂，我国以水平室式常规机械化焦炉为主，包括备煤、装煤、炼焦、推焦、熄焦、煤气净化等过程，表 1-5 列出了焦炉生产过程污染源和主要污染物。

表1-5 焦炉生产过程污染源和主要污染物

废气种类	生产工序	污染源	主要污染物
无组织排放	原料准备	炼焦煤储存、破碎、筛分、配料、运输过程	粉尘
	装煤过程	炭化室荒煤气，细煤粉的不完全燃烧	粉尘、CO、SO_2、H_2S、苯并[a]芘
	推焦过程	炭化室残余煤气，导焦槽、熄焦车焦炭燃烧、粉化	粉尘、CO、SO_2、H_2S、苯并[a]芘
焦炉煤气	炼焦过程	炭化室炼焦煤干馏经设备放散管，焦油储槽，管式炉燃烧	粉尘、CO、H_2S、HCN、NH_3、NO_x、苯、萘等
焦炉烟气	炼焦过程	燃烧室中以净化后焦炉煤气为燃料燃烧	粉尘、CO、SO_2、NO_x、苯并[a]芘
无组织排放	湿熄焦过程	红焦淋水产生大量有害蒸气自熄焦塔顶部排出	蒸气、CO、SO_2、H_2S、HCN、酚、苯等有机物
	干熄焦过程	装焦，排焦，转运，干熄焦及循环系统放散管	颗粒物、SO_2

C. 炼铁工序

高炉炼铁是从铁矿石或铁精矿中提取铁的过程，主要原料为烧结矿或球团矿、熔剂、焦炭。原料从炉顶加入，向下运动，由高炉下部将煤粉、富氧热空气喷入，气流与煤粉反应生成 CO_2，上升过程与焦炭反应生成大量的 CO，将氧化铁还原为金属铁，炉料经加热、还原、熔化、造渣、渗碳、脱硫等过程，最后生成液态生铁和液态炉渣。高炉炼铁主要由原燃料系统、上料系统、炉顶系统、高炉冶炼、喷煤制粉、热风炉系统、出铁场系统、煤气回收与除尘系统组成。表 1-6 列出了高炉炼铁过程污染源和主要污染物。

表1-6 高炉炼铁过程污染源和主要污染物

废气种类	生产工序	污染源	主要污染物
无组织排放	原料系统	原料经矿槽、皮带、振动筛、上料小车装料	粉尘
热风炉烟气	送风系统	热风炉燃烧煤气、煤粉、石油、塑料等燃料	SO_2、NO_x、烟尘、二噁英
无组织排放	煤粉制备及喷吹系统	煤粉制备及喷吹过程产生煤尘	粉尘
	高炉出铁场	出铁场出铁及高炉熔渣降温过程产生	H_2S、SO_2、粉尘、蒸气
高炉煤气	高炉炉顶	高炉炉顶均压放散	CO、CO_2、粉尘
		由于煤气回收系统管网不平衡，无法及时回收，高炉煤气点火放散	SO_2、NO、烟尘

高炉炼铁气体污染源特点是：①冷态源（常温）产尘点多而分散，有的产尘点上百个，粉尘原始浓度大，无组织排放多；②热态源（高温）烟气温度高达1000℃，废气源控制难度大；③废气量大，高炉煤气中含有 CO、H_2 和 CH_4，发热值约为 3500 kJ/m³，可用作燃料，粉尘含铁可返回配料，煤气余压可发电。

D. 炼钢工序

炼钢包括转炉炼钢和电炉炼钢两种工艺。转炉炼钢是以铁水及少量的废钢为原料，以石灰石、萤石为熔剂，利用吹入转炉的氧气与铁水中的元素碳、硫、磷发生化学反应，熔剂与铁水中杂质（硅、锰、硫等）结合生成钢渣的过程，出钢过程钢包中会加入少量铁合金使钢水脱氧和合金化；为了冶炼优质钢种，转炉钢水会送入精炼装置进行精炼，对钢水进行升温、化学成分调节、真空脱气和杂质去除；合格钢水送连铸回转台注入中间包，经水口分配进入结晶器，使钢水形成坯壳，在拉矫机和振动装置下不断拉出，矫直后经火焰切割成所需的尺寸，成为连铸坯。电炉是以电能为热源，以废钢为主要原料，对废钢进行熔化、脱碳去除杂质的过程，包括精炼和连铸过程，辅助工序包括铁合金电炉和石灰窑。表 1-7 列出了炼钢过程污染源和主要污染物。

表1-7　炼钢过程污染源和主要污染物

废气种类	生产工序	污染源	主要污染物
无组织排放 转炉烟气	转炉炼钢	混铁炉兑、出铁口、铁水预处理	粉尘
		转炉吹炼（转炉一次烟气）	粉尘、HF、CO
		转炉投钢铁料、兑铁水、出钢（转炉二次烟气）	粉尘
无组织排放 电炉烟气	电炉炼钢	卸料、上料、转运、落料	SO_2、NO_x、烟尘、二噁英
		电炉吹炼	粉尘、CO、氟化物、二噁英
		电炉投钢铁料、兑铁水、出钢	粉尘、氟化物
精炼炉烟气	精练	精炼炉（钢包炉法、真空循环法、真空吹氧脱碳法等）	粉尘、氟化物
无组织排放	连铸	中间罐、结晶器、火焰切割机	粉尘
铁合金炉烟气	铁合金电炉	矿热电炉、精炼电炉、焙烧回转窑等	粉尘、CO、SO_2、Cl_2、NO_x
石灰窑烟气	石灰窑	石灰焙烧过程	粉尘

转炉炼钢气体污染源的特点是：①吹炼时原始烟气中含尘浓度可高达 100~150 g/m³，烟尘粒度 50%以上小于 30 μm；②吹炼时原始烟气中 CO 高达 80%~90%，毒性大，原始烟气温度高达 1400~1600℃，增加了废气净化难度；③高温烟气中的余热、CO 及烟尘中的铁均具有较高的回收综合利用价值。

电炉炼钢气体污染源特点为：①烟气阵发性强、烟气量波动大，烟气散发点多，收集难度大；②烟气温度高达 1200~1500℃，增加了除尘系统设计的复杂性；③烟尘粒径细小，对布袋除尘器滤料要求高；④烟尘中氧化铁（Fe_2O_3）含量高，具有较高的回收综合利用价值。

E. 轧钢工序

轧钢按轧制温度不同可分为热轧工艺和冷轧工艺。热轧一般是将钢坯在加热炉中加热到 1150~1250℃，然后在轧机中进行轧制；冷轧是将钢坯热轧到一定尺寸后，经过除磷后，在再结晶温度下进行轧制。表 1-8 列出了轧钢过程污染源和主要污染物。

表1-8　轧钢过程污染源和主要污染物

废气种类	生产工序	污染源	主要污染物
加热炉烟气 无组织排放	热轧	加热炉（混合煤气/重油等加热产生的废气）	粉尘、SO_2、NO_x
		轧机	含氧化金属粉尘、油雾等
工业炉废气 无组织排放	冷轧	酸洗连轧、电镀锡、电镀锌、电解酸洗、电解脱脂槽、酸再生装置等	酸雾
		热镀锌机组、连退机组、漂洗槽等设备在工艺过程中产生的含碱气体	碱雾
		工业炉	废气
		轧机、拉矫机、焊接机、酸再生、精整机、修磨机、铅浴炉等设备	粉尘

轧钢气体污染源特点是：废气及其污染物种类多，阵发性强，不易收集，排放点多。

图 1-6 汇总了钢铁全流程生产工序气态污染物排放来源情况，总体上来讲，钢铁工业的大气污染物主要来源于：①原燃料的运输、装卸、加工及存储等过程产生的大量含尘废气；②钢铁厂各种窑炉在生产过程中排放的大量含尘及有毒有害废气（含煤气和烟气）；③生产工艺过程化学处理产生的废气，如焦化副产品回收和轧钢酸洗过程产生的废气。

2）各工序污染物排放比例及分布

为系统识别钢铁行业主要污染工序和重点污染物，杨晓东等[5]选择国内 7 家具有代表性的大中型钢铁联合企业（粗钢产量为 500 万~1600 万 t，污染控制措施较为完整），统计了国内外各主要工序吨产品废气污染物排放因子，如表 1-9 所示。

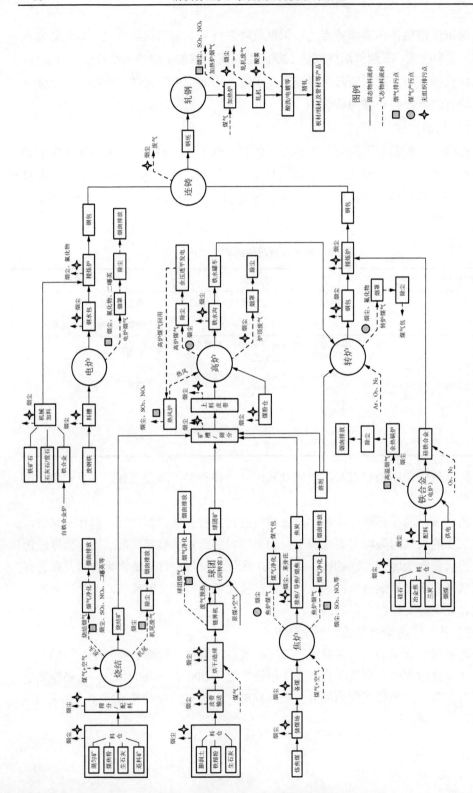

图 1-6 钢铁全流程生产工序及气态污染物排放来源

表1-9 国内大中型企业及欧盟主要工序吨产品废气污染物排放因子（kg/t产品）

污染物 \ 工序	烧结		球团		焦化		炼铁		炼钢		轧钢	
	国内	欧盟	国内	欧盟	国内	欧盟	国内	欧盟	国内	欧盟	国内	欧盟
TSP	0.21	0.071~0.85	0.15	0.014~0.15	0.24	0.016~0.30	0.16	0.0054~0.20	0.124	0.014~0.14	0.02	—
PM_{10}	0.13	<0.18	—	—	—	—	0.03	0.00026~0.026	0.014	—	—	—
$PM_{2.5}$	0.11	—	—	—	—	—	0.03	—	0.012	—	—	—
SO_2	0.36	0.22~0.97	0.61	0.011~0.21	0.09	0.08~0.90	0.01	0.009~0.34	0.004	0.0038~0.013	0.04	—
NO_x	0.50	0.31~1.03	0.53	0.15~0.55	0.39	0.34~1.78	0.19	0.0008~0.17	0.034	0.008~0.06	0.20	—
BaP	—	—	—	—	<150	120	—	—	—	—	—	—
F	0.0036	0.0004~0.0082	—	—	—	—	—	—	0.0011	0.00012~0.00076	—	—
H_2S	—	—	—	—	0.006	0.012~0.1	—	—	—	—	—	—
NH_3	—	—	—	—	0.039	—	—	—	—	—	—	—
酚类	—	—	—	—	0.00007	—	—	—	—	—	—	—
苯	—	—	—	—	0.0016	0.0001~0.045	—	—	—	—	—	—
二噁英	1.19	0.15~16	—	—	—	—	—	—	0.54	0.04~6(电炉)	—	—

注：（1）欧盟数据来源于 *Best Available Techniques (BAT) Reference Document for Iron and Steel Production*（2013）；

（2）PM_{10}、$PM_{2.5}$ 数据依据文献[6]中的测定结果计算得出；

（3）BaP 单位为 mg/t 产品、二噁英单位为 μg/t 产品

采用等标污染负荷分析可以反映各工序污染源排放的污染物对环境影响的大小，等标污染负荷为某污染物的排放量与环境空气质量参考标准日均值的比值。通过对所选取的上述 7 家企业废气污染物排放量计算与分析，得到各工序颗粒物、SO_2 和 NO_x 的等标污染负荷，如图 1-7 所示。

从图 1-7 看出，烧结工序的各类污染物等标污染负荷最高，TSP 占总污染负荷的 33.1%，SO_2 占 54.5%，NO_x 占 42.1%，均占比第一，是长流程钢铁生产中的最主要废气排放源。从整体来看，钢铁企业 TSP 主要来源于烧结（33.1%）、炼铁（19.3%）、炼钢（15.9%）、焦化（11.5%）、原料场（6.8%）和球团（4.9%）

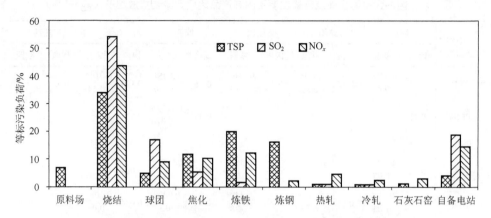

图 1-7　国内大中型企业主要工序颗粒物、SO₂ 及 NO_x 等标污染负荷

工序；SO$_2$ 主要来源于烧结（54.5%）、自备电站（19.0%）、球团（17.0%）、焦化（5.2%）和炼铁（1.3%）工序；NO$_x$ 主要来源于烧结（42.1%）、自备电站（14.0%）、炼铁（11.7%）、焦化（9.9%）、球团（8.6%）和轧钢（6.7%）工序。

　　Wang 等[1]根据 2011 年钢铁生产数据及污染物排放因子，估算烧结、高炉、转炉、电炉工序污染物排放比例，如图 1-8 所示。其中高炉工序的颗粒物排放占

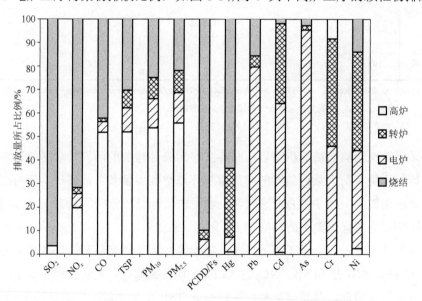

图 1-8　钢铁主要生产工序污染物排放比例分布（2011 年）

比最高，为 51.8%；在四个工序中，烧结工序排放了近 90% 的 PCDD/Fs、96.5% 的 SO_2、71.7% 的 NO_x 和 63.5% 的 Hg，是钢铁行业污染物控制的核心工序，而炼钢工序（包括转炉和电炉）所排放的重金属含量占比最高，转炉工序总体重金属排放量高于电炉，考虑到国内 90% 以上的钢铁企业采用转炉炼钢，可分别计算单位产品电炉及转炉重金属排放因子，其中电炉 Hg 排放因子为 76.1 mg/t，转炉为 1.9 mg/t；电炉 Cd 排放因子为 182.7 mg/t，转炉为 40 mg/t；电炉 Cr 排放因子为 1522.8 mg/t，转炉为 174.9 mg/t；电炉 Ni 排放因子为 609.1 mg/t，转炉为 70.2 mg/t。

3. 钢铁行业大气污染物排放特点

钢铁行业生产流程较长，使用的原燃料及各工序产生的副产品均较多，排放废气具有排放量大、污染源多、污染面广、烟气阵发性强、无组织排放多等突出特点，具体的钢铁行业大气污染物排放特征主要如下：

（1）钢铁行业排放的大气污染物包括烟（粉）尘、SO_2、NO_x、HF、苯、苯并 [a] 芘、二噁英、酸雾、碱雾等多达十余种，废气排放量大，每冶炼 1 t 钢产生废气量约为 6000 m^3，粉尘为 15～50 kg，SO_2 为 0.94～2.2 kg，NO_x 约为 0.69 kg，污染物种类多且主要污染物排放量大；

（2）钢铁每个生产环节产生的含尘气体量都很大，尤其以炼钢和炼铁为最大，烟气量占到了整个生产过程的近 50%，炼铁和炼钢排放的烟（粉）尘含有较高的氧化铁含量，可回收利用，返回返料系统，但粉尘粒度较小，如炼钢工序中 90% 的烟尘小于 10 μm，50% 的烟尘小于 2 μm，吸附力强，对布袋滤料要求较高，另外炼焦工序排放的粉尘组分中还含有 SO_2 和焦油等，处理更为困难；

（3）在高炉出铁、出渣以及炼钢过程，烟气的排放具有阵发性，产尘点多而分散，粉尘原始浓度高，且以无组织排放为主，烟气收集难度大，烟尘较难以有效控制；

（4）钢铁行业产生的废气温度较高，可进行余热回收利用；炼焦及炼铁、炼钢过程产生的煤气，CO 含量一般在 15%～20%，热值较高，除尘净化后可用作燃料；含氧化铁的粉尘也可以进行回收利用，例如，有些电炉除尘灰中氧化铁含量高达 80%，具有较高的综合利用价值。

图 1-9 反映了生产吨铁水的物料、能量及大气污染物排放的情况[7]。

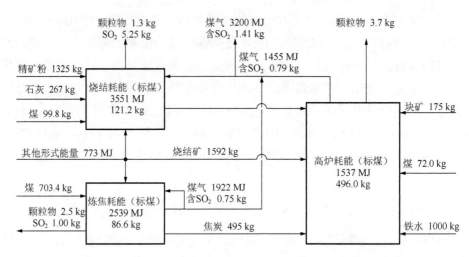

图 1-9　生产吨铁水物料、能量及大气污染物排放情况

1.2　钢铁行业污染物排放控制标准及政策

鉴于严峻的环境空气污染状况，国务院于 2013 年发布《大气污染防治行动计划》（国发[2013]37 号），提出要加快火电、钢铁、水泥等重点行业脱硫、脱硝、除尘改造工程建设。同年环境保护部发布《钢铁工业污染防治技术政策》，提出钢铁工业应推行以清洁生产为核心，以低碳节能为重点，以高效污染防治技术为支撑的综合防治技术路线，为钢铁行业污染物减排提供技术政策支撑。"十二五"期间我国钢铁行业共淘汰炼铁产能 9089 万 t、炼钢产能 9486 万 t，重点大中型企业吨钢综合能耗（折合标准煤）由 605 kg 下降到 572 kg，吨钢二氧化硫排放量由 1.63 kg 下降到 0.85 kg，吨钢烟（粉）尘排放量由 1.19 kg 下降到 0.81 kg，吨钢耗新水量由 4.10 t 下降到 3.25 t，达到"十二五"规划目标[①]。

进入"十三五"时期，我国工业污染物新增量进入收窄期，预期 2015～2020 年工业产品产量会出现峰值，常规污染物排放高位趋缓，但由于长期忽视行业新增污染物及非常规污染物，相关治理技术及监管基础薄弱，还存在较大的挑战，因此《国家环境保护"十三五"规划基本思路》首次提出建立环境质量改善和污染物总量控制的双重体系，在既有常规污染物总量控制的基础上，新增污染物总量控制注重特定区域和行业。针对钢铁行业污染物治理，《国家环境保护"十三五"科技发展规划纲要》（环科技[2016]160 号）提出重点开发钢铁等重点行业多污染物协同控制、污染物回收及高值化利用、非常规污染物控制等核心技术与关键装备。工业和信息化部于 2016 年发布《钢铁工业调整升级规划（2016—2020

---

① 资料来源：中华人民共和国工业和信息化部. 钢铁工业调整升级规划（2016—2020 年）

年）》，提出"十三五"期间钢铁行业污染物排放总量下降 15% 以上，其中 2020 年吨钢 SO_2 排放量要由 2015 年的 0.85 kg/t 降低到 0.68 kg/t 以下，以促进钢铁行业多污染物深度减排。

为引导钢铁行业可持续发展，规范和加强钢铁企业的污染物排放管理，环境保护部于 2012 年发布 7 项与钢铁行业大气污染物相关的排放标准，覆盖了钢铁生产采矿、选矿、烧结、球团、焦化、炼铁、炼钢、轧钢等所有工序，2012 年 10 月 1 日起正式实施，并要求 2015 年 1 月 1 日起执行大气污染物特别排放限值，在原有污染物的基础上，新增加了二噁英、氮氧化物等污染物指标，各污染物排放浓度限值大幅收严。

目前，钢铁行业大气污染物排放系列标准名称、编号如下：

（1）《铁矿采选工业污染物排放标准》（GB 28661－2012）；

（2）《钢铁烧结、球团工业大气污染物排放标准》（GB 28662－2012）；

（3）《炼铁工业大气污染物排放标准》（GB 28663－2012）；

（4）《炼钢工业大气污染物排放标准》（GB 28664－2012）；

（5）《轧钢工业大气污染物排放标准》（GB 28665－2012）；

（6）《铁合金工业污染物排放标准》（GB 28666－2012）；

（7）《炼焦化学工业污染物排放标准》（GB 16171－2012）。

表 1-10 汇总了钢铁行业大气污染物排放限值。

表1-10 钢铁行业大气污染物排放限值（mg/m^3）

	生产工序或设施	污染物项目	2012 年限值 [a]	2015 年限值 [b]	特别限值 [c]
采选矿	选矿厂的矿石运输、转载、矿仓、破碎、筛分	颗粒物	50	20	10
烧结/球团	烧结机球团焙烧设备	颗粒物	80	50	40
		二氧化硫	600	200	180
		氮氧化物（以 NO_2 计）	500	300	300
		氟化物（以 F 计）	6.0	4.0	4.0
		二噁英类（ng TEQ/m^3）	1.0	0.5	0.5
	烧结机机尾、带式焙烧机机尾、其他生产设备	颗粒物	50	30	20
炼铁	热风炉	颗粒物	50	20	15
		二氧化硫	100	100	100
		氮氧化物（以 NO_2 计）	300	300	300
	高炉出铁场	颗粒物	50	25	15
	原料系统、煤粉系统、其他生产设施	颗粒物	50	25	10

续表

生产工序或设施		污染物项目	2012 年限值[a]	2015 年限值[b]	特别限值[c]
炼钢	转炉（一次烟气）	颗粒物	100	50	50
	混铁炉及铁水预处理（包括倒罐、扒渣等）、转炉（二次烟气）、电炉、精炼炉	颗粒物	50	20	15
	连铸切割机火焰清理、石灰窑、白云窑焙烧	颗粒物	50	30	30
	钢渣处理	颗粒物	100	100	100
	其他生产设施	颗粒物	50	20	15
	电炉	二噁英类（ng TEQ/m³）	1.0	0.5	0.5
	电渣冶金	氟化物（以 F 计）	6.0	5.0	5.0
轧钢	热轧精轧机	颗粒物	50	30	20
	热处理炉、拉矫、精整、抛丸、修磨、焊接机及其他生产设施	颗粒物	30	20	15
	热处理炉	二氧化硫	250	150	150
		氮氧化物（以 NO₂ 计）	350	300	300
	酸洗机组	氯化氢	30	20	15
		硫酸雾	20	10	10
		硝酸雾	240	150	150
		氟化物	9.0	6.0	6.0
	废酸再生	颗粒物	30	30	30
		氯化氢	50	30	30
		硝酸雾	240	240	240
		氟化物	9.0	9.0	9.0
	涂渡层机组	铬酸雾	0.07	0.07	0.07
	涂层机组	苯[d]	10	8.0	5.0
		甲苯	40	40	25
		二甲苯	70	40	40
		非甲烷总烃	100	80	50
	脱脂	碱雾[d]	—	10	10
	轧制机组	油雾[d]	—	30	20
铁合金	半封闭炉、敞口炉、精炼炉	颗粒物	80	50	30
	其他设施	颗粒物	50	30	20
	铬铁合金工艺	铬及其化合物[d]	5.0	4.0	3.0

续表

生产工序或设施		污染物项目	2012 年限值 [a]	2015 年限值 [b]	特别限值 [c]
炼焦	精煤破碎、焦炭破碎、筛分及转运	颗粒物	50	30	15
	装煤	颗粒物	100	50	30
		二氧化硫	150	100	70
		苯并[a]芘（μg/m³）	0.3	0.3	0.3
	推焦	颗粒物	100	50	30
		二氧化硫	100	50	30
	焦炉烟囱	颗粒物	50	30	15
		二氧化硫（机焦、半焦炉）	100	50	30
		氮氧化物（机焦、半焦炉）	800	500	150
		二氧化硫（热回收焦炉）	200	100	30
		氮氧化物（热回收焦炉）	240	200	150
	干法熄焦	颗粒物	100	50	30
		二氧化硫	150	100	80
	粗苯管式炉、半焦烘干和氨分解炉等燃用焦炉煤气的设施	颗粒物	50	30	15
		二氧化硫	100	50	30
		氮氧化物	240	200	150
	冷鼓、库区焦油各类储槽	苯并[a]芘（μg/m³）	0.3	0.3	0.3
		氰化氢	1.0	1.0	1.0
		酚类	100	80	50
		非甲烷总烃	120	80	50
		氨	60	30	10
		硫化氢	10	3.0	1.0
	苯储槽	苯 [d]	6.0	6.0	6.0
		非甲烷总烃	120	80	50
	脱硫再生塔	氨	60	30	10
		硫化氢	10	3.0	1.0
	硫铵结晶干燥	颗粒物	100	80	50
		氨	60	30	10
无组织排放	选矿厂、排土场、废石场、尾矿库	颗粒物	—	1.0	—
	有厂房生产车间	颗粒物	—	8.0	—
	无完整厂房车间	颗粒物	—	5.0	—
	板坯加热、磨辊作业、钢卷精整、酸再生下料	颗粒物	—	5.0	—
	酸洗机组及废酸再生	硫酸雾	—	1.2	—
		氯化氢	—	0.2	—
		硝酸雾	—	0.12	—

续表

生产工序或设施		污染物项目	2012 年限值 [a]	2015 年限值 [b]	特别限值 [c]
无组织排放	涂层机组	苯 [d]	—	0.4	—
		甲苯	—	2.4	—
		二甲苯	—	1.2	—
		非甲烷总烃	—	4.0	—

a. 2012 年 10 月 1 日起至 2014 年 12 月 31 日止，现有企业执行；

b. 2012 年 10 月 1 日起新建企业，以及 2015 年 1 月 1 日现有企业执行；

c. 特别排放限值区域，现有企业执行；

d. 待国家污染物监测方法标准发布后实施

与我国钢铁行业 1997 年开始执行的《工业炉窑大气污染物排放标准》（GB 9078—1996）相比较，上述标准包含了钢铁生产的主要工艺流程，考虑了钢铁生产工艺与技术发展的情况，形成一个系统的排放标准体系，标准的可操作性增强；同时体现了"共同但有区别"的原则，分时段、新老企业、地域等设置不同的排放限值和特别排放限值。按照国务院《重点区域大气污染防治"十二五"规划》，划定京津冀、长江三角洲、珠江三角洲等"三区十群" 19 个省、自治区、直辖市及 47 个地级及以上城市主城区重点行业从 2015 年 1 月 1 日起实施大气污染物特别排放限值；污染物排放限值大幅收紧，以烧结工序为例，颗粒物排放限值已接近国外先进国家标准水平，SO_2 排放限值为原标准的十分之一，比国外先进国家标准还要严格，二噁英第二阶段限值与国外标准相近，NO_x 第二阶段限值比国外先进国家标准严格（表 1-11）。

表1-11 国内外钢铁行业排放标准对比表（mg/m³）

污染物 \ 国家	德国	法国	巴西	奥地利	中国		
					2012 年限值	2015 年限值	特别限值
颗粒物	20	100	70	10	80	50	40
二氧化硫	350	300	600	350	600	200	180
氮氧化物（以 NO_2 计）	350	500	700	350	600	300	300
二噁英（ng TEQ/m³）	0.4	—	—	0.1	1.0	0.5	0.5
氟化物（以 HF 计）	3.0	—	—	—	6.0	4.0	4.0

随着钢铁行业污染物治理技术的成熟，钢铁行业现行排放标准相对火电行业明显宽松，无法体现出重点地区更加严格的污染控制要求，2017 年 6 月环境保护部发布《关于征求〈钢铁烧结、球团工业大气污染物排放标准〉等 20 项国家污染物排放标准修改单（征求意见稿）意见的函》，提出对钢铁行业烧结（球团）、炼铁、炼钢、轧钢、采选矿、铁合金等工序的污染物特别排放标准进行修改的意见，增加烧结烟气基准含氧量要求，对物料（含废渣）运输、装卸、储运、转移与输送，以及生产工艺过程等，全面增加无组织排放控制措施要求，现有企业无

组织排放控制措施要求自 2019 年 1 月 1 日起执行,其中京津冀大气污染传输通道城市（"2+26"城市）自 2017 年 10 月 1 日起执行。以烧结（球团）焙烧设备污染物限值为例,征求意见中修改前后污染物排放限值比较结果如图 1-10 所示。

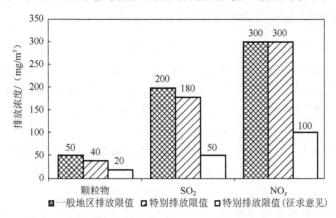

图 1-10　烧结（球团）焙烧设备污染物排放限值对比

修改前无基准氧规定,修改后征求意见规定基准氧为 16%

目前,我国钢铁行业有相当一部分大气污染源以无组织的形式排放,需要将其收集,转变为有组织排放。从实际情况看,多数大型钢铁联合企业的废气捕集率仅有 60%～70%,部分小企业或管理水平低的企业所排放的无组织烟气量可达 80% 以上。钢铁行业排放标准中虽然规定了厂区内代表点（厂房门窗、屋顶、气楼等排放口处）的颗粒物浓度,但受无组织排放瞬发性特点以及监测可操作性较差等因素的影响,该管控方式难以有效监管无组织排放。因此,征求意见中对钢铁行业各工序要求增加无组织排放控制措施,对于重点地区,在一般地区控制措施的基础上提出了更为严格的要求,大幅削减无组织排放。

2017 年 12 月河南省率先出台《河南省 2018 年大气污染防治攻坚战工作方案》（征求意见稿）,要求到 2018 年 10 月底前,完成全省 24 家钢铁企业烧结工序超低排放改造,完成超低排放改造后,烧结工序烟气在基准氧含量 16% 的条件下,颗粒物、SO_2、NO_x 排放浓度要分别不高于 20 mg/m^3、50 mg/m^3、100 mg/m^3。其中,对 6 月底前实现超低排放的钢铁企业,将实施绿色环保调度,适当减少 2018～2019 年冬季错峰生产时间和停限产比例。

在 2018 年全国环境保护工作会议上,环境保护部表示 2018 年将启动钢铁行业超低排放改造,河北省 2018 年将对钢铁、焦化等重点行业实施超低排放改造。2018 年政府工作报告已明确提出推动钢铁等行业超低排放改造,提高污染排放标准,实行限期达标。

1.3　钢铁行业大气污染控制现状、技术及发展趋势

1.3.1　钢铁行业大气污染控制现状

长期以来,我国钢铁行业大气污染物控制的重点在于烧结工序二氧化硫排放控制,2005 年我国仅有广州钢铁 24 m² 烧结机一套烧结烟气脱硫设施,2010 年增加到 170 余台套,脱硫面积 2.9 万 m²;2013 年年底增加到 526 台套,脱硫面积 8.7 万 m²,2015 年年底,全国重点钢铁企业烧结机脱硫面积增加到 13.8 万 m²,安装率由 2010 年的 19%增至 88%①。

截至 2015 年年底,全国重点大中型钢铁企业焦化工序干熄焦普及率高达 95%以上,炼铁高炉煤气干法除尘普及率已达到 90%以上,炼钢转炉煤气干法除尘普及率也达到了 20%,大幅减少了末端颗粒物排放总量。

从环境统计数据来看(表 1-12),我国钢铁行业工业废气治理设施数逐年上升,与 2008 年相比,2015 年废气治理设施总数增加了近 30%,有效支撑了行业环保形势的改善。但与国外相比,我国钢铁行业在环保管理水平及投入方面仍然存在不足,国外钢铁企业吨钢环保投资 70～120 元,环保设施运行成本 130～150元,而我国钢铁企业吨钢平均环保设施投资成本 55 元,重点企业吨钢环保设施运行成本 100～145 元[8]。

表1-12　黑色金属冶炼及压延行业废气排放与处理情况

年份	废气排放量/亿 m³	废气治理设施数/套	废气治理年运行费用/万元	单位废气量年处理费用/万元
2008	110593	14549	1376595	12.45
2009	103583	15019	1714819	16.55
2010	122928	15105	2076732	16.89
2011	173215	16640	2872875	16.59
2012	160875	17009	3029740	18.83
2013	173002	17017	3240295	18.73
2014	181694	18103	3670078	20.19
2015	173826	18572	3837271	22.08

1.3.2　钢铁行业大气污染控制技术

钢铁行业大气污染物控制技术主要分为除尘技术、脱硫技术、脱硝技术以及有毒有害气体净化技术等[9]。

---

① 资料来源:冶金工业规划研究院. 中国钢铁工业环境保护白皮书(2005—2015)

1. 钢铁行业除尘技术

钢铁行业除尘技术主要包括电除尘技术和布袋除尘技术。

电除尘技术主要用于烧结烟气和转炉一次烟气除尘，除尘效率一般在 99% 以上，出口粉尘排放浓度一般可控制在 80 mg/m³ 以下，管理较好的企业可控制在 50 mg/m³ 以下。近年来在常规电除尘技术的基础上，我国又发展了电袋复合除尘技术、湿式电除尘技术、移动电极电除尘技术和薄膜电除尘技术等，可满足更加严格的排放标准。目前我国已具备了自行设计与生产各类电除尘器的能力，在预荷电技术、电凝并技术和电源开发技术上有些已达到世界先进水平。

布袋除尘技术被广泛用于煤气、原料场烟气、轧钢烟气等除尘，除尘效率一般在 99.5% 以上，出口粉尘排放浓度一般可控制在 30 mg/m³ 以下。目前钢铁行业已成为布袋除尘器的第一大用户，其应用比例超过 95%，但由于钢铁行业高温高湿的烟气特点，易造成"糊袋"的现象，因此我国针对除尘器结构、新型滤料、清灰方式等方面进行了大量的技术开发，形成布袋除尘技术和主流设备，关键技术已达到世界先进水平。

除了电除尘技术和布袋除尘技术以外，钢铁行业除尘技术还包括机械除尘技术，主要用于荒煤气的粗除尘，以及塑烧板除尘技术，主要用于热轧车间的油雾和酸碱雾的去除，此外还包括对无组织排放烟尘捕集罩技术和大风量烟气的除尘技术，这些技术对于支撑钢铁行业的烟（粉）尘减排均起到了重要的作用。

2. 钢铁行业脱硫技术

钢铁行业脱硫技术主要用于烧结烟气及球团烟气脱硫，一般以末端控制技术为主。钢铁行业应用的脱硫技术种类繁多，按脱硫过程是否加水和脱硫产物的干湿形态，可分为湿法脱硫、半干法脱硫和干法脱硫技术。

钢铁行业湿法脱硫技术主要包括石灰石-石膏法、氨法、双碱法、碱液喷淋、氧化镁法、有机胺法等；半干法脱硫技术主要包括循环流化床法、密相干塔法、旋转喷雾干燥法等；干法脱硫技术为活性炭法。欧美等国家由于原燃料中硫含量较低，一般采用半干法进行脱硫，日本为了严格控制烧结烟气中的二噁英，在 17 台已建成的烧结机脱硫装置中，有 9 台采用了活性炭干法工艺，其余 8 台采用湿法工艺。

我国钢铁行业脱硫技术近年来发展很快，据不完全统计，全国共有烧结机 1186 台，截至 2014 年，我国烧结机脱硫设施共建成 526 台，球团脱硫设施共 39 台，其中烧结烟气湿法脱硫技术占 87%，干法、半干法占 17%，近 95% 的球团烟气以湿法脱硫为主，但在已建成的脱硫装置中，只有少数企业能够稳定运行，保持脱硫效率在 85% 以上，同步运行率在 80% 以上，极少数企业的脱硫效率和同步运行率均能达到 95% 以上[10]。随着环保标准的提高，钢铁行业已建成的脱硫设施开始出现拆除、改造的现象，尤其是早期从电力行业直接移植过来的脱硫技术和盲目从国外引进的技术，未充分考虑我国烧结球团烟气的排放特点，另外由于我国钢铁行业从 2007 年才开始大范围建设脱硫装置，脱硫装置的运行规范和管理方面还存在一定的问题，这对成熟脱硫技术的运行效果也造成一定影响[11]。

除上述末端脱硫技术外，钢铁行业还可以从源头减排二氧化硫，例如，采用低硫矿和低硫煤等，从生产工艺上，可以采用厚料层烧结、小球团烧结等，以减少固体燃料消耗，降低二氧化硫排放总量。

3. 钢铁行业脱硝技术

钢铁行业脱硝技术主要用于烧结、球团和焦炉烟气脱硝。目前我国关于钢铁行业脱硝的研究处于起步阶段，相关研究及应用开展得较少，日本和欧洲主要采用选择性催化还原（selective catalytic reduction，SCR）技术进行单独脱硝，氮氧化物去除率较高，一般在 60%～80%。使用该技术进行烧结烟气脱硝的烧结机目前仅有 5 台，其中 3 台位于我国台湾中钢公司，2 台在日本[12]。日本早在 20 世纪 80 年代已经将 SCR 技术用于焦炉烟气氮氧化物控制，300℃时脱硝效率可达 90%，但烧结、球团和焦炉烟气排烟温度一般在 200℃以下。采用 SCR 技术必须将烟气加热，耗能巨大。2015 年我国宝钢湛江钢铁首次采用低温 SCR 技术实现焦炉烟气脱硝，实现出口氮氧化物排放浓度低于 150 mg/Nm^3。

活性炭法可以同时脱硫脱硝，脱硫效率可达到 95%以上，脱硝效率为 30%～60%。目前日本已建成的 8 台烧结机，韩国浦项钢铁以及我国的太原钢铁、宝钢湛江钢铁共计 4 台烧结机均采用了活性炭法，实现脱硫、脱硝、脱二噁英和除尘的集成净化。

活性炭法为一体化处置工艺，总投资及运行成本较高，适合于未建脱硫装置的大型钢铁企业，而针对现有的湿法/半干法脱硫装置，可采用低温 SCR 催化法或氧化法实现脱硝。氧化法包括气相氧化和湿法氧化技术，具有工艺简单、运行费用低的优点，目前国内外的石化行业已普遍使用该法，我国河钢集团有限公司唐钢分公司已引进中国科学院过程工程研究所研发的臭氧氧化脱硝技术。

此外，钢铁烧结过程还可以通过工艺调整、烟气循环等技术减少烟气中氮氧化物的排放量，如日本新日铁开发的区域性废气循环技术、排放优化烧结（emission optimized sintering，EOS）工艺和低排放能量优化烧结（low emission energy optimized sinter production，LEEP）工艺，以及奥钢联公司开发的环境过程优化烧结（environmental process optimized sintering，Eposint）技术等，可实现氮氧化物减排 30%～70%。目前，烧结烟气循环技术已在我国一些钢铁企业中应用，如宝钢和沙钢等[13]。

4. 钢铁行业有毒有害气体净化技术

钢铁行业烟气中有毒有害气体组分主要包括 HF、二噁英、重金属、H_2S、苯并[a]芘等。活性炭吸附过滤可对这些气体进行同时脱除，但这仅实现了污染物的转移，需要进行二次处理。对于烧结烟气和电炉烟气中存在的二噁英，可通过降低原料中氯含量、添加有毒有害组分生成抑制剂或采用烟气循环技术进行控制。另外可通过现有的 SCR 设施实现氮氧化物和二噁英的协同降解；通过现有脱硫除尘设施可以实现 HF、重金属等污染物的协同脱除；对于焦炉煤气中的萘、H_2S、HCN 等污染物，含量较高（$0.2 \sim 0.4 \, g/m^3$），毒性较大，可通过脱硫脱氰洗萘等工艺实现化学产品的回收，焦炉烟气中的多环芳烃等有机物一般通过除尘技术协同去除。

1.3.3　钢铁行业大气污染控制技术发展趋势

1）湿法控制技术向干法控制技术发展的趋势

由于钢铁企业烟气和粉尘的多样性和复杂性，过去往往采用湿法除尘措施，存在除尘效率相对较低、废水二次污染问题。随着国家对环保要求的日益严格和建设节约型社会的需要，湿法除尘有被干法除尘取代的趋势。例如，炼焦厂装煤车除尘，由湿法文丘里管除尘改为干法布袋除尘，高炉煤气由湿法除尘改为干法布袋除尘，干法除尘系统后煤气含尘量可控制在 $10 \, mg/Nm^3$ 以下，系统阻力降低 2/3，降低系统耗电。钢铁行业脱硫技术呈现多样化的特征，湿法脱硫技术较为成熟，应用广泛，但存在设备腐蚀、副产物二次污染的问题，近几年全国建成和在建的烧结烟气脱硫装置中半干法和干法脱硫比例有所上升，与湿法脱硫相比，大多数半干法或干法系统简单，占地面积小，适合我国钢铁企业狭小的安装空间，无废水排出，脱硫副产物易于处理，活性炭干法除尘的副产物为硫酸，实现烟气中硫资源的回收利用。

2）单一污染物控制向多污染物协同控制发展的趋势

受污染物处理技术和经济条件的限制，目前我国钢铁行业主要控制烟（粉）尘和 SO_2，已实施的烟气处理基本上都以脱硫除尘为主，对于 NO_x、二噁英、重金属等污染物的控制尚处于起步阶段，建成的工程应用案例也不多。2012 年新发布的钢铁行业污染物排放标准中将工序特征污染物如 NO_x、二噁英、苯并[a]芘、氰化氢等新纳入进来，集脱硫、脱硝、脱二噁英、脱 HF、脱重金属等污染物的一体化装置将可能逐步取代单独脱硫技术。此外环境保护部同年发布的《环境空气质量标准》（GB 3095—2012）强调企业细颗粒物的治理和排放总量控制。因此，在建污染物控制工艺需要预留拓展的空间，以及在选择烟气处理工艺时，需要考虑同时减排细颗粒物粉尘、SO_2、NO_x、氟化物和二噁英等多污染物协同控制技术。

3）末端控制向源头、过程控制发展的趋势

现阶段我国钢铁行业污染物末端治理技术是最主要的控制手段，可有效减缓钢铁生产过程对环境的污染和破坏，但随着工业化进程的加快，末端治理处理的污染物种类趋多，设施投资及运行费用高，导致生产成本上升，而污染物处理过程往往会产生新的副产物，不能从根源上消除污染物。随着治理力度的增加，未来末端治理技术的空间会越来越小，钢铁行业污染物减排还应该从工艺过程入手，重视污染物源头与过程控制技术的研发和应用，如烧结烟气循环技术、燃烧/加热设施的废气加氧循环技术、废钢预热技术、短流程炼焦技术、全氧高炉技术、增加球团矿比例技术等，从根本上解决污染物排放的问题。

4）污染物控制与节能、资源利用相结合的趋势

2015 年，环境保护部、国家发展和改革委员会、工业和信息化部等联合发布《环保"领跑者"制度实施方案》，旨在推动环境管理模式从"底线约束"向"底线约束"与"先进带动"并重转变，加快生态文明制度体系建设[14]。钢铁工业为遵守循环经济和建设节约型社会的原则，所采用的环保设备必须低能耗高效率，在技术开发上，实现污染物脱除效率提高的同时，使系统高效节能运行，充分利用生产过程产生的余热及废弃物，最大限度降低污染物脱除过程中能源、资源的消耗，延长行业产业链，从生产全过程控制节能，减少污染物排放。

参 考 文 献

[1] Wang K, Tian H, Hua S, et al. A comprehensive emission inventory of multiple air pollutants from iron and steel industry in China: Temporal trends and spatial variation characteristics. Science of the Total Environment, 2016, 559: 7-14.

[2] 王存政, 李建萍, 李烨. 我国钢铁行业二噁英污染防治技术研究. 环境工程, 2011, 5: 75-79.

[3] 王堃, 滑申冰, 田贺忠, 等. 2011 年中国钢铁行业典型有害重金属大气排放清单. 中国环境科学, 2015, 10: 2934-2938.

[4] 颜瑞, 朱晓宁, 张群. 京津冀钢铁行业废气排放现状及国内外比较研究. 冶金经济与管理, 2016, 5: 27-32.

[5] 刘锟, 杨晓东, 肖莹, 等. 钢铁生产颗粒物(PM$_{2.5}$)排放特性及污染控制对策. 成都: 2014 中国环境科学学会学术年会, 2014, 7.

[6] 马京华. 钢铁企业典型生产工艺颗粒物排放特征研究. 重庆: 西南大学, 2009.

[7] 王绍文. 冶金工业节能减排技术指南. 北京: 化学工业出版社, 2009.

[8] 赵春丽, 许红霞, 杜蕴慧, 等. 关于推进我国钢铁行业绿色转型发展的对策建议. 环境保护, 2017, Z1: 41-44.

[9] 杨景玲, 张健. 钢铁工业环境保护现状和发展趋势. 九江: 2010 年全国能源环保生产技术会议, 2010, 6.

[10] 邹凌云, 孙普. 烧结烟气脱硫脱硝处理技术的比较分析. 山西冶金, 2016, 4: 57-59.

[11] 魏淑娟, 王爽, 周然. 我国烧结烟气脱硫现状及脱硝技术研究. 环境工程, 2014, 2: 95-97.

[12] 于宏朋, 于宏林. 基于新的环保要求下钢铁行业烟气脱硫除尘工艺的选择. 现代冶金, 2015, 3: 29-33.

[13] 苏步新, 张标, 邵久刚. 我国烧结烟气循环技术应用现状及分析. 冶金设备, 2016, 6: 55-59.

[14] 黄进, 林翎, 郭俊, 等. 重点行业高效能除尘器评价技术要求系列国家标准研究. 中国标准化, 2016, 4: 85-91.

第2章 烧结（球团）工序污染物控制

2.1 烧结（球团）工序污染物排放特征

2.1.1 烧结工序污染物来源及排放特征

1. 烧结生产流程及产污节点

烧结是将各种粉状含铁原料配入一定比例的燃料（焦粉、无烟煤）和熔剂（石灰石、生石灰或消石灰），加入适量的水，经混合造球后平铺到烧结台车上进行高温焙烧，部分烧结料熔化成液相黏结物，使散料黏结成块状，冷却后再经破碎、筛分整粒后，形成具有足够强度和适宜粒度的烧结矿作为炼铁的原料。

烧结工艺过程包括原料储运、配料混合、烧结和筛分整粒等工序。大型现代化钢铁企业一般采用抽风式带式烧结机，通常将烧结机的入料端称为机头，出料端称为机尾，烧结机机头是混合料布料和点火的位置，当空台车运行到烧结机头部的布料机下面时，辅底料和烧结混合料依次装在台车上，经过点火器时混合料中的固体燃料被点燃，与此同时，台车下部的真空室开始抽风，使烧结过程自上而下地进行，粉状物料变成块状的烧结矿，当台车从机尾进入弯道时，烧结矿被卸下来，空台车沿轨道回到烧结机头部，重复工艺环节。

铁矿粉烧结过程错综复杂，在几分钟甚至更短时间内，烧结料就因强烈的热交换从70℃以下被加热到1300～1500℃，与此同时，它还要从固相中产生液相又被迅速冷却而凝固。根据烧结过程中温度的分布情况，烧结过程大概可分为如下四阶段：

（1）低温预烧阶段：此阶段主要发生部分金属氧化物的氧化、吸附气体和水分的挥发、压坯内成型剂的分解和排出等；

（2）中温升温烧结阶段：此阶段开始出现再结晶，在颗粒内，变形的晶粒得以恢复，改组为新晶粒，同时表面的氧化物被还原，颗粒界面形成烧结相；

（3）高温保温完成烧结阶段：此阶段是烧结的主要过程，扩散和流动充分地进行并接近完成，形成大量闭孔，并继续缩小，使孔隙尺寸和孔隙总数有所减少，烧结体密度明显增加；

（4）冷却阶段：实际的烧结过程都是连续烧结，所以从烧结温度缓慢冷却一段时间后快冷，到出炉量达到室温的过程，也是奥氏体分解和最终组织逐步形成阶段。

图 2-1 烧结过程温度及反应示意图展示了点燃 6 min 后一个烧结层的温度和反应。

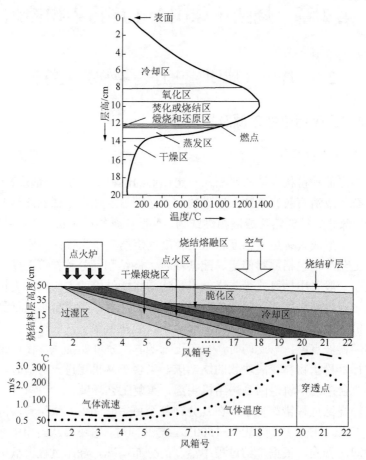

图 2-1　烧结过程温度及反应示意图

烧结工序气态污染物主要来自以下三个方面：①烧结原料在装卸、破碎、筛分和储运的过程中产生的含尘废气，混合料系统中产生的水汽-颗粒物共生废气；②烧结过程产生的含有颗粒物、SO_2 和 NO_x 的高温烟气（烧结烟气），从烧结机机头由主抽风机抽出；③烧结矿在破碎、筛分、冷却、储存和转运的过程中产生的含尘废气等，从烧结机机尾抽出，其中除粉尘来源于以上三个方面外，其他污染物主要来源于烧结烟气，图 2-2 给出了烧结主要生产流程及产污节点示意图。

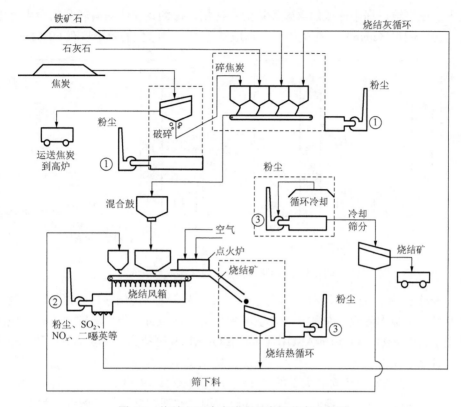

图 2-2　烧结主要生产流程及产污节点示意图

2. 烧结污染物来源及排放特征

1）粉尘

烧结过程中粉尘来源于各个生产过程，主要可分为无组织排放污染源和有组织排放污染源，无组织排放的粉尘主要来源于原燃料运输、筛分及成品堆存料场产生的扬尘，有组织排放的粉尘主要来源于生产中必然产生并且排放地点和排放量相对固定的产污节点，如物料混合过程，烧结机料层煅烧过程，以及烧结机尾部卸料及热矿冷却、破碎、筛分和储运过程产生的粉尘及二次扬尘。原料准备系统的尘源多而分散，烧结系统的含尘浓度高（1～5 g/m³）、废气量大、温度高。

与原料系统相比较，烧结过程产生的粉尘经固液反应后，在粒径分布及化学组成上均发生了一系列的变化。图 2-3 为国内典型钢铁厂烧结机机头灰粒径及化学成分的分布特征[1]，从图中来看烧结烟气粉尘粒径主要分布在 5 μm 以下和 20～40 μm 之间，其中<5 μm 的微细颗粒物占到了总颗粒物的 30%以上，20～40 μm 的粗颗粒物占 40%以上，分别表明了两种粉尘的形成过程，较粗的颗粒物是在烧结机机头给料装置和料底层形成的，其成分主要与混合料的成分有关，可以通过静电除尘器高效去除，而细颗粒物是在混合物的水分完全蒸发后在烧结区产生的，

包含了在烧结过程中形成的含碱和铅的氯化物，碱的氯化物具有较高的粉尘比电阻（$10^{12}\sim10^{13}$ Ω·cm），在电极上易形成绝缘层，电除尘的效率仅有 60%。

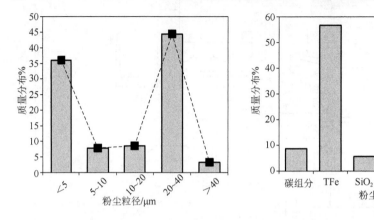

图 2-3　烧结灰粒径分布及化学成分组成

表 2-1 为欧洲烧结厂粉尘元素分析结果，主要包括烧结常规元素、碱金属元素及微量重金属元素，总体来看，烧结粉尘的化学成分与原燃料密切相关，烧结过程生成的 $FeO\text{-}SiO_2$、$Ca\text{-}Al_2O_3$、$CaO\text{-}Fe_2O_3\text{-}Al_2O_3$ 等盐类与粉尘成分一致，粉尘中含碳量反映了工艺过程中的燃烧状况，烧结灰中的含 Fe 粉尘可以进行循环回用，此外，烧结灰中还含有大量的 K 和 Cl，其中 K（以 K_2O 计）的含量高达 8%～15%，可通过水洗法对钾元素回收制备硫酸钾，实现钾资源的高效综合利用[2]。

表2-1　欧洲烧结厂粉尘元素分析结果

元素	TFe	Cl	S	Si	C	P	K	Ca
质量分数/%	43.7～49.9	2.9～25.8	0.22～4.07	2.73～3.62	2.9～6.12	0.01～0.24	3～9.07	7.55～7.83

元素	Al	Mg	Zn	Mn	Cu	Cr	Pd	Na
质量分数/%	0.43～2.17	1.01～1.04	0.03～0.34	0.10～0.31	0.005～0.17	0.04～0.15	0.09～5.98	0.58～31.6

2）SO_2

烧结过程中 SO_2 主要来自于烧结原料铁矿石和燃料煤中的硫，其中铁矿石中的硫通常以硫化物和硫酸盐的形式存在，固体燃料中硫以单质形式或有机硫形式存在，在烧结过程中以单质和硫化物形式存在的硫在干燥预热带发生氧化反应生成 SO_2，以硫酸盐存在的硫在烧结熔融带发生分解反应释放出 SO_2，大部分 SO_2 直接由抽风机经烧结机底部抽出，少部分被液相或固相颗粒包纳或被碱性助剂再吸收成稳定的物质。除铁矿石和固体燃料中硫含量及形态外，烧结过程中 SO_2 的产生还受铁矿石粒度和品位、烧结矿碱度和添加物性质、燃料及返矿的用量影响。烧结过程中硫的输入从 0.28 kg/t（烧结矿）到 0.81 kg/t（烧结矿）不等，每生产 1 t 烧结矿产生的 SO_2 为 0.8～2.0 kg，烟气中 SO_2 排放浓度一般为 400～6000 mg/m^3。

SO$_2$ 的浓度随烟气位置的不同而变化，烧结机机头和尾部烟气中 SO$_2$ 浓度低，中部烟气 SO$_2$ 浓度高。济钢 400 m^2 烧结机风箱布置和 SO$_2$ 的浓度变化如图 2-4 所示[3]，头部 1$^#$～6$^#$ 风箱 SO$_2$ 平均浓度为 254 mg/m^3，尾部 23$^#$～24$^#$ 风箱 SO$_2$ 平均浓度为 397 mg/m^3，中部 11$^#$～20$^#$ 风箱 SO$_2$ 平均浓度高达 1247 mg/m^3。

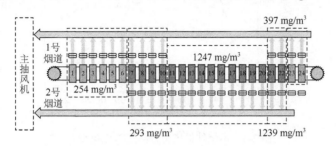

图 2-4　济钢 400 m^2 烧结机风箱布置和 SO$_2$ 的浓度变化

SO$_2$ 排放特征与其再吸收和释放密切相关。SO$_2$ 的再吸收与烧结机的湿润带相对应，在烧结初期，由于烧结原料中的碱性熔剂（生石灰 CaO）、弱酸盐（石灰石 CaCO$_3$）、白云石 CaMg(CO$_3$)$_2$、菱镁石 MgCO$_3$ 和液态水的存在，大部分 SO$_2$ 被吸收，其排放浓度较低。随着烧结过程的推进，烧结原料的吸收能力和容纳能力逐步降低。同时在湿润带生成的不稳定的亚硫酸盐在通过干燥预热带时会发生分解，再次释放出 SO$_2$，造成 SO$_2$ 排放浓度较高。在干燥预热带和烧结熔融带，有 90% 以上的硫化物被氧化为 SO$_2$ 而释放，有 85% 左右的硫酸盐发生热分解，在烧结机机尾部以烧结矿层为主，SO$_2$ 的排放浓度较低[4]。

3）NO$_x$

烧结过程 NO$_x$ 的生成主要有两个阶段，一是烧结点火阶段，二是固体燃料燃烧和高温反应阶段，其中烧结过程产生的 NO$_x$ 有 80%～90% 来源于燃料中的氮，为燃料型 NO$_x$，热力型和快速型 NO$_x$ 生成量很少，通常情况下，烧结烟气中 NO$_x$ 中 NO 占 90% 以上，NO$_2$ 占 5%～10%，NO$_x$ 生成量受到燃料氮含量、氮的存在形态、燃料粒度、空气过剩系数、烧结混合料中金属氧化物等成分的影响，每生产 1 t 烧结矿产生 NO$_x$ 0.4～0.65 kg，烧结烟气中 NO$_x$ 的浓度一般在 200～600 mg/m^3。

某钢铁企业测得烧结机烟气中 NO$_x$ 浓度沿烧结方向的变化，如图 2-5 所示。NO$_x$ 的浓度随烧结机位置的不同而变化，NO$_x$ 的浓度分布整体呈中间高两边低的趋势，最高浓度接近 300 mg/m^3。点火阶段烧结机头处于煤热解初期，燃料中氮的热分解温度低于煤粉燃烧温度，只有一些分子量较小的挥发分从颗粒中释放出来生成 NO$_x$，导致此阶段 NO$_x$ 的生成量较少。燃烧中期随着温度的升高，挥发分氮中分子量较大的化合物和残留在焦炭中的氮释放出来，因此 NO$_x$ 的排放浓度高。燃烧中后期，挥发分氮释放量减少，而焦炭氮生成 NO$_x$ 量相对较少，此时 NO$_x$ 的浓度缓慢下降，燃烧后期燃料燃烧殆尽，料层下部最高温度可以达到 1300℃ 以上，只有少量热力型 NO$_x$ 生成，所以此阶段 NO$_x$ 的排放浓度低。

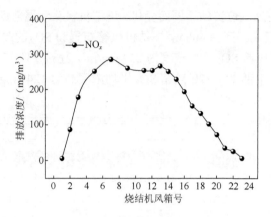

图 2-5　沿烧结机风箱方向 NO_x 浓度变化

4）二噁英/多氯联苯

　　二噁英类有机污染物是多氯代二苯并对二噁英（polychlorinated dibenzo-*p*-dioxins，PCDDs）和多氯代二苯并呋喃（polychlorinated dibenzofurans，PCDFs）的统称，英文缩写为 PCDD/Fs，被世界卫生组织的国际癌症研究机构宣布为经确定对人类致癌的物质中的 Ⅰ 类致癌物。铁矿石烧结过程是二噁英类有机污染物排放的重要来源之一，烧结过程的二噁英主要来源于烧结原料中碳、氢、氧和氯等元素在烧结干燥煅烧带（250～450℃）的"从头合成"，其中碳源来自于烟气中的有机蒸气和碳烟粒，氯源主要来自于一些氯化物（被加热后可生成气态 HCl、Cl_2 和少量的气态金属氯化物）；铁矿石中含有微量的铜，为二噁英的生成提供了催化条件，除尘灰中和返料的氧化铁皮中同时存在催化物质和相对较高的氯化物，对二噁英的生产都会有一定的影响，其中烧结烟气中二噁英类有机污染物以气态和固体吸附态的形式存在，与垃圾焚烧产生的二噁英类同类物分布不同。烧结过程中二噁英同类物的分布规律：在 17 种 2,3,7,8-氯代二噁英中，以 PCDFs 为主，其总浓度比 PCDDs 的总浓度高 10 倍左右，而在 PCDDs 中又以高氯代 PCDDs 为主。

　　在烧结过程中，烧结机不同位置风箱排放的二噁英浓度不同，烧结机各风箱烟气温度和二噁英分布如图 2-6 所示。从图中可见，二噁英排放浓度与风箱烟气温度有极大的相关性。烟气温度在 250～300℃ 之间时，二噁英排放浓度为最大值。

　　从烧结机风箱中二噁英的排放特征来看，烧结机自机头点火以后，就开始有二噁英生成，这部分二噁英虽然在随气流向下运动的过程中，大部分被未燃烧的烧结料层吸附，少量二噁英随着气流排入排风烟道中。随着烧结料床的移动，燃烧带逐渐下移，燃烧带的温度高达 1350～1400℃，因此吸附在烧结料床的二噁英类物质被高温分解，但是在预热层的低温段（200～400℃）又会重新生成，其中大部分仍然会吸附在烧结料层中，剩余部分则会随气流排放到主烟道中去。当接近燃烧终点时，即当预热层基本接近烧结床底部时，新生成的二噁英类还未被吸

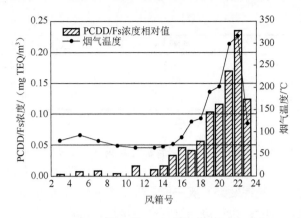

图 2-6　沿烧结机风箱方向 PCDD/Fs 浓度变化

附就随着气流排出来。因此，风箱中二噁英类的分布表现为，烧结床的前 3/4 处都有一定量的二噁英类排放，并且排放水平基本保持稳定，说明二噁英类的生成和吸附在这段距离内处于平衡状态，即生成量和吸附量没有发生大的变化。当温度升高至 250℃时，即烧结的预热层已经到达烧结床底部，此时对二噁英类可起到吸附作用的干燥层、过湿层等已经完全消失，二噁英类的排放也达到了极大值，此时二噁英类的生成量接近最大值。随着预热层的逐渐减少，二噁英类的生成量也逐渐减少，烟气中的二噁英类含量出现明显的下降趋势。因此二噁英类主要在烧结机末端排放出来，占总排放量的 60%以上，而这部分的烟气仅为总烟气排放量的 12%。

烧结烟气中二噁英的排放浓度一般在 0.5～5 ng TEQ/m³ 之间，欧盟调研的烧结机烟气中二噁英排放浓度在 0.07～2.86 ng TEQ/m³ 之间，表 2-2 是国内 4 家烧结厂实测的电除尘后烟气和粉尘中二噁英的含量[5]，由于具有除尘设施，烧结厂排放的二噁英以气相为主，其中，气相二噁英排放浓度范围为 2.28～3.38 ng TEQ/m³，固相二噁英排放浓度范围为 0.14～1.55 ng TEQ/m³。

表2-2　国内烧结厂二噁英排放浓度实测结果

烧结厂编号		二噁英总量/（ng/m³）	二噁英毒性当量/（ng TEQ/m³）
烧结-1	气相	222.7	3.38
	固相	5.8	0.14
	总计	228.5	3.52
烧结-2	气相	191.1	3.24
	固相	67.8	1.55
	总计	258.9	4.79
烧结-3	气相	198.5	3.22
	固相	18.7	0.39
	总计	217.2	3.61

烧结厂编号		二噁英总量/（ng/m³）	二噁英毒性当量/（ng TEQ/m³）
烧结-4	气相	142.3	2.28
	固相	16.3	0.42
	总计	158.6	2.70

5）重金属

烧结原料中含有较高的铅、汞、锌等重金属元素，这些物质在烧结过程中发生化学转化，形成化合物或单质挥发到烟气中，其中铅主要以 $PbO\text{-}PbC_{12}$ 等形式存在，相对不稳定，易挥发，一般在原烟气中浓度较高（70 mg/m³），附着在细颗粒物上的铅较难去除；汞在烧结过程中直接进入气态，其排放量主要取决于烧结矿给料中汞的含量，汞含量较高的铁矿石会造成烧结原烟气中较高浓度的汞排放（15～54 μg/m³），现有的除尘脱硫设施一般可以将80%～95%的 Hg^{2+} 去除，但对 Hg^0 的去除效果不显著；烧结高温过程会使锌蒸发，反应后一般形成锌的铁酸盐，原烟气中锌的浓度可高达 50 mg/m³，随温度降低可固化在烧结矿中，通过静电除尘器除去，但这些重金属的氯化物一般比氧化物、硫酸盐等化学形态或具有更高的挥发性[6]，控制难度较大。

6）氟化物

烧结烟气氟化物的排放主要取决于矿石中的氟，以及烧结矿进料的碱度。含磷丰富的矿石中含有大量的氟化物（0.19%～0.24%），氟化物的排放很大程度上取决于烧结矿给料的碱度，碱度的提高可使得氟化物的排放有所减少，烧结烟气中的氟主要为氟化氢、四氟化碳等气体，氟化物的排放量为1.3～3.2 g F/t（烧结矿）或0.6～1.5 mg F/m³［用 2100 m³/t（烧结矿）换算］。

7）其他污染物

在二噁英生成条件下，烧结烟气中还会有多氯联苯、有机卤素化合物、HCl、HCN、碳氢化合物及多环芳烃等物质生成，这些污染物与原燃料中废弃物的添加及烧结过程的不完全燃烧密切相关，但目前这些污染物的形成过程尚不清楚，国内还未引起广泛关注；此外经过静电除尘器后的烧结烟气中还会有大量的细微粉尘，主要由烧结混合颗粒及亚微米级 KCl 组成的碱金属氯化物，无法有效地通过电除尘器去除；烧结废气中还存在有 0.01 ppm[①]的微量 SO_3，在温度下降时，与烟气中的水蒸气凝结生成 H_2SO_4，形成可视烟雾。

3．烧结烟气排放特点

烧结烟气是烧结工序主要气态污染物来源，具有以下主要特点：

（1）烟气量大。烧结工艺是在完全开放及富氧环境下工作，过量的空气通过

---

① ppm, parts per million, 10^{-6} 量级

料层进入风箱，进入废气集气系统经除尘后排放，由于烧结料层中含碳量少、粒度细而且分散，按重量计燃料只占总料重的 3%～5%，按体积计燃料不到总料体积的 10%。为保证燃料的燃烧，烧结料层中空气过剩系数一般较高，常为 1.4～1.5，折算成吨烧结矿消耗空气量约为 2.4 t，从而导致烟气排放量大，每生产 1 t 烧结矿产生 4000～6000 m³ 烟气。

（2）烟气温度波动较大。随工艺操作状况的变化，烟气温度一般在 100～200℃。

（3）烟气排放不稳定性。烧结工艺状况波动会带动烟气量、烟气温度、SO₂ 浓度等发生变化，阵发性强。

（4）烟气夹带粉尘量较大，含尘量一般为 1～5 g/m³，粉尘粒径小，微米级和亚微米级占 60% 以上，粉尘主要由铁及其化合物、不完全燃烧物质等组成，还含有微量重金属、碱金属元素。

（5）烟气含湿量大。为了提高烧结混合料的透气性，混合料在烧结前必须加适量的水制成小球，所以烧结烟气的含湿量较大，按体积比计算，水分含量一般在 10% 左右。

（6）烟气含有腐蚀性气体。混合料烧结成型过程，均将产生一定量的 SO_x、NO_x、HF、HCl 等酸性气态污染物，对金属部件会造成腐蚀。

（7）SO₂ 排放量较大。烧结过程能够脱除混合料中 80%～90% 的硫，SO₂ 初始排放浓度一般在 1000～3000 mg/m³，每生产 1 t 烧结矿 SO₂ 排放量为 6～8 kg。

（8）二噁英排放量较大。钢铁烧结工序是二噁英主要排放源之一，据《中华人民共和国履行〈关于持久性有机污染物的斯德哥尔摩公约〉国家实施计划》数据显示，2004 年我国铁矿石烧结二噁英排放量为 2648.8 g TEQ，其中大气二噁英排放量 1522.5 g TEQ，远高于垃圾焚烧二噁英排放量。

2.1.2　球团工序污染物来源及排放特征

1. 球团生产流程及产物节点

球团矿生产是将精矿粉、熔剂（有时还有黏结剂和燃料）的混合物，在造球机中滚成直径 9～16 mm 的生球，然后干燥、焙烧，固结成型，成为具有良好冶金性质的优良含铁原料，供给钢铁冶炼需要。

与烧结工序不同，球团工序要求原料粒度更细，不少于 80% 原料粒级在 200 目（74 μm）以下，而烧结要求 20% 的原料在 150 目（106 μm）以下，球团矿适合于细磨精矿粉的造块；从固结机理来看，球团以固相为主，少量液相为辅，球团主要依靠矿粉颗粒的高温再结晶，但由于球团原料中不可避免地带入一些 SiO_2，形成 5%～7% 的液相，从球团矿本身来说，原料中 SiO_2 的含量越少越好，球团生产过程中热量主要由焙烧炉内的燃料燃烧提供，混合料中不加燃料，而烧结主要是液相固结，从液相中析出的晶体和液相将未熔化的颗粒黏结起来，烧结矿中的液相量一般在 30%～40%，因此混合料中必须有燃料，为烧结过程提供热源；从冶金性能上来看，球团矿比烧结矿的还原性好，球团矿粒度均匀，含铁量高，还原性好，低温强度好，有利于提高强度和还原性，高炉生产实践表明，使用球团矿后一般都可以提高产量，降低焦比，一般球团矿配比为 20%～30%。

由于天然富矿日趋减少，大量贫矿被采用，而铁矿石经细磨、选矿后的精矿粉，品位易于提高，另外，我国目前钢铁生产所需的铁矿粉，大部分需要进口，其中巴西矿粉居多，细精矿的比例较高，过细精矿粉用于烧结生产会影响透气性，降低产量和质量，细磨精矿粉易于造球，粒度越细，成球率越高，球团矿强度也越高，国内主要钢铁生产企业为提高炼铁技术经济指标，扩大了球团矿的需求，2004 年我国球团产量仅有 4100 万 t，到 2013 年已达到 1.58 亿 t，增长了近 3 倍。

球团生产工序主要包括原料准备、配料、混合、造球、干燥和焙烧、冷却、成品筛分等，其中焙烧是提高球团矿强度和热稳定性的重要步骤，按照温度可分为如下五个阶段：

（1）干燥阶段：200～400℃，物理水分蒸发，部分结晶水排出；

（2）预热阶段：900～1000℃，磁铁矿氧化成赤铁矿，碳酸盐矿物分解，硫化物分解和氧化，球团强度提高；

（3）高温焙烧阶段：1200～1300℃，铁氧化物的结晶和再结晶，晶体长大，低熔点化合物熔化，形成少量液体，球团矿体积收缩，结构致密化；

（4）均热阶段：1100℃，在此温度下保持一定时间，使球团矿内的晶体发育完善，结构均匀化；

（5）冷却阶段：球团矿冷却到150℃，使球团矿的结构稳定且便于运输。

目前球团焙烧工艺主要有竖炉焙烧工艺、带式焙烧机工艺、链算机-回转窑工艺。由于竖炉焙烧球团工艺投资低、操作简单，国内球团最早采用此工艺，目前实际生产中占有一定比例，但是竖炉球团受到工艺限制，焙烧不均匀，产品质量差，生产率低，环境污染大，难以满足大型高炉的生产要求，国外已淘汰了竖炉球团工艺。从技术装备政策和节能减排的要求出发，我国将逐步淘汰落后的小竖炉；由于带式焙烧机受到一些条件（如原料、燃料和设备制造材料）的制约，国内新建的球团项目基本上采用链算机-回转窑生产工艺。

带式焙烧机通过一个链条炉排将几个不同区段的移动炉算串联，球团矿干燥、预热、焙烧、冷却过程都在一个设备上完成，链算机-回转窑是一种联合机组，包括链算机、回转窑和环冷机等，生球首先在链算机上干燥、预热，而后进入回转窑内进行焙烧和均热，最后在环冷机上完成冷却；链算机系统利用回转窑窑尾高温烟气和环冷机中的中温余热，完成生球干燥和预热，实现余热回收，链算机-回转窑生产流程见图 2-7。

球团工序气态污染物主要来自以下三个方面：①精铁粉、煤粉、膨润土等原料在装卸、破碎、筛分和储运的过程中产生的含尘废气；②链箅机机头排出的焙烧及烘干过程产生的含有颗粒物、SO_2 和 NO_x 等污染物的烟气（球团烟气）；③球团矿在环冷机落料、卸料和转运的过程中产生的含尘废气等，其中除粉尘均来源于以上三个方面外，其他污染物主要来源于球团烟气，图 2-8 给出了球团主要生产流程及产污节点示意图。

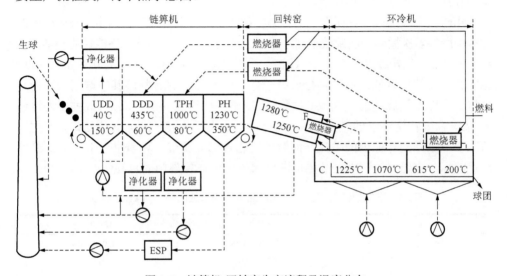

图 2-7　链箅机-回转窑生产流程及温度分布

UDD，利用冷却机末端热空气进行上通风干燥；DDD，利用冷却机中部热空气进行下通风干燥；
TPH，利用冷却机中部热空气进行预热；PH，利用回转窑的废气进行预热；
F，利用冷却机前部热空气的燃烧区；C，利用冷（室温）空气的冷却区

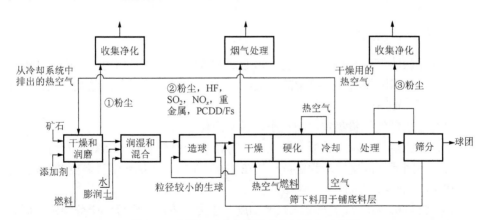

图 2-8　球团主要生产流程及产污节点示意图

2．球团污染物来源及排放特征

球团烟气中污染物来自于焙烧、预热等过程产生的烟气，主要污染物为 SO_2、NO_x 和烟尘，根据矿粉的成分不同，还会产生 HF 和 HCl，例如，白云鄂博铁矿石中含有较高比例的氟，经选矿后铁精矿中的含氟量仍较高，一般为 1.7%～2.15%，焙烧过程中转化为 HF，此外球团燃烧过程中环结构的烃类物质在有氯元素的存在下会形成二噁英和多环芳烃等污染物。

由于原燃料接近，球团烟气中污染物种类与烧结烟气类似，但由于球团矿生产过程中废气多次循环，能源效率高，球团工序的能耗仅为烧结工序能耗的一半，烧结单位产品废气排放量为 $0.70\ m^3/(t·h)$，球团单位产品废气排放量为 $0.58\ m^3/(t·h)$，球团废气排放总量低，污染物排放因子低，如表 2-3 所示[7]，其中球团烟（粉）尘排放强度不到烧结的 1/5，SO_2 排放强度不到烧结的 1/4，NO_x 排放强度为烧结的 1/2，需要特别注意的是，烧结的 CO 排放量高达 8.78～37 kg/t 烧结矿，但这一情况长期未受到行业内的关注，而对于河北省部分城市，环境空气中的 CO 浓度严重超标，烧结 CO 污染已开始逐渐引起政府和环保部门的重视。

表2-3　钢铁烧结与球团工序吨产品污染物排放因子　（kg/t产品）

污染物	烧结工序	球团工序
烟（粉）尘	0.071～0.85	0.014～0.15
SO_2	0.22～0.97	0.011～0.21
NO_x	0.31～1.03	0.15～0.55
F	0.0004～0.0082	—
二噁英	0.16～16	—
CO	8.78～37	0.01～0.41

注：二噁英的单位为μg/t 产品

3．球团烟气排放特点

球团排放的烟气与烧结烟气化学成分、物理性质类似，但由于生产工艺和原料存在差别，球团烟气（主要指链箅机-回转窑产生的烟气）与烧结烟气相比，存在的主要区别如下[8]：

（1）球团烟气气量稳定、波动小，易于净化处理；

（2）球团烟气含硫量较低，烟气中 SO_2 浓度一般在 400～1200 mg/m³；

（3）球团烟气温度比较稳定，一般在 120℃左右，而烧结烟气温度波动较大，一般在 100～200℃之间；

（4）链箅机-回转窑生产要求热工制度（压力、流量、温度）十分稳定，而布袋除尘器在过风滤尘和反吹风去尘的过程中，除尘器阻损不断变化，造成工艺气流压力和风量的波动，因此球团烟气一般适用于电除尘器除尘。

2.2　粉尘控制技术

2.2.1　无组织排放粉尘收集与控制技术

烧结（球团）过程粉尘无组织排放污染源可分为点源和面源两类。点源的特点是扬尘点明确，粉状物料受外力作用产生扬尘，如物料的破碎、筛分、转运、烘干、冷却、成品输送等生产过程，通常产生的废气温度较低或接近常温，流量相对较小，烟气性质稳定。一般是将扬尘点密封后通过管道将含尘气体引入除尘设备内除去（图 2-9），钢铁行业大多采用集中式除尘系统，电除尘器约占 50%，布袋除尘器约占 44%。

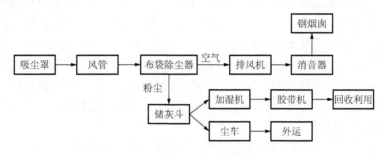

图 2-9　原料准备系统除尘工艺流程

面源的特点是扬尘面积大，一般大于几百平方米，扬尘位置不固定。造成扬尘的原因主要是自然风，主要包括精矿、返矿、焦炭、煤、成品矿等原料及成品堆存料场，通常采用喷水降尘及防雨布覆盖料堆，也有一些企业采用设置防尘网、喷洒扬尘抑制剂等方法，起到了较好的效果[9]。日本烧结厂装卸料产生的粉尘一般采用喷洒水措施，料场采用喷洒水、表面固化剂的方法，原料处理采用除尘、输送带罩等措施。

国内企业主要采用料堆喷水降尘，在一定程度上起到了抑尘的作用，但由于物料润湿性较好，水分渗入料堆，表面水分很快蒸发，还是会造成大量扬尘，且长时间大量喷水造成原料含水量高，影响后续生产过程。扬尘抑制剂可分为润湿浸透型和保护膜形成型两类：前一类主要是使小颗粒物黏聚成团，增大颗粒重量，适用于装卸及输送过程；后一类主要是在物料表面形成保护膜，适用于堆放的物料和露天储存的物料。

为降低扬尘抑制剂的费用，喷洒扬尘抑制剂降尘的措施应和洒水降尘、表面防雨布覆盖等措施结合使用，当用堆料机进行堆料作业时，应采用洒水降尘，若是短期内使用，可在表面喷洒抑制剂，若是长期存放（一个月以上），宜采用表面防雨布覆盖。

除上述措施以外，为消除厂区粉尘污染，可采用干粉料密闭输送方式消除对环境所造成的污染，此外对于长距离运输可采用管状胶带机，实现物料的封闭运输，对于生产过程可对粉状干料配比方式进行优化，避免落差和振动造成的扬尘，同时可通过强化物料混匀，减少混合料中细粉末的含量[10]。

2.2.2　烧结（球团）烟气粉尘控制技术

烧结（球团）工序有组织排放的粉尘主要来源于烧结机头、机尾烟气及球团烟气。

烧结机烟气除尘一般根据企业的生产规模、装备水平和当地的烟气含尘浓度排放要求来确定，在环保要求不是很严格的地区，对于工艺装备水平较低的小型烧结机，一般采用重力降尘室和双旋风或多管除尘器串联的二级除尘模式，采用该除尘方式虽然除尘效率可以达到 90% 左右，但烟气排放浓度基本不达标。目前绝大多数大中型烧结机均采用电除尘器一级除尘，可满足排放出口粉尘浓度小于 100 mg/m^3，为满足 50 mg/m^3 的排放限值（GB 28662—2012），原有的三电场除尘器均需要进行改造，通过更换电源、扩充本体、更换移动电极等实现电除尘器的升级，或采用布袋除尘器、电袋复合除尘器进行改造。烧结机机尾除尘通常采用电除尘器除尘，但为满足 30 mg/m^3 的排放限值，越来越多的企业开始用布袋除尘器取代电除尘器[11]。

球团烟气一般采用静电除尘器除尘，近年来新建的链箅机-回转窑生产线均采用三电场或四电场静电除尘系统，这主要由球团矿的生产特点所决定[9]。球团生产要求热工制度十分稳定，以保证球团焙烧的温升、减少漏风和提高风机效率。国内目前运行的链箅机-回转窑球团生产线四电场除尘外排粉尘浓度可实现 50 mg/m^3 以下。

国内约占 80% 的烧结机机头采用电除尘器除尘，常用的有双室三电场电除尘器、三电极电除尘器等，一般用于烧结烟气预除尘和球团烟气除尘，适用的尘粒范围 ≥0.1 μm，除尘效率 ≥99%，粉尘排放浓度 ≤50 mg/m^3。布袋除尘器由于对微细粒子的捕集效率高达 99% 以上，一般用于烧结烟气（半）干法脱硫后除尘，适用的尘粒范围 ≥0.01 μm，除尘效率 ≥99.99%，粉尘排放浓度 ≤20 mg/m^3。

以下主要围绕钢铁烧结（球团）烟气常用的电除尘、布袋除尘、电袋复合除尘技术原理及应用情况进行介绍，并对 PM$_{2.5}$ 等细颗粒物新型电除尘技术如电凝并技术、旋转电极技术及湿式电除尘技术进行介绍。

1. 电除尘技术

1）原理、结构及分类

电除尘技术是利用直流高压电源产生的强电场使气体电离，产生电晕放电，进而使悬浮尘粒荷电，并在电场力的作用下，将悬浮尘粒从气体中分离出来并加以捕集的除尘技术[12]。

电除尘包括以下 5 个物理过程（图 2-10）：①施加高电压产生强电场使气体电离，产生电晕放电；②悬浮尘粒荷电；③荷电尘粒在电场力作用下向电极运动；④荷电尘粒在电场中被捕集；⑤电极清灰。

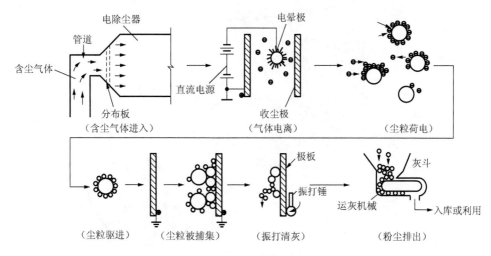

图 2-10　电除尘基本过程

具体对于电除尘过程，是在两个曲率半径相差较大的金属阳极和阴极上，通以高压直流电，形成电场强度分布极不均匀的电场，中性气体电离后转变为正离子和电子，电子向阳极方向发展，正离子向阴极方向发展，形成电晕电流；尘粒在电场中与离子碰撞荷电，一种是电场荷电，离子在外电场力作用下沿电力线有秩序地运动，与尘粒碰撞使其荷电，另一种是扩散荷电，是由于离子无规则的热运动使得离子通过气体而扩散，扩散时离子与尘粒相碰撞，使粉尘获得电荷。对于粒径大于 1.0 μm 的尘粒，电场荷电是主要的，对于粒径小于 1.0 μm 的尘粒，扩散荷电是主要的，而粒径在 0.1~1.0 μm 之间的尘粒，二者均起作用。尘粒荷电后，在电场力的作用下，带着不同极性电荷尘粒分别向相反的电极运动。工业电除尘器多采用负电晕，在电晕区内，少量带正电荷的尘粒沉积到电晕极上，而在电晕外区的大量尘粒带负电荷，向收尘极运动；电极表面粉尘沉积较厚时，将导致击穿电压降低，电晕电流减小，尘粒的有效驱进速度显著下降，使电除尘器性能受到严重影响，因此，需要及时有效地清除电极表面的积灰，防止二次扬尘。电极清灰方式包括湿式清灰、机械清灰和声波清灰。

典型的电除尘器结构如图 2-11 所示，电除尘器本体结构主要包括烟箱系统（含进出气烟箱、气流分布板和槽型板）、电晕极系统（含电晕线、电晕极框架、电晕极振打、绝缘套管和保温箱）、收尘极系统（含收尘极板和收尘极振打）以及壳体系统和储卸灰系统。

按电极清灰方式不同，电除尘器可分为干式、湿式和半湿式电除尘器；按气体在电场内的运动方向可分为立式和卧式电除尘器；按收尘极的形式可分为管式、板式和棒帷式电除尘器；按收尘极和电晕极的不同配置分为单区和双区电除尘器。

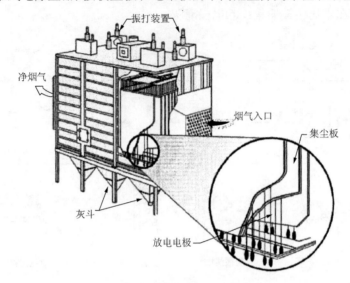

图 2-11　电除尘器结构示意图

2）电除尘器性能影响因素

影响电除尘器性能的因素很多，大致可分为四大类：烟气特性、粉尘特性、设备结构和操作条件等（图 2-12）。它们之间的相互作用决定了电除尘器内电晕电流的大小、粉尘荷电和捕集情况，最终影响到电除尘器的除尘效率。

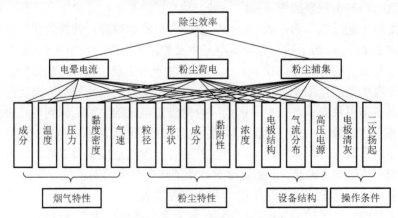

图 2-12　电除尘器性能的主要影响因素

A. 烟气特性

烟气的温度和压力影响电晕始发电压、起晕时电晕极表面的电场强度、电晕极附近的空间电荷密度和分子离子的有效迁移率等，温度和压力对电除尘器性能的影响可以通过气体密度的变化来进行分析。

$$\delta = \delta_0 \frac{T_0}{T} \frac{p}{p_0} \tag{2-1}$$

式中：δ_0 为烟气在 T_0 和 p_0 时的密度，kg/m³；T_0 为标准温度，273 K；p_0 为标准大气压，101.3 kPa；T 为烟气实际温度，K；p 为烟气实际压力，kPa。

δ 随温度的升高和压力的降低而减小，当 δ 降低时，电晕始发电压、起晕时电晕极表面电场强度和火花放电电压都要降低，致使电场电压升不起来，除尘器的最佳运行温度在 140～150℃，烧结机头的烟气温度一般在 160～180℃，高于最佳运行温度，因此需在保证正常生产的条件下采取一定的措施来降低烟气温度。

烟气湿度不仅可影响电场电压，还会影响粉尘的比电阻性质。水分子是极性分子，极性分子的正极端吸引负电荷，负极端吸引正电荷，极性分子的荷电能力较中性分子大，一般来讲，湿度增大，除尘效率提高，烟气的击穿电压随湿度的增大而提高，粉尘比电阻随湿度的加大而减小。此外，水中溶解有其他物质时，导电性会增加，例如，当粉尘比电阻过大时，湿度增加，水分子黏附在粉尘上，可以降低粉尘比电阻，使反电晕不易产生，同时，烟气中水分对粉尘比电阻的影响会因其他化学物质的存在而加剧，如 SO_3 等，SO_3 借助于水分侵蚀粉尘表面，使之释放出更多的电荷载体。烟气中的 SO_2、HF 等气体呈电负性，有很强的吸引力来吸附电子产生的负离子，影响电除尘器的电晕放电特性。

B. 粉尘特性

烧结过程中使用的碱金属（Na_2O、K_2O）含量较高的矿石，造成碱性氧化物的粉尘密度小、颗粒细、比电阻高、易黏附在极板、极线上，而降低除尘效率。

烧结产生的粉尘比电阻范围很广，从 10^{-3} Ω·cm 到 10^{13} Ω·cm。对于比电阻值在 10^4 Ω·cm 以下的粉尘，称为低比电阻粉尘，其导电性比较好，当带负电的粉尘到达收尘极板后，即刻就把负电核释放出来，而随之又由收尘极板传以正电荷，由于同性电荷相斥的作用，粉尘被收尘极板所排斥，再次推回气流中，易形成二次飞扬；比电阻值在 10^{11} Ω·cm 以上的粉尘，称为高比电阻粉尘，其导电性较差，电荷黏附在粉尘颗粒上，不易逸出，当粉尘到达收尘极板后，电荷不能顺利地释放而残留在这些粉尘上，随着粉尘越积越厚，粉尘中的负电荷就越积越多，这就使得在粉尘层与极板之间形成一个越积越强的电场，最终导致电极表面的粉尘层被局部击穿，形成反电晕，造成运行电压降低、电流减小，收尘效率降低。通过设置芒刺线形状或适当增加极板间距可以有效地改善电流分布，抑制反电晕。

粉尘粒径分布对电除尘器总的除尘效率有很大的影响，这是因为荷电粉尘的驱进速度随粉尘粒径的不同而变化。

$$\omega = \frac{DE^2 a}{6\pi\mu} \tag{2-2}$$

式中：D 为与粉尘性质有关的常数；ω 为粉尘驱进速度，m/s；a 为粉尘粒半径，

cm；μ 为烟气的黏度，g/(cm·s)。

驱进速度与粒径大小成正比，除尘效率随着粉尘粒径增大而升高，对电除尘器进行的分级效率试验表明，当粉尘粒径小于 30 μm 时，电除尘器效率显著下降，而当粒径小于 10 μm 时，效率呈直线下降。烧结机头粉尘中小于 5 μm 的粉尘占 30%以上，难以捕集，同时细粉尘附着性较强，易吸附在板线上不易打落，影响除尘器性能。

C. 电场特性

电除尘器在工作时应具有良好的电场特性，故电流、电压必须匹配得当。高压供电电源是电除尘器的核心部分，电除尘器内，二次电压和二次电流的大小决定着荷电粉尘的驱进速度，输出电压越高，电场强度越高，电场对荷电粉尘的作用越大，粉尘的驱进速度也就越大，电场运行电压提高 30%，带电粒子在电场中驱进速度提高 69%，而当线电流密度由 0.4 mA/cm 增加到 0.8 mA/cm，驱进速度由 59 cm/s 增加到 112.5 cm/s。

电除尘器所用的高压供电电源技术主要包括主电路技术、高压电源控制技术和高低压集成技术。现有高压电源主要采用高频电源或三相电源来替代传统单相电源。不同高压电源的区别在于运行电压、电流（二次电压、电流）、峰值电压和功率因数等，而不同厂家的区别则主要在于控制技术。

表 2-4 所示为单相电源、三相电源和高频电源的性能比较[13]。三相电源功率因数一般在 0.85~0.95 之间，而单相电源功率因数往往较低，为 0.6~0.8。在已有的单相电源改造为三相的应用中，功率因数可以自 0.55 上升至 0.93。

表2-4　电除尘器电源性能比较

参数	单相电源	三相电源	高频电源
设计平均电压/kV	72	80	85
设计峰值电压/kV	110	82	85
电压纹波系数（满负荷）/%	50~100	<5	<1
电压纹波系数（限流、间歇）/%	50~200	2~5	100~200
平均运行电场强度/（MV/m）	0.15~0.25	0.30~0.40	0.25~0.30
对本体适应性	三相电源≈单相电源<高频电源		
对粉尘质量浓度适应性	三相电源<单相电源≈高频电源		

除供电方式外，极线配置如电极结构、布置方式等均会影响除尘器内的电场和电离电量。在捕集细颗粒物的条件下，选用能产生较大电晕电流的放电极可以克服空间电荷和电晕抑制的影响；对于板式电除尘器来说，理想的放电极间距应大约为极板间距的一半，使得任何一个放电极都能达到最佳的电晕放电情况，即电流密度达到最佳值。

D. 电极清灰

电极表面的清灰效果直接影响电除尘器电场运行参数，是电除尘器持续高效运行的重要保障。烧结机头粉尘粒径小、黏性大、露点低且成分复杂，尤其在粉尘比电阻达到 10^{12} $\Omega\cdot$cm 以上时，极板上电荷容易积累，若不及时清除，除尘效率将迅速下降，应选择振打力度较强的底部侧向振打作为主要振打方式。

3）新型电除尘技术

在原有电除尘器应用的基础上，针对电除尘器提效，目前国内已有应用的新型除尘技术还包括移动极板电除尘技术、预荷电凝并技术、高频电源技术及脉冲电源技术、湿式电除尘技术等。

A．移动极板电除尘技术

移动极板电除尘技术（moving electrode type electrostatic precipitator，MEEP）最早由日本日立工业设备技术株式会社提出，是将传统电除尘末电场的阳极板改造为可以回转的形式，并把传统的振打清灰方式改造成旋转刷清灰，其结构如图 2-13 所示，把整片阳极板分割成条状，用链条串联，阳极板在链条的牵引下运动，阳极板下部设有旋转电刷，不断把阳极板的粉尘刮落到灰斗。

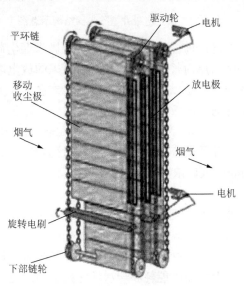

图 2-13　移动极板示意图

与固定极板相比较，移动极板电除尘技术具有清灰及时、结构紧凑、运行电耗低、适用于捕集高比电阻类粉尘及可减少二次扬尘等优点，已在国外得到大量应用，国内主要在电厂及燃煤锅炉中应用，尚未在冶金、建材等行业应用。从应用后的结果来看，采用移动板式电除尘器可以满足出口粉尘排放浓度低于 30 mg/m³[14]，目前该技术在关键部件上还存在改进的空间，技术的运行可靠性和稳定性还有待进一步提高。

B．预荷电凝并技术

粉尘预荷电是指在粉尘进入电除尘器之前通过预加电场使粉尘颗粒先带上一

部分电荷。该法有效增加粉尘的荷电量，特别适用于微小粉尘的捕集，同时预荷电还可以使粉尘颗粒发生碰撞、接触而黏附和聚合成较大颗粒的粒子发生，从而进一步增加粒子的荷电量，颗粒经异极性荷电后，被引入到加有高压电场的凝并区中，荷电尘粒在交变电场力作用下往复运动，使得离子相互碰撞，发生电凝并，颗粒粒径增长，从而有利于被捕集[15]。

日本首先将电凝并技术与常规电除尘技术相结合，提出一种新型电除尘器，专门用于高效收集烟气中的亚微米颗粒，基本结构如图 2-14 所示。

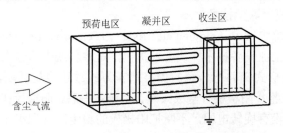

图 2-14　预荷电凝并型除尘器结构示意图

该除尘装置分三个区：前区为预荷电区，将亚微米烟尘荷电并收集较大粒径的颗粒；中区为凝并区，厚而长的高压电极代替原来的放电电极，这些电极被施加叠加了直流电压的交流电压以促进电凝并过程；末区为收尘区，收集凝并后变大的颗粒。前区和末区与常规板式电除尘器相同。

测试结果表明[16]，采用电凝并时，粒径小于 1 μm 粉尘质量减少了 20%，平均粒径增加 4 倍。在凝并区交流电压 15 kV，收尘区直流电压 30 kV；温度 60℃，粒径范围 0.06~12 μm，入口浓度 7 g/m³ 的情况下，有无电凝并的除尘效率分别为 98.1% 和 95.1%。

目前国内外电凝并技术主流研究集中在同极荷电颗粒在交变电场中的凝并、异极性荷电粉尘的库仑凝并、异极荷电颗粒在交变电场中的凝并、异极荷电颗粒在直流电场中的凝并。4 种电凝并技术中，两区式异极荷电颗粒在交变电场中的凝并效果优于三区式，但均面临能耗和一次环保投资的问题，若颗粒物比电阻较高，还需加入降低比电阻的工艺[17]。

在工程应用方面，美国 Indigo Technologies 公司提出 Indigo 电凝并器，目前已推广到工业应用，安装电凝并器后，其对 PM₂.₅ 的脱除效率可以提高 80% 左右，国内浙江菲达环保科技股份公司等也基于 Indigo 结构进行了工业试验，宝钢一烧机头应用了双极荷电凝并技术，测试结果显示新增凝并器后，电除尘器后 PM₁₀ 排放量下降 48.90%，PM₂.₅ 下降 51.94%，PM₁.₀ 下降 91.17%，总尘排放浓度下降 22.6%。

C. 新型电源技术

高压供电装置是静电除尘器的核心和保障，目前已投运的电除尘器主要采用单相电源，性价比高，但其输出电压平均值比峰值低 25%～35%，波形脉动大，工作效率低，只有 65% 左右，耗电量高[18]，在排放标准逐渐提高的情况下，大部分单相电源已不能满足环保标准的要求。三相电源相比于单相电源具有三相平衡供电、输出波形平稳、输出平均电压高、设备功率因数高等优点，能有效提高除尘效率，但其输出电压电流仍有波动，不适用于清除高比电阻的烟尘。

电除尘用三相高频供电技术是当今国际静电除尘器供电的前沿技术，三相交流输入整流为直流电源，经全桥逆变为三相交流，随后升压整流输出直流高压，三相高频开关电源的频率可达 40 kHz，相当于常规工频电源的 800 倍，其输出电压、电流接近于直线，这使得静电除尘器能够以火花发生点电压运行，提高了静电除尘器的供电电压和电流，可使粉尘排放浓度显著降低。目前国内燃煤电厂已普遍采用该技术，可实现出口粉尘浓度降低 50%，节能 80% 以上，钢铁行业也有一些应用，例如，兴澄特钢 3# 烧结机将一电场电源更换为 Alstom 的 SIR4 高频电源，实现出口粉尘浓度降低 50%，整体电耗降低 40%[19]。

脉冲电源是一种新型的电除尘器供电电源，它由基础电压和脉冲电压两部分构成，基础直流高压电源最高输出电压为 60 kV，脉冲高压电源最高输出电压 80 kV，两者叠加在一起时，最高输出电压可达 140 kV，远超原直流高压电源的输出电压。与直流高压电源相比，脉冲高压电源的功耗非常低，在实际应用中，脉冲高压电源的实际能耗通常只有几千瓦，远低于直流高压电源，目前国内已有超过 300 台脉冲高压电源在运行，主要应用于电力、冶金、建材等行业，国内更倾向于将脉冲高压电源安装在电除尘器的末电场，与前电场相比，末电场的粉尘颗粒更细，粉尘含量更低，使用直流高压电源收集这种粉尘效率较低且效果相对较差，而脉冲高压电源对这种情况则效果较好。山西太钢不锈钢股份有限公司能源动力总厂 2×300 MW 机组配套采用 2 台双室五电场电除尘器，改造前采用单相工频高压电源，烟气排放大于 50 mg/m³。改造后采用高频高压电源替代原单相工频高压电源，并在第四、五电场增加脉冲高压电源，前三电场使用针刺线，后两个电场采用螺旋线，测试结果显示，除尘器出口平均排放为 15.14 mg/m³，除尘器电源用电量也减少 32.5%。

D．湿式电除尘技术

湿式电除尘器和干式电除尘器的收尘原理相同，都是通过阴极放电使电场中的粉尘荷电后收集到阳极的收尘极，不同的是，湿式电除尘器是采用喷淋的方式在收尘板上形成连续的流动水膜，将收尘极板上捕获的粉尘冲刷到灰斗中，避免了传统振打清灰方式造成的二次扬尘，除尘效率高，运行可靠，但存在着腐蚀、污泥和污水的处理问题，适用于含尘浓度较低但对细颗粒物去除有较高要求的烟气除尘，一般在湿法脱硫后使用，去除雾化夹带出的脱硫浆液及 SO_3 等酸雾。

其技术特点主要如下：①对于亚微米大小的颗粒，包括微细颗粒物（$PM_{2.5}$）、SO_3 酸雾都有较好的收集性能；②收尘性能与粉尘特性无关，对黏性大或高比电阻粉尘能有效收集，同时也适用于处理高湿的烟气；③流动水膜清灰，避免反电晕现象，抑制二次扬尘，可靠性较高；④电除尘器内的电场气流速度较高，灰斗倾斜角减小，设备布置更紧凑；⑤电场空间的水雾对细微粉尘和有害气体有捕集作用，水雾在一定程度上提高了电场特性，增大粉尘特别是微细粉尘荷电量，进一步提高除尘效率。

湿式电除尘器在美国、欧洲、日本等发达地区及国家的大型燃煤电厂脱硫塔后及冶金、化工、制酸、造纸、煤气化等领域均有广泛应用，可实现粉尘排放浓度低于 10 mg/m³，甚至可低于 2 mg/m³。我国湿式电除尘技术发展很快，伴随电厂超低排放要求已在燃煤电力行业得到大规模应用，钢铁行业如莱钢 180 m²、450 m² 烧结机及日照钢铁 600 m² 烧结机等均安装了湿式电除尘。

从电除尘器技术的发展趋势来看，应重点从电除尘器原理方面，增强烟气的荷电、捕集和减少二次扬尘，综合运用多种技术以实现稳定达标排放：①借助计算流体动力学（computational fluid dynamics，CFD）模拟软件工具，通过对除尘器进出口导流进行模拟，优化除尘器内部流场，使除尘器的内部流场更均匀，有利于除尘器的粉尘捕集，降低二次扬尘；②在空间条件允许的情况下充分利用现有除尘器的有效空间，可在除尘器入口实施预荷电、预收尘提效、阳极导电滤槽等技术，增强除尘器的荷电与粉尘捕集；③在除尘器的末电场实施泛比电阻提效技术，在阴极系统上添加辅助电极，捕集带正电的粉尘，有效地防止电晕闭塞，提高对粉尘比电阻、粒径和浓度的适应性，提高除尘效率；④电场实施高频脉冲电源组合提效技术，增强对少部分高比电阻粉尘的荷电和捕集，更有利于稳定出口浓度排放。

4）应用情况及改进措施

烧结机机头烟气量大、湿度高、颗粒物细、粉尘比电阻高，历来是钢铁企业粉尘控制的重点和难点，2015 年前我国大多数钢铁企业电除尘器设计出口粉尘浓度为 100 mg/m³，实测 75% 的电除尘器出口粉尘排放浓度在 50～100 mg/m³，早期电除尘设计中往往未考虑烧结烟气粉尘排放特点，造成设备故障频繁、除尘效率低，加之设备腐蚀老化、本体漏风率高，除尘性能下降，近年来为满足 50 mg/m³ 以下的排放标准，大部分烧结厂电除尘器均进行了升级改造。

A．河钢唐山不锈钢有限责任公司 132 m² 烧结机电除尘器改造

河钢唐山不锈钢有限责任公司 132 m² 烧结机年产烧结矿 140 万 t，原机头烟气采用 240 m² 双室四电场电除尘器进行净化，存在除尘后排尘浓度仍不达标且烟气收集率低等问题，主要原因：一是除尘系统设备老化，漏风严重；二是四电场电除尘器处理烟尘有效停留时间短，极板极线变形严重，不能有效处理烧结机头烟气中的粉尘；三是极板过长，电除尘器顶部振打力不足，极板上半部积灰严重，影响除尘效果；四是二次扬尘严重，影响外排烟（粉）尘指标[20]。

针对上述问题，企业对第一、二电场常规极板、极线及振打机构整体换新，

完成较大颗粒粉尘的荷电及捕集；考虑到烧结机头烟气粉尘特性，高比电阻且 K、Na 含量较高，对第三、四电场的布置改变原有的常规电除尘器电场阴阳极布置形式，有效增加烧结机头烟气在除尘器内部的停留时间，增大除尘器的有效收尘面积，改善了电场内气流分布，显著提高收尘效率；对除尘器本体漏风状况进行查验处理，减少系统漏风。

2016 年 4 月系统投入运行，粉尘捕集效率显著提高，除尘器的除尘净化效率高，净化后外排烟（粉）尘由 90～120 mg/m³ 下降至 30～40 mg/m³，优于国家现行的排放标准，其改造前后的设备指标见表 2-5。

表2-5　改造工程实施前后设备指标一览表

项目	改造前	改造后
有效收尘面积/m²	17280	21190
比集尘面积/［m²/(m³/s)］	71.5	100
烟气流速/（m/s）	1	1
阳极板类型	第一、二电场 C480	第三、四电场通透型 SPCC
阴极板类型	RSB（不锈钢）	RSB（不锈钢）
设备阻力/Pa	300	300
漏风率/%	>2	≤2

B. 莱芜钢铁 265 m² 烧结机电除尘器改造

莱芜钢铁 265 m² 烧结机机头配套工艺采用 2×185 m² 三电场电除尘器，始建于 2005 年，在运行过程中存在电场工作效率不足 35%，内部极板、极线积灰较厚，芒刺尖端结球变形，电场风速过高（1.08 m/s）等诸多问题，造成粉尘排放不达标。为从根本上解决粉尘排放超标和除尘效率低的问题，在原有 185 m² 电除尘器出口新增一台 225 m² 电除尘器，将原有的 3 个电场改造为 4 个电场，提高比集尘面积；采用高压恒流电源，有效提高电除尘器运行的二次电压、电流；另外采用声波清灰装置清除积灰，防止电晕封闭现象，避免二次扬尘。

改造前后电除尘器总收尘面积增加 51%，比集尘面积由 49.39 m²/(m³·s)增加至 74.38 m²/(m³·s)，电场处理时间由 11.11 s 延长至 16.67 s，除尘器出口粉尘浓度低于 50 mg/m³。

除上述两个应用案例外，国内目前已完成的电除尘器本体提效改造所采用的主要措施还包括烟气调质、增加清灰喇叭及声波辅助清灰、内部构件改造以及增设预除尘装置等。从总体上来看，电除尘器提效改造是系统整体的工程，需要合理综合采用上述措施。

C. 武汉鄂州年产 500 万 t 球团生产线电除尘应用

国内近几年新建的大规模链算机-回转窑球团生产线均配备了电除尘器，例如，武汉鄂州年产 500 万 t 酸性氧化球团矿生产线抽风干燥（DDD 段）配备了一台 294 m² 的双室四电场电除尘器[21]，粉尘比电阻为（0.8～3）×10¹⁰ Ω·cm，含铁量高达 60%，粉尘比重大，粉尘堆积密度为 $1.8\sim1.9$ t/m³，颗粒坚硬，磨琢性很强，Na、K 含量高，颗粒黏附力强。针对球团烟尘特性，采用宽间距技术（第一电场 414 mm，第二、三、四电场 450 mm 间距），提高空间电荷量，有效提高粉尘驱进速度，阳极板采用 480 C 型极板，第一、二、三电场阴极线采用管状十齿芒刺线，增加放电电流密度，此外还对电除尘器进行保温，防止低于酸露点，设置错列对置的横向槽形板，控制末电场粉尘逃逸。表 2-6 给出了电除尘器的主要设计参数，投运后出口烟尘浓度为 45 mg/m³。

表2-6　电除尘器主要设计参数

项目	参数	项目	参数
DDD 段 EP 型号	WP294-4	处理烟气量	1054250 m³/h
入口含尘浓度	6.099 g/m³	出口含尘浓度	≤50 mg/m³
除尘器阻力	<300 Pa	除尘器本体漏风率	<3%
除尘器的室数	2	除尘器的电场数	4
电场有效高度	14.2 m	电场有效宽度	20.7 m
电场有效长度	4×4 m	比集尘面积	72.93 m²/(m³·s)
烟气流速	0.99 m/s	烟气处理时间	16.06 s
设计负压	8000 Pa	设计耐温	250℃
整流变压器规格	GCAJ02-1.2 A/72 kV/6 台 GCAJ02-1.2 A/80 kV/2 台		

2. 布袋除尘技术

1）原理、结构及分类

布袋除尘器也称为过滤式除尘器，是一种干式高效除尘器，它利用纤维编织物制作的布袋过滤元件来捕集含尘气体中的固体颗粒物，对于亚微米级的粉尘有很好的收集效果。它的除尘机理是粉尘通过滤料时产生的筛分、惯性碰撞、截留扩散、静电等作用而被捕集。

布袋除尘对尘粒的捕集机理主要包括以下六种作用：

（1）筛分作用：含尘气体通过滤料时，滤料纤维间的孔隙或附着在滤料表面粉尘间的孔隙把大于孔隙直径的粉尘分离下来，称为筛分作用。对于新滤料，由于纤维间的孔隙很大，除尘效率低，当在滤料上逐步建立粉尘层时，筛分作用逐渐加强。清灰后，由于在滤料表面及内部还残留一定粉尘，所以仍能保持比较高的除尘效率。

（2）惯性碰撞作用：当含尘气体通过滤料纤维时，气流将绕过纤维，而大于 1 μm 的尘粒由于惯性作用仍保持直线运动，离开气流流线前进，撞击到纤维上而被捕集。所有处于粉尘轨迹临界线内的大粉尘均可达到纤维表面而被捕获。粉尘粒径越大，气流流速越大，惯性作用越明显。

（3）扩散作用：当粉尘颗粒粒径在 0.2 μm 以下时，由于粉尘极为细小，由气体分子热运动使其产生的扩散，使粉尘被纤维捕集，这种扩散作用随着气流的速度降低而增大，随着粉尘粒径减小而增加。

（4）拦截作用：当含尘气流接近滤布纤维时，细小的粉尘仍随气流一起运动，若粉尘的半径大于尘粒中心到纤维表面的距离时，则粉尘因与纤维接触而被拦截。

（5）静电作用：当含尘气流通过纤维滤料时，气流摩擦使纤维和尘粒都可能带上电荷，从而增加了纤维吸附尘粒的能力，一般来说，粉尘和滤料都可能带有电荷，两者之间遵循同性相斥、异性相吸的原理。若粉尘与滤料所带电荷相反，有利于尘粒吸附在滤料上，可以提高除尘效率，但尘粒却难以清除。若粉尘与滤料所带电荷相同，情况则相反。静电效应一般在尘粒粒径小于 1 μm，气流速度很低时，才显示出来。

（6）重力沉降作用：含尘气流通过纤维层时，尘粒在重力作用下，产生脱离流线的位移而沉降到纤维表面上，这种作用只有在尘粒较大（>5 μm）时才存在。

上述各种捕集机理，对某一尘粒来说并非都同时有效，起主导作用的往往只是一种或两三种机理的联合作用。其主导作用要根据粉尘性质、滤料结构、特性及运行条件等实际情况确定。

布袋除尘包含了过滤收尘以及清灰两个过程，含尘气体通过新滤料时，粉尘阻留在滤料上，形成粉尘层/滤饼，纺织滤料本身的除尘效率不高，通常只有 50%～80%，但多孔的粉尘层具有更高的除尘效率，因而对尘粒的捕集起着更为重要的作用。针刺毡滤料的出现使布袋除尘工作原理出现了变化［图 2-15（a）］，针刺毡具有更细小、分布均匀而且有一定纵深的孔隙结构，能使尘粒深入滤料内部，有着深层过滤的作用，在不依赖粉尘层的条件下，具有较好的粉尘捕集效果。"表层过滤"是在滤料表面造成具有微细孔隙的薄层，其孔径小到可使大部分尘粒都被阻留在滤料表面，也就是说直接靠滤料的作用来捕集粉尘，如图 2-15（b）所示，表层过滤既不像纺织滤料那样依赖粉尘层的过滤作用，也不像针刺毡滤料那样让尘粒进入滤料深层，要实现表面过滤，关键是要有一种质密而又有许多微孔、易于清灰的薄膜材料。

滤袋表面的粉尘不断增加，导致压力降的不断增加，滤料孔隙变小，气流穿过的速度增加，当达到一定上限值时，会形成"针孔"，把有些已经附在滤料上的细小粉尘挤压过去使净化效率降低，此时需要对滤袋清灰。清灰的基本要求是从滤料上迅速、均匀地清落沉积的粉尘，且不损伤滤袋，同时又能保持一定的粉尘初层，并且只消耗较少的动力，否则会引起除尘效率的显著降低。布袋清灰方式一般应用较多的包括逆气流反吹清灰和脉冲喷吹清灰。

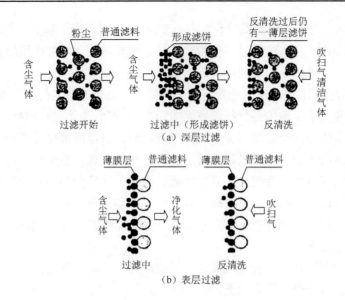

图 2-15 粉尘过滤原理

以反吹式布袋除尘为例,当烟气进入除尘器的进风口时,较大的尘粒在气流分布挡板的阻挡下坠入集灰斗,烟气进入滤袋室,经滤袋过滤后烟尘被阻挡在滤袋的外边,气体经滤袋之后由净烟气室的出风口排出,滤袋外积聚的粉尘厚度增加,当滤袋前后压差达到上限设定值时,关闭进风口,分室定位反吹机构启动,通入与过滤气流方向相反的气流,利用反吹风口的吸力,通过滤袋变形及反吹风的作用,使粉尘崩落沉降,完成清灰。而脉冲喷射式清灰过程是压缩空气在极短的时间内高速喷入滤袋,袋口设有文丘里管,可诱导数倍于喷射气流的空气进入袋中,形成空气波,使滤袋由袋口至滤袋底部产生急剧的膨胀和冲击震动造成很强的清灰作用,具体清灰过程如图 2-16 所示。

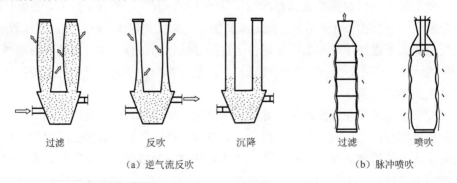

图 2-16 清灰过程

典型的布袋除尘设备有尘气室、净气室、滤袋、清灰装置、卸灰装置五部分外加输气管道、动力设备、控制设备组成(图 2-17)。其中,滤袋是布袋除尘设备的主要组成部分,布袋除尘设备的性能在很大程度上取决于滤料的性质。

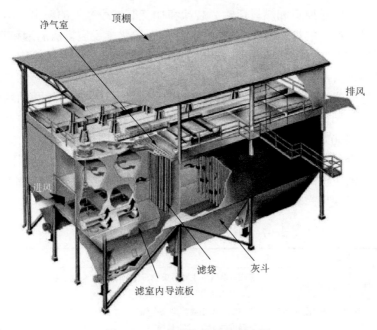

图 2-17　布袋除尘器结构示意图

　　布袋除尘器的分类一般根据清灰方法和结构特点两方面来进行划分，根据清灰方法的不同，布袋除尘器可分为机械振动类、分室反吹类、喷嘴反吹类和脉冲喷吹类，其中机械振动会影响布袋滤袋的寿命，一般使用得较少；根据结构特点可分为上进风式、下进风式和侧进风式，圆袋式和扁袋式，吸入式和压入式，内滤式和外滤式，密闭式和敞开式，目前钢铁行业常用的主要为脉冲清灰布袋除尘器。

　　2）钢铁行业布袋除尘滤料选择

　　滤料为布袋除尘器最关键的组成部分，其造价占设备 10%～15%，是布袋除尘器发展和推广应用的核心。

　　根据使用环境，布袋滤料可分为常温型和高温型滤料，常温型滤料一般在≤130℃的环境下使用，一般是涤纶布袋，比较常见的有：涤纶针刺毡、防静电涤纶针刺毡、拒水防油针刺毡、208 涤纶机织布、729 涤纶机织布、易清灰涤纶针刺毡、涤纶覆膜针刺毡。

　　高温型布袋滤料可以耐受 200℃以上的高温，用于高温、高湿条件下的布袋滤料需要采用拒油防水处理剂进行表面处理，用于含有酸碱性、腐蚀性气体的布袋需要复合耐酸碱性、耐腐蚀性材料。高温类布袋滤料比较常见的有：美塔斯针刺毡、氟美斯、玻纤针刺毡、PPS 耐酸碱针刺毡、P84 针刺毡、玻璃纤维机织布等。

　　布袋除尘在钢铁行业的应用非常广泛，过滤材料的选取主要与工艺工程产生的烟尘性质有很大关系[22]。钢铁生产过程中排放的烟尘和气体按照性质大体可分为三类：第一类是原料和燃料运输、装卸和加工等过程产生的粉尘；第二类是燃料在炉中燃烧产生的烟尘；第三类是生产工艺中的化学反应排放的烟和有害气体，如焦化、冶炼和钢材酸洗等过程中产生的烟和有害气体。三类污染物的工艺场合中所用滤料均有不同的要求，第一类粉尘工况温度为常温，不含易燃易爆气体和粉尘，可选用常温滤料聚酯针刺毡或防静电针刺毡，粉尘磨琢性强的场合需采用聚酯缎纹机织圆筒布。第二、三类烟尘和气体如果含有可燃易爆气体且冷却后烟气温度低于 200℃时，可选用聚酰亚胺和超细玻璃纤维复合针刺毡，如果不含可燃易爆气体烟气温度低于 160℃时，可选用聚苯硫醚复合针刺毡滤料或芳纶针刺毡滤料，常温工况时根据具体粉尘性质选用聚酯针刺毡或覆膜聚酯针刺毡或抗静电针刺毡。钢铁生产典型工序滤料选用要求总结见表 2-7。

表2-7　钢铁生产典型工序滤料选用要求

滤料	适用条件	工序
抗静电聚酯覆膜针刺毡滤料	装煤，烟气中主要污染物有焦油、荒煤气、煤尘、苯系物等，烟尘温度为常温	焦化
覆膜抗静电聚脂针刺毡或覆膜抗静电聚酯机织布	拦焦烟气中主要污染物有焦粉，并含有少量焦油雾及苯系物，烟气温度为 150~200℃	
聚酯缎纹机织圆筒布	熄焦，控制混合烟气在 120℃以下	
丙烯腈均聚体纤维滤料、高强度聚酯针刺毡或聚苯硫醚滤料	机尾，粉尘成分：含铁和 CaO 约 10%，烟气温度：80~200℃，烟气含湿量较低	烧结
	机头烟气温度：正常为 80~150℃，最高为 190~200℃，烟气含湿量：8%~10%	
高强度耐磨型滤料如聚酯筒形机织布（729）	成品配料粉尘属破碎型多棱角状，磨琢性强，大都为常温低湿工况	
P84 和超细玻璃纤维复合针刺毡	高炉煤气成分：CO、H_2，煤气温度：正常工况下 150~300℃。炉顶荒煤气属于高温、高压、有毒、可燃、易爆气体	炼铁
覆膜涤纶针刺毡	出铁场含铁尘成分：FeO、Fe_2O_3 及少量 SiO_2、Al_2O_3、C、S 等，烟气温度 60~100℃。	
	混铁炉烟尘成分：C、TFe	
聚酯缎纹筒形织物 729 或 729 覆膜聚酯覆膜毡或聚酯针刺毡	转炉烟尘成分：FeO、Fe_2O_3 和石墨粉，烟气温度：100~230℃	炼钢
	电炉，冷却后烟气温度低于 100℃	
波浪形塑烧板	热轧精轧烟尘成分：FeO、Fe_2O_3，其余微量，粉尘含水、油、水蒸气和油雾，粉尘为湿黏状	轧钢
覆膜芳纶针刺毡或玻纤机织布覆膜	石灰窑粉尘主要成分：CaO、$CaCO_3$，性状：亲水性、黏结性，烟气温度 150~200℃	石灰窑

3）滤料过滤效率影响因素

布袋滤料的过滤效率直接影响布袋的除尘效率，影响滤料过滤效率的主要因素包括滤料的阻力特性、除尘器的结构形式、气流分布及烟气特性[23]。

滤料的阻力特性对过滤和清灰影响较大，滤袋的孔隙率越大，透气性能越好，过滤的阻力损失越小，这时的清灰效率并不高，滤袋的捕集效率与滤料纤维的细度、粉尘性质、气流形式、过滤速度等多种因素有关，滤料的粉尘层厚度对布袋除尘器的阻力特性有重要作用，滤料的粉尘层厚度有利于提高清灰效率和过滤效率，粉尘层的作用可以表征为阻力特性。尽管滤料过滤阻力和捕集效率没有严格的对应关系，但是一般可认为滤料的阻力越高，过滤效率越高。同时，过滤速度决定过滤阻力，为了实现较好的过滤效率和较均匀的清灰效率，降低过滤速度和提高布袋除尘器袋室内的流场均匀性有重要意义。

布袋除尘器内的气流不均，容易造成滤袋的局部区域过滤速度过大，影响滤料的使用寿命。研究表明袋室内的流场分布主要与进气方式和布袋除尘器的几何布置有关，经测定布袋除尘器的进口速度可达 10 m/s 以上，有效地均匀布气和降低滤袋内的气流速度是优化布袋除尘器结构设计的重要手段。

当布袋除尘器的袋室内的流场均匀时，沿滤袋外表面的速度分布相差较小，基本维持在 30%以内，实际的应用中可能略大。从滤料的角度来说，滤料均一性（厚度、阻力特性、孔隙率等）对构造合理的均匀气流场有利，实际的滤料生产中，改进工艺也须从这个方面着手。

从布袋除尘器设备方面考虑，布袋除尘器内部气流场的改进主要对含尘气流的进气、出口方式进行优化。优化原则：促使烟气流动顺畅、平缓；使烟气流动流程短，局部阻力小；引导气流自上而下的进入滤袋空间，促进粉尘沉降；避免含尘气流对滤袋的直接冲刷；设置导流板和流动通道，组织气流向滤袋仓室均匀输送和分配；控制关键部位的气流速度，包括滤袋迎风速度、袋底水平流速、过滤空间上升流速、烟气通道内的流速。尽量保持各灰斗存灰量均匀，避免灰斗空间产生涡流，消除粉尘二次飞扬等。

从布袋的布置结构上考虑，传统的布袋布置为顺排的方式。布袋间的间距尤为重要，目前的布袋长度多为 5～8 m 且为外滤式，一般在花板上固定，袋口处的安装误差可能使滤袋倾斜，滤袋底部很容易相互间摩擦损坏，因此布袋需保证一定的间距。同时，目前应用较多的反吹清灰、脉冲清灰等清灰方式，较小的布袋直径便可在袋内产生较大的清灰压力。例如，将滤袋直径从 150 mm（滤袋间间距为 200×200 mm）变为 115 mm（滤袋间距 200×175 mm）时，前者滤袋排列方式外开放面积为 55.84%，后者达到 70.3%。在相同的气体流量下，开放空间上升气流速度降低，从而减少"二次扬尘"，减少积存在滤袋上的粉尘，降低除尘器的系统阻力。但是将滤袋缩小会增大布袋除尘器的设备容量。常用的布袋直径一般为 120～150 mm，建议在场地较大或者条件允许的范围内可以优先考虑直径较小的布袋。

一般的滤料压力损失只要在 300 Pa 以上，基本上就可以满足过滤效率，除尘器的设备阻力、烟尘特性阻力（粉尘的黏性、温度和黏结性等）对过滤阻力影响较大，目前的设备设计中，通过改进进气方式和除尘器的结构参数能有效地减少除尘器的运行阻力，是最常用的两种优化方式。

4）滤料对细颗粒物捕集性能

钢铁冶金粉尘粒度细，相比于电除尘器，布袋除尘器对细颗粒物的捕集效率较高，是实现工业烟气微细粒子捕集的最有效方式。

常用布袋滤袋对 $PM_{1.0}$、$PM_{2.5}$ 和 PM_{10} 的过滤效率如表 2-8 所示，6 种滤料对细颗粒物的捕集效率相差较大，尤其是对 $PM_{1.0}$ 和 $PM_{2.5}$，除涤纶针刺毡外，其他滤料对 PM_{10} 的过滤效率均在 95% 以上，$PM_{2.5}$ 的过滤效率在 72.23%～95.45%，而 $PM_{1.0}$ 的过滤效率仅为 40.12%～83.17%，覆膜玻纤针刺毡对三种细颗粒物的过滤效果最高，表明常规的滤料尽管对总颗粒物的过滤效率很高，但对细颗粒的过滤效率较低。

表2-8　常用滤料分粒径捕集效率（按质量分数计算，%）

粒径级别	$PM_{1.0}$	$PM_{2.5}$	PM_{10}
涤纶针刺毡	45.67	72.73	92.31
PPS 针刺毡	41.35	92.86	98.28
PPS 水刺毡	40.12	91.61	98.10
聚酰亚胺针刺毡	72.96	88.24	97.24
覆膜玻纤针刺毡	83.17	95.45	99.34
覆膜玻纤机织布	77.23	92.31	99.13

针对 PM_{10} 的捕集，纤维滤料的选择应遵循以下原则：纤维应选择较细、较短卷曲型、不规则端面型；结构以针刺毡为优，如用织物应用斜纹织，或表面进行拉毛处理。针对细颗粒物 $PM_{2.5}$ 等的捕集，粗细混合棉絮层、具有密度梯度的针刺毡及表面喷涂、浸渍或覆膜等技术是纤维滤料的新发展方向。研究表明，过滤材料的纤维直径越小，单位体积中的纤维越多，孔径越小越密，对微细粉尘的捕集能力越强，滤料阻力越低。因此，为捕集 $PM_{2.5}$ 等细颗粒物，提高滤料过滤效率的核心在于增加滤料接尘面的致密度，减小单纤维直径，新型滤料如基于三叶型纤维的滤料、基于海岛纤维的滤料、水刺加工滤料、纺黏一体型滤料等逐渐开始应用。

5）应用情况

A. 马鞍山益丰钢铁 38 m² 烧结机机头布袋除尘[24]

烧结机机头烟气温度一般为 130～150℃，对于机头电除尘器来说，100～160℃均可以正常生产，但是机头烟气中含有 SO_2，其浓度在 100～1100 mg/m³ 范围内，通常为 500～900 mg/m³，酸露点温度约 110℃，这就要求机头烟气温度必须控制在 120℃以上，布袋除尘器运行温度也必须控制在 120～150℃范围内，而烧结机头除尘采用布袋除尘器的关键是解决烧结机启运时，烟气温度为 50～60℃，烟气湿度在较长的一段时间的除尘与结露问题，在烧结机停运时，除尘器内部的烟气温度接近室外温度，吸附在滤袋上的粉尘中含有较多碱金属，吸湿性强，因温度达到露点温度而在滤袋上发生潮解，当烧结机正常运行，烟气温度超过 100℃时，滤袋表面粉饼中的水分蒸发，粉饼则固结在滤袋上，使滤料的孔隙被堵塞，因此烧结机机头采用的布袋除尘器通常在电除尘器或旋风分离器下游，在作为单独设备使用时，欧洲等国家一般会在布袋除尘前注入熟石灰或碳酸氢钠去除酸性气体，加入吸附剂去除二噁英等，所有粉尘、炭/焦炭和未反应的原燃料和反应产物用布袋除尘器滤去，除尘灰再次循环到废气中以增加吸附效率，如图 2-18 所示。

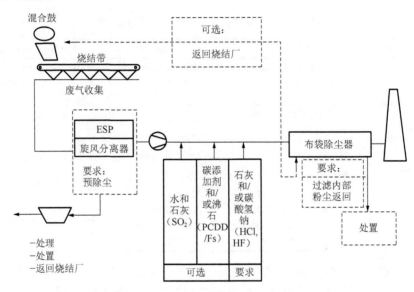

图 2-18　静电除尘或旋风分离器下游布袋除尘器工艺流程

马鞍山益丰钢铁公司 38 m² 烧结机在国内较早采用布袋除尘对烧结机机头粉尘进行控制，最初由于烧结工艺与除尘工艺未能匹配，造成烟温低、壳体腐蚀严重、除尘效果不好，于 2012 年进行技术改造。在布袋除尘器的入口管道上设置了旁通除尘系统，当烟气温度达到正常温度（120～150℃）后，再开启布袋除尘系统阀门，关闭旁通离心除尘系统阀门，使布袋除尘器进入正常工作状态。另外在烧结机停运时，布袋除尘器内部温度下降至室外温度，为防止烟气中 SO_2 和水蒸气对设备金属结构的腐蚀，在除尘器入口管道上设置喷吹 CaO 细粉对烟气进行脱硫，消除腐蚀现象，最终实现设备的稳定运行。

受烧结机机头烟气中碱金属、SO_2 及烟气湿度的影响，国内大部分烧结机机头采用电除尘，除尘后经湿法喷淋脱硫可脱除一部分粉尘，在仍未满足排放标准的情况下，一般采取电除尘器进行提效改造或对湿法脱硫除雾器进行改造的措施电除尘后采用半干法脱硫，一般会通过布袋除尘器进行再次除尘，此时布袋入口

粉尘及 SO_2 浓度较低，可有效减少布袋过滤阻力、过滤面积及设备腐蚀，粉尘排放浓度可控制在 30 mg/m^3 以下。

B. 湘钢 180 m^2 烧结机机尾电除尘改布袋除尘应用[25]

湘钢 180 m^2 烧结机于 2004 年建成投产，烧结机尾采用 178 m^2 三电场电除尘器，设计排放浓度 100 mg/m^3。近几年来电除尘器振打效果变差，阴极线积灰严重，除尘效率下降，颗粒物排放浓度高达 150 mg/m^3，已不能满足国家新的排放标准要求，2012 年湘钢对烧结机尾电除尘器进行技术改造，所提出的改造方案如表 2-9 所示。

表2-9 180 m^2 烧结机尾除尘技术改造方案对比

比较内容	电除尘器改造	电袋除尘器	阻火器+布袋除尘器
主要改造内容	三电场改成四电场除尘器，顶部振打改为侧部振打	改造成电袋除尘器，风机电机更换	增设阻火器，电除尘器改布袋除尘器，风机电机更换
排放浓度/（mg/m^3）	<40	<20	<20
除尘效率/%	99.6	99.8	99.8
设备阻力/Pa	350	1500	1700
总图布置	延长一跨约 5 m	延长一跨约 5 m	延长一跨约 5 m
投资/万元	500	700	700
改造工期/d	40	55	55
操作维护	每季进电场清灰，劳动条件较差，阴板线掉线需要烧结机停机 4 h 以上检修处理	操作要求较高，同时掌握电除尘和布袋除尘知识技能	操作较简单，可实现在线更换布袋

综合比较，湘钢采用阻火器+布袋除尘器的方案进行改造，布袋除尘器主要参数包括：处理风量 580000 m^3/h，过滤面积 11000 m^2，箱体及灰斗数量 16 个，除尘器阻力 1400 Pa，出口浓度<20 mg/m^3，设备耐压−7000 Pa。在烧结机尾布袋除尘器结构设计上增加中箱体高度，形成缓冲沉降区，避免滤袋底部直接冲刷，烟气入口温度在 80~100℃之间，选用涤纶覆膜针刺毡滤料，改造后烧结机机尾粉尘排放浓度降低至 20 mg/m^3 以内，周边环境得到较大改善，年平均减排粉尘 432 t。

3. 电袋复合除尘技术

1）原理及结构

电袋复合除尘器是集合电除尘器和袋除尘器的优点而开发的一种新型除尘装置，是电除尘器与布袋除尘器的组合。它的工作原理是：含尘烟气经过气流分布板的作用均匀地进入电除尘部分，在收尘电场的作用下大部分粉尘荷电，并在电场力作用下向收尘极移动并在收尘板上去除带电性和沉积；经过电除尘处理后含有少量粉尘的烟气少部分通过多孔板进入袋收尘区，大部分烟气向下部，然后由下而上地进入袋除尘区，粉尘被阻留在滤袋表面上，经过电除尘与布袋除尘的纯净烟气经提升阀进入烟道排出。粉尘荷电后再经布袋除尘器过滤，可以改变滤袋表面的滤饼结构和物理性质，粉尘荷电所形成的滤饼呈多孔、疏松的海绵体状，与普通的粉尘滤饼相比，具有透气性强、阻力低、净化效率高的特点，粉尘层过滤阻力降低，清灰次数减少，滤料寿命延长，细颗粒物的过滤效率提高。

电袋复合除尘机理包括静电除尘机理和过滤捕集机理，核心主要在于荷电粉尘的过滤机理，吸附在滤袋表面的粉尘层是由大部分带负电的粉尘组成，带相同电荷的粉尘相互排斥，使该粉尘层结构疏松，减少粉尘层的阻力，减少微细粉尘的穿透。同时这些负电粉尘层形成电场，产生一定的电场强度，这些电场使粉尘发生极化、电泳，形成粉尘链，从而提高微细粉尘的捕集效率[26]。

电袋复合除尘器按组合形式大致可分为以下三种：

A. 前电后袋式电袋复合除尘器

前电后袋式电袋复合除尘器是采用前电后袋式有机地串联成一体的复合除尘技术。根据前部电场所起的作用，又可分为常规电袋复合除尘器和预荷电布袋除尘器。常规电袋复合除尘器的高压电场可收集高浓度粉尘（80%以上），进入后级布袋除尘器时，不仅粉尘浓度大为降低，且前级的荷电效应又提高了粉尘在滤袋上的过滤特性，使滤袋的透气性能和清灰性能得到明显改善，使用寿命大大提高。常规电袋复合除尘器由美国电力研究所在 20 世纪 90 年代初开发，命名为COHPAC 型。根据电除尘器与布袋除尘器的连接方式，它又有分体式（COHPACⅠ型）与一体式（COHPACHⅡ型）。L. Canadas 等在实验室的测试表明这种除尘器的效率达到 99.9%，前场电除尘器的运行可以有效减小后级袋除尘器的阻力损失，同时还能减少清灰周期，提高滤袋的使用寿命。2000 年后，国内如龙净环保、菲达环保等，也纷纷引进该技术，并根据行业烟气特性进行二次开发，主体结构如图 2-19 所示。预荷电布袋除尘器的电场区短小，仅有荷电作用，颗粒物主要通过滤料捕集，但荷电粉尘层的阻力大大降低，目前国内中钢天澄环保公司的工业应用较多。

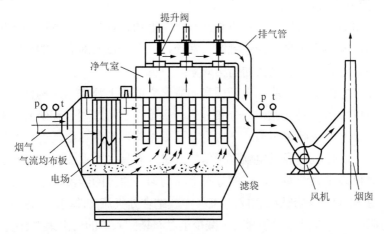

图 2-19　串联式电袋复合除尘系统结构示意图及气流分布情况

前电后袋式电袋复合除尘器便于对原有的电除尘器进行改造，在电除尘器第一、二级电场的基础上，拆除后面的电场，改用除尘效率更高的布袋除尘设备，既可以降低项目的改造成本，又能有效地去除 $PM_{2.5}$ 微细颗粒物，且系统的运营成本相对较低[27]。此外，在电场区和布袋区之间注入吸附剂还可以协同去除二噁英和汞等污染物。

B. 嵌入式电袋复合除尘器

嵌入式电袋复合除尘器（advanced hybrid particulate collector）由美国能源环境研究中心开发，实现了两种除尘器的真正混合。其中，滤袋的两侧布置了多孔板，该多孔板也就是电除尘器的集尘极。烟气在到达滤袋前，首先要流经多孔板，大量粉尘在到达滤袋前被多孔板除去。在滤袋清灰时剥离滤袋表面的粉尘再次为集尘极捕获。很显然这种形式的电袋除尘器结构复杂，面临电极放电对滤袋的影响、滤袋更换、电极与滤袋嵌入结构布置等问题。至今对于气流分布仍未能提出较完善的方案。2002 年此种形式的除尘器在美国 Big Stone 燃煤电厂的 450 MW 机组上投运，但清灰频繁，设备阻力偏高，到现在仍需要进行不断的改造。近年来清华大学在嵌入式电袋复合除尘器的捕集机理和结构优化方面进行了大量研究工作，但目前尚未在国内进行工程示范[28]。

C. 静电激发式电袋复合除尘器

静电激发式电袋复合除尘器将滤袋作为电场的阳极板，同时具有过滤作用，而电晕放电极布置在滤袋之间。该技术大大缩小了电袋复合除尘器的占地面积，但滤袋的导电性、放电产生的电火花对滤袋的损伤等是该技术的难点所在。国内景弘环保与武汉大学联合开发的静电激发式电袋复合除尘器，研发了一种导电滤料，初步解决了上述难题，并开展小规模工业应用。

2）气流分布技术

工业应用的"前电后袋"式电袋复合除尘器内，烟气在电场区和布袋区的气流流向不同，容易产生高、低速度区，涡流，死角，以及对布袋的直接冲刷等问题，显著降低电袋复合除尘器的捕集效率。

为保障良好的除尘性能，电场区和布袋区之间需要添加导流构件，使气流分布均匀，可以采用"斜气流"的分布方式。中国科学院过程工程研究所发明的复合内构件，上方为百叶窗结构，下方为多孔板结构，布置在电场区和布袋区之间的垂直断面上，使气流通过电场区后斜向下进入布袋区，避免对前排布袋的直接冲刷，同时使该垂直断面上的速度分布更加均匀，通过除尘器内 XY 方向速度云图显示（图 2-20），导流板的加入改变了电袋结合处气流的流向，使速度分布趋于均匀，可明显看出低流速面积增大，减少了对布袋区入口的局部集中直接冲击[29]。

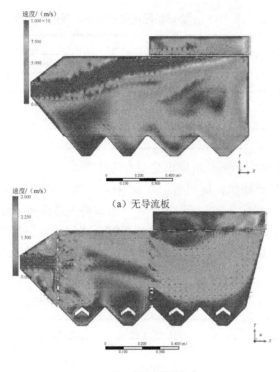

（a）无导流板

（b）多导流构件组合

图 2-20　电袋复合除尘器内流场模拟结果（*XY* 方向速度云图）

3）应用情况

A. 莱芜分公司炼铁厂 105 m² 烧结机尾电袋复合除尘[30]

电袋复合除尘器一般用于烧结机机尾和整粒电除尘的改造，莱芜分公司炼铁厂 105 m² 烧结机原配套 76 m² 单室三电场静电除尘器，原设计烟尘排放标准 150 mg/m³，烟气处理量 218880～359000 m³/h，除尘器设备老化，不能满足国家现行排放标准，为此对其进行改造，在烧结机机尾使用电袋复合除尘器，利用电除尘单元将烟气中 10 μm 以上粉尘颗粒除掉 70% 以上，含尘浓度控制在 10 g/m³ 以下，然后再利用布袋除尘单元对剩余粉尘进行脱除，将总排放浓度控制在 30 mg/m³ 以下，运行后经检测粉尘排放浓度为 15.6 mg /m³。

具体改造过程是将原有配置电除尘器本体及输灰系统整体拆除，原有基础部分校核加固后利旧使用，风机系统整体更换，选用高强型聚酯针刺毡滤料，电除尘单元采用挠臂振打除尘装置对极板极线进行清灰，布袋除尘单元每一单元净气室顶部设一个气动盘式停风阀，采用脉冲喷吹方式进行离线清灰。

表 2-10 为电袋复合除尘器运行参数，除尘效率达到 99.9% 以上，改造后的风机风量为 360000 m³/h，电耗下降 60%，年平均减少粉尘排放 540 t。

表2-10　105 m²烧结机尾电袋复合除尘器运行参数

项目	入口温度/℃	系统阻力/kPa	过滤风速/（m/s）	
			电除尘单元	布袋除尘单元
参数	≤130	≤1.3	0.84	0.96
静态漏风率	脉冲/s			
	室间隔	脉冲间隔	脉冲宽度	清灰间隔
≤2%	20	10	0.3	144000

B．天津钢铁 265 m² 烧结机尾电袋复合除尘[31]

天津钢铁 265 m² 烧结机尾原有 180 m² 电除尘器，处理风量为 638000 m³/h，烟气温度≤200℃，粉尘进口浓度 12 g/m³，出口粉尘浓度按 100 mg/m³ 设计，为满足特别排放限值 20 mg/m³，结合具体情况综合比较了电袋除尘和布袋除尘，从改造内容、投资、运行费用等方面进行比较（表 2-11），提出采用电袋复合除尘器进行改造。

表2-11　265 m²烧结机尾电除尘改造方案及费用比较

1．改造方案		
改造内容	电袋复合除尘器方案	脉冲布袋除尘器方案
风量	638000 m³/h	638000 m³/h
系统全压	5000 Pa	5000 Pa
风机	更换风机叶轮	更换风机叶轮
电机	利旧，无需改造	利旧，无需改造
输灰	利旧，无需改造	利旧，无需改造
电气	保留第一电场高压电源	全部拆除高压电源
控制	保留输灰控制	保留输灰控制
	新增布袋 PLC 控制	新增布袋 PLC 控制
土建	校核基础	校核基础
管路系统	增加压缩空气管路	增加压缩空气管路
布袋过滤面积	9600 m²	12500 m²
原电除尘器	拆除第二、三电场内部件	全部拆除电场内部件
2．改造投资/万元		
除尘器改造	300	370
风机叶轮	45	45
电气	20	20
管路系统	2	2
原有管路优化	20	20
合计	387	457

续表

3．改造后运行费用		
电机装机功率	1600 kW	1600 kW
电除尘	60（第一电场耗电）kW	0
功率合计	1660 kW	1600 kW
吨烧结矿电耗	4.2 kW·h/t 烧结矿	4.1 kW·h/t 烧结矿
年运行电费	760 万元	745 万元
布袋面积	9600 m²	12500 m²
年维修费	76.8 万元	100 万元

注：年运行费按装机功率的 0.9 计算功耗，年产烧结矿 280 万 t，电费 0.65 元/（kW·h），高温滤料按 120 元/m² 计算，滤料正常使用寿命为 1.5 年

综上所述，电袋复合式除尘器的改造一次性投资要比长袋脉冲布袋低很多，虽然年运行电费较脉冲布袋除尘器略高，但布袋更换费用也要低，考虑到烧结机尾的烟尘温度较高，粉尘磨琢性大，含尘浓度大（5～15 g/m³），采用一电二袋复合式除尘器可以利用第一电场处理掉大颗粒，减小后区滤袋负荷，延长清灰周期，满足排放限值。

2.3　二氧化硫控制技术

2.3.1　低硫原燃料等源头控制技术

烧结和球团烟气中二氧化硫均来源于矿石和燃料，以烧结工序为例，生产 1 t 烧结矿，烧结烟气中 SO_2 浓度（mg/m³）计算如下[32]：

$$C_{烟气}=2×(S_{矿石}+S_{燃料}+S_{熔剂}+S_{返矿}+S_{附加物}+S_{煤气}-S_{烧结矿})/Q_{烟气} \quad (2-3)$$

式中各符号说明如下表所示，"2"表示 SO_2 的摩尔质量（64 g/mol）与 S 的摩尔质量（32 g/mol）之比。

符号	单位	含义
$C_{烟气}$	10^6mg/m³	烧结烟气中 SO_2 浓度
$S_{矿石}$	kg/t 烧结矿	原料铁矿石含硫量
$S_{燃料}$	kg/t 烧结矿	固体燃料（焦粉、无烟煤等）含硫量
$S_{熔剂}$	kg/t 烧结矿	熔剂（石灰石、生石灰等）含硫量
$S_{返矿}$	kg/t 烧结矿	烧结返矿含硫量
$S_{附加物}$	kg/t 烧结矿	附加物（高炉炉尘、转炉钢渣等）含硫量
$S_{煤气}$	kg/t 烧结矿	点火煤气中含硫量
$S_{烧结矿}$	kg/t 烧结矿	成品烧结矿中含硫量
$Q_{烟气}$	m³/t 烧结矿	1 t 烧结矿产生的烟气量

根据上述公式，要降低烟气中二氧化硫含量可采取的措施主要包括降低烧结原燃料含硫量和增加烧结矿含硫量。

1. 降低烧结原燃料含硫量

1）选用低硫铁矿石

在成本控制和炉料性能稳定的前提下，增加低硫进口铁矿石的配比，有利于二氧化硫减排。含铁原料单耗 850～950 kg/t 烧结矿，进口铁矿粉的含硫率平均为 0.01%～0.04%，国产铁矿粉的含硫率平均为 0.1%～0.7%。根据烧结原料用量和含硫率可知，铁精矿用量大、含硫率较高，占原料总含硫量 70%～80%，因含铁原料在生产 1 t 烧结矿为基准时用量最大，应尽可能选用低硫铁矿石，降低含铁原料含硫率。

2）降低含硫高的烧结附加物使用量

附加物单耗 20～30 kg/t 烧结矿，含硫率平均为 0.02%左右。在采用转炉渣、转炉污泥、硫酸渣等作烧结附加物时应充分考虑回收经济性和脱硫成本对比。未采取脱硫装置时，以不添加硫酸渣、转炉渣、转炉污泥等含硫高的附加物为宜。

3）降低固体燃料用量

固体燃料单耗 40～55 kg/t 烧结矿，含硫率平均为 0.5%～0.75%。采用焦粉替代无烟煤，可降低固体燃料用量，同时降低固体燃料的含硫率。采用低硫铁矿石，燃料含硫量占原料总含硫量 60%左右。烧结采用厚料层、热风烧结等技术降低固体燃料用量。

4）降低熔剂（石灰石、白云石、生石灰）含硫量

熔剂单耗 100～180 kg/t 烧结矿，含硫率平均为 0.02%～0.04%，生石灰替代石灰石可降低熔剂用量，同时可降低固体燃料消耗。

欧盟钢铁行业烧结工序通过降低原料中的硫含量（利用含硫分低的焦粉，减少焦粉的消耗量，利用含硫分低的铁矿石作为原料），可以使二氧化硫排放浓度小于 500 mg/m³。

2. 增加烧结矿含硫量

1）提高烧结矿碱度

因高炉渣碱度一般在 1.1～1.2 倍，适当提高球团配比，提高烧结矿碱度，同时也可提高烧结矿强度，减少返矿量，有利于减少烧结烟气中二氧化硫的排放。

2）采用烧结固硫剂

采用高活性石灰等烧结固硫剂，可使多数硫以硫化钙形式固结在烧结矿中，减少外排烟气中二氧化硫的浓度。

2.3.2 烧结（球团）烟气脱硫技术

1. 烟气脱硫技术应用现状

为满足 200 mg/m³ 的排放标准，大部分烧结机和球团设备还需要通过烟气脱硫的方法控制二氧化硫，与燃煤电厂烟气不同，烧结（球团）烟气具有成分复杂、气量波动大、温度波动大、含水量大、含氧量高的特点，使得燃煤电厂成熟运行的脱硫技术无法简单转移到钢铁行业。受工艺、烟气排放等特点的影响，钢铁行业脱硫技术种类繁多，按国内外钢铁行业已应用的烟气脱硫技术可大致分为湿法、半干法和干法脱硫技术，如图 2-21 所示。

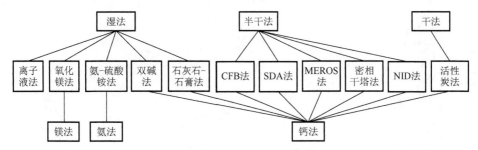

图 2-21　烧结（球团）烟气脱硫技术分类

目前，国内钢铁企业采用的烟气脱硫技术主要有石灰石-石膏法、氨法、氧化镁法、双碱法等湿法技术，循环流化床（CFB）法、旋转喷雾干燥（SDA）法等半干法，活性炭法等干法技术，其中应用石灰石-石膏法的主要有宝钢、梅钢、湘钢等，应用氨法的主要有柳钢、邢钢、南钢、日钢、昆钢等，应用循环流化床法的主要有三钢、梅钢、邯钢等，应用旋转喷雾干燥法的主要有沙钢、济钢、鞍钢、泰钢等，应用活性炭法的有太钢、宝钢、邯钢等，应用新型脱硫除尘一体化（NID）法的有武钢等，应用再生胺法的有莱钢，应用离子液体法的有攀钢，应用双碱法的有广钢等。其他脱硫技术，如转炉渣吸收法、密相干塔法、ENS 半干法等在烧结烟气脱硫中也有应用。

根据 2014 年环境保护部发布的《全国投运钢铁烧结机脱硫设施清单》和《全国投运钢铁球团脱硫设施清单》，全国已投运的烧结机脱硫设施共有 526 台，烧结机总面积 8.7 万 m^2，球团脱硫设施共有 39 台，年生产能力为 1939 万 t。

90 m^2 以上烧结机所采用的脱硫工艺及投运台数如图 2-22 所示，从图中来看，湿法工艺占比 80%，半干法和干法工艺占比 19.5%，其中湿法前三的工艺为石灰石-石膏法、氨法和氧化镁法，占比分别为 59.8%、9.8% 和 6.7%，半干法前三的工艺为循环流化床法、旋转喷雾干燥法和 NID 法，占比分别为 7.8%、4.3% 和 0.7%。

在已投运脱硫设施的 526 台烧结机中，90 m^2 以下的烧结机台数为 130 台，占比 24.7%，90～180 m^2 烧结机为 243 台，占比 46.2%，180～360 m^2 烧结机台数为 135 台，占比 25.7%，360 m^2 以上烧结机为 18 台，占比 3.4%，"十二五"时期钢铁行业 90 m^2 以下烧结机已基本全部淘汰，全国烧结机面积大部分位于 90～360 m^2 之间，而未来新建烧结机将向大型化方向发展[33]；从不同面积烧结机投运的脱硫设施来看（图 2-23），360 m^2 以下的烧结机大多选用湿法脱硫工艺，而随着烧结机面积的增加，半干法投运比例从 12% 增加到 56%，干法增加至 11%，考虑到未来烧结机发展的趋势，干法和半干法脱硫工艺的应用比例将会进一步增加。

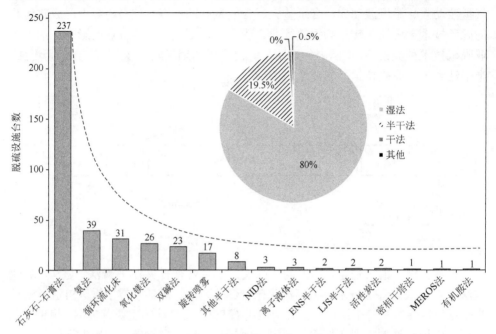

图 2-22 烧结机烟气脱硫工艺投运情况

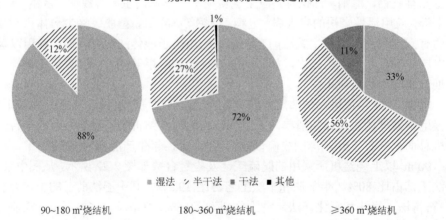

90~180 m²烧结机   180~360 m²烧结机   ≥360 m²烧结机

图 2-23 不同面积烧结机脱硫设施投运情况

从已投运的 39 台球团脱硫装置来看（图 2-24），湿法工艺占比近 95%，其中石灰石-石膏法为 17 台，占比 43.6%，双碱法为 9 台，占比 23.1%，碱液喷淋法为 7 台，占比 17.9%，从已投运的球团设备产能分布来看，10 t/a 以下的球团设备占比 39%，10～60 t/a 为 32%，60～100 t/a 为 5%，100～200 t/a 为 22%，200 t/a 以上占比仅为2%,而从近几年我国新上的球团生产线来看,生产规模大部分在200 t/a 以上，工业和信息化部发布的《部分工业行业淘汰落后生产工艺装备和产品指导目录（2010 年）》中明确要求 8 m² 以下球团竖炉淘汰，新建大规模球团设备应配套建设脱硫设施。

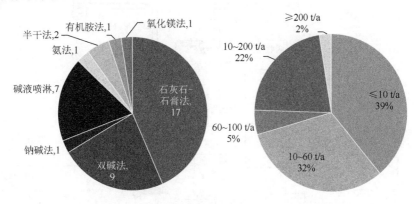

图 2-24 球团烟气脱硫工艺投运及产能分布情况

2．烟气脱硫技术及工程应用

1）石灰石-石膏法脱硫技术

石灰石-石膏法[34]采用石灰石粉制成浆液作为脱硫吸收剂，进入吸收塔与烟气接触混合，浆液中的碳酸钙（$CaCO_3$）与烟气中的 SO_2 以及鼓入的氧化空气进行化学反应，最后生成石膏。脱硫后的烟气经过除雾器除去雾滴，由引风机经烟囱排入大气。吸收液通过喷嘴雾化喷入吸收塔，分散成细小的液滴并覆盖吸收塔的整个断面。这些液滴与塔内烟气逆流接触，发生传质与吸收反应，烟气中的 SO_2、SO_3 及 HCl、HF 被吸收。SO_2 吸收产物的氧化和中和反应在吸收塔底部的氧化区完成并最终形成石膏。为了维持吸收液恒定的 pH 并减少石灰石耗量，石灰石被连续加入吸收塔，同时吸收塔内的吸收剂浆液被搅拌机、氧化空气和吸收塔循环泵不停地搅动，以加快石灰石在浆液中的均布和溶解。在吸收塔内吸收剂经循环泵反复循环与烟气接触，吸收剂利用率很高，钙硫比（Ca/S）较低，一般不超过1.05，脱硫效率超过 95%。

典型的石灰石-石膏法烟气脱硫系统如图 2-25 所示，其主要由以下子系统组成：SO_2 吸收系统、烟气系统、石灰石浆液制备与供给系统、石膏脱水系统、供水和排放系统、压缩空气系统和废水处理系统。

技术特点：①技术成熟，运行稳定，设备运转率高（98%以上），脱硫效率高，可达 95%以上；②吸收剂来源丰富，利用率高（90%以上）；③占地面积大，耗水量大，存在磨损腐蚀现象，废水较难处理。

由于石灰石-石膏法脱硫技术使用最为广泛，该技术的增效研究已成为烟气脱硫领域的热点之一[35]。空塔高效脱硫技术、强化传质高效脱硫技术、单塔双循环高效脱硫技术、双塔双循环高效脱硫技术、pH 分区高效脱硫技术等是近几年出现

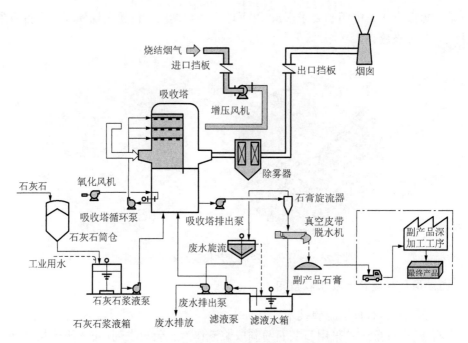

图 2-25 石灰石-石膏法烟气脱硫工艺流程图

的基于石灰石-石膏法的烟气高效脱硫技术，这些技术的首要特点是具有更高的脱硫效率（≥99.0%），其次是适用于现有技术的增效改造，工程量小。

宝钢 3# 495 m² 烧结机烟气脱硫[36]于 2008 年完成投运。脱硫系统主要设计参数见表 2-12。

表2-12 宝钢3# 495 m²烧结机烟气脱硫工程设计参数

参数	单位	数值	参数	单位	数值
烟气量	m³/h	(115~145)×10⁴	Ca/S（摩尔比）		≤1.03
烟气温度	℃	85~150	出口含水量	mg/m³	≤75
入口 SO₂ 浓度	mg/m³	300~1600	SO₂ 排放浓度	mg/m³	≤100
SO₂ 脱除率	%	≥90	入口粉尘浓度	mg/m³	60~150
粉尘排放浓度	mg/m³	≤50	同步运行率	%	≥90
脱硫副产物		二水石膏（含水率<10%，纯度>90%）			

脱硫系统自投运以来，能长期稳定地与烧结生产装置同步运行，脱硫效率可稳定地达到 90%以上，对其他酸性气体也具有较高的去除效率。自动监测显示进口 SO₂ 浓度在 1500 mg/m³ 上下波动，出口浓度均控制在 50 mg/m³ 左右，脱硫效率在 95%以上。经实测，除尘效率在 85%以上，SO₃、HCl、HF 仅占总酸性物的1%以下，SO₃ 去除率大于或等于 50%，HCl 去除率大于或等于 80%，HF 去除率大于或等于 90%，此外，烧结烟气脱硫系统还具有一定的二噁英脱除功能，平均

脱除率为 42%，最高脱除率为 60%。脱硫石膏中 $CaSO_4 \cdot 2H_2O$ 质量分数大于 90%，石膏含水质量分数小于 10%，石膏 pH 在 6～8，用于建材生产。

按月计算的工程运行主要经济指标见表 2-13。

表2-13　宝钢495 m^2烧结机烟气脱硫工程主要经济指标

项目名称		月消耗量	单价	月运行费用/万元
电耗量		2346.05 MW·h	0.762 元/(kW·h)	178.8
水耗量		2.825 万 t	3.51 元/t	9.91
石灰石粉		485.5 t	160 元/t	7.77
废水处理费	消石灰	15 t	400 元/t	0.6
	絮凝剂	15 t	1180 元/t	1.77
	盐酸	15 t	565 元/t	1.41
	助凝剂	0.075 t	14800 元/t	0.11
设备折旧				49.30
运行费用				249.7
烧结矿产量		51.4 万 t		
吨矿运行成本			4.85 元/t	

2）氨法脱硫技术

氨-硫酸铵法（简称氨法）脱硫[37]技术利用氨水作为脱硫剂，与 SO_2 发生反应生成亚硫酸铵[$(NH_4)_2SO_3$]，经空气氧化后生成硫酸铵[$(NH_4)_2SO_4$]，最终得到硫酸铵化肥，对烟气量和 SO_2 含量的波动特性适应性强，对主体烧结工艺的运行不产生影响，在脱硫的同时还有 20%～40%的脱硝能力。

对于氨法脱硫技术，SO_2 与$(NH_4)_2SO_4$ 的产出比约为 1∶2，即每脱除 1 t SO_2，产生 2 t $(NH_4)_2SO_4$。吸收塔中的$(NH_4)_2SO_4$ 以离子形式存在于溶液中，或者以固体结晶的形式存在于浆液中。系统中的主要成分溶解或结晶的$(NH_4)_2SO_4$ 已完全被氧化，因此，在副产品中氮的含量大于 20.5%。

氨法脱硫系统主要由烟气系统、浓缩降温系统、脱硫吸收系统、供氨系统、灰渣过滤系统等组成，包括浓缩降温塔、脱硫塔、氨水罐、过滤器等设备，工艺流程如图 2-26 所示。烟气经电除尘器净化后，由脱硫塔底部进入，同时，在脱硫塔顶部将经中间槽、过滤器、硫酸铵槽、加热器、蒸发结晶器、离心机脱水、干燥器制得化学肥料硫酸铵，完成脱硫过程，烟气经脱硫塔的顶部出口排出，净化后的烟气由烟囱排入大气。

技术特点：①反应速率快，吸收剂利用率高，脱硫效率高（95%以上），对 NO_x 有 20%～40%的脱除效率；②不存在结垢与堵塞现象；③不存在废水、废渣排放，副产物可用作化肥；④需要解决氨逃逸和硫酸铵气溶胶问题。

氨法烟气脱硫技术首先在我国应用于硫酸行业制酸尾气的吸收治理。近年来随着合成氨工业的不断发展以及氨法脱硫工艺自身的不断改进和完善，我国湿式

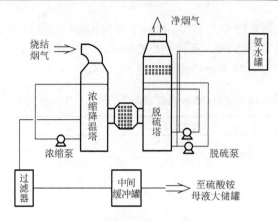

图 2-26　氨法烟气脱硫工艺流程图

氨法脱硫技术取得了较快的发展，围绕氨逃逸控制、氨回收利用率等技术进行了深入研究。氨法脱硫产品硫酸铵的氮利用效率最高，经济效益显著，未来发展可资源化回收利用的湿式氨法烟气脱硫技术是一大趋势，另外基于氨法的多污染物协同脱除技术也是一个重要发展方向。

日照钢铁 $2×180$ m² 烧结机采用氨-硫酸铵法脱硫，脱硫效率在 95% 以上，所示烧结烟气参数如表 2-14 所示。

表2-14　日照钢铁2×180 m²烧结机烟气参数

参数	单位	数值	参数	单位	数值
烟气流量	m³/h	$210×10^4$	烟气温度	℃	～160
SO_2 浓度	mg/m³	500～1000	烟气含水量	vol%①	6～8
烟尘浓度	mg/m³	130～150	烟气含氧量	vol%	17～19

①vol%为体积分数

以烧结面积同为 180 m² 的两套脱硫设施为例，对氨-硫酸铵法和石灰石-石膏法两种工艺的脱硫效果和运营效果进行比较。两套脱硫系统均为处理 180 m² 烧结机烟气，采用同一批料生产，所以两套脱硫系统的设计参数相同，烧结烟气脱硫成本分析见表 2-15。

表2-15　石灰石-石膏法和氨法烧结烟气脱硫效果及成本分析

项目	单位	石灰石-石膏法	氨法	项目	单位	石灰石-石膏法	氨法
脱硫效率	%	80～85	85～90	蒸汽消耗	t/a	0	3500
除尘效率	%	≥40	≥40	劳动定员	人	28	35
脱硝效率	%	～20	≥30	脱硫运行费用	万元/年	1385	1500
工程投资	万元	9700	11200	脱硫副产品	—	石膏	硫酸铵
脱硫剂消耗	t/a	9720	1800	副产品产量	t/a	45360	3600
电消耗量	万（kW·h）/a	1050	840	副产品收入	万元/年	73	288
水消耗量	万 t/a	54	36	抵消后的费用	万元/年	1312	1212

氨-硫酸铵法与石灰石-石膏法脱硫系统相比，一次性投资费用和年运行费用都比较高。硫酸铵可作为肥料用于农业生产，硫酸铵的销售价格是石膏的 50 倍。综合考虑脱硫副产物的销售收入后，氨-硫酸铵法较石灰石-石膏法每年可节省运营费 100 万元左右，约 15 年即可抵消石灰石-石膏法在一次性建设方面多投资的1500 万元。

3）双碱法脱硫技术

双碱法脱硫工艺[38]首先用可溶性的钠碱溶液作为吸收剂吸收 SO_2，然后再用石灰溶液对吸收液进行再生，由于在吸收和吸收液处理中使用了不同类型的碱，故称为双碱法。吸收剂常用的碱有纯碱(Na_2CO_3)、烧碱($NaOH$)等。

该法使用 $NaOH$ 溶液在塔内吸收烟气中的 SO_2 生成 HSO_3^-、SO_3^{2-} 与 SO_4^{2-}；在塔外与石灰发生再生反应，生成 $NaOH$ 溶液。可分为脱硫反应和再生反应两部分，主要反应式如下

（1）脱硫反应

$$2NaOH + SO_2 \Longrightarrow Na_2SO_3 + H_2O$$
$$Na_2SO_3 + SO_2 + H_2O \Longrightarrow 2NaHSO_3$$

（2）再生反应

$$NaHSO_3 + Ca(OH)_2 \Longrightarrow NaOH + CaSO_3 + H_2O$$
$$Na_2SO_3 + Ca(OH)_2 \Longrightarrow 2NaOH + CaSO_3$$

双碱法脱硫工艺流程如图 2-27 所示。烧结机头烟气经电除尘器净化后，由引风机引入脱硫塔。含 SO_2 的烟气切向进入塔内，并在旋流板的导向作用下螺旋上升；烟气在旋流板上与脱硫液逆向对流接触，将旋流板上的脱硫液雾化，形成良好的雾化吸收区，烟气与脱硫液中的碱性脱硫剂在雾化区内充分接触反应，完成烟气的脱硫吸收过程。经脱硫后的烟气通过塔内上部布置的除雾板，利用烟气本

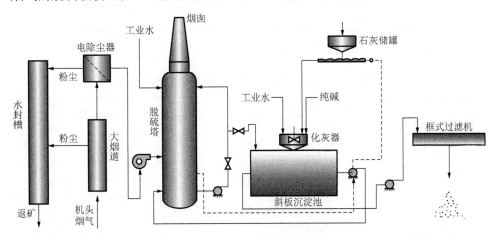

图 2-27　双碱法脱硫工艺流程

身的旋转作用与旋流除雾板的导向作用，产生强大的离心力，将烟气中的液滴甩向塔壁，从而达到高效除雾效果，除雾效率可达 99%以上；脱硫后的烟气直接进入塔顶烟囱排放。

技术特点：①钠基吸收液吸收 SO_2 速度快，故可用较小的液气比，达到较高的脱硫效率，一般在 90%以上；②循环水基本上是 NaOH 的水溶液，在循环过程中对水泵、管道、设备无腐蚀与堵塞现象，便于设备运行与保养，但亚硫酸钙、硫酸钙沉降时间长，再生池占地面积较大；③$NaSO_3$ 氧化副反应产物 Na_2SO_4 较难再生，需不断地补充 NaOH 或 Na_2CO_3 而增加碱的消耗量。另外，Na_2SO_4 的存在也将降低石膏的品质。

双碱法液气比小，适合在中小规模的烟气脱硫工艺中应用，但在实际应用中，双碱法的脱硫使用效果并不理想，易出现结垢严重、运行成本高、腐蚀等问题。双碱法脱硫运行在碱性条件下，pH>8 时，86%以上的 SO_2 以 SO_3^{2-} 形式存在，大量的 $CaSO_3$ 随脱硫液循环，导致循环泵、循环管道、雾化器和脱硫塔内部结垢严重，NaOH 吸收烟气中的 CO_2 形成碳酸盐结垢，造成系统钠碱消耗量大，长期运行成本极高，国内在运行参数调整、工艺改进等方面进行了大量的研究[39]，利用双碱法实现以废治废、资源化利用，降低技术运行成本是目前该技术的主要发展方向。

新兴铸管 90 m^2 烧结机采用双碱法脱硫工艺[40]，2010 年投入运行，经检测，脱硫系统入口 SO_2 浓度为 1809 mg/m^3，出口 SO_2 浓度为 112 mg/m^3，实际脱硫效率为 93%，脱硫工程设计参数如表 2-16 所示。

表2-16　90 m^2烧结机双碱法脱硫工艺设计参数

参数	单位	数值	参数	单位	数值
烟气量	m^3/h	$48×10^4$	烟气温度	℃	130
入口 SO_2 浓度	mg/m^3	2000	脱硫系统总压力损失	Pa	≤2000
出口 SO_2 浓度	mg/m^3	≤200	脱硫剂摩尔比（Ca/S）	mol/mol	≤1.2
年运行时间	h	8640	设备可利用率	%	97

系统运行经济指标如表 2-17 所示。

表2-17　90 m^2烧结机双碱法脱硫系统主要经济指标

项目名称	小时消耗量	年消耗量	单价	年运行费用/万元
石灰（CaO 含量 85%）	0.6 t/h	5184 t/a	300 元/t	155.52
纯碱消耗量	0.042 t/h	362.88 t/a	1250 元/t	45.36
工业水	17.5 t/h	151200 t/a	6 元/t	90.90
电消耗	581 kW·h	5020 MW·h	0.54 元/(kW·h)	271.08
劳动定员	13		25000 元/a	32.40
维修检查费用			50 万元	50.00
运行费用合计				645.08
烧结矿产量		112 万 t		

续表

项目名称	小时消耗量	年消耗量	单价	年运行费用/万元
吨烧结矿运行成本			5.76 元/t	
脱硫副产物产量		1.7 万 t		

4）氧化镁法脱硫技术

氧化镁法脱硫[41]的基本原理是将氧化镁通过浆液制备系统制成氢氧化镁 [$Mg(OH)_2$] 过饱和液，在脱硫吸收塔内与烧结烟气充分接触，与烧结烟气中的 SO_2 反应生成亚硫酸镁（$MgSO_3$），从吸收塔排出的亚硫酸镁浆液经脱水处理和再加工后，可生产硫酸。工艺原理如下

$$MgO + H_2O \longrightarrow Mg(OH)_2$$
$$Mg(OH)_2 + SO_2 \longrightarrow MgSO_3 + H_2O$$
$$Mg(OH)_2 + SO_2 + 5H_2O \longrightarrow MgSO_3 \cdot 6H_2O$$
$$MgSO_3 + SO_2 + H_2O \longrightarrow Mg(HSO_3)_2$$
$$2MgSO_3 \cdot 6H_2O + O_2 + 2H_2O \longrightarrow 2 MgSO_4 \cdot 7H_2O$$

氧化镁法工艺流程主要包括烟气系统、循环水系统、工艺水系统、脱硫剂制备系统、副产品回收系统及控制系统等，如图 2-28 所示。

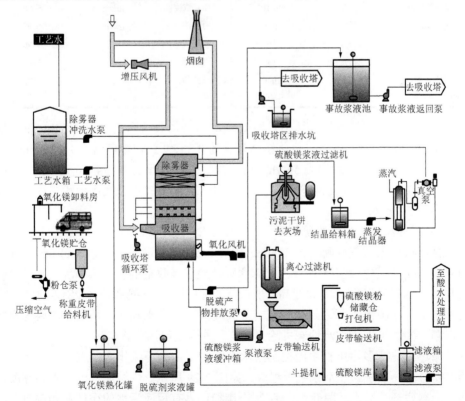

图 2-28　氧化镁法脱硫及副产品回收工艺流程图

技术特点：①MgO 反应活性远大于钙基脱硫剂，相同条件下，MgO 的脱硫效率要高于钙基脱硫，一般脱硫效率可达 95%～98%；②液气比低，为 2～5 L/m³（石灰石-石膏法的液气比为 15～20 L/m³），降低了运行费用；③副产物综合利用价值高，可以强制氧化提纯后生成 $MgSO_4·7H_2O$，也可以直接煅烧生成 SO_2 来制硫酸。

我国镁资源丰富，靠近 MgO 产区的企业适合采用氧化镁法脱硫，降低运行成本，氧化镁技术在日本和我国台湾地区应用较多，但脱硫副产物大多采用抛弃法，没有对硫酸镁进行有效回收，国内在对循环液浓缩提纯方面已开展了相关研究，在添加氧化剂的条件下，将 NO 氧化为 NO_2，可以实现同时脱硫脱硝，未来在降低系统运行成本的基础上实现副产物的资源化回收，以及同时脱硫脱硝，是该技术发展的主要方向。

韶钢 4#105 m² 烧结机氧化镁法烟气脱硫由日本提供技术支持[42]。该脱硫系统于 2008 年 12 月建成投入运行。韶钢 4#烧结机烟气参数如表 2-18 所示。

表2-18　韶钢4# 105 m²烧结机烟气参数及脱硫后的技术指标

入口烟气参数	单位	指标	脱硫后指标	单位	指标
标干烟气量	m³/h	40×10⁴	SO_2 浓度	mg/m³	≤200
烟气温度	℃	140	粉尘浓度	mg/m³	≤50
含水量	vol%	10	脱硫效率	%	≥90
含氧量	vol%	15	脱硫量	t/a	5992
SO_2 浓度	mg/m³	2000	年运行时间	h	8322
粉尘浓度	mg/m³	<100			

系统设计处理烟气量（标态）为 40×10⁴ m³/h，装机容量 1340 kW·h，而实际生产中仅为 780 kW·h 左右，氧化镁消耗量为 0.2 t/h［进口烟气含 SO_2 1000 mg/ m³（标态）左右］，总水耗约为 55 t/h，吨烧结矿脱硫运行成本为 4～6 元，出口 SO_2 浓度（标态）在 200 mg/m³ 以下，脱硫效率一般在 90%以上，出口粉尘浓度（标态）小于 50 mg/m³。

5）循环流化床烟气脱硫技术

循环流化床烟气脱硫（circulating fluidized bed for flue gas desulfurization，CFB-FGD）工艺[43]是基于循环流化床原理，通过吸收剂的多次再循环，延长吸收剂与烟气的接触时间，大大提高了吸收剂的利用率，在钙硫比(Ca/S)为 1.1～1.2 的情况下，脱硫效率可达到 90%左右。其最大特点是水耗低，基本不需要考虑防腐问题，同时可以添加活性炭去除二噁英和重金属等污染物。

循环流化床多污染物协同控制技术系统主要由循环流化床反应塔、旋风分离器、物料循环系统和喷水系统等组成，如图 2-29 所示。烧结烟气被引入循环流化床反应器底部，与水、脱硫剂、活性炭/焦和还具有反应活性的循环灰相混合，脱

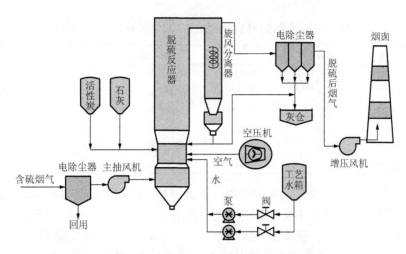

图 2-29　循环流化床多污染物脱除工艺流程

去 SO₂ 等酸性气体和二噁英类污染物。Ca(OH)₂ 等碱性吸收剂和活性炭/焦通过输送系统，由喉口处进入循环流化床反应器，在反应器内同含 SO₂ 等酸性气体和二噁英类污染物的烟气充分接触，并且在烟气作用下同残留脱硫剂、活性炭和飞灰固体物一起贯穿反应器，通过分离器收集实现循环，增加脱硫剂的利用率。熟石灰 Ca(OH)₂ 与活性炭/焦在吸收塔内与烟气反应后一起进入旋风分离器，被分离器气固分离后，一部分灰导入灰斗排至灰场处理，另一部分经返料装置重新进入吸收塔，固体颗粒在吸收塔和分离器之间往复循环，总体停留时间可达 20 min 以上，可有效提高吸收剂利用率。

技术特点：①脱硫剂停留时间长，利用率高，在较低的 Ca/S 比下，脱硫效率可达到 95%；②工艺简单，布置灵活，可与布袋除尘器一体化脱硫除尘，出口粉尘排放浓度可达到 20 mg/m³；③脱硫副产物为干灰，耗水量小，无副产物的二次污染；④脱硫后烟气温度大于露点温度，不需要重新加热系统。

中国科学院过程工程研究所已形成具有自主知识产权的内外双循环流化床半干法烟气脱硫除尘及多污染物协同净化技术，并实现了规模化、产业化应用。主要针对半干法烟气脱硫技术的核心工艺进行了相关的研究，对半干法烟气脱硫技术的运行条件、内部流场优化研究、关键设备开发等方面进行了充分的研究，目前阶段半干法烟气脱硫技术主要集中于开发高利用率的吸收剂，同时实现烟气中多种污染物（SO₂、NOₓ、二噁英、Hg）的协同脱除[44]，未来在缺水、环境容量大的地区具有较好的应用前景。

循环流化床多污染物控制技术已在徐州成日钢铁 132 m² 烧结机及河北敬业钢铁 2×128 m² 烧结机上得到应用，分别于 2013 年和 2015 年完成投运，成日钢铁设计处理烟气量 90×10⁴ m³/h，敬业钢铁设计处理烟气量 72×10⁴ m³/h。成日钢铁 132 m² 烧结机多污染处理工程设计参数如表 2-19 所示。

表2-19 成日钢铁132 m² 烧结机多污染物脱除工程设计参数

入口烟气参数	单位	数值	工艺设计值	单位	数值
烟气量（工况）	m³/h	90×10⁴	烟气温度	℃	<80
烟气量（标况）	m³/h	64×10⁴	钙硫摩尔比		≤1.4
烟气温度	℃	130~150	脱硫效率	%	≥80
SO₂浓度	mg/m³	1000	SO₂浓度	mg/m³	<200
粉尘浓度	mg/m³	120~150	粉尘浓度	mg/m³	<30
二噁英脱除率	%	≥ 70	重金属脱除率	%	≥90

脱硫剂采用外购成品粒状生石灰、重金属和二噁英类污染物通过活性炭吸附脱除，工艺中循环流化床反应器主体进口采用 7 个文丘里结构均布气流，塔出口匹配两个旋风分离器，脱硫系统漏风率不大于 1%，除尘器漏风率不大于 1%。

经检测，装置出口烟气污染物排放浓度均满足现行排放限值，如表 2-20 所示。

表2-20 循环流化床多污染物处理工程运行效果

参数	成日钢铁数值	敬业钢铁数值
入口 SO₂浓度（标态）/（mg/m³）	790	1102
出口 SO₂浓度（标态）/（mg/m³）	36	41
脱硫效率/ %	95.1	95.5
出口粉尘浓度（标态）/（mg/m³）	32.4	30.3
入口二噁英浓度（标态）/（ng TEQ/m³）	0.1	4.17
出口二噁英浓度（标态）/（ng TEQ/m³）	0.02	0.11
二噁英脱除效率/ %	79.4	97
入口汞浓度（标态）/（μg/m³）	20.3	17.5
出口汞浓度（标态）/（μg/m³）	0.21	0.37
汞脱除效率/ %	99.0	97.9

成日钢铁 132 m² 烧结机循环流化床多污染物协同脱除工程主要经济指标如表 2-21 所示。烧结机利用系数按照 1.32 t/(m²·h)，年运行时间 8000 h，运行费用不含系统折旧费。

表2-21 成日钢铁132 m² 烧结机多污染物协同脱除工程主要经济指标

项目名称	耗量	年消耗量	单价	年费用/万元
生石灰	0.9 t/h	7200 t/a	200 元/t	144
活性炭	0.02 t/h	160 t/a	5000 元/t	80
工业水	6~10 t/h	6.4×10⁴ t/a	2 元/t	12.8
电耗	1650 kW	1.32×10⁷ kW·h/a	0.55 元/(kW·h)	726
劳动定员		8 人/a	5 万元/(人·a)	40
运行总费用				1002.8

续表

项目名称	耗量	年消耗量	单价	年费用/万元
年产烧结矿		1.4×10^6 t		
吨矿运行成本			7.16 元/t	
脱硫副产物	1.45 t/h	1.16×10^4 t		

6）旋转喷雾干燥法脱硫技术

旋转喷雾干燥（spray drying adsorption，SDA）脱硫技术[45]是利用喷雾干燥的原理，一般以石灰作为吸收剂，消化好的熟石灰浆在吸收塔顶部经高速旋转的雾化器雾化成直径小于 100 μm 并具有很大表面积的雾粒，烟气通过气体分布器被导入吸收室内，两者接触混合后发生强烈的热交换和烟气脱硫的化学反应，烟气中的酸性成分被碱性液滴吸收，并迅速将大部分水分蒸发，浆滴被加热干燥成粉末，包括飞灰和反应产物的部分干燥物落入吸收室底排出，细小颗粒随处理后的烟气进入除尘器被收集，处理后的洁净烟气通过烟囱排放。

SDA 法脱硫工艺流程如图 2-30 所示。烧结主抽风机后烟道引出的原烟气，经挡板切换由烟道引入烟气分配器进入脱硫塔，原烟气与塔内经雾化的石灰浆雾滴在脱硫塔内充分接触反应，反应产物被烟气干燥，在脱硫塔内主要完成化学反应，达到吸收 SO_2 的目的。经吸收 SO_2 并干燥的含粉料烟气出脱硫塔进入布袋除尘器进行气固分离，实现脱硫灰收集及出口粉尘浓度达标排放。布袋除尘器入口烟道上添加活性炭可进一步脱除二噁英、Hg 等有害物，经布袋除尘器处理的净烟气由增压风机增压，克服脱硫系统阻力，由烟囱排入大气。SDA 系统还可以采用部分脱硫产物再循环制浆来提高吸收剂的利用率。

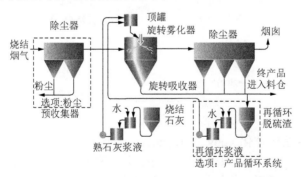

图 2-30　旋转喷雾半干法脱硫工艺流程

技术特点：①脱硫效率通常为 90%～97%；②运行阻力低，一般在 1000 Pa以内；③脱硫后烟气温度大于露点温度，不需要重新加热系统。

SDA 法适用于大中型规模烟气 SO_2 的脱除，国内济钢、武钢、鞍钢等企业早期引进该技术，在烟气分布、工艺优化等方面进行了相关研究，但在技术核心设备旋转雾化器上的开发相对滞后，目前大多采用丹麦 Niro 公司的旋转雾化器，使用寿命在 30 年以上，但雾化器喷嘴易磨损，需要定期更换。针对此问题，济钢设计开发了可缓冲耐用型振筛筛网，解决了雾化器喷嘴、浆液管路的磨损和堵塞的问题[46]，目前该技术在国内已实现了规模化运行，技术布置灵活，适用于脱硝工艺的拓展，未来在关键设备开发及多污染物协同等方面具有较大的发展空间。

济钢400 m^2 烧结机采用了 SDA 脱硫技术脱硫[47]，脱硫系统设计参数见表 2-22。

表2-22　济钢400 m^2烧结脱硫系统设计参数

参数	单位	数据	参数	单位	数据
烟气量（工况）	m^3/h	240×10⁴	入口烟气温度	℃	110～130
入口 SO_2 浓度	mg/m^3	800～1400	出口烟气温度	℃	75～80
出口 SO_2 浓度	mg/m^3	≤150	入口粉尘浓度	mg/m^3	＜ 80
脱硫效率	%	＞95	出口粉尘浓度	mg/m^3	≤ 30

2012 年投产运行，技术经济指标分析见表 2-23，各项指标均满足了设计要求。年运行时间为 7920 h，运行率为 90.4%，烧结机利用系数约 1.32 t/(m^2·h)，运行费用不包括投资折旧。

表2-23　济钢400 m^2烧结机SDA法烟气脱硫运行经济分析

项目名称	消耗量	单价	年费用/万元
工程投资			6600
脱硫剂	2.2 t/h	350 元/t	609.84
工业水	40 t/h	0.24 元/t	7.60
电	2106 kW	0.60 元/(kW·h)	1000.77
蒸汽	0.01 t/h	120 元/t	0.95
人员	20 人	8 万元/(人·a)	160
年维修费			92
年运行总费用			1871
吨矿脱硫成本	420 万吨烧结矿/a	4.5 元/t 烧结矿	（不含折旧）
		5.0 元/t 烧结矿	（含折旧）

7）NID 脱硫技术

新型脱硫除尘一体化（novel integrated desulfurization，NID）法烟气脱硫是法国阿尔斯通公司在半干法烟气脱硫的基础上开发的工艺，脱硫原理是利用石灰(CaO)或熟石灰[Ca(OH)₂]作为吸收剂来吸收烟气中的 SO_2 和其他酸性气体，工艺流程如图 2-31，从烧结主抽风机出口烟道引出 130℃左右的烟气，经反应器弯头进入反应器，在反应器混合段和含有大量吸收剂的增湿循环灰粒子接触，通过循环灰粒子表面附着水膜的蒸发，烟气温度瞬间降低且相对湿度大大增加，形成很好的脱硫反应条件。在反应段中烟气中的 SO_2 与吸收剂反应生成 $CaSO_3$ 和 $CaSO_4$。反应后的烟气携带大量干燥后的固体颗粒进入布袋除尘器，固体颗粒被布袋除尘器捕集，经过灰循环系统，补充新鲜的脱硫吸收剂，并对其进行再次增湿混合，送入反应器，如此循环多次，达到高效脱硫及提高吸收剂利用率的目的。

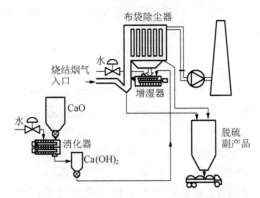

图 2-31　烧结烟气 NID 法脱硫工艺流程

NID 工艺将水在混合器内通过喷雾方式均匀分配到循环灰粒子表面，使循环灰的水分从 1%左右增加到 5%以内。增湿后的循环灰以流化风为辅助动力通过溢流方式进入矩形截面的脱硫反应器。含水分小于 5%的循环灰具有极好的流动性，且因蒸发传热、传质面积大可瞬间将水蒸发，克服了传统的半干法脱硫工艺中经常出现的黏壁或糊袋腐蚀等问题。

技术特点：①没有体积庞大的喷淋吸收反应塔，而是将除尘器的入口烟道作为脱硫反应器，结构紧凑，占地面积小；②利用循环灰携带水分，在颗粒表面形成水膜，迅速蒸发形成温度和湿度适合的反应环境；③脱硫除尘后的洁净烟气在水露点温度 20℃以上，无须加热，经过增压风机排入烟囱；④对工艺控制过程要求较高，消化混合器易结垢，影响脱硫系统运行。

武钢炼铁总厂 360 m^2 烧结机原料主要为杂矿及高硫矿，烟气中 SO_2 浓度（标态）一般为 800～2000 mg/m^3，采用 NID 烟气脱硫工艺对烟气进行脱硫治理，烟气工艺参数见表 2-24。

表2-24　武钢360 m^2烧结机脱硫烟道烟气参数

参数	单位	数值	参数	单位	数值
烟气流量	m^3/h	（45～65）×10^4，均58×10^4	H_2O（湿烟气）	vol%	9
烟气温度	℃	80～180，均130	O_2（湿烟气）	vol%	15
粉尘浓度（标态）	mg/m^3	50～150，均80	N_2（湿烟气）	vol%	71
SO_2浓度（标态）	mg/m^3	400～2000，均1200			

2009 年投入运行，从 SO_2 和烟尘监测统计数据可以看出，其脱硫后 SO_2 平均排放浓度（标态）是 68.98 mg/m^3，与 SO_2 进口浓度（标态）的平均值 1524.6 mg/m^3 相比，脱硫效率约 95.5%。脱硫除尘系统电袋除尘器除尘效果良好，烟尘排放浓度（标态）平均 7.56 mg/m^3。脱硫设施同机运转率达到 95%以上，日平均外排烟气 SO_2 浓度（标态）≤100 mg/m^3；但当烟气温度较低且烟气中 SO_2 浓度较高时，

不能完全保证外排烟气 SO_2 浓度（标态）$\leqslant 100\ mg/m^3$；

经过前期调试，钙硫比在 1.6 时，脱硫效率基本达标，因此，如何在达到脱硫效率的情况下，降低钙硫比，是该技术需要改进的地方，此外，脱硫渣一般做抛弃处理，无法有效回用，限制了此项技术的推广应用。

8）MEROS 脱硫技术

西门子工业系统及技术服务集团下属的奥钢联公司开发的 MEROS 工艺，全称为"大幅度削减烧结排放"（maximized emission reduction of sintering）。

MEROS 法是将添加剂均匀、高速并逆流喷射到烧结烟气中，然后利用调节反应器中的高效双流（水/压缩空气）喷嘴加湿冷却烧结烟气，离开调节反应器之后，含尘烟气通过脉冲袋滤器，去除烟气中的粉尘颗粒，为了提高气体净化效率和降低添加剂费用，滤袋除尘器中的大多数分离粉尘循环到调节反应器之后的气流中，其中部分粉尘离开系统，输送到中间存储筒仓。MEROS 法集脱硫、脱 HCl 和 HF、脱二噁英类污染物于一身，并可以使 VOCs(挥发性有机化合物)可冷凝部分几乎全部去除。

MEROS 脱硫工艺原理是利用熟石灰和小苏打作为脱硫剂，与烧结废气中的酸性组分发生反应，生成反应产物。采用焦炭、褐煤等含碳物质吸附重金属、二噁英和挥发性有机化合物。

MEROS 工艺主要由以下几个设备单元组成：添加剂逆流喷吹（烟气流设备）、气体调节反应器、脉冲喷射织物过滤器、灰尘再循环系统、增压风机和净化气体监控系统。MEROS 工艺流程如图 2-32 所示。

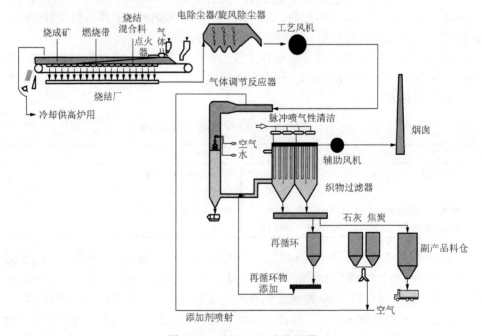

图 2-32 MEROS 工艺流程图

在添加剂逆流喷射单元中，添加剂通过数根喷枪以超过 40 m/s 的相对速度与废气流进行逆向喷吹。添加剂分布器安装在尾气管路周围，通过添加剂管路将吸附剂均匀分散地注入待处理的尾气中。喷吹后，大约 50%反应是在逆气流中发生的，另外 50%反应是在过滤器中实现的，气体调节单元是通过一套专门设计的双流（水和压缩空气）喷嘴喷枪系统而实现的，可以确保产生极其细微的液滴，起到降低烟气温度以保护织物过滤器布袋的作用，另外对气体进行调节以改善脱硫条件，提高气体湿度，加强化学反应作用。含有灰尘的废气通过脉冲喷射式布袋过滤器，布袋织物上覆有一层耐化学腐蚀和耐高温的薄膜，包括一次灰尘、添加剂和反应产物在内的灰尘颗粒沉降在薄膜表面，逐渐增大形成滤饼，气流经过滤饼时，进行重金属、有机物和脱硫氧化产物的脱除。除尘系统一次灰尘、炭/焦炭、未反应的硫氧化物脱除剂及反应产物等大部分的灰尘返回到气体调节反应器之后的废气流中进行循环，进一步提高了添加剂的利用效率，优化了运行成本。

技术特点：①整个工艺系统仅由喷射烟道和布袋除尘器构成，工艺简单，运行稳定；②除使用消石灰作为脱硫剂外，还添加小苏打，可有效提高脱硫效率；③可同时脱除烟气中的二噁英和重金属。

马钢现有 300 m² 烧结机年产烧结矿 340 万 t，烧结机利用系数 1.263 t/(m²·h)，作业率 90.4%。烧结机烟道是双系统，分别为脱硫系和非脱硫系，采用半烟气脱硫方式，其中脱硫系的烟气量为 52 万 m³/h，MEROS 法脱硫装置于 2010 年投入运行[48]。

马钢 300 m² 烧结机 MEROS 工艺脱硫烟气参数及脱硫设计值如表 2-25 所示，系统每年的运行费用约 3000 万元，吨烧结矿脱硫成本 8.82 元/t。

表2-25　马钢300 m²烧结机MEROS工艺烟气参数及脱硫设计值

入口烟气参数	单位	数值	脱硫设计值	单位	数值
烟气量（标况）	m³/h	52×10⁴	脱硫效率	%	＞80
烟气温度	℃	130～150	SO₂ 浓度（标态）	mg/m³	≤200
SO₂ 浓度（标态）	mg/m³	600～1050	粉尘浓度（标态）	mg/m³	＜50
粉尘浓度（标态）	mg/m³	67.4	年运行时间	h	8000
含水量	%	8～10	年脱硫量	t	3536
含氧量	%	15～16	年副产物量	t	14120

9）活性炭/焦法脱硫技术

活性炭/焦法烟气脱硫技术是一种资源化的污染物治理技术[49]，可同时脱除多种污染物，当烟气含有充分的 H_2O 与 O_2 时，首先发生物理吸附，然后在碳基表面发生一系列化学作用。

A．脱硫原理

SO_2 在活性炭/焦上吸附后，与 O_2 反应经催化氧化生成 SO_3，SO_3 再与烟气中的水蒸气作用而生成 H_2SO_4。具体步骤如下：①烟气中 SO_2 被吸附到炭表面上并进入微孔活性位上；②SO_2 与烟气中 O_2 和 H_2O 在微孔空间内氧化、水合生成吸附态 H_2SO_4。为了维持活性炭/焦的活性，在添加氨的情况下，进一步发生下述反应：

$$H_2SO_4^* + NH_3 \longrightarrow NH_4HSO_4$$

$$NH_4HSO_4^* + NH_3 \longrightarrow (NH_4)_2SO_4$$

B．脱硝原理

活性炭/焦脱硝通过与 SCR 同样的催化反应进行脱硝，活性炭/焦脱硝反应如下：①SCR 反应，在通入氨的情况下，将 NO 还原为 N_2，即 $NO + NH_3 + 1/2O_2 \longrightarrow N_2 + 3/2H_2O$。②Non-SCR 反应，氨与吸附在活性炭上的 SO_2 发生反应，生成硫酸氢铵或硫铵，但是在活性炭再生时会作为—NH_n 基化合物残存于活性炭细孔之中。这种—NH_n 基物质被称为碱性化合物或还原性物质。活性炭再生之后以含有这种碱性化合物的状态循环到吸附反应塔，与烟气中的 NO 直接反应还原成为 N_2。这种反应是活性炭特有的脱硝反应，称为 Non-SCR 反应：

$$NO + C\text{-}Red \longrightarrow N_2 \quad （C\text{-}Red 为活性炭表面的还原性物质）$$

C．吸附二噁英原理

二噁英在废气中分别以气体、液体或固体形式存在，而气体与液体形式的二噁英类物质会被活性炭/焦物理吸附，液体形式的二噁英类物质既有单独存在的情况，也有与废气中的尘粒冲撞吸附的情况，固体形式的二噁英类物质是极微小的颗粒，可吸附在废气中尘粒上，被废气中尘粒吸附的液体形式和固体形式二噁英类物质称为粒子状二噁英，这种粒子状二噁英会通过活性炭/焦移动层的集尘作用（冲撞捕集与扩散捕集）而去除。

D．吸附汞原理

吸附着硫黄或硫酸的活性炭可作为汞金属去除剂使用。烧结烟气中 SO_2 以 H_2SO_4 形式被吸附到活性炭细孔内，物理吸附态的汞金属捕捉到活性炭细孔表面，与被吸附的 H_2SO_4 发生反应，以 $HgSO_4$ 形式固定下来。另外，与二噁英类物质相同，也有吸附在废气尘粒中的汞金属，在这种情况下将通过集尘作用来脱除汞金属。

活性炭/焦法一般采用移动床形式，工艺流程如图 2-33 所示，主要由三部分构成：①吸附反应塔；②再生塔；③活性炭/焦运输系统。烧结烟气经电除尘设备除尘后，由增压风机加压，升压后的烧结烟气进入活性炭/焦移动层，在活性炭/焦移动层首先脱除 SO_2，然后在喷氨的条件下脱除 NO_x。在活性炭/焦再生时分离的高浓度 SO_2 气体进入副产品回收工艺装置，回收为硫酸或石膏等有价值的副产品。

技术特点：①脱硫效率高，一般在 90%以上，并且可以脱除烟气中的烟尘、NO_x、汞、二噁英、呋喃、重金属等有害杂质；②脱硫过程中不使用水，也不产生废水和废渣，不存在二次污染问题；③脱硫剂可再生循环使用，脱硫副产物可用于生产硫酸或石膏等。

目前国内在活性炭/焦法脱硫技术应用方面发展迅速，2010 年太钢引进日本住友重工的活性炭移动床干式脱硫技术后，中冶长天与宝钢合作开发了活性炭烟气

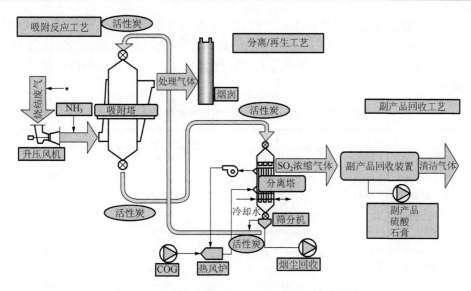

图 2-33　活性炭/焦法多污染物脱除工艺流程图

净化技术，并于 2015 年完成工程运行[50]，河北前进钢铁球团应用上海克硫开发的活性焦烟气净化技术。目前，国内外在活性炭/焦高效脱硫、多污染物吸附等方面已开展了大量的研究，未来在提高活性炭/焦脱硝效率、降低活性炭/焦再生能耗等方面还有较大的技术提升空间。

太钢炼铁厂 $2×450$ m^2 烧结机单台烟气量 $1.4×10^6$ m^3/h，烧结烟气年排放 SO$_2$ 为 6821 t，NO$_x$ 为 2774 t，为严格控制烟气污染，太钢 450 m^2 烧结机配套活性炭脱硫脱硝及制酸一体化装置，即脱硫、脱硝、脱二噁英、脱重金属、除尘五位一体，其副产品制备浓硫酸，单台工程投资为 3.35 亿元，其中包含引进工程费约 1.54 亿元，于 2010 年 9 月建成投产，在国内烧结行业为首例。

太钢 450 m^2 烧结机烟气参数如表 2-26 所示，烟气流量及含水量为工况参数，其他为干基烟气参数。烟气流量及烟气温度为风机之前参数，烟气压力为风机出口处的压力。

表2-26　太钢2×450 m^{2}烧结机烟气多污染物控制系统烟气入口参数

参数	单位	参数值	参数	单位	参数值
烟气流量（湿态）	m^3/h	$1.444×10^6$	SO$_2$（干标）	mg/m^3	815
烟气压力	Pa	500	NO$_x$（干标）	mg/m^3	317
烟气温度	℃	138	HCl（干标）	mg/m^3	约 40
粉尘（干标）	mg/m^3	100	HF（干标）	mg/m^3	约 2.5
O$_2$（干基）	vol%	14.4	CO（干基）	vol %	0.6
H$_2$O（湿态）	vol %	12	PCDD/Fs（干标）	ng TEQ /m^3	约 1.5

太钢烧结烟气活性炭法脱硫脱硝与制酸系统投运以来运行稳定，作业率达到

95%以上，经太原市环境监测中心站检测，排放烟气 SO_2 浓度 7.5 mg/m³，NO_x 浓度 101 mg/m³，粉尘浓度 17.1 mg/m³，脱硫效率达到 95%以上，脱硝效率达到 40%以上，如表 2-27 所示，年产副产品浓硫酸 9000 t，用于太钢轧钢酸洗工序和焦化硫氨生产。

表2-27　太钢2×450 m²烧结机烟气活性炭法运行性能测试

项目	单位	设计值	测试值
出口 SO_2 浓度（干标）	mg/m³	≤ 41	7.5
脱硫效率	%	≥ 95	98
出口 NO_x 浓度（干标）	mg/m³	≤ 213	101
脱硝效率	%	≥ 33	50
出口粉尘浓度（干标）	mg/m³	≤ 20	17.1
PCDD/Fs（干标）	ng TEQ /m³	≤ 0.2	0.15
NH_3 逃逸（干标）	ppm	≤ 39.5	0.3
制酸	98%硫酸	一等品	一等品

投产后每年 SO_2 外排量由 6820 t 减少到 340 t，减排 SO_2 为 6480 t，脱硫效率为 95%；每年外排 NO_x 由 2774 t 减到 1858 t，减排 NO_x 为 916 t，脱硝效率为 33%；外排粉尘由 1050 t 减到 210 t，减排粉尘 840 t，除尘效率为 80%。

太钢450 m²烧结机活性炭法脱硫脱硝工程运行过程的能源介质消耗如表 2-28 所示，其中压缩空气费用指增压风机电耗费用。

表2-28　太钢450 m²烧结机烟气活性炭法能源介质消耗

类别	消耗量	日消耗量	日运行费用/万元	年运行费用/万元
脱硫剂	约 0.287 t/h	6.9 t/d	3.795	1167.48
生活水	1.2 t/h	28.8 t/d	0.0072	2.592
工业水	2 t/h	48 t/d	0.0024	0.864
压缩空气	220 m³/h	5280 m³/d	0.0422	15.19
氮气	1100 m³/h	26400 m³/d	0.921	332.64
蒸汽	4 t/h	96 t/d	0.576	207.36
用电量	3950 kW/h	94800 kW/d	4.266	1535.76
焦炉煤气	1000 m³/h	24000 m³/d	1.488	535.68
活性炭粉	0.333 t/h	8 t/d	−0.08	−28.8
液氨	0.208 t/h	5 t/d	1.9	630
硫酸	0.917 t/h	22 t/d	−1.21	−435.6
人工			0.8823	300
维修			1.471	410
其他	运输/氨站维护		0.5882	200
运行成本			14.6523	4873.16
吨烧结矿脱除成本		9.75 元/t		

注：费用负值表示节省的成本，或副产品价值化回收的成本

宝钢湛江烧结工序配有 2 台 550 m^2 的烧结机，单台烧结机烟气量达 180×10^4 m^3/h，烟（粉）尘浓度约 120 mg/m^3，SO_2 为 300～1000 mg/m^3，NO_x 为 100～500 mg/m^3，采用活性炭法多污染物脱除工艺，投资总额约为日本住友的 60%，2015 年年底建成投运。净化后的烧结烟气烟（粉）尘排放浓度降低至 20 mg/m^3 以下，SO_2 排放浓度降低至 20 mg/m^3 以下，脱硫率高达 95% 以上，NO_x 排放浓度也降低至 150 mg/m^3 以下。

3. 烟气脱硫技术评估及选择要点

1）烟气脱硫技术评估

钢铁行业烟气脱硫技术种类繁多，亟待对已应用的脱硫工艺进行技术经济评估，以指导烧结（球团）烟气新建或改造过程脱硫技术的选择。

"十二五"期间在国家科技支撑课题"钢铁烧结烟气污染物控制装备运行效果监测及评估技术标准研究与应用示范"（2012BAB18B03）的资助下，中国科学院过程工程研究所针对烧结烟气脱硫装备运行效果进行了调研和评估，形成《钢铁烧结烟气脱硫除尘装备运行效果评价技术要求》（GB/T 34607—2017），重点从脱硫效率、运行费用和脱硫副产物三个方面对脱硫技术进行了评价[51]。

A．烧结烟气脱硫运行效果

脱硫效率是考核脱硫装备运行效果的重要指标之一。影响湿法烟气脱硫效率的主要因素有入口烟气 SO_2 浓度、气液比和烟气量等。当烟气流量和脱硫剂加入量一定时，入口烟气 SO_2 浓度增加，脱硫效率随之降低；烟气量增加时，脱硫效率降低，但烟气量增加会加剧气液扰动，所以脱硫效率随着烟气量的增加，其降低的速率逐渐减缓；脱硫效率随着气液比的减小而增加，且增加幅度由大到小，最后趋于平稳。影响半干法脱硫效率的主要因素有石灰粒度、烟气停留时间、近绝热饱和温差和入口 Ca/S 摩尔比等。石灰的粒径越小，比表面积和反应活性越大，越有利于脱硫气固反应的进行；烟气停留时间一般要求大于液滴干燥时间，时间越长脱硫效率越高；降低近绝热饱和温差或增大入口 Ca/S 摩尔比，均可提高脱硫效率。

出口 SO_2 浓度也是考核脱硫装置运行效果的重要指标，尤其是入口 SO_2 浓度较高的情况。总结国内 25 家钢铁企业投运的 27 套脱硫装置的运行效果，包括脱硫效率和出口 SO_2 浓度两个方面，结果见图 2-34，其中"（半）干法"包括半干法和干法。

国标规定 SO_2 排放浓度小于等于 200 mg/m^3，当烧结烟气进口 SO_2 浓度小于 2000 mg/m^3 时，脱硫效率大于等于 90%，可满足出口 SO_2 浓度小于等于 200 mg/m^3。由图 2-34（a）可见，湿法和半干法各有一套装置不满足，两套装置入口 SO_2 浓度分别高达 5000 mg/m^3 和 3000 mg/m^3，尽管脱硫效率均为 90%，出口 SO_2 浓度依然大于 200 mg/m^3，不能达到 SO_2 的排放要求。

图 2-34（b）对比了湿法和（半）干法出口 SO$_2$ 浓度，出口 SO$_2$ 浓度小于或等于 180 mg/m^3 时，湿法和（半）干法脱硫套数占比分别为 81% 和 73%；出口 SO$_2$ 浓度大于 180 mg/m^3 且小于或等于 200 mg/m^3 时，湿法和（半）干法脱硫套数占比分别为 13% 和 18%；出口 SO$_2$ 浓度大于 200 mg/m^3 时，湿法和（半）干法脱硫套数占比分别为 6% 和 9%。图 2-34（c）对比了湿法和（半）干法的脱硫效率，脱硫效率小于 90% 时，湿法和（半）干法脱硫套数占比分别为 6% 和 18%；脱硫效率大于等于 90% 且小于 95% 时，湿法和（半）干法脱硫套数占比分别为 31% 和 55%；脱硫效率大于等于 95% 时，湿法和（半）干法脱硫套数占比分别为 63% 和 27%。

当烧结烟气的 SO$_2$ 排放浓度较高，需要较高的脱硫效率时，湿法脱硫占有显著优势。与半干法脱硫工艺相比，湿法脱硫是 SO$_2$ 浓度高的烧结烟气的首选。湿法脱硫的主要优点是脱硫效率高，其存在的潜在问题是产生石膏雨和 SO$_3$，当 SO$_3$ 浓度较高时，在烟囱出口处出现蓝色或黄色烟羽，加重灰霾和酸沉降污染。半干法脱硫的主要优点是可以协同脱除烧结烟气中的二噁英等非常规污染物。

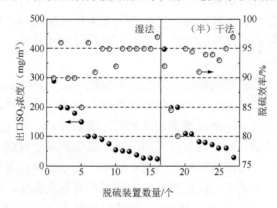

（a）脱硫效率和出口 SO$_2$ 浓度

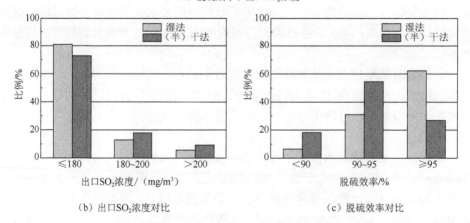

（b）出口 SO$_2$ 浓度对比　　　　　　　　　（c）脱硫效率对比

图 2-34　国内 27 套脱硫装置运行效果

B. 烧结烟气脱硫运行成本

脱硫工艺的运行成本分析对钢铁烧结机投运或改造均有重要意义，主要有三个方面：工程投资、运行费用和脱硫副产物抵扣，其中，工程投资和运行费用直接影响企业的经济效益。工程投资主要包括脱硫设备费、建筑工程费、安装工程费、设计费和调试费等。运行费用主要包括脱硫剂费用、能源消耗费用、人工费、设备维修费和折旧费等。脱硫副产物的处理方式是衡量脱硫工艺是否符合固废资源化利用和循环经济等环保要求的重要指标，同时间接影响企业的投资和运行费用。

为比较湿法、半干法和干法三类脱硫方法的经济指标，选择日钢、梅钢、济钢和太钢四家钢铁企业烧结机应用的五种脱硫工艺，包括石灰石-石膏法、氨法、CFB 法、SDA 法和活性炭法，烧结机参数和烟气性质见表 2-29。脱硫装置运行主要耗量和单价见表 2-30。脱硫装置主要运行费用比较见表 2-31。脱硫装置脱硫成本比较见表 2-32。

表2-29　烧结机参数和烟气性质

脱硫工艺	单位	日钢		梅钢	济钢	太钢
		石灰石-石膏法	氨法	CFB 法	SDA 法	活性炭法
烧结机面积	m^2	180	180	400	400	450
烧结矿产量	万 t/a	181	181	399	420	532
烟气量	万 m^3/h	66	66	133	130	144
烟气温度	℃	160	160	120	110～130	138
入口含尘浓度	mg/m^3	130～150	130～150	80	<80	100
入口 SO_2 浓度	mg/m^3	500～1000	500～1000	800～1200	800～1400	500～800
年运行时间	h	8000	8000	7920	7920	7383

表2-30　脱硫工艺耗量和单价

脱硫工艺	项目	脱硫剂	水	电	蒸汽	人员
石灰石-石膏法	耗量	9720 t/a	$54×10^4$ t/a	$1.05×10^7$ (kW·h)/a	0 t/a	28 人
	单价	260 元/t	1 元/t	0.5 元/(kW·h)	100 元/t	8 万元/(人·a)
氨法	耗量	1800 t/a	$36×10^4$ t/a	$0.84×10^7$ (kW·h)/a	3500 t/a	35 人
	单价	3300 元/t	1 元/t	0.5 元/(kW·h)	100 元/t	8 万元/(人·a)
CFB 法	耗量	17424 t/a	$30.1×10^4$ t/a	$2.80×10^7$ (kW·h)/a	10296 t/a	12 人
	单价	300 元/t	0.24 元/t	0.53 元/(kW·h)	120 元/t	8 万元/(人·a)
SDA 法	耗量	17424 t/a	$31.68×10^4$ t/a	$1.67×10^7$ (kW·h)/a	79.2 t/a	20 人
	单价	350 元/t	0.24 元/t	0.60 元/(kW·h)	120 元/t	8 万元/(人·a)
活性炭法	耗量	2118.3 t/a	$1.47×10^4$ t/a	$2.91×10^7$ (kW·h)/a	29472 t/a	—
	单价	5500 元/t	0.5 元/t	0.45 元/(kW·h)	60 元/t	—

表2-31　五种脱硫工艺主要运行费用比较（元/t烧结矿）

运行费用	石灰石-石膏法	氨法	CFB法	SDA法	活性炭法
脱硫剂费用	1.40	3.28	1.31	1.45	2.19
电费	2.90	2.32	3.72	2.38	2.89
水费	0.30	0.20	0.02	0.02	0.00
蒸汽费用	0.00	0.19	0.31	0.00	0.39
人员费用	1.24	1.55	0.24	0.38	0.56
年维修费用	0.50	0.50	0.22	0.22	0.77

表2-32　五种脱硫工艺脱硫成本比较

项目	单位	石灰石-石膏法	氨法	CFB法	SDA法	活性炭法
工程投资	万元	9700	11200	8000	6600	33500
脱硫运行费用	万元/a	1475	1590	2323	1871	5337
吨矿运行费用	元/t烧结矿	8.1	8.8	5.8	4.4	10.0
副产品收入	万元/a	73	288	—	—	435
抵消后的费用	万元/a	1402	1302	2323	1871	4902
吨矿脱硫成本	元/t烧结矿	7.7	7.2	5.8（5.6）	4.4（4.5）	9.2（9.7）

注："（）"中数据来自文献，计算值与文献值的误差来源于能源消耗价格和年维修费用，如表2-30和表2-31所示

　　表2-30和表2-31比较了五种脱硫工艺运行过程中的单项费用，以下列出了费用消耗由大到小的排序。脱硫剂费用：氨法＞活性炭法＞SDA法＞石灰石-石膏法＞CFB法；电费：CFB法＞石灰石-石膏法＞活性炭法＞SDA法＞氨法；水费：石灰石-石膏法＞氨法＞CFB法/SDA法＞活性炭法，活性炭法消耗水费为零；蒸汽费用：活性炭法＞CFB法＞氨法＞石灰石-石膏法/SDA法，石灰石-石膏法和SDA法的蒸汽费用为零；人员费用：活性炭法＞SDA法＞CFB法＞氨法＞石灰石-石膏法；年维修费用：活性炭法＞石灰石-石膏法/氨法＞CFB法/SDA法。与其他脱硫工艺相比，氨法脱硫剂消耗量虽然不大，为1800 t/a，但其单价较贵，为3300元/t，所以氨法该项支出最高；除氨法外的脱硫工艺均需要压缩空气，所以氨法脱硫工艺支出电费最少；湿法脱硫工艺耗水量大于半干法，而活性炭法脱硫过程不使用水；活性炭法脱硫工艺较先进，该法所需人员费用和维修费用均较其他脱硫工艺高。

　　C. 烧结烟气脱硫副产物

　　为综合比较几种脱硫工艺的脱硫成本，需分析脱硫副产物的应用情况。

　　（1）石灰石-石膏法的副产物脱硫石膏在我国尚未形成大规模工业应用，很多处于堆弃状态。这是因为我国烧结烟气脱硫石膏品质不稳定，缺少成熟的利用技术和完善的政策保障。另外，脱硫石膏应用于大型石膏厂煅烧过程中可能会释放重金属造成环境的二次污染。

（2）氨法脱硫副产物为硫酸铵，目前在我国应用广泛，可作为单独的肥料或复合肥的原料，还可用于生成硫酸钾。柳钢检测氨法脱硫产生的硫酸铵品质符合国标 GB 535—1995 和 GB 15618—1995，对环境无毒害作用。硫酸铵作为农业化肥外售，具有环境和经济双重效益。

（3）CFB 法和 SDA 法脱硫副产物为脱硫灰渣，主要采用外运堆放的处理方式，堆积的废渣会造成土地资源浪费和环境的二次污染。

（4）活性炭法脱硫副产物为硫酸，可作为工业用硫酸，具有很高的回收价值；脱硫过程产生的活性炭灰渣可进一步用作焦化废水的净化，实现充分利用。

工程投资费用由高到低依次为：活性炭法、氨法、石灰石-石膏法、CFB 法和SDA 法，分别为 33500 万元、11200 万元、9700 万元、8000 万元和 6600 万元。活性炭法的运行费用最高，为 10.0 元/t 烧结矿；其次依次是氨法、石灰石-石膏法、CFB 法和 SDA 法，分别为 8.8 元/t 烧结矿、8.1 元/t 烧结矿、5.8 元/t 烧结矿和 4.4元/t 烧结矿。考虑脱硫副产物抵扣，几种脱硫工艺的运行成本为：活性炭法的脱硫成本最高，为 9.7 元/t 烧结矿；SDA 法的脱硫成本最低，为 4.5 元/t 烧结矿；石灰石-石膏法、氨法和 CFB 法的脱硫成本依次为 7.7 元/t 烧结矿、7.2 元/t 烧结矿和5.6 元/t 烧结矿。

由此可见，石灰石-石膏法的设备投资和运行成本较高，此外，湿法脱硫工艺耗水量较大，需要对脱硫废水进行处理。半干法的耗水量较小，无废水产生，且较湿法工艺相比，工艺灵活，可以脱除 SO_3 和二噁英等非常规污染物，但是也存在脱硫效率较低，不适用于 SO_2 浓度高的烟气的问题。干法脱硫工艺活性炭法投资和运行成本均较高，但在脱硫同时可脱除烟气中的烟尘、NO_x、二噁英和重金属等有害杂质，不产生废水和废渣，不存在二次污染等问题。

2）烧结（球团）烟气脱硫技术选择要点

烧结（球团）工序是钢铁企业 SO_2 的主要排放源，根据国家能源环境发展战略及相关政策法规，烧结（球团）烟气脱硫技术发展趋势应以"高效、节能、经济"为主导思路，并综合考虑烧结（球团）烟气具有烟气量波动大、成分复杂等特点，具有适应烟气特性，占地面积小，投资、运行费用低，副产物可综合利用的脱硫工艺是未来技术发展的必然趋势，烧结（球团）烟气脱硫技术选择要点具体如下：

A. 工艺参数的合理选择和确定

烧结过程中，大部分的硫在 565℃以上时变成 SO_2。进入烧结烟气排出，少部分硫以 FeS 形态留在烧结矿里。因此烧结机头部和尾部烟气含 SO_2 浓度低，而中部烟气含 SO_2 浓度高。烧结烟气量的大小，直接影响到脱硫装置的规模、投资及运行费用。因此，合理选择烟气参数是烟气脱硫工艺选择的基础。鉴于球团烟气与烧结烟气性质及特点相似，可选择国内大型烧结机上有成功应用业绩的脱硫技术。

B．烟气脱硫装置对烧结生产工艺的高度适应性

烟气脱硫装置一般布置在主抽风机后，采用串联的方式通过增压风机将烟气引入脱硫装置处理后排放。目前国内在运行的烟气脱硫装置发生过如下问题：①运行脱硫装置后，烟气不能满负荷输出，制约生产产量；②运行脱硫装置不能适应烟气参数的大幅度波动，造成除尘器堵塞、穿孔、物料系统阻塞等问题。因此，如何保证脱硫装置在适应烧结烟气参数频繁波动前提下平稳运行是合理选择脱硫装置的关键。

C．稳定的脱硫效率及能满足今后更严格的排放要求

现有工艺脱硫效率有高、中、低之分，通常以 85%、50%～85%和小于 50%为限，对于特定烟气，在工艺选择中控制出口浓度更为重要，脱硫效率的选择必须考虑排放浓度的要求和原燃料中硫分的含量，根据现有标准和今后趋严的控制限值，结合运行数据，确定必要的排放浓度和脱硫效率。

半干法由于采用气固反应方式，与湿法相比脱硫效率相对较低。由于受到反应时间/空间的限制，增加脱硫剂投放量（提高钙硫比），并不是提高脱硫效率的有效方法，而适当降低反应温度和控制钙基吸收剂湿度是提高脱硫效率的有效手段。

D．脱硫系统占地面积与现场适应

脱硫系统占地面积较大，特别是湿法工艺系统复杂、设备多，还有较大的辅助区进行吸收剂制备和副产品处理，新建企业在规划时可以预留场地，现有的企业实施脱硫改造，场地和施工难度是重要的考虑因素，与湿法相比，半干法脱硫技术对现有系统改造工程量较少，占地较小，在采用湿法工艺时，脱硫岛和辅助区应间隔较近，降低输送过程的系统能耗。

E．脱硫产物的综合利用

吸收剂及脱硫工艺决定了副产品的种类和产生量，脱硫副产物的产生量大，首先的选择原则是能够综合利用，如用于建工、建材，用于肥料或土壤改良等，如果不能利用需要考虑堆放场地，要求副产品性质稳定，便于运输。

F．多污染协同治理

现在国内普遍采用针对单项污染物的分级治理模式，随着污染物控制种类的不断增加，烟气净化设备增多，不仅引起设备投资和运行费用提高，而且使整个末端污染物治理系统更加庞大复杂，治污设备占地大、能耗高、运行风险大、副产物二次污染问题十分突出。因此，选择的脱硫技术一定要有前瞻性，在脱硫的同时要兼顾 SO_3、HF、HCl、NO_x、重金属、二噁英、细颗粒物等污染物的治理，半干法具有布置灵活的特点，可在布袋除尘器前添加吸收剂脱除非常规污染物，干法活性炭/焦技术可同时脱除多种污染物，具有较大的技术优势。

G．相对低廉的一次性投资、运行及维护成本

影响脱硫成本的因素很多，所选择的技术在能够达到减排效果的情况下，应

选择最经济的工艺，综合对现有设备改造及影响等因素，均要考虑工艺选择对投资及运行费用的影响。

2.4　氮氧化物控制技术

目前国内外减少烧结烟气 NO_x 排放技术，主要分为源头削减、过程控制及末端处理。常见的烧结烟气 NO_x 控制技术如表 2-33 所示。

表2-33　烧结烟气NO_x控制技术

控制技术		工艺特点	脱硝效率
源头削减	低氮燃料	采用低氮的煤炭和焦炭，可控制出口 $NO_x \leqslant$ 150 mg/m³	—
过程控制	烟气循环	一部分热废气被再次引入烧结过程，NO_x 通过热分解或热转化脱除	10%～40%
末端治理	SCR 法	利用还原剂在催化剂的作用下将 NO_x 还原成 N_2 的方法	>70%
	氧化吸收法	首先将 NO 氧化成高价态的 NO_2、N_2O_3 或 N_2O_5，然后利用脱硫设备吸收脱除	>50%
	活性炭/焦吸附法	活性炭/焦作为吸附剂吸附脱除 NO_x，或者作为催化剂在氨存在时 SCR 法脱硝	30%～80%

2.4.1　源头削减技术

由于烧结工序产生的 NO_x 主要为燃料型 NO_x，90%以上是由固体燃料燃烧产生，故 NO_x 源头削减主要是选择使用氮元素含量低的固体燃料，在烧结料中添加生物质燃料如木质炭、秸秆炭及锯末等替代焦粉，可显著减少 NO_x 的生成[52]。

2.4.2　烟气循环技术

烧结烟气循环利用技术是将烧结过程排出的一部分载热气体返回烧结点火器以后的台车上再循环使用的一种烧结方法，可回收烧结烟气的余热，提高烧结的热利用效率，降低固体燃料消耗。烧结烟气循环利用技术将来自全部或选择部分风箱的烟气收集，循环返回到烧结料层，这部分废气中的有害成分将在再进入烧结层中被热分解或转化，二噁英和 NO_x 会部分消除，同时抑制 NO_x 的生成；粉尘和 SO_2 会被烧结层捕获，减少粉尘、SO_2 的排放量；烟气中的 CO 作为燃料使用，可降低固体燃耗。另外，烟气循环利用减少了烟囱处排放的烟气量，降低了终端处理的负荷，可提高烧结烟气中的 SO_2 浓度和脱硫装置的脱硫效率，减小脱硫装置的规格，降低脱硫装置的投资[53]。

1. 国外烧结烟气循环技术及比较

国外的烟气循环工艺主要有日本新日铁开发的区域废气循环技术，荷兰艾默伊登开发的排放优化烧结（emission optimized sintering，EOS）工艺、德国 HKM 开发的低排放能量优化烧结（low emission & energy optimized sinter production，LEEP）工艺以及奥钢联公司开发的环境过程优化烧结（environmental process optimized sintering，Eposint）。

1992 年，新日铁首先在其八幡厂户畑 3# 烧结机上应用烧结区域废气循环技术，该烧结面积 480 m²，共有 32 个风箱。区域废气循环工艺是将烧结机烟气分段处理、部分循环，根据烟气成分及特点不同，该烧结机被分成 5 段 4 部分，具体如表 2-34 所示。

表2-34　新日铁畑3#烧结机烟气特点

区段	风箱号	烟气流量 / (m³/h)	烟气温度 /℃	O_2 含量/%	H_2O 含量/%	SO_2 含量 / (mg/m³)	处理方式
1 区	1～3	62000	82	20.6	3.6	0	循环至烧结机中部
2 区	4～13	290000	99	11.4	13.2	21	ESP 后排放
3 区	14～25	382000	125	14.0	13.0	1000	ESP 和脱硫后排放
4 区	26～31	142000	166	19.1	2.4	900	余热回收后循环
烟囱		672000	95	12.9	13.0	15	排放到大气

其工艺流程图如图 2-35 所示。

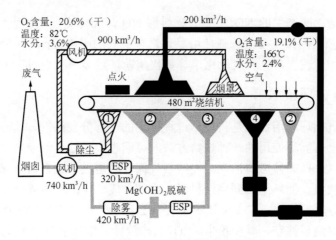

图 2-35　日本新日铁区域性废气循环工艺

1994 年，EOS 工艺在荷兰克鲁斯艾默伊登 132 m² 烧结机上实现工业化应用，其工艺流程如图 2-36 所示。该循环工艺将烧结主排烟气全部汇集经旋风除尘器除尘后，引出一部分返回到烧结机顶部进行循环，在烧结机顶部增加一个烟罩，烟罩将烧结机密封，循环烟气返回烧结机过程中配入一定量空气，循环烟气和空气在烟罩内混合，废气外排量减少约 50%。

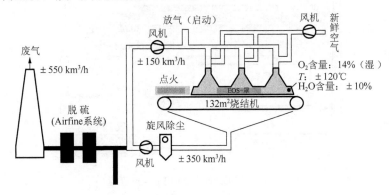

图 2-36　荷兰艾默伊登厂 EOS 工艺

2001 年，德国 HKM 公司在 420 m² 烧结机上应用了 LEEP 工艺，如图 2-37 所示[54]。LEEP 工艺将烧结机前后两部分废气分成两个管路，前部烟气温度为 200℃，后部为 65℃，两部分烟气经过热交换（目的是保证风机的工作条件与采用 LEEP 之前相同），使之变为 150℃和 110℃，经过除尘器后，前部烟气通过烟囱排放，后部烟气返回烧结机循环。

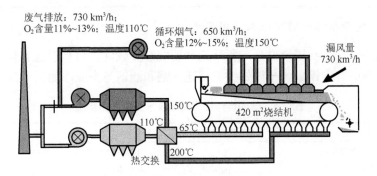

图 2-37　德国 HKM 公司 LEEP 工艺

2005 年，Eposint 工艺在奥钢联林茨厂 5# 250 m² 烧结机应用，工艺根据烧结机各风箱的流量和污染物排放浓度决定循环烟气的来源，用于循环的气流来自废气温度升高区域的风箱，这一区域大致位于烧结机总长的 3/4 处，如图 2-38 所示。为应对烧结操作引起的烟气成分波动，设计 11#~16# 风箱烟气既可返回烧结循环，又可导向烟囱排放，具有较强的灵活性，该部分烟气首先经过电除尘，然后与环冷机热废气混合，混合后的气体进入烧结机上方的烟罩循环回用。

总体来讲，新日铁工艺是将高氧烟气循环，其余烟气分高硫和低硫分别处理，EOS 工艺未进行选择性循环，LEEP 工艺将高温高硫烟气循环，Eposint 工艺则将高硫烟气循环，四种烧结烟气循环工艺的效果如表 2-35 国外烧结烟气循环工艺效果比较所示[55]。

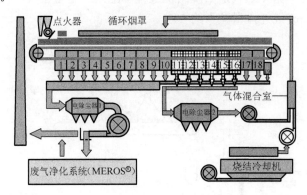

图 2-38　奥钢联钢铁公司 Eposint 工艺

表2-35　国外烧结烟气循环工艺效果比较

循环工艺	烟气循环率/%	SO₂减排/%	NOₓ减排/%	PCDD/Fs 减排/%	节能量/%
新日铁	28.1	—	1.5		5.5（3.2 kg/t 焦粉）
EOS	55.6	41.3	52.4	70	20（12 kg/t 焦粉）
LEEP	50	67.5	75	90	14.2（7 kg/t 焦粉）
Eposint	25～28	28.9	23.5	30	4.4～11（2～5 kg/t 焦粉）

2. 国内烧结烟气循环技术应用现状

与国外相比，我国烧结烟气循环工艺研究起步较晚，目前已进行烧结烟气循环工艺改造的有宝钢集团宁波钢铁、福建三钢和沙钢等企业，如表 2-36 所示。

表2-36　国内烧结烟气循环技术工程应用情况

应用企业	烧结机面积/m²	循环模式	循环比例/%	备注
宁波钢铁烧结机	480	内循环	35	新建
沙钢 3#、4#、5#烧结机	360	内循环	20	改造
联峰钢铁 2#烧结机	450	外循环	30	新建
永钢 2#烧结机	450	外循环	—	改造
福建三钢	180	内循环	30	改造
新金钢铁	200	内循环	25	改造
津西正达钢铁	180	内循环	20	改造

按照烟气选取部位来划分，可将烧结烟气循环利用工艺模式分为内循环和外循环，外循环工艺在主抽风机后烟道取风[56]，工程量相对较小，但同时循环烟气温度较低，对烧结生产的影响未知，同时也不考虑风箱烟气污染物分布特征，因此在减排方面没有贡献；内循环工艺在风箱支管取风，根据不同功能设计，可选择性地选取高温、富氧或者污染物浓度高的烧结废气循环，同时可避免循环气

流短路及重复循环，尽管工程量相对较大，但仍是未来烧结烟气循环工艺的主流技术方向。

中国科学院过程工程研究所开发的烧结烟气循环分级净化与余热利用技术《一种烧结烟气余热分级循环利用和污染物减排工艺及系统》（专利号：201510140855.9）、《一种密封热风罩装置》（专利号：201510487460.6）是根据烧结风箱烟气排放特征（温度、含氧量、烟气量、污染物浓度等）的差异，在不影响烧结矿质量的前提下，选择特定风箱段的烟气循环回烧结台车表面，用于热风点火、热风烧结等。循环烟气由烧结机风箱引出，经除尘系统、循环主抽风机、烟气混合器后通过密封罩，引入烧结料层，重新参与烧结过程。循环烟气与烧结料层，经过一系列复杂的热质传递与化学反应过程，包括高温循环烟气与烧结料层的热交换、CO 的二次燃烧放热、二噁英的高温分解以及 NO_x 的催化还原，使污染物排放总量降低的同时，烟气显热全部供给烧结混合料，进行热风烧结，降低烧结固体燃料消耗，改善表层烧结矿质量，提高烧结矿料层温度均匀性和破碎强度等理化指标，实现节能、减排、提产多功能耦合。

通过机头机尾烟气混合后循环，混合烟气氧含量较高，并含有部分余热和少量污染物，可以提升烧结矿产量，并降低 CO/NO_x 排放量，实现污染物减排的功能，其控制的核心因素是氧气含量。通过循环机尾烟气，补充床层上部热量，且氧含量接近空气，利于烧结矿质量提升和能耗降低，即实现节能降耗，其核心因素为热量，烧结机前部烟气和大量机尾烟气混合，可明显减少烧结烟气外排量，实现总量减排的目标，其控制的核心因素为风量（如图 2-39 所示）。通过以上设计，突破烧结烟气"选择性"循环工艺，实现增产/降耗/减排选择性调控，多功能耦合。

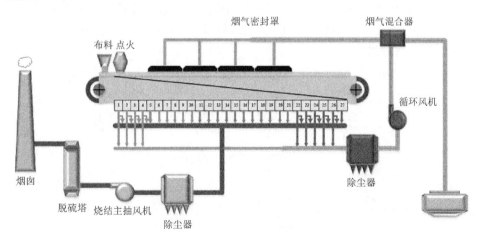

图 2-39　烧结烟气循环分级净化余热利用技术

河钢股份有限公司邯郸分公司 $360m^2$ 烧结机采用该技术，正在施工建设中，投运后可实现主烟道烟气排放总量降低 20%～25%，NO_x 和 CO 污染物减排 20% 以上，烧结机固体燃耗降低约 3%。

2.4.3　选择性催化还原脱硝技术

选择性催化还原（SCR）脱硝技术指在催化剂存在的条件下，NO_x 与 NH_3、尿素等还原剂反应生成 N_2 的脱硝技术。

NH_3 与 NO 的反应过程如式（2-4）所示：

$$2NO+2NH_3+1/2O_2 =\!=\!= 2N_2+3H_2O \tag{2-4}$$

尿素与 NO 的反应过程如式（2-5）所示：

$$2NO+CO(NH_2)_2+1/2O_2 =\!=\!= 2N_2+CO_2+2H_2O \tag{2-5}$$

SCR 脱硝技术根据催化剂的温度窗口主要分为传统 SCR 和低温 SCR。传统 SCR 脱硝技术应用广泛，催化剂的组分主要为 V_2O_5-WO_3/TiO_2，温度窗口为 320～400℃；低温 SCR 催化剂主要针对温度窗口 120～280℃ 的脱硝需求，由于存在硫中毒等原因应用条件要求较高。

1. 传统 SCR 脱硝技术

传统 SCR 具有较高的脱硝效率，已在燃煤电厂得到广泛应用，SCR 技术所使用的 V_2O_5-WO_3/TiO_2 催化剂同时兼具脱除二噁英的作用，因此，利用 SCR 技术可以同时实现脱硝脱二噁英，具有较好的应用前景。

V_2O_5-WO_3/TiO_2 催化剂的 SCR 脱硝机理如图 2-40 所示。整个催化循环过程主要包括：①NH_3 在 B 酸位点（V-OH 物种）上的吸附；②吸附后物种被 V=O 氧化后，形成活性中间体；③活性中间体与烟气中的 NO 发生反应形成 N_2；④还原的催化剂表面被 O_2 再次氧化。WO_3 的引入可以提高催化剂表面的 B 酸位点数量，对 SCR 反应有促进作用。

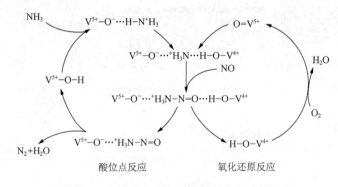

图 2-40　V_2O_5-WO_3/TiO_2 催化剂 SCR 反应机理

与燃煤锅炉烟气不同，钢铁烧结烟气的实际工况复杂，具有排烟温度低、NO_x

浓度波动大、含湿、含尘高等特点，直接采用 SCR 脱硝技术处理烧结烟气还存在以下难点[57]：

（1）烧结烟气的温度较低（120～180℃），难以达到 SCR 催化剂适用的温度窗口，一方面催化剂的脱硝活性较低，另一方面催化剂表面会由于硫铵盐沉积失活；

（2）烧结烟气携带大量富铁粉尘，因而在脱硝催化剂前需要布置除尘器以减少粉尘对催化剂的磨损。

针对烧结烟气富铁粉尘的问题，可以采用以下两种催化剂布置方式：

（1）将 SCR 系统布置在静电除尘器之后，除尘后烟气经加热装置升温并通过 SCR 装置脱硝，出口的热烟气与 SCR 进口烟道内的低温烟气换热降温，然后进入脱硫装置净化，最后从烟囱排出；

（2）将 SCR 系统布置在除尘器和脱硫装置之后，脱硫出口烟气通过加热装置烟气温度升至 300℃左右进入 SCR 反应器脱硝，出口的烟气与 SCR 进口烟道内的低温烟气换热降温，经烟囱排出。

两种布置方式均可在很大程度上降低粉尘对催化剂的毒害作用，而相对于第一种布置方式，第二种布置方式先进行脱硫，烟气温度大幅度下降，因此烟气再热能耗较大。

国内外目前应用 SCR 技术控制烧结烟气 NO_x 排放的钢铁厂有韩国浦项、德国奥钢联以及我国宝钢和台湾中钢，共投运 11 套，可与已建的脱硫装置串联形成一体化烟气脱硫、脱硝及脱二噁英技术。

我国台湾中钢烧结烟气脱硝采用在烟道内布置燃烧器，并使用气-气热交换器（GGH）通过脱硝反应器出口的热烟气对入口冷烟气进行预热。具体流程为，静电除尘器（ESP）后烟气经气-气热交换器（GGH）入口预热至 270℃，再由下游燃烧器加热到 290～310℃，然后与氨气混合，再经过催化剂床层。GGH 经旋转 180° 后，原出口转至入口位置，以其所吸收的余热加热来自静电除尘器的烟气。该技术已在台湾中钢及中龙烧结机使用，脱硝与脱二噁英的效率可达 80%以上，具体工艺流程如图 2-41 所示[58]。

宝钢 4# 600 m² 烧结机，烟气量约为 194×10⁴m³/h，同步建设有两套烧结烟气循环流化床半干法脱硫装置[59]，脱硫后烟气中 SO_2 浓度降至 50 mg/m³ 以下，出口粉尘浓度达到 20 mg/m³ 以下，NO_x 排放浓度在 200～550 mg/m³，二噁英排放浓度在 3.0 ng TEQ/m³，2016 年增设两套 SCR 脱硫装置后，设计 NO_x 排放浓度在 100 mg/m³ 以下，氨逃逸≤0.25 mg/m³，二噁英浓度≤0.5 ng TEQ/m³。

宝钢四烧针对其普遍存在高炉煤气相对富裕的现状，利用低热值的高炉煤气作为加热燃料，在烧结主烟道外采用管道式加热炉将气体加热至 1100℃，之后通入烧结主烟道中，降低了烟气再热成本。关键技术包括适用于低热值燃料燃烧的烧嘴、高温烟气分布装置、高温烟道与脱硝主烟道的连接、烟气换热器等部分。

具体工艺流程如图 2-42 所示。

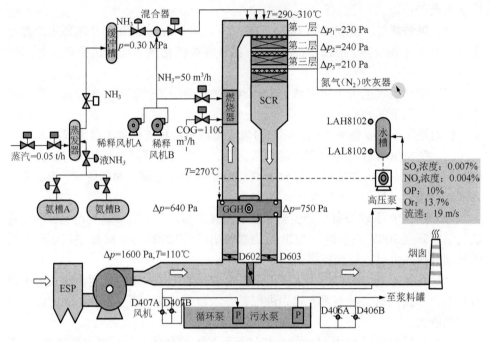

图 2-41　台湾中钢 SCR 脱硝工艺系统

COG：焦炉煤气

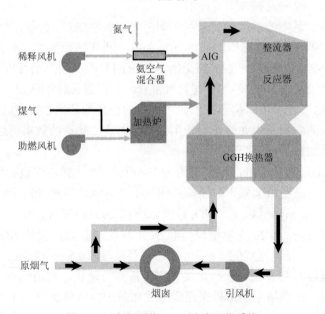

图 2-42　宝钢四烧 SCR 脱硝工艺系统

SCR 脱硝技术的关键问题是对烧结烟气进行再加热，使烟气温度提升到脱硝反应所需的温度，目前国外运行的工程实例均采用国外钢铁行业相对富裕、热值很高的焦炉煤气（COG）或天然气作为燃料，直接在烟道中设置火盘式燃烧装置，SCR 脱硝系统可以单独或与现有脱硫系统联合进行烧结烟气净化，针对目前脱硫主要采用半干法和湿法工艺，SCR 脱硝系统主要有图 2-43 所示的两种工艺布置形式。

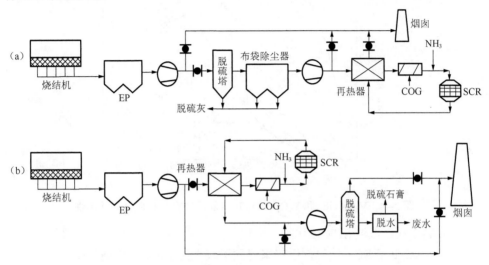

图 2-43 烧结烟气 SCR 脱硝布置方式

（a）SCR 系统与半干法脱硫组合工艺； （b）SCR 系统与湿法脱硫组合工艺

2. 低温 SCR 脱硝技术

由于传统 SCR 技术温度窗口较高，烟气再热能耗大，开发低温 SCR 催化剂成为烟气脱硝领域的一个重要方向。

目前研究的低温 SCR 催化剂主要包括[60-62]：①重新优化配方的 V_2O_5/TiO_2 催化剂；②以活性炭作为载体的 V_2O_5/AC 低温 SCR 催化剂；③改性 Mn 基低温 SCR 催化剂。不同类型的低温 SCR 催化剂各有特点，部分催化剂已在其他行业建立示范工程或中试实例。低温 SCR 脱硝技术实现的关键在于催化体系的研发，低温 SCR 催化剂在不含 SO_2 和 H_2O 的烟气中往往具有良好的反应活性，而在实际情况中，经过除尘脱硫装置后烟气仍然含有 H_2O 和微量的 SO_2，低温 SCR 催化剂在这种条件下易中毒失活，虽然催化剂体系可以通过高温、水洗或 H_2 还原等再生后催化活性得到很大程度上的恢复，但频繁的再生不利于生产的连续运行。因此，提高催化剂的抗硫耐水性能是低温 SCR 技术得以实际应用的关键。

1）优化配方的 V_2O_5/TiO_2 催化剂

传统 SCR 技术使用的 V_2O_5-WO_3/TiO_2 催化剂的 V_2O_5 的负载量一般不超过

1wt%[①]，提高 V_2O_5 负载量可以在一定程度上增加催化剂的低温活性，但是催化剂氧化性的增强导致 SO_2 向 SO_3 氧化。因此，在不同工艺条件下应选择适当的 V_2O_5 负载量。而在低温 SCR 的应用温度窗口，催化剂对 SO_2 的氧化较为微弱，因此可以通过提高 V_2O_5 的负载量提高 V_2O_5-WO_3/TiO_2 催化剂的低温活性。如图 2-44 所示，将 V_2O_5 提高到 4.5wt%时在 250℃ 以下即可实现 NO 的完全转化。

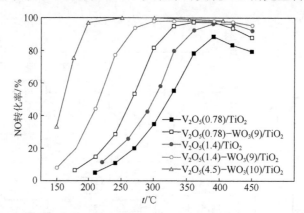

图 2-44　V_2O_5/TiO_2 和 V_2O_5-WO_3/TiO_2 催化剂的 NH_3-SCR 反应活性

2）V_2O_5/AC 低温 SCR 催化剂

V_2O_5/AC 低温 SCR 催化剂近年来得到了较大的发展，催化剂载体是经过改性处理的活性炭/焦，在喷 NH_3 的条件下本身即具有一定的 SCR 活性，经过 V_2O_5 负载后活性进一步提高，在 100～250℃ 的温度窗口低温 SCR 活性可达到 80%以上。SO_2 对 V_2O_5/AC 催化剂的低温脱硝性能在某些条件下有一定的促进作用，这主要归结于硫酸化的催化剂表面酸性的提高有助于 NH_3 的吸附。当 H_2O 和 SO_2 同时存在时，催化剂表面容易出现硫铵盐沉积导致催化剂活性下降，另外飞灰中的碱金属也会对催化剂的活性产生不利影响[63,64]。前者主要由于硫铵盐对催化剂表面活性位点的覆盖以及对催化剂孔道的堵塞；后者主要由于碱金属沉积造成催化剂表面酸性位点数量降低，从而导致催化剂对 NH_3 的吸附能力减弱。

3）Mn 基低温 SCR 催化剂

图 2-45 为 MnO_x 催化剂低温 SCR 反应活性和选择性评价结果，Mn 基低温 SCR催化剂可在 100℃ 实现 NO 的完全转化。Mn 基催化剂高活性产生的原因可能是Mn 价态丰富，低温氧化还原能力较强。然而，单独锰氧化物由于其氧化性能过强，低温 SCR 反应的 N_2 选择性较差，反应产物中存在一定量的 N_2O。研究表明，通过掺杂 Ce、Fe 等元素，可以提高 Mn 基催化剂的选择性[62]。与 V_2O_5 基催化剂体系相比，Mn 基催化剂在研究中存在的最大问题在于抗硫耐水性能较差，如图 2-46

---

① wt%为质量分数

所示，当催化体系中存在 H_2O 和 SO_2 时 $MnFeO_x$ 催化剂低温 SCR 活性明显降低。

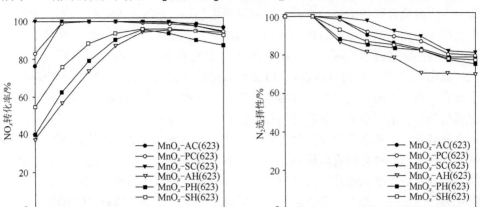

图 2-45　不同制备方法的 MnO_x 催化剂低温 SCR 活性

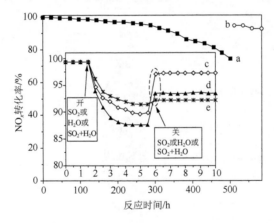

图 2-46　烟气中 SO_2 和 H_2O 对 $MnFeO_x$ 催化性能的影响[65]

a. 催化剂寿命；b. 催化剂再生性能；c. 抗硫性；d. 耐水性；e. 抗硫耐水性

2.4.4　臭氧氧化脱硝技术

钢铁烧结烟气排放温度为 120～180℃，适合采用臭氧氧化吸收的脱硝技术。臭氧氧化吸收脱硝技术主要作用原理是将烟气中几乎不溶于水的 NO 氧化成较易溶于水的高价态 NO_x，如 NO_2、N_2O_5 等，通过脱硫设备进行脱除。

国外臭氧氧化脱硝技术中应用较多的为 $LoTO_x$ 工艺，此技术最早在 20 世纪 90 年代由林德 BOC 公司开发，之后与杜邦 BELCO 公司的 EDV 湿式洗涤脱硫除尘技术结合形成 $LoTO_x$-EDV 技术，在石化行业广泛应用，可实现多污染物脱除，其中脱硝效率最高可达到 90%以上[66]。

图 2-47 为 LoTO$_x$-EDV 技术吸收塔示意图。烟气经过烟道进入冷却吸收塔，与垂直方向循环浆液形成的高密度水帘充分接触后，烟气温度降至 57℃，大部分粉尘得到有效脱除；冷却后的烟气与在急冷区后部注入的臭氧（由臭氧发生器产生）混合一起进入氧化区，烟气中的 NO$_x$ 被氧化为 N$_2$O$_5$，N$_2$O$_5$ 与水反应生成硝酸；氧化后的烟气上升到吸收区，与含有质量浓度 20% 的 NaOH 碱液的喷淋液充分混合，烟气中的 SO$_2$、NO$_x$ 和颗粒物得到有效吸收；脱硫后的烟气上升进入过滤模组部分，烟气中含有的催化剂粉尘微粒和酸雾得到进一步收集；然后上升至水珠分离器，分离水从分离器底部落入过滤模组区域，脱水后的净化烟气经上部烟囱排入大气；冷却吸收塔底排出的废水与一定浓度的絮凝剂（除去废水中悬浮物）混合后进入废水处理单元的澄清器；澄清器上部排出的清液进入三个串联的氧化罐，与鼓风机鼓入的空气进行氧化以降低废水的化学需氧量（COD），经氧化处理后经过外排泵加压后送往污水处理系统进行后续处理；废渣由澄清器底部排入容器经过滤网沉淀后由专车运到指定地点后续处理。

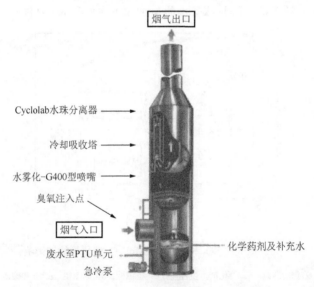

图 2-47　LoTO$_x$-EDV 工艺吸收塔示意图

LoTO$_x$-EDV 技术的核心是在吸收塔内实现 NO 的氧化和氧化产物 N$_2$O$_5$ 的吸收。臭氧气相氧化速率快，具有低温氧化效率高、氧化选择性强且产物无二次污染的优点，因此对于此技术脱硝的关键在于 NO 氧化产物的高效吸收。目前国内绝大多数烧结机已安装脱硫设施，现有脱硫设施可以实现对 NO 氧化产物的协同吸收，但由于脱硫的工艺种类繁多，不同工艺对 NO 氧化产物的吸收存在不同的特点。N$_2$O$_5$ 极易被水吸收生成硝酸，而钢铁烧结烟气量通常在 100 万 m^3/h 左右，若仅以 N$_2$O$_5$ 作为 NO 氧化产物会造成臭氧用量过大，运行成本高，因此，可以通过控制臭氧氧化 NO 过程产物的分布及吸收过程，对工艺参数进行调整，以适应烧结烟气的排放特点。

1. 臭氧氧化 NO 产物

O_3 与 NO 的摩尔比直接影响 NO 氧化产物[67]，如图 2-48 所示，当 O_3 与 NO 比例低于 1 时，NO_2 为主要氧化产物；当 O_3 与 NO 比例大于 1 时，N_2O_5 为主要氧化产物。

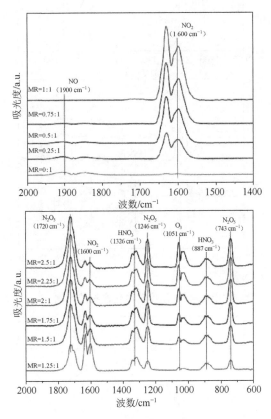

图 2-48　O_3 与 NO 摩尔比对氧化产物的影响

氧化温度对反应产物也会产生影响，如图 2-49 所示，O_3 与 NO 摩尔比大于 1，氧化产物主要为 N_2O_5 时，氧化温度小于 100℃不会造成 N_2O_5 产生量明显降低，氧化温度超过 100℃则明显有 N_2O_5 的分解。

图 2-50 为停留时间对反应产物的影响[68]，O_3 与 NO 摩尔比小于 1，氧化产物主要为 NO_2 时，停留时间对 NO_2 的生成基本没有影响；O_3 与 NO 摩尔比大于 1，氧化产物主要为 N_2O_5 时，随着停留时间的延长，NO_2 被氧化成 N_2O_5 的量逐渐增多。表明 O_3 把 NO 氧化成 NO_2 的反应速度很快，而把 NO_2 氧化成 N_2O_5 的反应速度则相对慢很多。

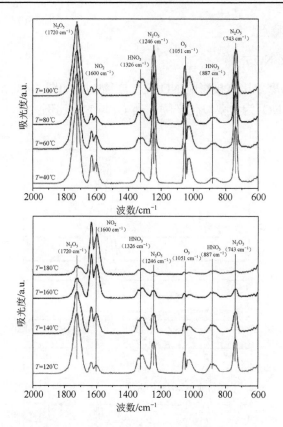

图 2-49　温度对氧化产物的影响

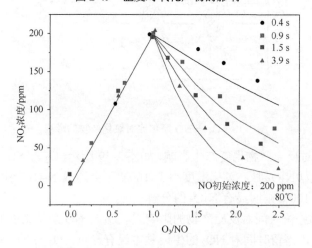

图 2-50　停留时间对氧化产物的影响

2. NO 氧化产物吸收

N_2O_5 作为硝酸酸酐容易与水发生反应生成 NO_3^{2-}，而 NO_2 的吸收速率相对低一些，在吸收塔内可能发生多种反应，如式（2-6）～式（2-13）所示：

$$SO_2 + 2OH^- \longrightarrow 2H^+ + SO_3^{2-} \tag{2-6}$$

$$SO_2 + SO_3^{2-} + H_2O \longrightarrow 2HSO_3^- \tag{2-7}$$

$$2NO_2 + 2OH^- \longrightarrow NO_2^- + NO_3^- + H_2O \tag{2-8}$$

$$NO + NO_2 + 2OH^- \longrightarrow 2NO_2^- + H_2O \tag{2-9}$$

$$2NO_2 + SO_3^{2-} + H_2O \longrightarrow 2NO_2^- + SO_4^{2-} + 2H^+ \tag{2-10}$$

$$2NO_2 + HSO_3^- + H_2O \longrightarrow 2NO_2^- + SO_4^{2-} + 3H^+ \tag{2-11}$$

$$3NO_2^- + 2H^+ \longrightarrow NO_3^- + 2NO + H_2O \tag{2-12}$$

$$2NO_2^- + O_2 \longrightarrow 2NO_3^- \tag{2-13}$$

图 2-51 为湿法脱硫过程对 SO_2 和 NO_2 吸收的影响研究[69]，在同时脱硫脱硝过程中，SO_2 的存在会促进碱性溶液对 NO_2 的吸收，而且 NaOH、$Ca(OH)_2$ 和 $Mg(OH)_2$ 几种碱性吸收液对 NO_2 的吸收效率差别不大，随着 pH 降低，NaOH 溶液对 NO_2 的吸收最先下降。

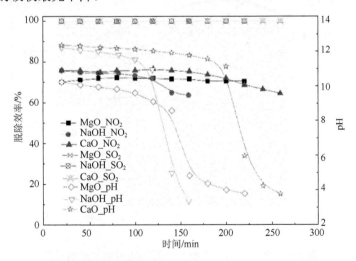

图 2-51　湿法脱硫工艺过程 SO_2 和 NO_2 的吸收研究

图 2-52 为半干法脱硫过程 SO_2 对 NO_2 吸收的影响研究，烟气中 SO_2 的存在明显提高了 NO_2 的吸收效率，但是对 NO 脱除效率的促进效果并不明显。

图 2-53 为半干法脱硫过程 H_2O 对 NO_2 吸收的影响研究，当 SO_2 存在时，半干法脱硫剂中 H_2O 含量的增大有利于 NO_x 的吸收。

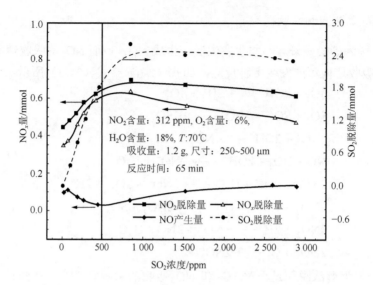

图 2-52　半干法脱硫过程 SO$_2$ 对 NO$_2$ 吸收的影响研究

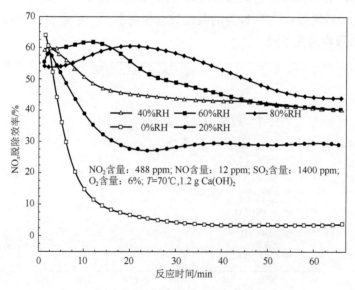

图 2-53　半干法脱硫过程 H$_2$O 对 NO$_2$ 吸收的影响研究

　　除了多种工艺操作条件的影响之外，由于烧结烟气流量较大，需要对喷入烟道内的臭氧进行均布，否则会出现 NO$_x$ 氧化效率低、臭氧溢出脱硫塔造成二次污染等问题。通过氧化工艺条件调控、臭氧均布及脱硫设施工作状态调控，臭氧氧化脱硝技术可以实现烧结烟气 NO$_x$ 的有效脱除。

　　国内目前应用氧化工艺的烧结机脱硝工程主要有唐钢不锈钢 265 m^2 烧结机、唐钢中厚板 240 m^2 烧结机、宝钢梅钢 180 m^2 烧结机等。

唐钢不锈钢 265 m² 烧结机采用中国科学院过程工程研究所研发的烧结烟气低温氧化脱硝技术《一种烧结烟气循环流化床半干法联合脱硫脱硝装置及方法》（专利号：201410347174.5）《一种应用于低温氧化脱硝技术的烟道臭氧分布器及其布置方式》（专利号：201410066906.3），臭氧喷入烟道后通过臭氧分布器与烟气充分混合，通过氧化产物调控及吸收塔操作工艺参数调节，完成高价态 NO_x 的高效吸收，工艺路线如图 2-54 所示。

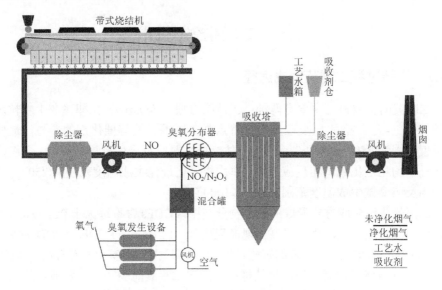

图 2-54　工艺路线示意图

该项目处理烟气量 174 万 m³/h，入口 NO_x 浓度 250 mg/m³ 左右，烟气温度 150℃左右。2017 年 8 月与烧结机试生产同步，脱硝系统启用，脱硝效率可实现 70% 以上，烟囱 NO_x 排放浓度低于 100 mg/m³，满足国家最新排放标准（修订单）的要求。

2.4.5　活性炭/焦吸附技术

吸附法是利用吸附剂对 NO_x 的吸附量随温度或压力变化的特点，通过周期性地改变操作温度或压力控制 NO_x 的吸附和解吸，使 NO_x 从烟气中分离出来。根据再生方式的不同，吸附法可分为变温吸附和变压吸附。活性炭/焦吸附脱除 NO_x 属于典型的变温吸附过程，在烟气出口温度为 120～160℃时 NO_x 被活性炭/焦吸附，吸附饱和的活性炭/焦经 300～450℃高温再生后继续循环利用。此工艺在通入氨气的情况下，NO_x 和 NH_3 在活性炭/焦表面发生催化反应生成 N_2 和 H_2O，实现 NO_x 的深度处理。

活性炭/焦干法烟气净化技术在 20 世纪 50 年代从德国开始研发，60 年代日本也开始研发，不同企业之间进行合作与技术转移以及自主开发，形成了日本住友、日本 J-POWER（原 MET-Mitsui-BF）和德国 WKV 等工艺。采用活性炭/焦法烧结烟气脱硫脱硝的大型钢铁公司包括日本的新日铁、JFE、住友金属和神户制钢，韩国的浦项钢铁和现代制铁，澳大利亚的博思格钢铁，印度的波卡罗钢厂以及中国的太钢等。近年来，我国在活性炭/焦法烟气净化技术应用方面发展迅速，2005年至今，已建、在建的活性炭/焦烟气净化装置已达十余套，技术发展平稳。活性炭/焦吸附法的技术特点及工程应用在本章的 2.3.2.2 小节已有详述，本节不再赘述。

2.5　二噁英控制技术

2.5.1　烧结过程二噁英生成途径

二噁英的生成机理主要有两种：①从头合成（*de novo*），即飞灰中颗粒炭、氯等通过气-固或者固-固反应形成，特点是需要铜、铁等催化剂的参与，最佳生成温度范围为 250～500℃[70]；②前驱体合成，即前驱物如氯酚、氯苯、多氯联苯等通过非均相催化或均相反应形成，非均相催化最佳生成温度范围为 250～500℃，而均相反应最佳生成温度范围为 600～1000℃[71]。

二噁英从头合成方式形成的同系物分布中，PCDFs 含量远大于 PCDDs，PCDFs 中以四氯代为主，且污染物浓度呈现多氯代苯（PCBz）＞PCDFs＞PCDDs＞多氯联苯（PCBs）的特征[72]。大量的研究表明，烧结烟气中二噁英分布符合这一特征[73]。此外，通过焙烧经过萃取后的烧结样品（除去二噁英前驱物），发现在从头合成的温度区间得到了与萃取前十分相似的二噁英同系物分布[74]。

图 2-55 为烧结床层结构和湿度、温度、氧气浓度分布图，烧结矿层包括已经完成烧结过程的烧结矿；燃烧熔融层主要发生剧烈的传热、传质作用，此处温度

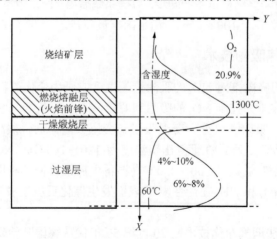

图 2-55　烧结床层结构和湿度、温度、氧气浓度分布情况

可到 1300℃以上；燃烧熔融层以下 10～30 mm 是干燥煅烧层，气流经过此层温度
会急剧下降，因此存在二噁英生成的最佳温度区间；冷凝的气流中包含大量水汽，
经过干燥煅烧层之后冷却下来，形成过湿层。Nakano 等[75]将烧结过程突然终止，
在干燥煅烧层中发现大量二噁英。随着火焰前锋区向下推进，干燥煅烧层中的二噁
英一部分发生分解，另一部分挥发至烟气中，因此烟气中以含氯较少易于挥发的
二噁英为主。

　　综上，目前普遍认为烧结过程中的二噁英是在干燥煅烧层中由从头合成反应
得到，并随着燃烧熔融层逐渐下移挥发至烟气中。

2.5.2　烧结过程影响二噁英生成的因素

1. 烧结原料

1）烧结料中的金属

　　金属物质中以 $CuCl_2$ 对二噁英 *de novo* 合成促进作用最强，而 Fe、Mn 等金属
具有一定的催化作用，但相比于 Cu 并不明显[76]。这可能是由于 $CuCl_2$ 既可以作
为催化剂存在，也可以作为氯源存在。多种 Cu 物种的催化活性大小为：$CuCl_2$＞
CuO＞金属 Cu＞$CuSO_4$。Takaoka 等[77]研究发现，Cu 物种在模拟灰分中会发生氧
化和氯化反应，形成 $CuCl_2 \cdot CuO$ 物种，并随着还原性碳的消耗，逐渐转变为 Cu(Ⅱ)。
在烧结料中添加 90～400 mg/kg CuO 后，PCCD/Fs 的产生量增加了 15 倍，当烧结
料中 CuO 含量低于 40 mg/kg 时，PCDD/Fs 的排放量明显降低。铜元素在烧结混
合料中的浓度为 25～50 mg/kg，若增加返回料的比例此数值会进一步增加。

2）烧结料中的氯

　　Wikström 等[78]对比了 Cl_2、HCl、Cl· 和灰分中结合氯对二噁英 *de novo* 合成的
影响，结果表明上述氯源的促进作用依次为飞灰中结合氯、HCl、Cl_2 和 Cl·。Addink
等[79]将灰分中的有机物萃取之后，发现在 300℃左右仍可形成二噁英，而向灰分
中引入 NaCl 仅在脱除飞灰中的水溶性无机氯后，才可表现出对二噁英生成的促进
作用。综上可见，HCl、Cl_2、Cl·、灰分中结合氯等均可作为二噁英合成所需氯源，
但显然其活性不同，其中飞灰中与 Cu 结合的氯活性较高，而气相氯与灰分中氯
的转移机制尚不明确。

3）烧结料中的碳

　　Wikström 等[78]针对不同含碳量的碳源在氧化性气氛中合成二噁英的实验表
明，二噁英生成量与含碳量呈正相关。Stieglitz 等[80]还利用 ^{12}C（单环有机碳）和
^{13}C（多环有机碳）混合物作为碳源，KCl 作为氯源，$CuCl_2$ 作为催化剂进行二噁英
生成实验，发现产物中 PCDFs 占据主要位置，PCDDs 中存在少量 ^{12}C，而 PCDFs
中几乎全部为 ^{13}C，因此可以认为单环有机碳氧化-缩合及多环有机碳氧化形成
PCDDs，而 PCDFs 则全部来自多环有机碳氧化途径。因此，*de novo* 反应中可利

用的碳源主要是原有环状碳结构，燃料中的碳含量（特别是多环有机碳）是 PCDD/Fs 产量的决定性因素。

迄今为止，冶金焦炭渣被认为是烧结行业最好的燃料。细焦炭颗粒在焦炉生产过程中产生很高比例的退化石墨碳结构（多环有机碳），而这些结构的存在有利于二噁英的形成。Kawaguchi 等[81]的研究表明，当标准的焦炭渣（<3 mm）被替换成 0.25～0.5 mm 的焦炭渣时，PCDFs 的产生量增大了约 10 倍。这说明，如果使用大尺寸焦炭压碎的焦炭渣进行铁矿石烧结，可能降低 PCDD/Fs 的产生。

2. 操作条件

1）反应温度和时间

大量针对二噁英 *de novo* 合成的研究均表明其最佳生成温度为 300℃左右，Ryan 等采用 Fe 的氯化物研究 PCDD/Fs 的合成机理，发现二噁英的最佳生成温度高于 400℃，这可能是含 Fe 催化剂的活化能或催化活性与 Cu 物种存在差异所致。

Blaha 等利用模拟飞灰在 1～30 min 的时间跨度内研究了停留时间对二噁英生成的影响，结果表明二噁英的生成速率在前期较高，后期趋于稳定。可见，PCDD/Fs 的 *de novo* 合成途径在数秒的时间内即可基本完成。而在连续烧结的过程中，干燥煅烧层估计在 25～45 s 的时间范围内有某一区域的温度在 250～350℃之间（取决于烧结速度）。

2）氧含量

Addink 等[82]的研究表明，无氧的条件下 PCDD/Fs 不能通过 *de novo* 途径形成，在氧含量小于 2%的范围内，PCDD/Fs 的生成速率与氧含量成正比，氧含量大于 2%时其对二噁英的生成总量影响不大，但 PCDFs 中二噁英所占的比例随氧含量提高而上升。通常来说，在干燥煅烧层氧含量为 8%～10%，显然符合二噁英生成的氧含量条件[73]。

3）烟气水含量

Suzuki 等[72]研究了模拟烧结过程中 0%、10%和 40%烟气水含量条件下二噁英的生成情况，结果如图 2-56 所示。可见，不同的水含量对二噁英生成总量并无明

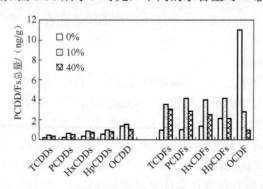

图 2-56　不同烟气含水量情况下模拟烧结过程 PCDD/Fs 同系物分布情况

显影响。然而，0%、10%和40%烟气水含量条件下气氛中的二噁英浓度分别为 0.24 ng/m³、12 ng/m³和24 ng/m³，这表明烟气中的水浓度增加会促使固相中的二噁英向气相中转移。此外，随着水含量增加，更高氯代的 PCDFs 如 OCDF 的相对含量降低，推测烟气中的水可能存在脱氯作用。

2.5.3　二噁英源头控制技术

如前所述，铜和氯元素已经被证实是影响二噁英生成的重要原因。因此采用含氯元素低的原料，并选用含铜元素比较低的铁矿石可有效降低烧结过程中二噁英的生成量。但由于当前铁矿石资源日益紧张，此方法欠缺实际可操作性。

钢铁企业在烧结料配置过程中经常添加多种返回料，如烧结除尘灰、高炉瓦斯灰、转炉尘泥、氧化铁皮等，上述回收料中多含有铜、氯和碳等组成，会对二噁英的生成有明显影响。Masanori 等[83]研究表明 5%的电除尘灰、布袋除尘灰和氧化铁皮配入烧结后对二噁英生成的放大系数分别是 28、4 和 4，表明上述物质是烧结过程二噁英生成的重要因素之一。因此，在烧结原料方面，通过对原料组成进行系统控制，避免除尘灰、氧化铁皮等物料配入（或进行初步处理），可有效降低烧结过程二噁英的生成量。

2.5.4　二噁英过程控制技术

1. 含氮抑制剂添加

含氮抑制剂主要包括氨、尿素、三聚氰胺、三乙胺等物种[84]。一方面，含氮抑制剂通过与 Cu^{2+} 反应形成稳定的氮化物，降低其催化活性；另一方面，含氮抑制剂可以与 HCl 反应降低烟气中氯含量。研究表明，在烧结料中添加质量分数 0.02%～0.025%的含氮化合物即可减少 50%～60%的二噁英生成。

Vogg 等[85]在开展二噁英从头合成的实验研究结果表明气体中氨的浓度达 300 mg/m³时，生成二噁英的浓度将减少 84%。Ruokojärvi 等[86]在实验中投加 76 mg/m³的氨，二噁英生成的减少率为 40%～50%。

如图 2-57 所示，以尿素作为烧结过程二噁英抑制剂为例，当温度≥132℃时，尿素[$CO(NH_2)_2$]开始融化，在缓慢加热时生成双缩脲（$C_2H_5N_3O_2$）和氨气（NH_3），温度超过 193℃，发生分解反应，生成氰酸（HOCN）和氨气，而快速加热时，生成三聚氰酸[$C_3N_3(OH)_3$]和氨气，当持续快速加热时也生成氰酸和氨气[87]。在烧结干燥预热带中，温度上升开始时慢，后逐渐加快，上述反应可以同时发生。

实验结果表明[88]，未加尿素前烧结烟气中二噁英排放量为 0.777 ng TEQ/m³，分别加入质量分数 0.05%、0.1%、0.5%的尿素后，二噁英的排放浓度分别为 0.287 ng TEQ/m³、0.258 ng TEQ/m³、0.217 ng TEQ/m³，比未加尿素的排放浓度分别减少了 63.1%、66.8%、72.1%。这说明尿素对烧结工艺二噁英的形成有显著的抑制

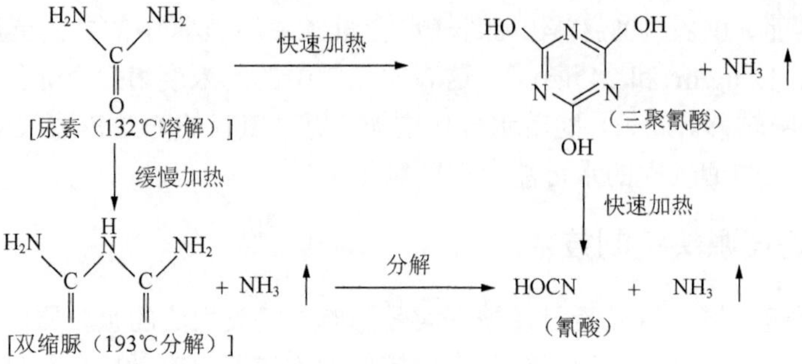

图 2-57 尿素加热过程中分解反应

作用，而继续增加抑制剂的添加量，则不会明显降低二噁英的生成量。尿素分解产生的 NH_3 在抑制二噁英生成的同时，会与 SO_2 生成硫铵盐物种，但过多的尿素添加会导致氨逃逸，因而尿素抑制剂添加量不宜过多。

宝钢进行了添加尿素对烧结过程中二噁英生成影响的试验研究，结果表明尿素对二噁英的生成抑制作用明显，加入 0.02%尿素后，二噁英排放浓度减少 67.7%[89]。2014 年 6~8 月，宝钢在 1# 烧结机开展了添加抑制剂减排二噁英的工业试验，约可削减 50%的二噁英排放。

2. 含硫抑制剂添加

铜物种在二噁英的催化反应中，其活性大小顺序为 $CuCl_2 > CuO >$ 金属 $Cu > CuSO_4$。向烧结料层中加入含硫化合物，如 Na_2S、$Na_2S_2O_3$、氨基磺酸，在烧结过程中的硫会转变为 SO_2 或 SO_3，之后与铜物种形成催化活性最差的 $CuSO_4$，从而抑制二噁英的形成，如反应式（2-14）所示：

$$SO_2 + CuCl_2 + H_2O + 1/2O_2 \Longrightarrow CuSO_4 + 2HCl \qquad (2-14)$$

目前含硫物种对二噁英的抑制机理尚未完全清晰，且含硫物种的引入会导致烧结烟气中 SO_2 排放量的增加。

3. 烟气循环技术

烟气循环技术可有效减少二噁英的排放，其原理是使烧结烟气中的二噁英通过燃烧熔融带高温分解，详见 2.4.2。

2.5.5 二噁英末端控制技术

初始排放的烧结烟气中的二噁英主要集中在颗粒物表面，可占到二噁英总排放量的 60%以上。因此，提高颗粒物的捕集效率可有效降低二噁英排放。针对气相中的二噁英，可以采用吸附、催化分解等手段消除其污染。目前工业上采用的末端治理方法包括湿式净化技术、催化降解技术和吸附剂吸附技术等。

1. 湿式净化技术

烧结烟气流量大，一般配备静电除尘器作为颗粒物控制设施。然而烧结烟气中存在大量金属氯化物，会对粉尘比电阻产生不利影响，会明显降低静电除尘器的颗粒物捕集效率。而较低的除尘效率会造成颗粒态二噁英大量逃逸。

为了应对上述情况，奥钢联开发出一种 AIRFINE 工艺[90]，此湿法烟气净化工艺于 1993 年在奥钢联林茨钢厂烧结厂首次成功使用，在减少气相二噁英占比的同时降低颗粒物排放量，工艺流程如图 2-58 所示。

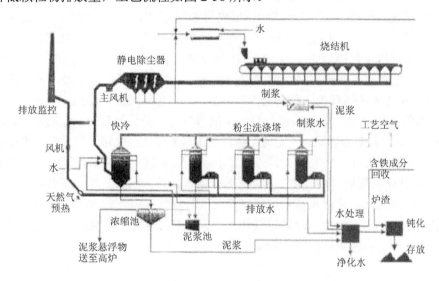

图 2-58　奥钢联林茨钢厂的 AIRFINE 工艺流程

AIRFINE 工艺主要分为急冷、粉尘分离和水处理 3 个步骤：

（1）急冷，通过单流喷嘴向烟气中反向喷入雾化循环水使烟气迅速降温至 250℃以下，最大限度避免二噁英生成，并且可以使生成的二噁英冷凝至颗粒物表面，之后大于 10 μm 的粗粒粉尘被除去（同时可向循环冷却水中加入 NaOH、$Mg(OH)_2$ 或 $Ca(OH)_2$，实现同时脱硫）；

（2）粉尘分离，使用双流喷嘴将水和压缩空气以高压气雾形式喷入到冷却后的烟气流中，从而除去细微颗粒和有害气体成分（重金属和 PCDD/Fs），基于惯性力、扩散和局部过饱和效应，90%以上的粉尘和气溶胶可以有效去除；

（3）水处理，除尘后所排废水中的固体悬浮颗粒和重金属通过三步除去：①在沉淀池中分离出固体悬浮颗粒（主要为含铁物质），在箱式压滤机中进行脱水，然后再返回到带式烧结机中回收利用；②在沉淀池中添加 $Ca(OH)_2$、硫化钠和 $FeCl_3$ 去除重金属；③净化后水的精过滤以及中和。

沉淀、过滤后的滤饼经箱式压滤机处理后，可以在带式烧结机中循环利用，在烧结过程中高温度下（＞1300℃）大部分二噁英在烧结过程中被破坏；从沉淀池表面撇出的含油浮渣经去除多余水分后也可循环到烧结厂再利用。

随着研究开发的不断深入，奥钢联又已开发出新的 WETFINE。AIRFINE 和 WETFINE 两种工艺的主要区别是，AIRFINE 工艺洗涤塔中的除尘用双流喷嘴，在 WETFINE 工艺中被湿式静电除尘器所取代，可降低能耗。

2. 催化降解技术

SCR 技术在脱除 NO_x 的同时可以协同分解二噁英，这在垃圾焚烧行业的烟气治理中已被大量采用。我国台湾中钢率先将 SCR 技术应用在烧结烟气 NO_x 和二噁英的治理当中（见 2.4.2），NO_x 及二噁英的脱除效率皆可达 80%以上。

由于烧结烟气排烟温度为 120～180℃，因此我国台湾中钢采用的全烟气 SCR 脱硝脱二噁英技术需要对烧结烟气进行再热，能耗大、运行成本高。德国西门子公司把 SCR 催化剂直接放到高温段风箱后，可避免对大流量烧结烟气再热，工艺流程如图 2-59 所示[91]。进入主抽风机前的排气管道分为两部分，分别为低温区和高温区，以 250℃为界限。低温区二噁英的生成量低，因此可采用二噁英吸附装置对二噁英进行处理，吸收剂为活性炭和石灰。高温区二噁英生成量高，烟气则经过 SCR 催化装置后排出，使二噁英高效分解。此外，在低温区和高温区衔接部位设置温度感应阀，可以根据烟气温度变化调节烟气流向。此方法的缺点是对催化剂的要求较高，因为烟气没经过任何处理，含有很多粉尘、重金属，会造成催化剂堵塞和中毒，影响催化剂的寿命。

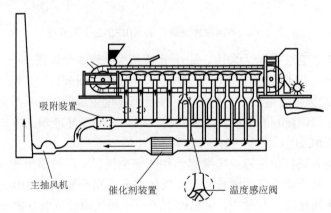

图 2-59　德国西门子烧结烟气二噁英处理工艺

3. 吸附剂吸附技术

目前脱除烟气二噁英的方法多为吸附剂吸附法，包括碱性吸附剂和活性炭类吸附剂。在大于 800℃的烟气中喷入 $Ca(OH)_2$ 可以大大降低烟气中 HCl 的含量，从而使烟气中二噁英的生成量减少。实验结果表明，在烟气净化装置中喷入

$CaCO_3$，可以达到 84%的二噁英脱除效率[92]。

采用活性炭吸附二噁英最为广泛，通过范德华力将二噁英吸附到孔隙中，活性炭吸附烟气中的二噁英可以通过两种方式去除：一种是将烟气通过活性炭固定床吸附二噁英，此时一般用颗粒状活性炭（granular activated carbon，GAC），另一种是在除尘装置前喷入粉末状活性炭（powdered activated carbon，PAC），吸附了二噁英的活性炭粉末在经过除尘器时被除去。GAC 一般安排在脱硫装置和除尘器后，作为烟气排入大气的最后装置，二噁英去除效果好，但当颗粒尺寸较小时会引起较大的压降，且需要增加设备，占地和投资也较大。PAC 将活性炭直接喷入烟气中，粉末活性炭吸附二噁英后由下游的布袋除尘器除去。此法投资小，但活性炭与飞灰混杂在一起，不能再生，且二噁英浓度很低，二噁英与活性炭颗粒接触机会少，活性炭利用率低，耗量大。

目前在实际工业烟气中一般采用粉末活性炭喷吹的方式来控制二噁英，活性炭粉末喷射布袋除尘法脱二噁英技术对二噁英的吸附能力主要跟活性炭粉末喷入量、活性炭粉末的性质、焚烧烟气的温度及颗粒捕集装置的类型有很大的关系[93]。

Kim 等[94]分别比较静电除尘器和布袋除尘器前喷射活性炭粉末脱除二噁英的效率。为了阻止 PCDD/Fs 在低温下的再合成，选择在 200℃以下的温度喷射活性炭粉末。实验结果表明，静电除尘器脱除二噁英的效率为 68%～95%，但是二噁英的再生率为 44%～113%。在布袋除尘器前喷射活性炭粉末和石灰的混合物，脱除二噁英的效率高达 99%。

Tejima 等[95]研究了活性炭喷入与布袋除尘器联用方式对 PCDD/Fs 的脱除效率。当活性炭喷入量为 100 mg/m^3 时，布袋出口温度越低，布袋除尘器出口烟气中 PCDD/Fs 浓度越低。160℃时 PCDD/F 的脱除效率可达 99%以上。在实际的应用中，在烟气骤冷装置后面和布袋除尘器前面喷入活性炭和石灰石等吸附剂，发现较高的布袋除尘器进口温度时喷入活性炭时的吸附效率为 90%左右，进口温度为 100℃和 160℃时的二噁英脱除效率均可达到 98%以上。

2.6　重金属控制技术

烧结过程的重金属主要来源于原燃料，在利用烧结机高温协同处置固废的过程中也会生成重金属，大部分固化在烧结矿中，烧结后排放的重金属主要是挥发性重金属和吸附在粉尘上的重金属，它们随烟气一同排出，部分被除尘器收集，其余的进入污染物控制系统后再发生迁移。

欧盟综合污染预防与控制（The European Integrated Pollution Prevention and Control，IPPC）关于水泥和石灰工业的最佳可行技术草案中对微量元素按挥发性分为 4 个等级：第 1 类是不挥发类元素，如 Zn、Ni、Mn、Co 等，99.9%以上固化在固相；第 2 类是半挥发类元素，如 Pb 和 Cd，在系统内形成内循环，最终几乎全部固化，很少随烟气带出；第 3 类是易挥发元素，如 Ti，原料中一般很少含 Ti；第 4 类是高挥发元素，如 Hg，约 100℃时可完全挥发，主要凝结在粉尘上随烟气排放。

Cahill 等通过观察飞灰中重金属化合物的存在形式，提出了蒸发-凝结的迁变机理，发现重金属多以化合物的形式凝结在颗粒物的表面，且这些金属化合物的沸点或者升华温度都小于 1823 K[96]。Davison 等也通过分析各种金属的氧化物、氯化物、硫化物以及金属单质的熔融特性后，得出：决定重金属在焚烧过程中的迁变特性的关键因素是金属的沸点[97]。表 2-37 显示了 Hg、Pb、Cd、Cu、Zn、Ni 等重金属及其化合物的溶沸点[98]，但熔点和沸点不能用来作为判断重金属挥发的绝对依据，例如 Fe、Al 的沸点低，却不经历挥发-凝结的过程，大部分出现在底灰中，形成灰颗粒的基体，而 Ag 则根本没有挥发化合物，却凝结聚合在粉尘表面。

表2-37　几种重金属及其化合物的熔沸点（℃）

元素	单质态	氯化物	氧化物	硫化物	硫酸盐
Hg	-38.7/356.78	276/320	—[*]/357	—/300	—
Pb	328/1740	501/954	886	1114	1170
Cd	321/769	568/967	1500	1750[**]/980	1000
Cr	1857/2672	1150/1300	2266	1500	100
Cu	1083/2595	620	1326	200 以下分解	200 以下分解
Zn	420	283/600	—	1975	1020
Ni	1455/2732	1001	1984	797	848
As	817[**]/613	817/613	—	—	57/193

注：数据显示格式为熔点/沸点；*表示熔点未知；**表示在 98 MPa 压力下

国内对烧结系统重金属的研究相对较少，一般通过模拟烧结矿煅烧实验，其中 As 以固化反应为主，挥发率随温度升高及时间增加而逐渐减少，As 与原料中的 Ca 发生化学反应生成 $Ca_3(AsO_4)_2$，Pd、Cd、Zn 等重金属挥发率随温度升高及时间增加而逐渐增大，对于 Pb，其氧化物挥发性大于氯化物，而 Zn 和 Cd 的氯化物挥发性大于氧化物，与之相符的，Pd、Cd、Zn 等重金属在烧结矿中的固化率也随温度升高及时间增加而逐渐增大[6]。

随烧结过程排放的重金属主要附着在微细颗粒物上，从烧结工艺和球团工艺除尘后 $PM_{2.5}$ 成分分析结果中来看，烧结机机头 $PM_{2.5}$ 中重金属元素主要表现为 Pd 和 Sb 含量偏高，占 3%左右，Zn 占 0.3%左右，其他重金属元素均在 0.05%以下，球团 $PM_{2.5}$ 中重金属元素主要表现为 Se、Sn 和 Sb，在 0.1%以上[99]，均未检测到 Hg 的存在，而对于烟气中的 Hg，是以单质汞（Hg^0）和二价汞（Hg^{2+}）同时存在的，中国科学院过程工程所采用安大略法对国内三家钢铁企业烧结机机头烟气中的 Hg 进行了测试，结果表明烧结机机头原烟气中的 Hg 主要以 Hg^{2+}存在，占总 Hg 浓度的 65%～73%，易溶于水，可利用现有的污染物控制措施进行去除，在烟气中 Hg 浓度较高的情况下，可采用焦炭、活性炭等吸附剂进行吸附脱除。

2.6.1　现有污染控制设施脱汞技术

利用现有的烟气污染物控制装置可实现汞的联合控制，减少资金投入，根据中国科学院过程工程所对配套有不同脱硫除尘设备的烧结机烟气中 Hg 的测试结果来看（表 2-38）[100]，烧结机头原烟气中 Hg 排放浓度在 5～19 μg/m³ 之间，烧结原烟气排放以 Hg^{2+} 为主，占 Hg 浓度的 65%～73%，而 Hg^p 含量则不到总汞浓度的 1%。经过"旋转喷雾干燥法脱硫+布袋除尘""静电除尘+石灰石石膏法脱硫""静电除尘+氨法脱硫"等不同污染物控制设施的协同脱除后，烧结烟气烟囱排放的 Hg 浓度低于 3 μg/m³。

表2-38　三家钢铁企业烧结机烟气中Hg排放浓度实测结果（μg/m³）

企业	现有污控设施	烧结机规格 /m²	原烟气				烟囱排放
			Hg^T	Hg^0	Hg^{2+}	Hg^p	
A	SDA 法脱硫+布袋除尘	328	5.083	1.326	3.733	0.025	0.97
B	静电除尘+石膏法脱硫	240	11.158	3.264	7.795	0.098	2.624
C	静电除尘+氨法脱硫	450	18.275	6.308	11.76	0.205	0.415

烧结过程尚未对重金属进行排放限值，参照《火电厂大气污染物排放标准》（GB 13223—2011）中对火电厂排放烟气中汞浓度的排放限值 30 μg/m³，可以看出目前钢铁行业烧结工序中汞排放强度较低，减排压力较小。通过对部分烧结工序涉汞原料和产品的 Hg 含量进行实测，如表 2-39 所示，分析烧结烟气汞排放浓度低的原因主要是因为烧结工序输入的燃料以焦炭为主，而焦炭中 Hg 含量较煤炭有大幅度降低，烧结工序输入的原料石灰石、铁矿石中虽也有部分汞的存在，但较煤炭中 Hg 含量明显偏低，此外现有污染物控制设施，尽管种类有所不同，但均能对 Hg 起到一定程度的协同脱除。综合以上因素，造成烧结工序汞排放浓度较低。

表2-39　部分烧结工序涉汞原料和产品的Hg含量实测结果（μg/g）

企业	煤粉	焦粉	铁矿石	石灰	烧结矿	除尘灰	脱硫灰
A	48	4	4.4	3.0	1.4	3.7	1856
B	44.3	7.5	3.3	1.6	0.2	1.9	1441

1. 脱硫设备脱汞

脱硫装置（FGD）可以达到一定的除汞效率。烟气中的 Hg^{2+} 化合物(如 $HgCl_2$)是可溶于水的，湿法脱硫装置（WFGD）可以将烟气中 80%～95% 的 Hg^{2+} 除去，

但对于不溶于水的 Hg^0 的捕捉效果不显著。据美国能源署（Department of Energy，DOE）和美国电力研究院（Electric Power Research Institute，EPRI）在电站现场测试结果表明，WFGD 对烟气中总汞的脱除率为 10%～80%。由于煤中的氯元素含量、烟气温度、烟气停留时间等因素的影响，烟气中各种形态的汞含量也大不相同。烟气中的飞灰、HCl 和 NO_x 能够影响 Hg^0 转化为 Hg^{2+} 的转化率，同时也影响着 FGD 的除汞能力。如果利用催化剂使烟气中的 Hg^0 转化为 Hg^{2+}，当烟气中以 Hg^{2+} 形式存在的汞成为主要成分时，WFGD 的除汞效率就会大大提高。利用电站现有烟气污染控制设备进行汞控制的研究，发现燃煤中添加石灰石对汞排放有一定的影响，添加石灰石使烟气中气态汞向固态汞转化，更加有利于汞的排放控制。

2. 除尘设备脱汞

静电除尘器和布袋除尘器能有效捕获烟气中的颗粒物，从而去除颗粒汞，颗粒汞大多存在亚微米颗粒中，一般电除尘器对这部分粒径范围的颗粒脱除效率较低，布袋除尘器通过使烟气流过致密织物，可对微细粉尘进行有效捕集，所以布袋除尘器的脱汞效率更高，可以高达 58%，如果配以脱硫装置，脱除气态汞的效率可以达到 80%～90%，如表 2-40 所示。

表2-40　美国现有污染控制设备汞脱除效率

污染控制设备	汞脱除效率/%
静电除尘器	27
静电除尘器+WFGD	49
布袋除尘	58
文丘里管	18
布袋除尘+WFGD	88

3. 脱硝设备脱汞

国内烧结烟气脱硝刚处于起步阶段，根据电厂研究，选择性催化还原（SCR）在脱除 NO 的同时，能够将 Hg^0 氧化物成 Hg^{2+}，Hg^{2+} 相对更容易被湿式喷淋装置脱除，Hg^0 被 SCR 装置催化氧化的效率可达 80%～90%，通常 SCR 催化剂上 Hg^0 的氧化对烟气中的 HCl 具有较强的依赖性，Hg^0 的氧化效率随着 HCl 浓度的增加而增大，在 HCl 浓度为 4.5 $mmol/m^3$，$NH_3/NO=1$ 时，V_2O_3-WO_3/TiO_2 催化剂上 Hg^0 的氧化效率能够达到 100%[101]。

此外，Hg^0 还极易被气相中的氧化剂氧化，如 Cl_2、HCl 和 O_3 等，在氧化性气氛中，当温度低于 600～700 K 时，Hg 主要以 HgCl 的形式存在，氯气对汞的氧化效率非常高，可以达到 70%以上[102]，烧结烟气中含氯气氛的增强有利于 Hg 的脱除；在 150℃时，O_3 对 Hg 的氧化效率可达 90%，NO 氧化效率为 98%，烟气中 SO_2 的存在会抑制 O_3 对 Hg 的氧化，但对 NO 的氧化影响较小[103]，因此 O_3 氧化脱硝的同时可以实现烟气脱汞。

2.6.2　吸附法脱汞技术

1. 活性炭吸附法

活性炭吸附汞是一个多元化过程，它包括吸附、凝结、扩散及化学反应等过程，与吸附剂的物理性质（颗粒粒径、孔径、表面积等）、烟气性质（温度、气体成分、汞浓度等）、反应条件（停留时间、碳汞质量比等）有关[104]。未经表面处理的活性炭对汞的吸附效果不是很好，一般只能在 30%左右。在 140℃的烟气中，当汞的浓度达到 110 μg/m^3 时，普通活性炭对汞的吸附量约为 10 μg/g[105]。这是因为汞在活性炭上的表面张力和接触角较大，不利于活性炭对汞的吸附，所以要求在活性炭表面引进活性位，大多做法是将普通活性炭进行表面处理，常用的改性剂是含硫、氯、碘等元素的化合物或单质。

2. 钙基吸附剂吸附法

美国环境保护署（U.S. Environmental Protection Agency，EPA）采用钙基类物质[CaO、$Ca(OH)_2$、$CaCO_3$、$CaSO_4 \cdot 2H_2O$]研究汞的脱除，发现 $Ca(OH)_2$ 对 $HgCl_2$ 的吸附效率可达到 85%，CaO 同样也可以很好地吸附 $HgCl_2$。研究石灰石、生石灰、熟石灰及其混合物对单质汞的吸附特性时发现烟气中 SO_2 的存在可以促进汞的吸附。钙基类物质价廉易得，又是烟气脱硫剂，在钙基类物质脱硫的同时脱除汞将具有很大的意义。因而如何加强钙基类物质对单质汞的脱除能力，成为比较迫切需要解决的问题。目前主要从两方面进行尝试，一方面是增加钙基物质捕捉单质汞的活性区域，另一方面是在钙基类物质中加入氧化性物质。

参 考 文 献

[1]　郭会景. 炼铁厂烧结灰特性对电除尘影响的实验研究. 保定：华北电力大学, 2007.

[2]　张梅, 付志刚, 吴滨, 等. 钢铁冶金烧结机头电除尘灰中氯化钾的回收. 过程工程学报, 2014, 6: 979-983.

[3]　马秀珍, 栾云迪, 叶冰. 旋转喷雾半干法烟气脱硫技术的开发和应用. 山东冶金, 2012, 5: 51-53.

[4]　朱廷钰, 李玉然. 钢铁烧结烟气排放控制技术及工程应用. 北京: 冶金工业出版社, 2015.

[5]　Tian B, Huang J, Wang B, et al. Emission characterization of unintentionally produced persistent organic pollutants from iron ore sintering process in China. Chemosphere, 2012, 89(4): 409-415.

[6]　周英男, 闫大海, 李丽, 等. 烧结机共处置危险废物过程中重金属 Pb、Zn 的挥发特性. 环境科学学报, 2015, 11: 3769-3774.

[7]　杨晓东, 张丁辰, 刘锟, 等. 球团替代烧结——铁前节能低碳污染减排的重要途径. 工程研究-跨学科视野中的工程, 2017, 1: 44-52.

[8]　杜娟, 杨晓东, 伯鑫. 球团生产及其废气污染控制. 环境工程, 2011, 5: 80-83.

[9]　张咏梅. 烧结除尘技术综述. 冶金丛刊, 2010, 1: 48-50.

[10]　郑绥旭. 烧结厂粉尘综合治理技术分析. 中国高新技术企业, 2013, 8: 110-112.

[11]　刘高峰, 唐胜卫, 崔剑. 烧结电除尘提效改造技术研究. 安徽冶金科技职业学院学报, 2016, 3: 44-47.

[12] 李鑫. 影响电除尘器性能参数的主要原因及对策. 沈阳：东北大学, 2010.

[13] 闫克平, 李树然, 郑钦臻, 等. 电除尘技术发展与应用. 高电压技术, 2017, 2: 476-486.

[14] 张荣禄. 移动极板技术在火电厂除尘器改造中的应用. 华电技术, 2015, 2: 73-75.

[15] 解标, 王强, 李泓, 等. 电除尘器前端预荷电技术研究及应用//中国环境保护产业协会电除尘委员会. 第十四届中国电除尘学术会议论文集, 2011: 231-236.

[16] 赵爽. 电凝并脱除可吸入颗粒物的实验研究. 杭州：浙江大学, 2006.

[17] 竹涛, 陈锐, 王晓佳, 等. 电凝并技术脱除 $PM_{2.5}$ 的研究现状及发展方向. 洁净煤技术, 2015, 2: 6-9.

[18] 刘志强. 静电除尘器高压电源的发展趋势探讨. 科技创新与应用, 2016, 1: 98-99.

[19] 陈辉. 高频电除尘新技术在烧结中的应用. 金属材料与冶金工程, 2012, 1: 38-39.

[20] 孙冰冰, 吕建明, 苏伟. 132 m^2 烧结机机头电除尘器改造方案. 冶金能源, 2016, 6: 59-61.

[21] 黄三明, 陶红森. 大型球团链算机回转窑电除尘器的设计与应用. 第十三届中国电除尘学术会议, 山东青岛, 2009, 5.

[22] 李清. 钢铁行业生产工艺除尘超净排放用滤料特性的试验研究. 上海：东华大学. 2016.

[23] 李茹雅, 祁君田, 殷焕荣, 等. 布袋除尘器过滤效率影响因素研究. 热力发电, 2012, 1: 6-7.

[24] 和礼堂, 朱龙. 烧结机头烟气袋式除尘方案的探讨. 中国环保产业, 2013, 7: 45-47.

[25] 刘宪. 烧结机尾电除尘改布袋除尘技术应用. 金属材料与冶金工程, 2013, 6: 47-50.

[26] 郑奎照. 电袋复合除尘器高效捕集微细粉尘 $PM_{2.5}$ 的机理探讨. 中国环境管理, 2013, 6: 54-58.

[27] 刘总兵. 静电-滤袋协同捕尘的理论与实验研究. 沈阳：东北大学, 2011.

[28] Tu G, Song Q, Yao Q. Relationship between particle charge and electrostatic enhancement of filter performance. Powder Technology, 2016, 301: 665-673.

[29] 张晓曦, 王雪, 朱廷钰, 等. 电袋复合除尘器内导流构件对气流分布影响模拟. 第十八届全国二氧化硫、氮氧化物、汞污染防治技术暨细颗粒物(PM$_{2.5}$)治理技术研讨会论文集, 河南洛阳, 2014, 160-163.

[30] 谭松涛. 电袋复合除尘技术在烧结机尾的应用实践. 冶金丛刊, 2016, 1: 26-28.

[31] 于丹. 烧结机尾除尘改造方案的对比分析. 天津冶金, 2014, 4: 60-62.

[32] 刘文权. 烧结工艺特性对二氧化硫减排的影响探讨. 冶金经济与管理, 2009, 6: 6-10.

[33] 郜学. 中国烧结行业的发展现状和趋势分析. 钢铁, 2008, 1: 85-88.

[34] 张宝财. 烧结烟气脱硫工艺技术分析. 当代化工研究, 2016, 9: 106-109.

[35] 王惠挺. 钙基湿法烟气脱硫增效关键技术研究. 杭州：浙江大学, 2013.

[36] 刘道清, 沈晓林, 石洪志, 等. 气喷旋冲烧结烟气脱硫技术及其应用效果. 中国冶金, 2011, 11: 8-12.

[37] 王宾. 烧结机氨法脱硫的应用. 科技风, 2014, 22: 81.

[38] 张炜文. 钠-钙双碱旋流板脱硫塔在烧结机头处理后的应用. 环境, 2011, S1: 36-37.

[39] 吴颖, 王崇. 双碱法烟气脱硫技术研究进展. 绿色科技, 2013, 2: 149-152.

[40] 唐碧军. 双碱法在烧结机烟气脱硫中的应用. 价值工程, 2014, 13: 313-314.

[41] 李勇, 邓增军, 周末. 烧结烟气氧化镁法脱硫应用研究. 资源节约与环保, 2016, 1: 24-25.

[42] 夏平, 张兴强, 黄永昌. 韶钢 4 号烧结机烟气脱硫实践. 烧结球团, 2010, 6: 39-42.

[43] 马光文, 崔胜利. 循环流化床脱硫工艺在烧结烟气净化中的应用. 新疆钢铁, 2014, 1: 27-29.

[44] 朱廷钰, 叶猛, 齐枫, 等. 钢铁烧结烟气多污染物协同控制技术及示范. 科技资讯, 2016, 10: 166-167.

[45] 顾兵, 何申富, 姜创业. SDA 脱硫工艺在烧结烟气脱硫中的应用. 环境工程, 2013, 2: 53-56.

[46] 潘鹤. 旋转喷雾半干法烧结烟气脱硫技术升级优化与应用. 节能, 2016, 7: 67-70.

[47] 周亮, 路亮. 济钢 400 m^2 烧结机烟气脱硫技术应用. 山东冶金, 2012, 6: 54-55.

[48] 曹玉龙, 汪为民. MEROS 脱硫技术在马钢烧结系统的成功运用. 冶金动力, 2011, 6: 93-95.

[49] 赵德生. 太钢 450 m^2 烧结机烟气脱硫脱硝工艺实践. 2011 年全国烧结烟气脱硫技术交流会, 山西太原, 2011, 9.

[50] 梁利生, 周琦. 宝钢湛江钢铁铁前工序烟气净化新工艺技术. 宝钢技术, 2016, 4: 43-48.

[51] 黄进, 林翎, 郭俊, 等. 重点行业高效能除尘器评价技术要求系列国家标准研究. 中国标准化, 2016, 4: 85-91.

[52] Gan M, Fan X, Chen X, et al. Reduction of pollutant emission in iron ore sintering process by applying biomass fuels. ISIJ International, 2012, 52(9): 1574-1578.

[53] 刘文权. 烧结烟气循环技术创新和应用. 山东冶金, 2014, 3: 5-7.

[54] 郑绥旭, 张志刚, 谢朝明. 烧结烟气循环工艺的应用前景. 中国高新技术企业, 2013, 9: 62-64.

[55] 于恒, 王海风, 张春霞. 铁矿烧结烟气循环工艺优缺点分析. 烧结球团, 2014, 1: 51-55.

[56] 张志刚, 郑绥旭, 丁志伟. 烧结烟气循环技术工业化应用概述. 中国冶金, 2016, 7: 54-57.

[57] 周立荣, 高春波, 杨石玻. 钢铁厂烧结烟气 SCR 脱硝技术应用探讨. 中国环保产业, 2014, 6: 33-36.

[58] 孟庆立, 李昭祥, 杨其伟, 等. 台湾中钢 SCR 触媒在烧结场脱硝与脱二噁英中的应用. 武汉大学学报, 2012, 6: 751-756.

[59] 陈活虎. 烧结机烟气脱硝脱二噁英技术及应用. 世界金属导报, 2016-01-04(B10).

[60] 刘福东, 单文坡, 石晓燕, 等. 用于 NH_3 选择性催化还原 NO_x 的钒基催化剂. 化学进展, 2012, 4: 445-455.

[61] Huang Z, Zhu Z, Liu Z. Combined effect of H_2O and SO_2 on V_2O_5/AC catalysts for NO reduction with ammonia at lower temperatures. Applied Catalysis B: Environmental, 2002, 39(4): 361-368.

[62] Kang M, Park E D, Kim J M, et al. Manganese oxide catalysts for NO_x reduction with NH_3 at low temperatures. Applied Catalysis A: General, 2007, 327(2): 261-269.

[63] Zhang X, Huang Z, Liu Z. Effect of KCl on selective catalytic reduction of NO with NH_3 over a V_2O_5/AC catalyst. Catalysis Communications, 2008, 9(5): 842-846.

[64] Wang Z, Wang Y L, Wang D J, et al. Low-temperature selective catalytic reduction of NO with urea supported on pitch-based spherical activated carbon. Industrial and Engineering Chemistry Research, 2010, 49(14): 6317-6322.

[65] Chen Z, Wang F, Li H, et al. Low-temperature selective catalytic reduction of NO_x with NH_3 over Fe-Mn mixed-oxide catalysts containing $Fe_3Mn_3O_8$ phase. Industrial & Engineering Chemistry Research, 2012, 51: 202-212.

[66] 张杨, 王瑞, 王清和, 等. 湿法烟气脱硫脱硝技术在催化裂化装置上的应用. 石油石化节能与减排, 2015, 6: 38-42.

[67] Sun C, Zhao N, Zhuang Z, et al. Mechanisms and reaction pathways for simultaneous oxidation of NO_x and SO_2 by ozone determined by *in situ* IR measurements. Journal of Hazardous Materials, 2014, 274: 376-383.

[68] Lin F, Wang Z, Ma Q, et al. N_2O_5 formation mechanism during the ozone-based low-temperature oxidation deNO_x process. Energy and Fuels, 2016, 30(6): 5101-5107.

[69] Sun C, Zhao N, Wang H, et al. Simultaneous absorption of NO_x and SO_2 using magnesia slurry combined with ozone oxidation. Energy and Fuels, 2015, 29(5): 3276-3283.

[70] Wikström E, Ryan S, Gullett B K. Key parameters for de novo formation of polychlorinated dibenzo-*p*-dioxins and dibenzofurans. Environmental Science and Technology, 2003, 37(9): 1962-1970.

[71] Evans C S, Dellinger B. Mechanisms of dioxin formation from the high-temperature oxidation of 2-chlorophenol. Environmental Science and Technology, 2005, 39(1): 1325-1330.

[72] Suzuki K, Kasai E, Aono T, et al. *De novo* formation characteristics of dioxins in the dry zone of an iron ore sintering bed. Chemosphere, 2004, 54(1): 97-104.

[73] Ooi T C, Lu L. Formation and mitigation of PCDD/Fs in iron ore sintering. Chemosphere, 2011, 85(3): 291-299.

[74] And C X, Pauw E D. Formation of PCDD/Fs in the sintering process: Influence of the raw materials. Environmental Science and Technology, 2004, 38(15): 4222-4226.

[75] Nakano M, Hosotani Y, Kasai E. Observation of behavior of dioxins and some relating elements in iron ore

sintering bed by quenching pot test. Isij International, 2006, 45(4): 609-617.

[76] Kuzuhara S, Sato H, Kasai E A, et al. Influence of metallic chlorides on the formation of PCDD/Fs during low-temperature oxidation of carbon. Environmental Science and Technology, 2003, 37(11): 2431-2435.

[77] Takaoka M, Shiono A, Nishimura K, et al. Dynamic change of copper in fly ash during *de novo* synthesis of dioxins. Environmental Science and Technology, 2005, 39(15): 5878-5884.

[78] Wikström E, Ryan S, Touati A, et al. Importance of chlorine speciation on *de novo* formation of polychlorinated dibenzo-*p*-dioxins and polychlorinated dibenzofurans. Environmental Science and Technology, 2003, 37(6): 1108-1113.

[79] Addink R, Espourteille A, Altwicker E R. Role of inorganic chlorine in the formation of polychlorinated dibenzo-*p*-dioxins/dibenzofurans from residual carbon on incinerator fly ash. Environmental Science and Technology, 2014, 32(21): 3356-3359.

[80] Stieglitz L, Zwick G, Beck J, et al. On the *de-novo* synthesis of PCDD/PCDF on fly ash of municipal waste incinerators. Chemosphere, 1989, 18(1): 1219-1226.

[81] Kawaguchi T, Matsumura M. Method of sinter pot test of evaluation for dioxins formation on iron ore sintering. Tetsu-to-Hagane, 2009, 88(1): 16-22.

[82] Addink R, Olie K. Role of oxygen in formation of polychlorinated dibenzo-*p*-dioxins/dibenzofurans from carbon on fly ash. Fuel and Energy Abstracts, 1995, 36(6): 1586-1590.

[83] Masanori N, Shinji K, Kazuyuki M, et al. Factors accelerating dioxin emission from iron ore sintering machines. International Congress on the Science and Technology of Ironmaking, 2009, 729-734.

[84] Dickson L C, Lenoir D, Hutzinger O, et al. Inhibition of chlorinated dibenzo-*p*-dioxin formation on municipal incinerator fly ash by using catalyst inhibitors. Chemosphere, 1989, 19(8-9): 1435-1445.

[85] Vogg H. Recent findings on the formation and decomposition of PCDD/PCDF in municipal solid waste incineration. Waste Management and Research, 1987, 5(3): 285-294.

[86] Ruokojärvi P H, Halonen I A, Tuppurainen K A, et al. Effect of Gaseous Inhibitors on PCDD/F Formation. Environmental Science and Technology, 1998, 32(20): 3099-3103.

[87] Kasai E, Kuzuhara S, Goto H, et al. Reduction in dioxin emissions by the addition of urea as aqueous solution to high-temperature combustion gas. Isij International, 2008, 48(9): 1305-1310.

[88] 龙红明, 李家新, 王平, 等. 尿素对减少铁矿烧结过程二噁英排放的作用机理. 过程工程学报, 2010, 5: 944-949.

[89] 曲余玲, 毛艳丽, 景馨, 等. 烧结工序二噁英减排技术及应用现状. 烧结球团, 2015, 5: 42-47.

[90] Hofstadler K, Gebert W, Lanzerstorfer C, 等. 去除烧结和电炉废气中二噁英的方案. 钢铁, 2001, 10: 69-74.

[91] 何晓蕾, 李咸伟, 俞勇梅. 烧结烟气减排二噁英技术的研究. 宝钢技术, 2008, 3: 25-28.

[92] Nielsen K K, Moeller J T, Rasmussen S. Reduction of dioxins and furanes by spray dryer absorption from incinerator flue gas. Chemosphere, 1986, 15(9): 1247-1254.

[93] 潘雪君. 活性炭粉末脱除二噁英的研究. 宁波: 宁波大学, 2012.

[94] Kim S C, Jeon S H, Jung I R, et al. Removal efficiencies of PCDDs/PCDFs by air pollution control devices in municipal solid waste incinerators. Chemosphere, 2001, 43(4-7): 773-776.

[95] Tejima H, Nakagawa I, Shinoda T A, et al. PCDDs/PCDFs reduction by good combustion technology and fabric filter with/without activated carbon injection. Chemosphere, 1996, 32(1): 169-175.

[96] Cahill C A, Newland L W. Comparative efficiencies of trace metal extraction from municipal incinerator ashes. International Journal of Environmental Analytical Chemistry, 1982, 11(3-4): 227-239.

[97] Davison R L, Natusch D F S, Wallace J R, et al. Trace elements in fly ash dependence of concentration on particle size. Environmental Science and Technology, 1974, 8(13): 1107-1113.

[98] And H B, Moench H. Factors determining the element behavior in municipal solid waste incinerators: 1. Field

studies. Environmental Science and Technology, 2000, 34(12): 2501-2506.

[99]　Guo Y, Gao X, Zhu T, et al. Chemical profiles of PM emitted from the iron and steel industry in northern China. Atmospheric Environment, 2017, 150: 187-197.

[100]　Xu W, Shao M, Yang Y, et al. Mercury emission from sintering process in the iron and steel industry of China. Fuel Processing Technology, 2017, 159: 340-344.

[101]　Kamata H, Ueno S, Naito T, et al. Mercury oxidation over the $V_2O_5(WO_3)/TiO_2$ commercial SCR catalyst. Industrial and Engineering Chemistry Research, 2015, 47(21): 8136-8141.

[102]　Agarwal H, Stenger H G, Wu S, et al. Effects of H_2O, SO_2, and NO on homogeneous Hg oxidation by Cl_2. Energy and Fuels, 2006, 20(3):1068-1075.

[103]　代绍凯, 徐文青, 陶文亮, 等. 臭氧氧化法应用于燃煤烟气同时脱硫脱硝脱汞的实验研究. 环境工程, 2014, 10: 85-89.

[104]　Li Y H, Lee C W, Gullett B K. Importance of activated carbon's oxygen surface functional groups on elemental mercury adsorption. Fuel, 2003, 82(4): 451-457.

[105]　Reed G P, Ergüdenler A, Grace J R, et al. Control of gasifier mercury emissions in a hot gas filter: The effect of temperature. Fuel, 2001, 80(5): 623-634.

第 3 章　焦化工序污染物控制

3.1　焦化工序污染物排放特征

3.1.1　焦化生产流程及产污节点

　　焦化生产是指煤的高温干馏过程，即煤在无氧条件下加热至 950～1050℃生成焦炭的过程。炼焦生产过程一般包括备煤、炼焦、化产回收或利用三部分，其生产工艺以生产焦炭为主，以煤气和煤焦油中回收部分化产产品为辅。焦化过程主要是煤炭的热解过程，煤炭经过 20～1100℃的干馏过程，这个过程分为三个阶段：①干燥脱气过程：20～300℃；②解聚与分解反应（胶质体软化熔融过程）：300～600℃；③缩聚反应过程（半焦收缩及焦炭成熟过程）：600～1100℃，经过这三个阶段最终生产出焦炭、焦油和煤气[1]。炼焦煤通过煤气在燃烧室燃烧供热进行焦化，焦化过程从与焦炉壁接触的煤层开始逐渐由外向内层层结焦，焦煤经过干燥、软化、熔融、黏结、固化、收缩等阶段最终形成多孔状的焦炭。炼制成的赤热焦炭由推焦车推出，经拦焦车导焦栅送入熄焦车中，将熄焦车牵引至熄焦塔。熄焦后的焦炭送到晒焦台，继而送筛焦楼破碎筛分处理，炼焦生产工艺流程如图 3-1 所示。

　　焦炉生产设备目前主要有顶装焦炉、捣固焦炉、直立式炭化炉。顶装焦炉按照规模和尺寸又可分为大型顶装焦炉和中小型顶装焦炉两种。捣固焦炉多用于地区煤质不好、弱黏结性或高挥发分煤配比比较多的企业。直立式炭化炉一般用于煤制气或生产特种用途焦。钢铁企业主要采用顶装焦炉和捣固焦炉，而其中以顶装焦炉为多，占所有焦炉数量的 90%以上。大型现代化钢铁企业采用大型焦炉，按一定比例自动配煤，然后经过粉碎调湿形成配合煤，装入焦炉炭化室中，经高温干馏生成焦炭后推出，再经熄焦、筛焦得到粒径≥25 mm 的冶金焦；焦炉顶部的荒煤气则送往煤气净化系统，脱除煤气中的水分、氨、焦油、硫、氰、苯、萘等杂质，最后产出净煤气[2]。

　　焦化废气主要产生于备煤和炼焦环节，也有部分来自于化产回收过程，少部分产生于粗苯精制车间。废气的排放量与煤质有着直接的关系，也与工艺装备技

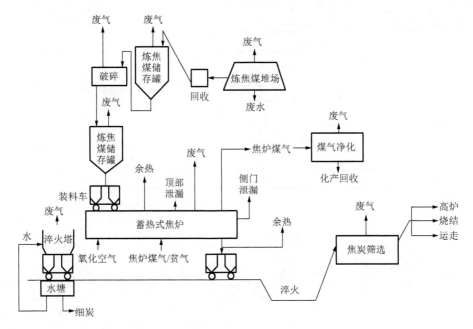

图 3-1　炼焦生产工艺流程

术与生产管理水平相关。废气污染物中主要含有煤粉、焦粉，其次是 H_2S、HCN、NH_3、SO_2、NO_x 等无机类污染物，另外还有包括苯类、酚类以及多环和杂环芳烃在内的有机类污染物[3]。

结合炼焦生产过程，焦化工序大气污染物主要来自于：

（1）炭化室由焦炉煤气或高炉煤气为燃料在燃烧室燃烧间接加热，废气由焦炉烟囱排入大气；

（2）装煤过程中，进入高温炭化室的冷煤骤热喷出煤尘和大量烟尘、硫氧化物、苯并[a]芘等污染物；

（3）炼焦过程中，由于炭化室内压力一般保持在 $100 \sim 150 \, mmH_2O$ 柱，产生的荒煤气将从炉门、炉顶、加煤口、上升管及非密封点等泄漏；

（4）推焦过程中，炽热的焦炭从炭化室推出与空气骤然接触激烈燃烧会生成大量的 CO、CO_2、C_nH_m 和粉尘等污染物；

（5）湿法熄焦过程由熄焦塔顶排出含有大量焦粉、硫化氢、二氧化硫、氨及含酚的水蒸气，干法熄焦过程中主要排出焦尘、氮氧化物、二氧化硫、二氧化碳等污染物。

焦化工艺生产过程中产生的大气污染物主要排放节点见图 3-2。

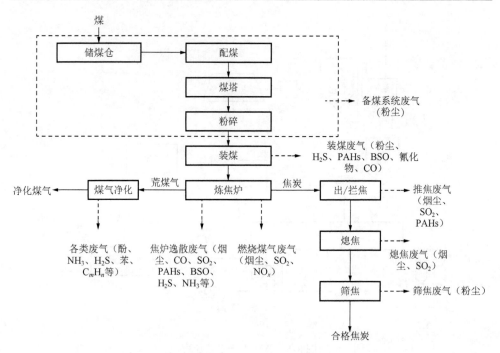

图 3-2　焦化工序主要大气污染物排放节点

3.1.2　焦化工序污染物排放特征

1）烟（粉）尘

炼焦过程中产生的烟（粉）尘以煤尘和焦尘为主，主要来源于焦炉加热、装煤、出焦、熄焦、筛焦等过程，以无组织排放为主，污染点多、面广，以焦粉为主的粉尘中附着有大量的多环芳烃（PAHs），其中 15～60 m 的粉尘可被除尘器捕集回收再利用，10 m 以下的粉尘通过烟囱直接排放到环境中，PAHs 主要赋存在粒径较小的粉尘上，对人体及周边环境造成危害。

炼焦过程产生的烟（粉）尘污染主要由以下几方面引起[4]：①装煤过程，其烟尘排放量约占焦炉烟尘总排放量的 60%；②推焦过程，产生的烟尘占焦炉烟尘排放量的 10%；③熄焦过程，熄焦水喷洒在炽热的焦炭上产生大量的水蒸气，水蒸气中所含的酚、硫化物、氰化物、CO 和几十种有机化合物与熄焦塔两端敞口吸入的大量空气形成混合气流，夹带大量水汽和焦尘从塔顶逸出；④筛焦过程，主要排放焦尘。

根据现场实测，装煤、出焦和熄焦等过程 PM$_{10}$ 排放浓度分别为 0.244 mg/m^3、0.522 mg/m^3、0.238 mg/m^3；PM$_{2.5}$ 分别占 PM$_{10}$ 的 78.2%、90.7%、63.5%；PM$_1$ 分别占 PM$_{10}$ 的 67.9%、41.4%、47.6%，说明各工序 PM$_{10}$ 中以 PM$_{2.5}$ 以下的细颗粒为主，其中装煤过程排放的 PM$_{10}$ 中主要成分为有机碳（OC）、Si、SO$_4^{2-}$、Ca，出焦 PM$_{10}$ 中主要包含无机碳（EC）、OC、Ca、K、Al，熄焦 PM$_{10}$ 中主要包含

OC、Ca。

2）SO_2

炼焦过程中产生的 SO_2 主要来自于焦炉烟气排放，而焦炉烟气中 SO_2 来源于焦炉加热用煤气中 H_2S 和有机硫的燃烧，以及焦炉炉体窜漏的荒煤气进入燃烧系统后，其所含硫化物的燃烧。SO_2 的排放量取决于加热煤气的种类，当使用高炉煤气加热时，因高炉煤气含硫量低，所以废气中 SO_2 含量不高。如果使用焦炉煤气，那么焦炉煤气中含有一定量的 H_2S 以及有机硫，造成废气中 SO_2 浓度较高。焦炉煤气在脱硫以后，H_2S 的含量仍有 $20\sim800$ mg/m^3，而焦炉荒煤气中含硫总浓度为 $500\sim900$ mg/m^3，其中有机硫浓度为 $300\sim600$ mg/m^3[5]。在焦炉煤气净化过程中，几乎所有工序都有脱除有机硫的作用。焦炉炉体窜漏导致荒煤气中的硫化物从炭化室经炉墙缝隙窜漏至燃烧室，并燃烧生成 SO_2，使得焦炉烟囱废气中 SO_2 浓度升高。荒煤气含硫（以 H_2S 为主）总浓度一般为 $6500\sim10000$ mg/m^3，是净化后煤气中硫含量的 $15\sim25$ 倍。由于混合煤气中焦炉煤气比例较低，此时的 SO_2 主要来源于炉体窜漏的荒煤气，特别是运行寿命长的焦炉，炉体窜漏处较多，会导致烟气中 SO_2 的含量较高[6]。

3）NO_x

燃烧过程中 NO_x 形成机理可分为 3 种：一是由大气中的氮气在高温下形成的热力型 NO_x；二是在低温火焰中，由于含氮自由基的存在而生成的瞬时型 NO_x；三是燃料中固定氮生成的燃料型 NO_x。一般情况下，焦炉主要利用焦炉煤气、高炉煤气或二者的混合煤气来作热源对煤炭进行干馏。如果单独采用焦炉煤气加热，由于其可燃成分浓度高、燃烧速度快、火焰短而亮、燃烧时火焰局部温度高、提供一定热量所需煤气量少、加热系统阻力小、炼焦耗热量低，产生的热力型 NO_x 比高炉煤气多。同时，由于焦炉煤气中含有未处理干净的焦油、萘，除易堵塞管道外，还会产生燃料型 NO_x，这使得只采用焦炉煤气作热源的焦炉所生成的 NO_x 一般都高于 500 mg/m^3。当焦炉加热立火道温度在 $1300\sim1350℃$、温差为 $±10℃$ 时，NO_x 生成量在 $±30$ mg/m^3 波动。燃烧温度对热力型 NO_x 生成有决定性作用，当燃烧温度高于 $1600℃$ 时，NO_x 生成量按指数规律迅速增加。可见，焦炉烟气中的氮氧化物主要是热力型 NO_x。炼焦过程排放 NO_x 的排放因子为 0.37 kg/t[7]。

4）H_2S、HCN、CO 和 NH_3

焦化过程中产生的 H_2S、HCN、CO 和 NH_3 来源有以下几种途径：①装煤过程中，装入炭化室的煤料在置换荒煤气时，不完全燃烧形成大量黑烟；②出焦过程中，残余煤气及空气进入使部分焦炭和可燃气燃烧，焦炭从导焦槽落到熄焦车中产生大量废气；③熄焦过程中产生大量的废气；④焦炉煤气燃烧产生废气；⑤煤气净化系统逸散的废气；⑥焦炭生产过程中其他无组织排放的废气；⑦筛焦过程中粉尘的排放及其他生产工序操作过程中都伴随着无组织逸散的废气。

据估算生产每吨焦炭所产生的烟气排放量在 4900 m^3，其中 H_2S 为 400 mg/m^3，

HCN 为 1.4 mg/m³，CO 为 670 mg/m³。

5）碳氢化合物

炼焦过程还排放大量的碳氢化合物，其中装煤过程 CH_4 和非甲烷碳氢化合物（NMHCs）排放量远高于其他过程，基本是出焦和熄焦的 100 倍左右；装煤中乙烯远高于其他组分；出焦主要为苯系物；熄焦 NMHCs 排放相对较低，以烷烃和乙炔为主；焦炉顶苯系物浓度高于烷烃、烯烃及乙炔。炼焦生产 NMHCs 主要排放组分为乙烯、苯、乙烷、丙烯、甲苯、丙烷、丁烯，且以苯排放浓度最高。

炼焦过程中甲烷主要通过烟囱来排放，吨焦排放因子为 228.5 g/t 左右，NMHCs 排放在地面站和烟囱烟气中分别为 55.83 g/t 和 487.16 g/t 左右，在烟囱烟气中乙烷、丙烷、乙炔、丙烯、苯和对间二甲苯分别为 14.18 g/t、23.02 g/t、23.96 g/t、11.08 g/t、31.93 g/t、14.00 g/t[8]。

6）多环芳烃

焦化厂炼焦过程中，有三个工艺过程会产生大量含 PAHs 的烟尘：一是在装煤时，导煤筒与焦炉的装煤孔密封不严，入炉煤受焦炉炭化室高温作用部分燃烧产生高压气流，随煤粉从导煤筒与装煤孔缝隙处直喷而出，造成大量含 PAHs 的煤粉污染；二是出焦时，除尘设备效率不高，造成大量粒径不一的焦粉逸出，污染环境；三是煤场的煤在运输过程中，含 PAHs 的细小煤粉进入大气中。

PAHs 化合物种类包括苯并[a]芘、7,12-二甲基苯并蒽、3-甲基胆蒽等 100 多种，其中被证实的致癌物有 22 种。美国环境保护局优先考虑的有 16 种，它们的物理化学性质如表 3-1 所示。

表 3-1　16 种 PAHs 物理化学性质

物质	缩写	中文名称	化学式	分子量	熔点/℃	沸点/℃
Naphthalene	NaP	萘	$C_{10}H_8$	128.16	80	218
Acenaphthylene	Acy	苊	$C_{12}H_8$	152.20	93	275
Acenaphthene	Ace	二氢苊	$C_{12}H_{10}$	154.21	96	279
Fluorene	Flu	芴	$C_{13}H_{10}$	166.22	117	295
Phenanthrene	Phe	菲	$C_{14}H_{10}$	178.22	100	340
Anthracene	Ant	蒽	$C_{14}H_{10}$	178.22	218	342
Fluoranthene	Fluo	荧蒽	$C_{16}H_{10}$	202.26	110	393
Pyrene	Pyr	芘	$C_{16}H_{10}$	202.26	156	404
Benz[a]anthracene	BaA	苯并[a]蒽	$C_{18}H_{12}$	228.29	159	435
Chrysene	Chr	䓛	$C_{18}H_{12}$	228.29	256	448
Benzo[b]fluoranthene	BbF	苯并[b]荧蒽	$C_{20}H_{12}$	252.32	168	393
Benz[k]fluoranthene	BkF	苯并[k]荧蒽	$C_{20}H_{12}$	252.32	217	480
Benz[a]pyrene	BaP	苯并[a]芘	$C_{20}H_{12}$	252.32	177	496
Indeno[1,2,3-cd]pyrene	InP	茚并[1,2,3-cd]芘	$C_{22}H_{12}$	276.34	162	534
Dibenz[a,h]anthracene	DbA	二苯并[a,h]蒽	$C_{22}H_{14}$	278.35	262	535
Benzo[g,h,i]perylene	BghiP	苯并[g,h,i]芘	$C_{22}H_{12}$	276.34	273	542

在燃烧过程中，PAHs 最初在气相中生成，随着烟气的排放，气体冷却，PAHs 冷凝并吸附在已有的气溶胶颗粒上。其中，最难挥发的 PAHs 在燃烧产生的气体排放时很快由气体转换到颗粒物中，而相当部分的挥发性较高的 PAHs 则保持气态直接进入大气，这主要是四环以下的 PAHs，如菲、蒽、荧蒽、芘等主要集中在气相部分，4 个苯环的 PAHs 在气相和颗粒物上都有存在，五环以上的化合物则大部分集中在颗粒物上，散布在大气飘尘中。由此 PAHs 表现出对小颗粒粉尘的富集特性，且主要是四环至六环的 PAHs[9]。

PAHs 一般分布在装煤、出焦、炉顶逸散和焦炉燃烧室燃烧后经烟囱排放的烟气中。对不同工序段进行采样分析，各工序 PAHs 浓度大小依次为：出焦＞装煤＞烟囱＞焦炉顶。炼焦过程中排放大量的 PAHs，以除尘站粉尘中 PAHs 的含量最高种类最多，排放筒和环境粉尘中也含有大量 PAHs；PAHs 主要赋存在小粒径的粉尘上，又以四环至六环高环数的 PAHs 为主，尤其以䓛、菲、荧蒽和苯并[a]芘的含量居高[10]。

如表 3-2 所示，出焦时炉门打开，炉内残余煤气及推焦时散发的粉尘中大量 PAHs 瞬时排放，使得出焦烟气中 PAHs 浓度最大，平均值可达 32.56 μg/m³。装煤烟气 PAHs 的主要来源为入炉煤与温度较高的炉墙接触产生的荒煤气及水蒸气和荒煤气扬起的细煤粉中的 PAHs，平均值在 7.61 μg/m³ 左右。在炼焦烟气排放的 16 种 PAHs 中，芘的浓度最高，在装煤、出焦和燃烧室烟气中平均浓度分别为 1.78 μg/m³、6.37 μg/m³ 和 1.04 μg/m³[11]。

表 3-2　机械炼焦烟气中 PAHs 平均浓度水平（μg/m³）

化合物	装煤烟气		出焦烟气		燃烧室烟气	
	范围	偏差	范围	偏差	范围	偏差
萘(NaP)	0.15～0.44	0.11	0.01～0.64	0.25	0.20～0.77	0.31
苊(Acy)	0.16～0.66	0.20	0.07～1.10	0.37	0.17～0.51	0.15
二氢苊(Ace)	0.10～0.38	0.11	0.06～0.61	0.20	0.12～0.41	0.12
芴(Flu)	0.20～0.74	0.21	0.11～1.08	0.40	0.25～0.69	0.19
菲(Phe)	0.29～1.67	0.77	0.16～6.57	0.34	0.54～1.06	0.25
蒽(Ant)	0.21～0.66	0.17	0.19～6.50	1.31	0.51～1.03	0.25
芘(Pyr)	0.09～6.88	2.77	0.08～20.32	4.47	0.15～1.95	0.92
荧蒽(Fluo)	0.06～3.96	1.60	0.06～16.36	3.02	0.11～1.04	0.43
䓛(Chr)	0.08～1.25	0.48	0.05～17.74	1.18	0.15～0.18	0.01
苯并[a]蒽(BaA)	0.07～2.00	0.81	0.05～15.54	1.36	0.14～0.48	0.15
苯并[b]荧蒽(BbF)	0.07～1.06	0.39	0.04～24.39	2.53	0.17～0.28	0.04
苯并[k]荧蒽(BkF)	0.10～0.41	0.12	0.06～6.05	1.06	0.19～0.29	0.05
苯并[a]芘(BaP)	0.09～0.75	0.27	0.05～19.28	2.75	0.12～0.20	0.04
茚并[1,2,3-cd]芘(InP)	0.06～0.66	0.24	0.03～20.08	2.05	0.07～0.13	0.03
二苯并[a,h]蒽(DbA)	0.08～0.26	0.07	0.06～6.23	1.15	0.09～0.18	0.04
苯并[g,h,i]芘(BghiP)	0.09～0.67	0.24	0.05～15.04	1.49	0.1～0.19	0.04
16 种 PAHs	1.96～21.86	0.25	1.40～177.1	30.89	4.19～8.72	1.86

焦化工艺炼焦及化产系统废气及各种污染物产生量分别见表 3-3 和表 3-4。

表 3-3　炼焦生产系统废气及各种污染产生量

污染源	废气 /(m³/t 焦)	污染物/ (g/t 焦)								
		粉尘	H_2S	NH_3	HCN	C_6H_5OH	碳氢化合物	SO_2	NO_x	CO
焦炉煤气燃烧	1400							1120	18	
混合煤气燃烧	1750							220	16	
上升管	15		0.2	5.2	0.075	0.09	19	25	7.2	3.7
装煤孔	4.7		0.61	1.6	0.24	0.03	6	0.8	2.3	1.3
装煤车	165		21.5	57	1	0.99	214	28	79	4.1
推焦	190	750	7.6	51	0.85	0.5	36	22	3.4	
熄焦车	190		7.6	51		0.5	36	32	3.4	
熄焦塔	600~650		20	42	9	85				
焦台	735		0.3	0.5	0.2	0.2				
熄焦车到熄焦塔途中	100	100	0.2				70	16	2.9	37
筛焦楼		700								

注：以上数据为统计平均数据

表 3-4　化产回收生产系统各种污染物产生量（mg/m³）

污染源点	SO_2	H_2S	HCN	酚	苯
氨水澄清槽	0.038~0.184	0.006~0.171	0.139~0.563	0.397~1.031	1.76~5.72
初冷器	0.030~0.196	0.006~0.019	0.009~0.119	0.028~0.141	0.13~1.39
鼓风机室	0.030~0.073	0.008~0.064	0.017~0.141	0.080~0.185	0.52~119.57
电捕集油器	0.065~0.197	0.018~0.539	0.043~1.842	0.086~0.323	0.73~14.50
饱和器	0.054~0.162	0.025~0.095	0.120~0.788	0.118~0.825	2.25~4.12
洗苯塔				0.013~0.053	0.14~0.42
再生塔				0.017~0.068	0.016~1.81

从表 3-4 看，焦化工序大气污染物主要呈现以下特点[5,12]：

（1）污染物种类繁多，废气中含有煤尘、焦尘、焦油等物质，其中无机类污染物包括 H_2S、HCN、NH_3、CS_2 等，有机类的有苯类、酚类、PAHs 等。

（2）危害性大，无论是有机或无机类污染物，多数属有毒有害物质，特别是以苯并[a]芘为代表的 PAHs 大多是强致癌物质。

（3）污染发生源多、面广、分散，连续性和阵发性并存，从炼焦煤的准备、储运，焦炉生产、煤气净化到化学产品精制工艺全过程，均有烟尘和废气产生。焦炉装煤、推焦和熄焦过程烟尘多具有阵发性、时间短、烟尘量大、次数频繁等特点；煤受热分解产生的烟气在焦炉炉门、装煤孔盖、上升管盖和桥管连接处的泄漏多以及化学产品车间各类放散废气的发生，多数是连续性，面广、分散。

（4）部分污染物可回收利用，控制和回收部分散逸物，如荒煤气、苯类及焦油等有用物质，不仅可减轻对大气的污染，还可带来较大的经济效益。

对于焦化工序，焦炉/混合煤气燃烧产生的废气量约占废气总排放量的 1/2，其中焦炉煤气含有较高的热值和多种可回收物质，净化后具有回用的价值，焦炉烟气是焦化工序 SO_2 和 NO_x 的主要排放来源。

1. 焦炉煤气污染物排放特征

焦炉煤气（coke oven gas, COG），又称为焦炉气，属于高热值煤气，净化前被称为粗煤气或荒煤气，是炼焦煤在焦炉中经过高温干馏后所产生的一种可燃性气体，是炼焦的副产品。焦炉煤气是混合物，其产率和组成因炼焦用煤质量和焦化过程条件不同而有所差别，一般每吨干煤可产生焦炉煤气 300～350 m³（标准状态）。

焦炉煤气的排放特点：

（1）发热值高，16720～18810 kJ/m³；

（2）可燃成分含量较高，为 90%左右，含有 H_2（55%～60%），CH_4（23%～27%），CO（5%～8%），CO_2（1.5%～3.0%），N_2（3%～7%），O_2（<0.5%），C_mH_n(2%～4%)等；

（3）是无色有臭味的气体，有害气体浓度高；

（4）因含有 CO 和少量的 H_2S 而有毒；

（5）含氢多，燃烧速度快，火焰较短；

（6）着火温度为 600～650℃；

（7）密度为 0.45～0.50 kg/m³；

（8）含有较多的焦油和萘，易堵塞管道和管件，给焦炉调火工作带来困难。

焦炉煤气具有较高回收利用价值，我国焦炭年产量超过 4 亿吨，每年有近 $1000×10^8$ m³ 焦炉煤气可作资源型开发利用，主要应用于制甲醇、化肥、发电、制氢、还原铁等[13]。焦炉煤气中含有 25%左右的 CH_4，在转化生成 CO 和 H_2 后可用于合成甲醇，利用焦炉煤气制造甲醇工艺是我国目前焦炉煤气综合利用的主要方式。用焦炉煤气合成氨也是焦炉煤气综合利用的重要途径之一，1720 m³ 的焦炉煤气可以生产 1 t 合成氨，进而合成尿素，成本优势明显。利用焦炉煤气发电是较为成熟的技术，燃气-蒸汽联合循环发电技术发电效率高达 45%以上，可实现热能资源的高效梯级综合利用，是我国大中型钢铁联合企业正在积极推广的技术。

由于焦炉煤气含有丰富的氢资源，目前，许多大中型焦化企业都在策划设计和建设苯加氢装置，其加氢所需的氢气都将采用变压吸附技术从焦炉煤气分离而出。焦炉煤气制氢还用于煤焦油加氢，利用催化加氢反应，使分子量高、氢碳比低、杂质含量多的煤焦油转化为分子量较低、氢碳比较高，成为优质燃料油组分。传统的炼铁工业完全依靠碳为还原剂，而焦炉煤气中 H_2 和甲烷可用作还原剂直接还原铁，可大大降低炼铁过程中炼焦煤和焦炭的消耗。

2. 焦炉烟气污染物排放特征

一般焦炉加热用煤气多为焦炉煤气或高炉煤气，独立焦化企业使用焦炉煤气，而钢铁联合企业可使用高炉煤气。焦炉烟气为焦炉加热燃烧废气，是焦炉煤气或高炉煤气或混合煤气在焦炉内燃烧的产物，通过焦炉烟囱排放，焦炉是冶金企业中造成大气污染最严重的设备之一，焦炉烟气排放的污染物成分复杂，含有 CO、CO$_2$、H$_2$S、HCN、NO$_x$、SO$_2$、NH$_3$、酚以及煤尘、焦油等[14]。

焦炉烟气排放特点：

（1）焦炉烟气温度一般为 180～300℃，多数在 200～230℃；

（2）焦炉烟气中 SO$_2$ 含量范围广：60～800 mg/m^3；NO$_x$ 含量差别大：400～1200 mg/m^3；含水量大不相同：5%～17.5%；

（3）焦炉烟道气组分随焦炉液压交换机的操作呈周期性波动，烟气中 SO$_2$、NO$_x$、氧含量的波峰和波谷差值较大；

（4）影响焦炉烟气组分的因素包括焦炉生产工艺、炉型、加热燃料种类、焦炉操作制度、炼焦原料煤有机硫等组分含量、焦炉窜漏等；

（5）为保证焦炉始终处于正常操作状态，净化后的焦炉烟道气必须送回焦炉烟囱根部，烟气回送温度不应低于 130℃，防止烟气结露腐蚀烟囱内部结构，同时保证烟囱始终处于热备状态。

所谓焦炉煤气贫化，即在焦炉煤气中掺入不同比例的高炉煤气，使其可燃成分浓度降低。焦炉煤气仅氢含量就在 60%左右，燃烧速度快、火焰短，在扩散燃烧的条件下，火焰的长短，实际就是煤气燃烧速度的大小。燃烧速度取决于可燃气体的成分和氧的扩散速度，而扩散速度 D 与可燃气体成分的分子量的平方根成反比（气体燃料的扩散系数根据分子运动学说），与分子均方根速度 $\sqrt{8RT/\pi M}$ 成正比，即 $D \propto \sqrt{8RT/\pi M} D$（$M$ 为燃料的平均分子量，T 为热力学温度），氢气的分子量小，扩散速度快，即燃烧速度快，火焰短。高炉煤气中可燃成分主要是 CO，燃烧速度慢，火焰长。在这一燃烧理论的指导下，在焦炉煤气中掺入不同比例的高炉煤气，使其可燃气体浓度梯度和扩散速度降低，燃烧速率减慢，从而拉长火焰。同时因混入高炉煤气后，地下室主管压力增加，煤气在灯头处的出口速度增大，喷射力强，可增加废气循环量，也可帮助拉长火焰。使用混合煤气加热后，可明显改善焦饼高向加热的均匀性，同时随混合比增加，焦饼上下温差减小。

焦炉煤气贫化有助于焦炉烟气 NO 含量降低[15]，焦炉煤气贫化使煤气热值降低，减慢煤气燃烧强度，使火焰拉长，以降低燃烧温度和高温点区域，达到低 NO$_x$ 排放的目的。如图 3-3 所示，随着贫煤气掺混比例的增加，NO 含量和温度均呈现下降趋势。在研究区间（0%～50%，煤气 H$_2$ 含量由 53.50%降至 33.99%）内，NO 浓度由 1183.07ppm 降至 728.96ppm，降低了 38.37%，烟气温度降低了 100℃。

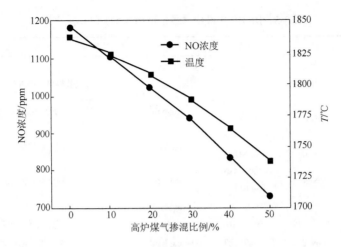

图 3-3　高炉煤气掺混比例对焦炉烟气 NO 含量和温度的影响

3.1.3　国内外焦炉烟气污染物排放标准及控制现状

2012 年我国制定的《炼焦化学工业污染物排放标准》（GB 16171—2012）首次将焦炉烟囱排放的 NO_x 列为我国焦化企业大气污染物排放的控制指标，2015 年 1 月 1 日起所有企业焦炉烟囱排放 SO_2 小于 100 mg/m³，NO_x 小于 200 mg/m³（热回收焦炉），其中特别排放区需要满足 SO_2 小于 30 mg/m³，NO_x 小于 150 mg/m³ 的排放限值。在行业产能过剩的压力下，不管是独立的焦化还是钢铁企业联合焦化烟气污染物普遍都不达标。2015 年，我国焦化行业 SO_2 排放量为 17.7 万 t，NO_x 为 63.8 万 t，其中 110 万 t/a 产能的焦炉烟气量约为 30 万 Nm³/h，废气排放总量大。在电力行业全面实施超低排放的情况下，焦化行业面临着巨大的环保压力。

国内焦化行业的污染物排放标准对新建的焦炉并不是难以达到的，但是对运行了 10～20 年，寿命已经达到中后期的焦炉将是严峻的考验。目前我国大多数焦炉，特别是用焦炉煤气加热的焦炉，烟囱排放的 NO_x 一般高于 500 mg/m³，绝大多数焦化老企业烟气中 SO_2 的平均浓度达到 450 mg/m³，NO_x 浓度为 1800 mg/m³ 左右，远高于污染排放限值[16]。

日本和德国早在 20 世纪 70 年代和 80 年代已分别制定出类似的排放标准，欧洲等通过制定法规对污染物排放进行控制，一个是工业排放指令（IED 指令），另一个是空气质量指令。IED 指令中明确了"最佳可用技术"（BAT）、工厂生产的条件和设立的排放控制标准，"最佳可用技术参考"（BREF）文件中对"最佳可用技术"进行了描述。最佳可用技术相关排放水平（BAT-AEL）给出了污染物排放水平的范围，这一排放水平通过应用"最佳可用技术"是可以达到的。与炼焦生产相关的排放标准见表 3-5。

表 3-5　BREF 文件中《最佳可用技术》的排放水平

工艺	排放	AEL/BAT	计量单位	说明
装煤	灰尘	<5 或<50	g/t 焦或 mg/Nm³	
	可见排放	<30	s	每次装料可见排放的持续时间
炼焦	SOₓ	<200~500（同 SO₂）	mg/Nm³	取决于加热煤气的种类
	NOₓ	<350~500（同 NO₂）	mg/Nm³	用于新建焦化厂
	NOₓ	500~650（同 NO₂）	mg/Nm³	用于原有焦化厂
	灰尘	<1~20	mg/Nm³	
	可见排放	<5~10	%	源自炉门泄漏
推焦	灰尘	<10~20	mg/Nm³	取决于过滤类型
熄焦	湿熄焦	<25	g/t 焦炭	原有焦化厂
	湿熄焦	<10	g/t 焦炭	新建焦化厂
	干熄焦	20	mg/Nm³	
化产回收	H₂S	<300~1000	mg/Nm³	应用吸收工艺
	H₂S	<10	mg/Nm³	用于湿氧化工艺

3.2　焦炉烟尘排放控制技术

焦炉在装煤、炼焦、推焦与熄焦过程中，向大气排放的煤尘、焦尘及有毒有害气体，统称为烟尘。焦炉产生的烟尘主要有两部分：一是炼焦过程焦炉逸出的散烟，为连续无组织排放；二是机械操作过程产生的烟尘，主要在装煤和推焦拦焦过程产生，特点是：间歇性排放、湿度大、温度高、含有可燃气体和焦油，排放点在长距离上往复移动，兼有固定源和移动源的特征。焦炉生产具有排污环节多、烟尘工况多变、强度较高、污染物种类多且毒性大等特点，其烟尘治理一直是污染控制的难点。

近年来，我国关于焦炉烟尘污染物的检测数据表明，空气中苯可溶物（benzene-soluble organics，BSO）及苯并[a]芘等各项指标均远远超过国际职业安全卫生机构对作业场所空气中最高允许浓度，即 BSO 小于 0.15 mg/m³，苯并[a]芘小于 0.15 μg/m³。由这些污染物所引起的自然环境问题和人类健康问题越来越严重，甚至在部分地区，污染物的任意排放导致空气中的苯含量已超过国家规定标准的 3 倍，极易导致呼吸系统疾病和癌症，焦炉烟尘的排放控制迫在眉睫[17]。

3.2.1　配煤过程

煤在粉碎和输送过程中会产生大量的粉尘，煤尘属无机粉尘，是爆炸危险品。

煤尘中 5~25 μm 的细颗粒占煤尘总量的 15%~40%，粒径 0.5~5 μm 的飘尘对人的危害最大，它可以直接到达肺细胞而沉积引起呼吸道、心肺等方面的疾病。煤尘控制主要有以下措施。

1）输送皮带系统安装喷雾抑尘喷带

带式输送机的跑偏和上下波动使煤尘容易直接从皮带上弹起，很难降落，使得煤运输走廊环境极为恶劣。在输送机两侧加装微米级喷雾抑尘喷带，可产生微米级水雾颗粒，与粉尘吸附、黏结、聚结增大并在自身重力的作用下沉降，增加煤水分在 2‰~5‰，不会对煤水分有大的影响[18]。

2）粉碎机/转载落料点安装喷雾气嘴

运行中的粉碎机入口为正压，造成煤粉喷出，是粉尘污染的主要来源，加装密封阻尼挡板，可以调节风量，阻止大的粉尘外溢。在挡板下安装喷雾气嘴，其喷出的气雾对细小的煤尘起到加湿、加重和阻挡作用，煤尘凝结降落，不会二次扬起。转载落料点的皮带溜槽处加装密封罩后，在密封罩内加装喷雾气嘴，密封罩内设置合理的空间，控制粉尘运动力与喷雾气嘴产生的气雾的冲力。

3）储煤场采用喷淋系统

堆取料机在堆取煤时煤尘飞扬，在煤场四周加装喷淋系统，定期喷洒，可以使储煤场内空气湿润，减少粉尘的产生和外溢。煤筛分时产生局部粉尘，用喷淋车喷出 10~20 m 的水雾化带，覆盖筛网四周，可以使储煤场的煤尘基本控制。

4）完善管理措施

加强防尘除尘设备的维护和保养，及时解决除尘系统存在的缺陷，使除尘设备能稳定运行。加强粉尘的清扫工作，尤其是皮带走廊地带，避免二次扬尘。

5）采用储配一体化的大型储煤仓

可以彻底解决煤场扬尘的问题，防止煤粉损失，节约炼焦煤资源。

3.2.2　装煤过程

焦炉装煤、出焦过程中的烟尘量占焦炉炉体废气污染物排放量的 60% 以上，是焦炉最主要的污染源。装煤过程中，煤粉通过焦炉顶部装煤孔进入高温的炭化室，炉内热空气上升及煤料裂解产生的大量荒煤气和水蒸气从装煤孔中冒出，同时带出大量烟、尘、气。装煤工序产生颗粒物 0.5~1.0 kg/t 焦炭，占炼焦无组织排放的 10%~20%；出焦过程产生颗粒物 1~2 g/t 焦炭，在炼焦无组织排放中最为严重，占 20%~40%[19]。

焦炉装煤除尘和推焦除尘系统是利用炉顶装煤车、拦焦车上的捕集装置，将装煤、出焦时散逸出来的烟气、粉尘，通过风机抽吸、捕集的作用，经过冷却、安全保护等装置分别经各自的输送管网系统，输送到地面除尘站布袋除尘器机组，分离出粉尘，将净化后达到排放标准的烟气，经烟囱排入大气。

顶装焦炉的烟尘控制有以下几种措施：

（1）用高压氨水喷射上升管，使上升管根部产生一定的吸力，以保持装煤孔处的负压，约有 60%的煤气从上升管吸入集气管，其余的 40%从装煤孔逸出。炉顶总管的高压氨水压力一般在 180～270 MPa，上升管根部吸力为–500～–300 Pa，装煤孔处吸力为–50 Pa。

（2）采用螺旋或圆盘式装煤机构装煤，使煤均匀地落入炭化室，避免大量煤料骤然下落产生的气流冲击和煤气集中逸散，避免煤料堵塞煤气导出通道，避免烟气过分集中产生，同时将装煤时发生的烟尘快速导出。

（3）改进装煤漏斗套筒，使其紧密扣在装煤孔座上，以保持炉口处负压；在平煤孔与平煤杆之间设置密封套筒，以保持平煤孔负压。

以上措施的综合采用可以捕集装煤过程产生烟尘的约 60%，经上升管导入集气管，但捕集率偏低，难以达到环保要求。为了更有效地控制装煤烟尘的外逸，还须采取以下措施：

（1）车载式除尘系统：在装煤车上安装抽吸设施，导出一部分荒煤气，采取点燃、清洗后放散，或经干法布袋除尘后放散，烟尘捕集率可以达到 90%以上，烟尘净化效率达到 99%以上。车载式装煤除尘的建设投资占焦化厂总建设投资的约 0.6%，加上废气捕集热浮力罩，占总建设投资的约 2.4%。

（2）地面站除尘系统，可以是湿式清洗或者布袋除尘器，烟尘捕集率可以达到 95%以上，烟尘净化率达到 99%以上。装煤地面除尘站的建设投资占焦化厂建设总投资的约 3.5%。地面站除尘与车载式除尘相比，运行效果更好，但是也有投资大、耗电量大、占地多等特点。

捣固焦炉装煤烟尘净化主要有两种方式：

（1）消烟除尘车：烟气从消烟除尘孔吸出，经旋风除尘、低阻文丘里强化洗涤除尘后外排，该方法能明显改善装煤外溢烟尘，但在运行初期有 10～20 s 的黑烟，得不到彻底解决，收集的荒煤气燃烧排放，造成了浪费。

（2）地面站式除尘：采用装煤出焦二合一除尘模式，但是装煤烟尘中含有的焦油等黏稠性物质易堵塞除尘布袋，机侧炉门口的烟气外逸严重。

改进的捣固焦炉装煤烟尘净化技术采用炉顶 M 型导烟管式，利用置于倒烟车上的侧吸管将炉体内溢出的荒煤气导入相邻的趋于成焦末期的炭化室，将待装煤炉号大炉口与处于结焦末期的相邻炭化室大炉口进行连接，装煤时采用高压氨水对相邻炭化室上升管进行喷洒，产生的负压将装煤室产生的荒煤气吸入荒煤气系统进行回收利用。炉顶口处增加水封装置，增加严密性，防止炉口荒煤气的泄漏。炉门密封装置采用"凸"形通道安装在煤仓前端，装煤时，大炉门密封装置与炉柱紧密相贴，防止空气进入炭化室[20,21]。

3.2.3 推焦过程

推焦车将炽热的焦炭（红焦）从炭化室推出，焦炭通过导焦栅落入熄焦车车厢内，每车的焦炭质量达 10～50 t。红焦表面积大，温度高达上千摄氏度，与大气接触后收缩产生裂缝，并氧化燃烧形成数十米的烟柱，产生大量烟尘，污染物主要是焦粉、二氧化碳、氧化物、硫化物等。如果焦化不均匀或焦化时间不足，将产生生焦，此时推焦过程产生的烟气呈黑色，含有较多的焦油物质。推焦工序产生颗粒物 1.0～4.0 kg/t 焦炭，是装煤工序的 2～4 倍，占炼焦无组织排放的 40%～60%；产生苯并[a]芘 0.02～0.08 g/t 焦炭，是装煤工序的 2%～4%，占炼焦无组织排放的 1%[9]。因此，推焦工序主要是控制烟尘。

保证焦炭在炭化室内均匀成熟，是减少推焦过程烟尘产生的重要因素，同时还需采用以下烟尘控制措施。

1）热浮力罩式除尘系统

利用推焦过程中排出的高温烟气自身的热浮力，将导焦槽顶的烟气经管道收集，借助风机吸至喷雾淋水室洗涤除尘、旋风分离后排放；进入熄焦车顶部热浮力罩中的烟气在上升过程中经淋水净化后排放。

邯钢焦化厂采用热浮力罩式除尘系统，利用脉冲布袋除尘，推焦工序排放粉尘由 437 g/t 焦下降为 10 g/t 焦，除尘效率大于 95%。安钢焦化厂采用反吹布袋除尘，烟尘浓度由 3700 mg/m³ 下降为 36 mg/m³，除尘效率在 99% 以上。

2）车载式除尘系统

熄焦车与除尘设备均设在同一台车上，推焦时产生的烟尘被集尘罩收集，借助风机通过导管进入车上的洗涤器，净化后排放。由于推焦时阵发性烟尘量大，车载式除尘设备受车体的限制，捕集率还不理想，目前使用面不广。

3）地面站除尘系统

推焦地面站除尘系统由吸气罩、烟气引出管道及地面除尘设备三部分组成。在设备配置恰当时，捕集率可达 90% 以上，烟尘净化效率可达 99% 以上[22,23]。

3.2.4　干熄焦过程

焦化厂熄焦的方式有炉内熄焦和炉外熄焦两种。炉内熄焦是在焦炉内用蒸汽或煤气将焦炭冷却后再卸出焦炉，通常只能用于连续式直立焦炉中，目前已很少使用。国内焦化厂大多采用炉外熄焦，炉外熄焦有湿法熄焦和干法熄焦两种。湿法熄焦是将高温焦炭运至熄焦塔，熄焦塔上方装有几组喷淋水头，直接用水喷淋高温焦炭使焦炭降温，产生的大量蒸汽从熄焦塔顶部冒出。

干法熄焦是用惰性气体为热载体，由循环风机将低温惰性气体输入到干熄焦炉底部，与炉顶下来的高温焦炭进行热交换，冷却至 250℃ 以下焦炭排出，而吸收焦炭显热后的高温惰性气体经一次除尘后导入至干熄焦锅炉中回收余热，产生锅炉蒸汽。惰性气体经二次除尘、循环风机加压、给水预热冷却，最后送入干熄焦炉循环使用。相比于湿法熄焦高污染、低品质等问题，干法熄焦具有以下优势：回收红焦显热、减少环境污染、改善焦炭质量、在保持原焦炭质量不变的条件下，降低强黏结性的焦、肥煤配入量 10%～20%，有利于降低炼焦成本。

在熄焦过程中，散发的烟尘主要有两部分：焦炉装置上部烟尘和下部排焦烟尘。湿熄焦烟尘控制一般是采用在熄焦塔增设折流式翻板、木格捕尘器和喷淋装置，同时将熄焦塔增高，除尘效率在 60% 左右，无法满足国家污染物排放要求，而且存在粉尘堵塞装置等问题。

干熄焦烟尘控制有两种技术：水膜除尘技术和布袋除尘技术。最早采用水膜除尘技术的是上海浦东煤气厂，其工作原理是含尘气体由筒体下部顺着切向引入，旋转上升，烟尘受离心力作用而被分离，抛向筒体内壁，被筒体内壁流动的水膜层所吸附，随水流到底部锥体，经排尘口卸出。布置在筒体上部的几个喷嘴将水顺着切向喷至器壁，在筒体内壁始终覆盖一层旋转向下流动的水膜，达到除尘的目的。缺点是除尘风机严重带水，降低设备寿命，除尘效果差。

布袋除尘器是一种干式滤尘装置，滤料在使用一段时间后表面积聚了一层粉尘，这层粉尘称为初层，依靠初层的作用，网孔较大的滤料也能获得较高的过滤效率。随着粉尘在滤料表面的积聚，除尘器的效率和阻力都相应增加，阻力过高会使除尘系统的风量显著下降。因此，除尘器的阻力达到一定数值后要及时清灰，清灰时不能破坏初层，以免效率下降。马钢在进风方式、高温烟气冷却、控制系统、滤袋选材、喷吹方式等方面对布袋除尘系统进行了改进，使得布袋除尘技术在干熄焦环境除尘中逐步占到主导位置，除尘效率能达到 99% 以上，粉尘排放浓度小于 30 mg/m³。

干熄焦装置中的除尘系统，包括干熄焦循环气体除尘系统和干熄焦环境除尘系统两部分。

干熄焦循环气体除尘系统能够对粒度较大的焦尘进行分离，对热锅炉和循环风机起到一定的保护作用，主要由两部分组成，包括一次除尘器（重力除尘器）和二次除尘器（旋风除尘器）。一次除尘器处于干熄焦炉出口与锅炉入口之间，主要是对颗粒较大的焦粉以重力沉降的方式进行去除，以保证进入干熄焦余热锅炉的焦尘粒径小于 2 mm，从而有效降低烟尘对锅炉的腐蚀。二次除尘器位于锅炉出口与循环风机之间，采用旋风除尘的方式除去锅炉出口循环气体中的细颗粒焦粉，保证进入循环风机的焦尘粒径小于 1 mm，降低对循环风机的磨损。由一次除尘器、二次除尘器收集和排出的焦粉，经链式刮板机和斗式提升机等设备送往焦粉储槽，经加湿搅拌后外排运走。

干熄焦环境除尘技术由国外引进，主要来源于日本和乌克兰，二者存在很大区别。日本技术使用布袋除尘；乌克兰技术采用一级旋风除尘器除去颗粒大的粉尘，然后二级除尘，最后采用湿法除尘；由此产生了布袋除尘器和湿式除尘器两种形式，对比如表 3-6[20] 所示。干熄焦在装焦、排焦、运焦及干熄炉炉顶和预存段放散过程中产生的烟尘采用干熄焦环境除尘控制技术进行净化，除尘后达标的烟尘排放到大气中，排出的焦粉经链式刮板机和斗式提升机等设备送往焦粉储槽，经加湿搅拌后外排运走。干熄焦环保效果的好坏主要靠环境除尘效果来评定[24]。

表 3-6　干熄焦湿式除尘器与布袋除尘器对比

除尘器名称比较项目	干熄焦湿式除尘器	干熄焦布袋除尘器
除尘效率/%	80~98	95~99
排放浓度/（mg/m³）	<70	<30
能源消耗	水、电	压缩空气、电
附加设备	旋风除尘器、水处理设备	烟气冷却设备
控制系统	简单	复杂，程序控制
二次污染	水污染	无
对风机的影响	大	小
尾气排放	含硫气体减少	不能处理含硫气体
投资	小	大

从表 3-6 中可以看出布袋除尘器优势明显大于湿式除尘器，且除尘效率更高，对环境污染小。

3.3　焦炉煤气净化技术

煤炭在炼焦工序中，约有 75%变为焦炭，还有 25%转变成多种化学产品和焦炉煤气[25]，焦炉煤气可燃成分多且含量高，属于高热值煤气，未经净化的焦炉煤气（荒煤气）中含有较高含量的杂质，具有回收价值，如焦油、轻质油、粗苯（主要有苯、甲苯、二甲苯构成）、H_2S 和 NH_3 等，表 3-7 显示了未经净化的焦炉煤气的组成，焦炉煤气必须经过净化工艺，变成净煤气，才能够通过煤气输送管道外送供用户使用。

表 3-7　净化前荒煤气组成（g/m³）

名称	浓度	名称	浓度
水蒸气	250~450	H_2S	6~30
焦油气	80~100	HCN	1.0~2.5
苯族烃	30~45	吡啶碱基	0.4~0.6
氨	8~16	其他	2.0~3.0
萘	8~12		

经过回收化学品和净化后的煤气成为净焦炉煤气，也称为回炉煤气，其杂质浓度见表 3-8，钢铁生产流程中常用煤气的成分及发热值见表 3-9。

表 3-8　净焦炉煤气中的杂质浓度（g/m³）

名称	浓度	名称	浓度
焦油	0.05	氨	0.05
苯族烃	2～4	H₂S	0.20
萘	0.2～0.4	HCN	0.05～0.2

表 3-9　钢铁生产过程常用煤气的组成及发热值

名称	组成/%							$Q_{低}$ / (kJ/m³)	密度 / (kg/m³)
	N₂	O₂	H₂	CO	CO₂	CH₄	C_nH_m		
焦炉煤气	2～5	0.2～0.9	56～64	6～9	1.7～3.0	21～26	2.2～2.6	17550～18580	0.436
高炉煤气	50～55	0.2～0.9	1.7～2.9	21～24	17～21	0.2～0.5		3050～3510	1.296
转炉煤气	16～18	0.1～1.5	2～2.5	63～65	14～16			7524	1.396

　　焦炉煤气的净化工艺流程包括煤气的冷凝鼓风、脱硫脱氰、脱氨、终冷洗苯等工序，典型焦炉煤气净化工艺流程如图 3-4 所示。

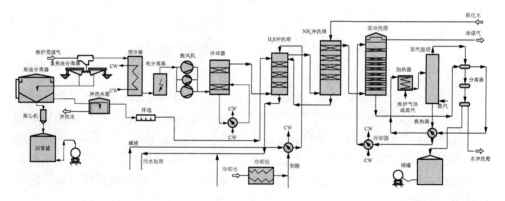

图 3-4　典型焦炉煤气净化工艺流程

　　荒煤气以约 1000℃ 的温度进入提升管，在鹅颈管中直接用氨水喷雾将煤气温度降低到 80℃，液化分离物与由所使用的氨水及冷凝水混合送至油水分离器，得到焦油和混合氨水，混合氨水送入氨水储存罐中，焦油进一步分离，气相进入主冷却器，冷却至 20℃，经过电捕焦油器后进入到脱硫单元，脱硫工艺包括干法脱硫和湿法脱硫两种，常用的湿法脱硫工艺主要以氨为碱源，通过湿式氧化或湿式吸收生成硫酸、硫酸铵或硫单质，脱硫后的煤气进入脱氨单元，采用水洗或酸洗等喷淋工艺回收煤气中的氨，经过氨吸收后的煤气中仍包含有粗苯（主要由苯、甲苯、二甲苯构成），通过冷凝法、吸附法或溶剂吸收法进行回收，净化后的煤气进入用户使用。

　　焦炉煤气净化的工艺流程可根据具体需求进行匹配组合，例如：

　　（1）以氨为碱源进行湿式氧化脱硫的煤气净化工艺流程如下：

荒煤气→初冷→鼓风机→电捕→脱萘→FRC 脱硫→硫铵→终冷→脱苯→煤气柜

（2）以碳酸钠为碱源进行脱硫的煤气净化工艺流程如下：

荒煤气→初冷→鼓风机→电捕→洗氨→脱苯→改良 ADA 脱硫→煤气柜

（3）以氨硫循环洗涤法脱硫的煤气净化工艺流程如下：

荒煤气→初冷→电捕→鼓风机→脱硫→脱氨→脱苯→煤气柜

每种工艺流程均具有其一定的优缺点和适用条件，从技术的发展来看，当前国内外焦炉煤气净化技术的趋势是：

（1）焦炉煤气的脱硫脱氰装置设置在终冷和洗苯前，使煤气尽可能在终冷前去除大部分杂质，减少对水质和大气的污染，减少对设备的腐蚀；

（2）利用煤气中的氨为碱源，脱除煤气中的 H_2S 和 HCN。

从上述来看，不同焦炉煤气净化工艺流程主要体现在脱硫、脱氨、除苯洗萘等工艺配置上，因此以下重点介绍焦炉煤气脱硫脱氰、脱氨和除苯洗萘技术。

3.3.1　焦炉煤气脱硫脱氰技术

焦炉煤气净化脱硫技术主要有湿法脱硫技术和干法脱硫技术两种。湿法脱硫技术有湿式氧化技术和湿式吸收技术两种，湿式氧化脱硫技术包括以氨为碱源的 TH 法、FRC 法、HPF 法和 ADA 法，湿式吸收脱硫工艺有索尔菲班法和 AS 法。干法脱硫工艺有活性炭吸附和氧化铁吸附法，一般用于湿法脱硫后的精脱硫。

1. 湿法脱硫技术

1）TH 技术

TH 法称为塔卡哈克斯（Takahax）法，是日本新日铁公司的技术，是利用煤气中的氨为碱源、1,4-萘醌-2-磺酸钠为催化剂，在吸收塔中脱硫脱氰，再到氧化塔中与空气中的氧进行反应，使之生成硫化物，并使催化剂再生，如此不断循环，达到脱硫脱氰的目的。此工艺的优点是不需要外加碱源，操作简单，占地面积小，但运行费用高，脱硫效果低，催化剂需要进口，国内很少采用该技术，宝钢曾采用该技术进行脱硫脱氰[27]，此工艺由 Takahax 脱硫脱氰装置和 Hirohax 装置两部分组成，其工艺流程如图 3-5 所示。

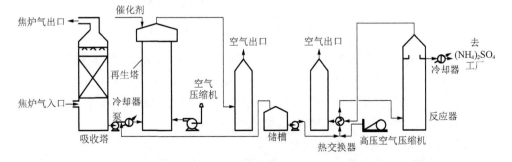

图 3-5　TH 煤气脱硫技术工艺流程

煤气进入脱硫吸收塔，该塔装满 Tellerete 式填料，煤气与塔顶喷淋的氨水逆流接触，H_2S、HCN 和 NH_3 等被吸收液吸收，脱硫后的煤气去硫铵工段，由 3% 的硫酸母液吸收 NH_3，脱硫塔底部的吸收液由泵抽至再生塔（鼓泡塔）底部，吸收液与空气接触，在催化剂的作用下，H_2S 发生氧化生成硫代硫酸铵、硫铵或单质硫，HCN 与多硫化铵反应，生成硫氰酸铵。为降低吸收液中的铵盐和硫单质浓度，需要不断补充新的吸收液，同时抽出一定量到 Hirohax 湿式氧化装置，加入浓氨水、6% 的 HNO_3 及水，在压缩空气的作用下通过泵混合进入反应塔，液体中的硫氰酸铵、硫代硫酸铵和单质硫，在高温高压湿式氧化过程中，生成 3% 的硫铵母液，反应后的液体在反应塔顶部进行气液分离，液相进行冷却后送硫铵工段[28]。

TH 法的全部工艺过程可以概括为以下反应式：

吸收反应：

$$NH_3 + H_2O \longrightarrow NH_4OH \tag{3-1}$$

$$NH_4OH + H_2S \longrightarrow NH_4HS + H_2O \tag{3-2}$$

$$NH_4OH + HCN \longrightarrow NH_4CN + H_2O \tag{3-3}$$

再生反应：

$$(3\text{-}4)$$

$$(3\text{-}5)$$

$$NH_4HS + \frac{1}{2}O_2 \longrightarrow NH_4OH + S \tag{3-6}$$

$$NH_4CN + S \longrightarrow NH_4SCN \tag{3-7}$$

湿式氧化反应：

$$NH_4HS + 2O_2 \longrightarrow (NH_4)_2S_2O_3 + H_2O \tag{3-8}$$

$$S + \frac{3}{2}O_2 + NH_4OH \longrightarrow (NH_4)_2SO_4 + H_2O \tag{3-9}$$

以宝钢 TH 法脱硫脱氰工艺为例，宝钢焦化一期建有 4 座 50 孔焦炉，采用 TH 法脱硫脱氰，处理煤气量为 82800 m^3/h，进口焦炉煤气 H_2S 含量为 5.46 g/m^3，HCN 含量为 1.55 g/m^3，经过脱硫脱氰后出口 H_2S 降至 0.075 g/m^3，HCN 降至 0.049 g/m^3，平均脱硫效率 97.8%，脱氰效率 94.7%。

2）FRC 技术

FRC 法称为苦味酸法，由日本大阪煤气公司开发，此工艺由 Fumaks 法脱硫、

Rodacs 法脱氰和 Compacs 法制酸三个工序组成[29]。在脱硫脱氰工序中，采用质量分数为 2%的 2,4,6-三硝基苯酚（苦味酸）水溶液为催化剂，煤气中的氨为碱源，在低温下吸收焦炉煤气中的 H_2S 和 HCN，催化剂氧化后再生循环使用，为维持吸收液中盐类及硫黄浓度，部分循环吸收液经浓缩分离后，送往硫酸制造系统处理，生成硫酸。该工艺的优点是脱硫效率高、成本低，能避免二次污染，缺点是工艺流程长、占地多，适合大工程使用，宝钢焦化三期工程使用的是该工艺。

FRC 工艺流程可分为脱硫脱氰及制酸两部分，以宝钢焦化三期工程为例，煤气处理量 8.8 万 m^3/h，最大处理量可达 10.5 万 m^3/h，副产硫酸 47.1 t/d，该装置的主要设备均从国外引进，其他设备由国内配套。其工艺流程如图 3-6 所示。

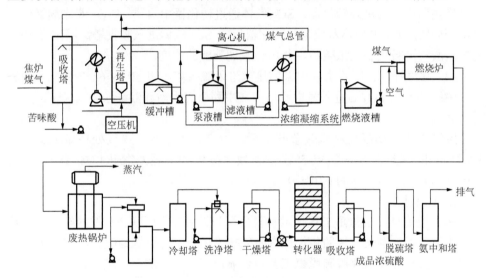

图 3-6 FRC 焦炉煤气脱硫脱氰工艺流程图

脱硫脱氰工艺是以苦味酸为催化剂，以煤气中的氨为碱源，吸收煤气中的 H_2S 和 HCN，其工艺由以下几个部分组成[30]：

（1）H_2S 和 HCN 的吸收。将温度为 35℃、含萘量小于 360 mg/m^3 的焦炉煤气送入吸收塔底部，与从塔顶喷淋的氨水在填料表面接触，吸收煤气中的 H_2S 和 HCN。

（2）脱硫液的再生。吸收了 H_2S 和 HCN 的脱硫液与再生空气在预混合喷嘴中混合后进入再生塔中再生，再生后的脱硫液（再生液）通过气泡分离器分离掉泡沫后重新返回脱硫塔喷淋，再生塔上部的硫泡沫溢流至缓冲槽中。再生尾气经过压力调整后进入吸收塔后的煤气管道。

（3）再生液的分离与浓缩。进入缓冲槽的再生液大部分返回再生塔消泡，抽出部分溶液送超级离心机分离硫黄，滤液经浓缩塔浓缩后回配入硫黄浆液中，作为生产硫酸的原料。

Compacs 制酸工艺是将含有硫黄、硫氰酸铵和硫代硫酸铵等盐类物质的脱硫废液与煤气一起在燃烧炉内燃烧分解，生产浓硫酸的过程。该工艺主要由以下几部分组成：

（1）浆液燃烧及余热回收。从浆液槽抽出的硫浆用空气雾化后送入燃烧炉中，在炉内与空气混合进行二次燃烧。同时，煤气经加压后送入燃烧炉，将燃烧炉的炉温保持在 1100℃ 左右，燃烧生成的 SO_2 气体进入废热锅炉中回收热量。

（2）冷却与净化。高温 SO_2 气体经废热锅炉回收热量后依次进入增湿塔、冷却塔和洗净塔，采用动力波技术进行冷却和净化后送入干燥塔，在干燥塔内用 95% 浓硫酸除去 SO_2 气体中的水分后，用风机压送入转化系统。

（3）转化与吸收。从干燥塔顶出来的 SO_2 气体由风机压送，经低温、中温和高温换热器换热后进入转化器，SO_2 气体通过转化器中 4 层 V_2O_5 催化剂氧化成 SO_3，转化温度由电加热器控制，转化器后的 SO_3 气体进入吸收塔，用浓度 98% 的浓硫酸喷淋吸收制取浓硫酸，并用纯水调整酸的浓度。

（4）尾气净化。吸收塔顶出来的尾气进入脱硫塔，用 pH 为 6～7 的氨水洗涤尾气中的 SO_2 和 SO_3 后进入氨中和塔，在中和塔内用循环液洗涤废气夹带的氨后排入大气。

宝钢焦化三期脱硫脱氰装置开工后，生产运行稳定，煤气处理量 6.5 万～8.4 万 m^3/h，脱硫效率达到 98.5%，脱氰效率在 96.2%，吸收塔出口煤气中 H_2S 为 0.05～0.09 g/m^3，HCN 为 0.02～0.079 g/m^3，均优于设计标准。

3）HPF 技术

HPF 脱硫是中冶焦耐工程技术有限公司和无锡焦化厂联合开发的技术，也是国内焦化厂近期发展较快的焦炉煤气脱硫技术之一，是以氨为碱源，HPF 为催化剂的湿式液相催化氧化脱硫脱氰工艺，仅靠煤气中自身的氨作碱源、适当补充部分氨，对煤气中的 H_2S 和 HCN 进行较完全的吸收。脱硫过程中，在复合型催化剂作用下，H_2S 和 HCN 先在氨介质存在下溶解、吸收，然后在催化剂作用下铵硫化合物、铵氰化合物等被湿式氧化形成元素硫、硫氰酸盐等，脱硫液则在空气氧化过程中得以再生而循环使用。最终，H_2S 以元素硫形式、HCN 以硫氰酸盐形式被除去[31]。

HPF 法脱硫工艺催化剂为复合催化剂，其中 H 是指对苯二酚（hydroquinone）；P 是指 PDS，主要成分为双核酞菁钴磺酸盐；F 是指硫酸亚铁（ferrisulfas），起絮凝作用。对苯二酚+硫酸亚铁的作用是增加催化剂的活性和脱硫液的硫容量。HPF 催化剂在脱硫和再生的全过程中均有催化作用。整个过程的反应可分为吸收反应、催化反应、再生反应和副反应，其中最核心的催化反应如式（3-10）～式（3-13）所示：

$$NH_4OH + NH_4HS + (x-1)S \longrightarrow (NH_4)_2S_x + H_2O \qquad (3-10)$$

$$NH_4HS + NH_4HCO_3 + (x-1)S \longrightarrow (NH_4)_2S_x + CO_2 + H_2O \qquad (3-11)$$

$$NH_4CN + (NH_4)_2S_x \longrightarrow NH_4SCN + (NH_4)_2S_{x-1} \qquad (3-12)$$

$$(NH_4)_2S_{x-1} + S \longrightarrow (NH_4)_2S_x \qquad (3-13)$$

HPF 工艺的优点是催化剂活性高、操作简单、装置少，但得到的硫黄品质较差、收率低，塔后煤气的 H_2S 含量有时达不到城市煤气标准要求[32]。

脱氰工艺中，焦炉煤气依次经过预冷塔、脱硫塔、再生塔、泡沫槽等主要设备，而后进入离心机或熔硫釜，生产出硫黄产品。以宝钢集团新疆八一钢铁公司焦化分厂的 HPF 法煤气脱硫脱氰装置为例，工艺流程如图 3-7 所示，焦炉煤气处理能力 80000 m^3/h，脱硫前煤气中 H_2S 浓度 2～4 g/m^3，HCN 浓度 1～1.5 g/m^3，脱硫后，煤气中 H_2S 浓度低于 0.2 g/m^3，HCN 浓度 0.5 g/m^3。H_2S 浓度按 3 g/m^3 计算，硫膏产量 116.48 kg/h，该装置自 2010 年 6 月 19 日投产以来，脱硫效果良好[33]。

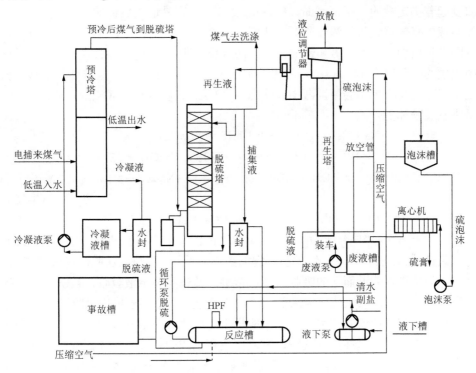

图 3-7 HPF 法煤气脱硫工艺流程示意图

4）ADA 技术

ADA 法又称为蒽醌二磺酸钠法，它是英国西北煤公司与克莱顿胺公司共同开发的，于 1959 年在英国建立了第一套处理焦炉煤气的中间试验装置，1961 年初用于工业生产。但此方法析硫的反应速率慢，需要庞大的反应槽，并且为防止 HS^- 进入再生塔引起副反应，溶液中 HS^- 的浓度必须控制在 $50 \times 10^{-6} \sim 100 \times 10^{-6}$ 之间，溶液的硫容量很低，因而使 ADA 法的应用受到限制。为此，研究者对 ADA 法进行了改进，在 ADA 溶液中添加了适量的偏钒酸钠（$NaVO_3$）、酒石酸钾钠（$NaKC_4H_4O_6$）。$NaVO_3$ 在 V^{5+} 还原成 V^{4+} 的过程中提供氧，使吸收及再生的反应速率大大加快，提高了溶液的硫容量，使反应槽容积和溶液循环量大大减少。酒石酸钾钠的作用是防止钒形成"V-O-S"态复合物，沉淀析出，导致脱硫液活性下降，这样使 ADA 法脱硫工艺更趋于完善，从而提高气体的净化度和硫的回收率，经改进的 ADA 法被称为改良 ADA 法[34]。ADA 法在英国、法国、加拿大等国家应用较多，也是我国采用得较多的煤气脱硫工艺之一。

改良 ADA 法反应过程如式（3-14）～式（3-18）所示，要使 H_2S 较彻底地还原为单质硫，偏钒酸钠($NaVO_3$)是否足量是一个重要的因素，而要使偏钒酸钠浓度高，焦钒酸钠较完全转化为偏钒酸钠是反应的关键。而在这一反应中，H_2O_2 的浓度起着决定性的作用，例如，H_2O_2 浓度低，就容易造成焦钒酸钠转化不彻底，使溶液中有效偏钒酸钠浓度降低，从而使溶液中 HS⁻含量上升，$Na_2S_2O_3$、NaCNS 等副产物增加，加大了碱和钒的消耗，而且反应所需的 H_2O_2 是在 ADA 再生过程中生成的［反应式（3-18）］，故操作中一定要保持 ADA 有一定浓度和足够的再生空气。二者不足均会使溶液中氧化态的 ADA 浓度降低，H_2O_2 的生成量减少，最终造成物耗上升。

$$Na_2CO_3 + H_2S \longrightarrow NaHS + NaHCO_3 \qquad (3\text{-}14)$$

$$2NaHS + 4NaVO_3 + H_2O \longrightarrow Na_2V_4O_9 + 4NaOH + 2S \qquad (3\text{-}15)$$

$$Na_2V_4O_9 + 2H_2O_2 + 2NaOH + ADA(氧化态) \longrightarrow 4NaVO_3 + 3H_2O + ADA(还原态)$$
$$(3\text{-}16)$$

$$2NaOH + 2NaHCO_3 \longrightarrow 2Na_2CO_3 + 2H_2O \qquad (3\text{-}17)$$

$$ADA(还原态) + O_2 \longrightarrow ADA(氧化态) + H_2O_2 \qquad (3\text{-}18)$$

改良 ADA 法脱硫及再生工艺流程如图 3-8 所示，原料气从脱硫塔底部进入，在塔内与从塔顶喷淋而下的吸收液逆流接触，硫化氢被溶液吸收，被洗净的脱硫气进入下一工序，吸收硫化氢后的溶液进入富液槽，在富液槽内吸收了 H_2S 的吸收液与偏钒酸钠和过量的水进一步反应析出硫单质，在富液槽内的液体中包括未反应的吸收液、还原性焦钒酸钠、氢氧化钠和生成的单质硫经过富液泵送到喷射再生槽的顶部，在喷射再生槽内还原性焦钒酸钠与氧化态 ADA 反应，生成还原态的 ADA，而焦钒酸盐则被 ADA 所氧化，再生为偏钒酸盐；还原态的 ADA

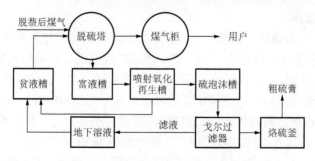

图 3-8　改良 ADA 法工艺流程示意图

被从塔顶喷射而入的空气氧化成氧化态的 ADA。在喷射再生槽的底部，重生的吸收液体经过溶液循环泵被传送到脱硫塔的顶部，重新与原料气接触除去原料气中的 H_2S，至此脱硫循环过程完成。在喷射再生槽的顶部形成的硫泡沫依靠重力的作用被送到硫泡沫储槽，然后经过硫泡沫泵被传送到硫泡沫高位槽，经过硫泡沫高位槽的搅拌，使形成的硫单质和液体保持泡沫状态，然后从硫泡沫高位槽的底部，进入熔硫釜形成粗硫膏。

柳钢第一套焦炉煤气脱硫脱氰系统采用了改良 ADA 法工艺，设计焦炉煤气处理量为 27000 m^3/h，焦炉煤气脱硫效率达到 99%以上，脱硫后 H_2S 浓度 ≤60 mg/m^3。具体工艺参数及脱硫脱氰效果如表 3-10 所示[35]。

表 3-10　柳钢 ADA 法脱硫脱氰工艺参数

参数	设计值	参数	设计值
实际处理量/(km³/h)	27	有机硫脱除率/%	无
压力/MPa	0.1~0.3	脱硫温度/℃	20~45
液气比/(L/m³)	20~30	催化剂用量/(g/L)	2~5
H_2S 进口含量/(g/m³)	≤5.0	总碱度/(mol/L)	0.3~0.4
脱硫率/%	≥99.0%	溶液 pH	8.5~8.9
脱氰率/%	~50		

综合来说，改良 ADA 法流程简单，设备少，脱除 H_2S 气体效率高，工艺成熟，易自动化，整个过程温度、压力变化不大，易操作，能耗低。但是该工艺脱氰和有机硫效果较差，且 ADA 液价格昂贵。今后，在脱除 H_2S 时兼除 HCN 和有机硫是一个重要的发展方向。

5）索尔菲班技术

索尔菲班（Sulfiban）法又称单乙醇胺法，是采用浓度为 15%的弱碱性单乙醇胺（MEA）水溶液为载体的湿式吸收法脱硫脱氰工艺。由脱硫和解吸两部分组成。在脱硫塔贫液通过与煤气接触，在较低温度下吸收煤气中的酸性气体 H_2S、HCN 及部分 CO_2 成为富液，富液在解吸塔用再沸器及再生器发生的贫液蒸气于 110℃ 左右进行汽提，蒸出大部分酸性气体后贫液回到脱硫塔循环使用。酸性气体可以经克劳斯炉生产单质硫，也可以生产硫酸。同时，MEA 在循环过程中与 O_2、COS、CS_2 等发生反应生成高分子聚合物。索尔菲班技术的脱硫脱氰过程化学反应如下所示：

（1）吸收反应

$$HOC_2H_4NH_2 + H_2S \longrightarrow (HOC_2H_4NH_3)HS \qquad (3-19)$$

$$HOC_2H_4NH_2 + HCN \longrightarrow (HOC_2H_4NH_3)CN \qquad (3-20)$$

$$2HOC_2H_4NH_2 + CO_2 + H_2O \longrightarrow (HOC_2H_4NH_3)_2CO_3 \qquad (3-21)$$

$$2HOC_2H_4NH_2 + CO_2 \longrightarrow HOC_2H_4COO^- + HOC_2H_4NH_3^+ \qquad (3-22)$$

（2）解吸反应

$$(HOC_2H_4NH_3)HS \longrightarrow HOC_2H_4NH_2 + H_2S \tag{3-23}$$

$$(HOC_2H_4NH_3)CN \longrightarrow HOC_2H_4NH_2 + HCN \tag{3-24}$$

$$(HOC_2H_4NH_3)_2CO_3 \longrightarrow 2HOC_2H_4NH_2 + CO_2 + H_2O \tag{3-25}$$

$$HOC_2H_4COO^- + HOC_2H_4NH_3^+ \longrightarrow 2HOC_2H_4NH_2 + CO_2 \tag{3-26}$$

（3）聚合反应

$$HOC_2H_4NH_2 + COS \longrightarrow \underset{O}{\overset{}{\bigcirc}}NH + H_2S \tag{3-27}$$

$$\underset{O}{\overset{}{\bigcirc}}NH + HOC_2H_4NH_2 \longrightarrow HOCH_2CH_2NHCH_2CH_2NHCOOH \tag{3-28}$$

$$2HOC_2H_4NH_2 + CS_2 \longrightarrow HOC_2H_4NHCSSHHOC_2H_4NH_2 \tag{3-29}$$

$$2HOC_2H_4NH_2 + 2HCN + O_2 + 2H_2S \longrightarrow 2HOCH_2CH_2NH_2HCNS + 2H_2O \tag{3-30}$$

$$2HOC_2H_4NH_2 + 2H_2S + 2O_2 \longrightarrow (HOCH_2CH_2NH_2)_2S_2O_3 + H_2O \tag{3-31}$$

索尔菲班工艺主要由吸收塔和解吸塔两大部分构成[36]。以太钢不锈钢股份有限公司焦化厂的索尔菲班脱硫脱氰工艺为例，焦炉煤气进入吸收塔与浓度为15%的MEA溶液逆向接触，吸收煤气中的H_2S、HCN及CO_2等，之后从吸收塔顶排出。MEA富液从吸收塔下部排出，经过贫富液换热器换热后，送入解吸塔顶部解吸。部分酸性气体在解吸塔顶部从富液中闪蒸出来，其余的富液自上而下流动，H_2S、HCN及CO_2等酸性气体被蒸馏出来。蒸出酸性气体后的贫液从解吸塔中部和塔底分两段排出，经过贫富液换热器、贫液冷却器后进入吸收塔循环利用。酸气从解吸塔出来经过冷却后，进入制酸系统生产浓硫酸。循环过程中MEA会发生裂化生成噁唑烷酮-2等杂质，为了维持MEA溶液质量，从解吸塔引出部分溶液导入焦油分离器中用蒸汽间接加热，同时加入NaOH溶液至焦油分离器，杂质聚合物与NaOH反应，生成钠盐和MEA，再生的MEA蒸气返回解吸塔，焦油分离器中累积的固体残渣经沉降分离后排出系统，工艺流程如图3-9所示。

太钢所使用的索尔菲班脱硫脱氰工艺中焦炉煤气脱硫之前H_2S含量基本处于$4 \sim 5$ g/m³范围内，经索尔菲班脱硫脱氰工艺之后，煤气中H_2S含量基本可控制在0.1 g/m³以内，脱硫效率>98%。

索尔菲班脱硫脱氰工艺具有如下优点：

（1）脱硫脱氰效率高，塔后煤气含H_2S和HCN可降至200 mg/m³和150 mg/m³以下；

（2）除了脱无机硫外，还可以脱除有机硫；

（3）除添加MEA催化剂外，不需要加其他催化剂，脱硫液不需要氧化再生，不生成盐类，不会产生二次污染。

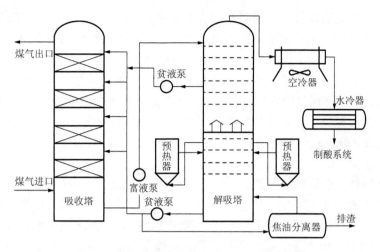

图 3-9 太钢索尔菲班法脱硫脱氰工艺流程图

同时，该工艺也具有一定的缺点，如 MEA 价格高、耗量大，蒸汽耗量也大；脱硫只能放在洗苯后，不能缓解煤气净化系统的设备和管道腐蚀；工艺流程较长，投资高等。但总的来说，索尔菲班脱硫脱氰工艺流程简单，脱硫脱氰效率高，结合脱硫后相应的制酸工艺，例如，WSA 直接制酸工艺，可以在煤气净化的同时高效生产硫酸产品，对目前焦化企业实现循环经济具有示范作用。

6）AS 循环洗涤技术

AS 循环洗涤法是由德国 Carl-still 公司开发的氨水中和法脱硫脱氰技术，又称为 Carl-still 氨水脱硫法[37]。AS 循环法脱硫的最大特点是充分利用煤气中的氨作为碱源吸收中和煤气中的 H_2S、HCN 及 CO_2，降低了产品成本且不产生多余废液。脱硫塔内随着吸收过程的进行，脱硫液中氨的浓度不断降低，吸收能力也随之下降，因此需将脱硫液加以再生(或更换)。脱硫剂的再生则是吸收 H_2S 过程的逆过程，再生过程在再生塔内进行，再生后的脱硫液引回脱硫塔循环使用。

在该工艺流程中，由电捕焦油器而来的煤气首先从脱硫塔底部进入脱硫塔，脱硫塔分成上下两段。上段用来自洗氨塔的半富氨水和经砂滤除去焦油的剩余氨水混合喷洒洗去煤气中的 H_2S，洗氨后的富氨水经换热冷却后到脱硫塔下段喷洒脱除煤气中的 H_2S 及其他酸性物质。因为随着脱硫进行，脱硫液中氨浓度不断降低，尽管后续脱硫段脱硫液可以再生，但是仍难满足所需碱量。因此，在有的工艺中洗氨塔后加入少量碱，发生反应式（3-32）和反应式（3-33）：

$$NaOH + H_2S \longrightarrow Na_2S + H_2O \tag{3-32}$$

$$2NaOH + HCN \longrightarrow NaCH + H_2O \tag{3-33}$$

AS 循环洗涤法具有如下优点：

（1）煤气中的氨充分利用，脱硫效率高；

（2）加碱效果好，洗氨塔后的碱洗段有利于进一步脱除 H_2S 等酸性气体；

（3）闪蒸室的设置，降低蒸氨废水中氨氮含量，同时，也回收了部分热量；

（4）蒸氨废水充分利用，防止碱洗段循环碱液中出现结晶堵塞现象，不仅节约了软水，降低了成本，也减轻了废水处理的负担。

但该工艺也有一定的缺点，如脱硫效率有一定的局限性，以山西焦化的 AS 循环洗涤法为例，煤气中含硫一般控制在 0.5 g/m³ 以下，很难达到 0.2 g/m³；其次设备少、流程短、工艺系统性极强，工序间相互依赖、制约的缺点突出，操作难度大；此外，低温水消耗量较大。这就需要不断地摸索与改进，使工艺更加完善，生产更加稳定[38]。

以承钢焦化公司的煤气脱硫脱氰工艺为例，该公司于 1998 年引进德国考伯斯公司全负压的 AS 循环法脱硫工艺。该工艺在脱硫塔、洗氨塔之后加置碱洗段，所需的碱液用碱计量泵从碱槽中抽送入碱洗段，用碱液循环泵来维持碱液循环，其流程图如图 3-10 所示。碱洗段的设置，从煤气指标上来看，脱硫塔出口煤气中 H_2S 含量可由未加碱洗时的 0.5 g/m³ 降到 0.2 g/m³；大大减小了入洗苯塔前煤气中 H_2S 的含量，从而减少了粗苯系统的腐蚀程度，延长了粗苯系统各设备的使用寿命；此外，减小了精脱硫塔的负荷，延长了脱硫剂的使用寿命，而且煤气燃烧后 SO_2 的含量也相对减小，从而减小了工业废气对大气的污染。

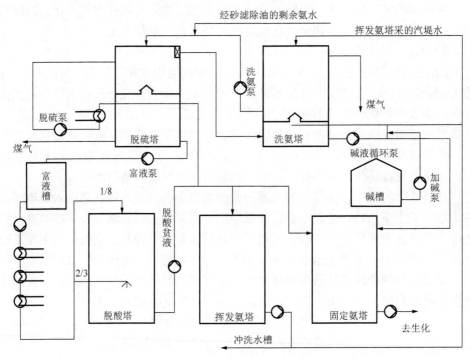

图 3-10　承钢焦化公司 AS 循环法脱硫脱氰工艺流程图

2. 干法脱硫技术

1）活性炭吸附技术

活性炭吸附技术是 20 世纪 20 年代由德国染料公司提出的。活性炭是常用的一种固体脱硫剂，一般用于常温脱硫。与其他工业脱硫剂相比，它具有操作方便、硫容量大和脱硫效率高等特点，因而得到广泛应用，特别是用来处理含低浓度 H_2S 的气体[39]。活性炭具有表面活性氧的氧化作用和丰富微孔的固硫作用。活性炭的催化活性很强，煤气中的 H_2S 在活性炭的催化作用下，与煤气中少量的 O_2 发生氧化反应，反应生成的单质 S 吸附于活性炭表面。当活性炭脱硫剂吸附达到饱和时，脱硫效率明显下降，必须进行再生。活性炭脱硫操作温度低、工艺简单、效果好，可用于较高空速下操作。同时改性活性炭的开发，脱硫效率和应用领域的拓宽，使其成为更具有吸引力的脱硫方法。活性炭脱硫的脱硫反应过程：

$$2H_2S+O_2 \longrightarrow 2S+2H_2O \qquad\qquad (3\text{-}34)$$

活性炭系脱硫剂在脱除 H_2S 过程中，生成的单质硫逐渐在活性炭的孔隙中沉积，这就要求活性炭的大孔数量和微孔数量大致相同，且平均孔径要达到 $8\sim20$ nm。

近年来，活性炭系脱硫剂的研究发展较快，尤其在提高活性炭的脱硫性能方面，通过物理处理、化学改性以及改变活化剂和活化温度等技术手段，对活性炭脱硫剂进行改性，改性后的活性炭脱硫剂对无机硫和有机硫都有非常好的脱硫效果。但是在脱硫过程中，不能同时达到一定的脱硫精度和较高的工作硫容的双重要求。为了追求较低的出口硫含量，硫容也会随之降低，穿透时间也会缩短，因此，活性炭脱硫剂通常只作精脱硫剂使用。活性炭脱硫剂在脱除无机硫时，只有在氧存在和碱性条件下才会达到最好的效果。

活性炭脱硫剂在使用过后可以通过再生处理后循环使用。活性炭再生的方法可分为过热蒸汽法和溶剂萃取法。过热蒸汽或热惰性气体（热氮气或煤气燃烧气）再生法是利用上述气体不与单质硫反应的性质，升温至 $350\sim450℃$，使活性炭上的硫升华变成硫蒸气被热气体带走。

活性炭吸附技术等干法脱硫技术一般用于湿法一次脱硫的后续处理或对煤气中 H_2S 含量要求严格的场合。经活性炭法二次脱硫后，H_2S 含量可降至很低，此种煤气可用于甲醇的合成。

为了达到更好的脱硫效果，也可用 CuO、Fe_2O_3、ZnO 等化学改性剂，对活性炭进行改性。

变温吸附工艺一般由三台吸附塔组成，一台吸附、一台再生、一台备用，通过装置的阀门切换实现切换吸附塔的操作。塔内装填高效活性炭吸附剂，用于 H_2S 和 HCN 等杂质。吸附剂在常温下吸附焦炉煤气中的 H_2S 和 HCN 等杂质，当吸附达到饱和后，切换到再生操作，用净化后少量焦炉煤气经再生加热器加热至 160℃

后，进入再生塔出口进行反吹，使附着在吸附剂内孔里的杂质解吸，吸附剂再生完全后，冷却床层，并可再次投入吸附操作；再生后含杂质的焦炉煤气送入对焦炉煤气品质要求不高的用户或送至焦化回收车间初冷器的焦炉荒煤气入口管道。

攀钢冷轧厂用焦炉煤气采用的是"粗、精两段串联式全干法脱硫工艺"，其中粗脱硫由八台并联的粗脱硫塔组成，内部填装焦炭和活性炭物质；精脱硫由八组并联的精脱硫塔组成，内部填装 $Fe_2O_3·H_2O$ 脱硫剂，进一步脱除 H_2S 和 HCN 等杂质。焦炉煤气经该全干法脱硫工艺之后，H_2S 浓度由最初的 1000 mg/m³ 降至 20 mg/m³ 以下[40]。

2）氧化铁吸附技术

氧化铁脱硫剂是一种高效脱硫剂，具有高硫容量、活化性能好、阻力小、脱硫精度高、可连续再生等优点，在常温下几乎可将 H_2S 全部脱除。氧化铁脱硫法，由于能耗低、操作工艺简单，在天然气及城市燃气脱硫工艺中得到了应用。氧化铁脱硫剂在脱硫及再生过程中发生的反应：

脱硫反应：

$$Fe_2O_3·H_2O+3H_2S =\!=\!=\!= 3H_2O+Fe_2S_3·H_2O \qquad (3-35)$$

$$Fe_2O_3·H_2O+3H_2S =\!=\!=\!= 4H_2O+S+2FeS \qquad (3-36)$$

由于煤气中存在少量的 O_2，生成的硫化铁可进一步氧化并析出单质硫，同时使氧化铁再生。

再生反应：

$$Fe_2S_3·H_2O+3/2O_2 =\!=\!=\!= 3S+ Fe_2O_3·H_2O \qquad (3-37)$$

$$2FeS·H_2O+3/2O_2 =\!=\!=\!= 2S+ Fe_2O_3·H_2O \qquad (3-38)$$

当焦炉煤气中的 $O_2/H_2S \geqslant 3$ 时，该脱硫—再生过程将不断进行，直至脱硫剂孔隙被堵塞失效。氧化铁存在多种形态，但是并不是所有形态的氧化铁都可以脱硫研究，研究发现仅有两种形态的氧化铁可以用于脱硫，即 $α$-$Fe_2O_3·H_2O$ 和 $γ$-$Fe_2O_3·H_2O$。单一的氧化铁脱硫剂，由于反应活性低而没有得到广泛的使用，把氧化铁与其他金属氧化物进行复合，可以提高氧化铁脱硫剂的脱硫效率。研究发现，把铁氧化物与过渡金属氧化物进行复合而制成的脱硫剂，在高温下表现出了较好的脱硫性能。

氧化铁脱硫剂再生是一个放热过程，如果再生过快，放热剧烈，脱硫剂容易起火燃烧，因此氧化铁脱硫剂再生温度必须控制在 50℃ 以下，再生空气压力以低压为宜。

本钢燃气厂第 7 加压站的精制焦炉煤气脱硫采用氧化铁脱硫法。其中脱硫干箱 4 座，脱硫塔 4 台，脱硫塔与脱硫干箱及各脱硫塔间可以并联操作也可以串联操作，正常采用先箱后塔串联，脱硫塔两塔并联操作。脱硫塔内采用 BM-3 型脱硫剂，分 6 层装填，操作温度小于 50℃。每台塔处理焦炉煤气量设计为 3000 m³/h，焦炉入口 H_2S 含量为小于 1000 mg/m³，焦炉煤气出口 H_2S 含量为小于 50 mg/m³，再生周期为 3 个月。脱硫塔于 2008 年 10 月投产使用，截至 2011 年 7 月，第一次更换脱硫剂，使用周期近 3 年。在此期间脱硫塔进行了两次脱硫剂的再生操作，脱硫剂再生后，脱硫效果较好。

氧化铁干法脱硫技术投资少、操作费用低、占地面积小、无污染、自动化程度高，适应于硫含量较低的焦炉煤气，且脱硫精度较高。在与湿法脱硫工艺相结合时，作为二次精脱硫工序往往能达到更好的脱硫效果，具有较好的应用前景。

3.3.2　焦炉煤气脱氨技术

煤主要是由碳、氢、氧、氮、硫等元素组成，其中氮含量一般为 0.5%～3%。煤在高温干馏过程中，氮元素与氢元素通过重组生成氨：

$$N_2+3H_2 \longrightarrow 2NH_3$$

在炼焦过程中，炼焦煤中的氮 20%～25%转化为氨[41]。粗煤气中氨含量为 8～11 g/m^3，由于氨对设备有很强的腐蚀性，并且煤气中的氨在燃烧时会生成氮氧化物，大量的氨进入洗油中还会使油和水形成稳定的乳化液妨碍油水分离，为此煤气中的氨必须进行脱除。一般出厂煤气中的氨含量规定在 0.03 g/m^3 以下。

1. 水洗氨技术

焦炉煤气脱氨的主要方法之一是用水吸收氨得到 0.6%质量浓度的稀氨水，然后再经蒸馏得到浓氨水的水洗氨流程。为了使水洗氨顺利进行，必须在洗氨前除去煤气中的萘。水洗氨过程是一个物理吸收过程，水洗氨的吸收程度取决于吸收条件下汽液两相界面上的平衡关系。吸收过程的推动力是氨在煤气中的分压与水溶液液面上的氨蒸气分压之差，即煤气中的氨的分压大于氨水液面上的氨的蒸气压时，氨水才会被吸收。此压差越大，吸收过程进行得越快。由道尔顿分压定律和屠尔汗公式可以绘制出氨在焦炉煤气和洗氨水之间的平衡关系，见图 3-11。

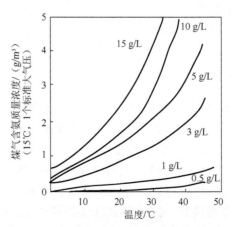

图 3-11　氨在焦炉煤气及氨水中的平衡关系

　　水洗氨过程不仅受设备制约还受操作条件的限制，如洗氨塔堵塞、操作温度高（＞30℃）、用于洗氨的水中氨含量过高（＞0.3 g/L）等都会导致塔后煤气含氨超标（＞0.03 g/m³）。在蒸氨过程中，H_2S、HCN 等腐蚀性气体易对分解器中加热器、分缩器等设备造成严重腐蚀，因此在设备材质和结构方面需不断改进。

　　为了解决如上问题，可对焦炉煤气先脱萘，再脱硫，最后脱氨。这样一来，既可以保证排入大气的 H_2S 浓度较低，还可以回收浓度为 18%～20% 的氨水。水洗氨工艺一般分为水洗氨和蒸氨两部分，以宝钢集团新疆八一钢铁有限公司焦化分厂为例，其水洗氨工艺流程如图 3-12 所示[42]。

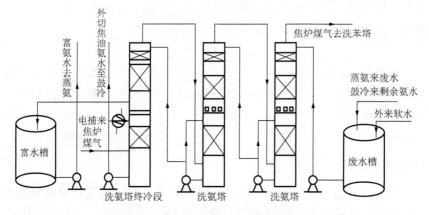

图 3-12　水洗氨工艺流程示意图

　　总的来说，水洗氨工艺氨的回收率较差，仅为氨资源的 40% 左右，且能耗高，每吨浓氨水消耗蒸汽量达 6～7 t。因此，传统的水洗氨有如下 3 个突出的问题有待改进：①设备腐蚀严重，导致开工率低，检修频繁费用高，操作环境差；②产品浓氨水质量差，对农田有污染，且储存运输困难；③蒸氨分解器连续排出的 H_2S、NH_3 及 HCN 给大气造成严重污染。

　　因此，新建厂已很少采用该工艺，很多老厂也将现有水洗氨工艺进行改造成硫铵工艺或无水氨工艺。

2. 磷铵溶液洗涤技术

　　磷铵溶液洗涤技术又称为无水氨工艺或弗萨姆法(Phosam 法)，是美国钢铁公司于 20 世纪 60 年代研制的氨吸收工艺，目前在美国、日本、加拿大、中国等国家投产了 20 余套装置，被认为是回收氨的最经济方法[43]。

　　它是利用磷酸一铵（$NH_4H_2PO_4$）具有选择性吸收的特点，从煤气中回收氨，并精馏制得纯度可达 99.98% 的无水氨的工艺技术。磷酸水溶液与氨作用，其所生成的磷铵溶液中主要含有磷酸一铵（$NH_4H_2PO_4$）和磷酸二铵[$(NH_4)_2HPO_4$]。磷酸一铵十分稳定，在 130℃ 以上才能分解，磷酸二铵则较不稳定，达到 70℃ 时，就开始放出氨，生成磷酸一铵。

弗萨姆工艺即利用磷酸一铵和磷酸二铵之间的这一互相转化特性，通过低温吸收和高温解析来实现煤气中氨的吸收和回收，其反应如下：

$$NH_4H_2PO_4 + NH_3 \underset{\text{解吸}}{\overset{\text{吸收}}{\rightleftharpoons}} (NH_4)HPO_4 \qquad (3-39)$$

弗萨姆法制取无水氨主要包括 3 个过程：①磷铵溶液吸收煤气中的氨；②吸氨富液的解吸；③解吸所得氨气冷凝液的精馏。

无水氨工艺流程如图 3-13 所示，焦炉煤气进入氨吸收塔后，与塔顶加入贫液的循环溶液逆流接触，由塔顶得到脱氨煤气送后工序。吸收塔为空塔多段喷淋，塔底得到的富液摩尔比（NH_3/H_3PO_4）约为 1.75，连续抽取一定量的富液去解吸系统。富液经除焦油器去除焦油和萘后，与 196℃贫液通过贫富液换热器进行热量交换，达到 118℃左右后进入闪蒸器，除去二氧化碳等酸性组分。除酸富液加压后，经换热进入解吸塔，操作压力 1.3 MPa，塔底通入 1.6 MPa 蒸汽，富液被稀释为摩尔比约 1.2 的贫液经换热冷却后，送吸收塔循环使用解吸塔顶氨汽经冷却后成为质量分数约为 20%的浓氨水。浓氨水进入 1.5 MPa 下操作的精馏塔，塔底通入 1.6 MPa 蒸汽，将氨水汽提和精馏，塔顶得到纯氨气，冷凝成为无水氨，一部分作为产品，一部分回流。

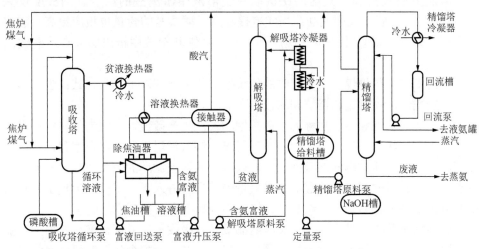

图 3-13　无水氨工艺流程示意图

山东焦化集团在借鉴国内外无水氨工艺的基础上，实现了装置的国产化，其工艺参数如下：

处理焦炉煤气量 10 万 m^3/h；

吸氨塔进口氨浓度 7.2 g/m^3；

吸氨塔出口氨浓度 0.1 g/m^3；

富液摩尔比 1.75～1.85；

贫液摩尔比 1.2～1.4；

解吸塔顶压力 1.2～1.3 MPa；

精馏塔顶压力 1.45～1.55 MPa。

焦炉煤气的无水氨工艺具有占地面积小、经济效益高、环境友好等优点，通过合理操作及控制工艺指标，可以很大程度上避免装置的腐蚀。无水氨工艺是焦炉煤气脱氨工艺中一种有效和经济的方法，具有广泛的应用前景。

3. 酸洗法硫铵技术

硫铵工艺的原理是用硫酸吸收煤气中的氨得到硫酸铵，其化学反应式为

$$2NH_3+H_2SO_4\longrightarrow(NH_4)_2SO_4 \tag{3-40}$$

氨和硫酸的反应为放热过程，当用硫酸吸收焦炉煤气中的氨时，实际热效应与硫铵母液的酸度和温度有关。用适量硫酸与氨反应，可生成中式盐。如果硫酸过量，则生成酸式盐，其化学反应式为

$$NH_3+H_2SO_4\longrightarrow NH_4HSO_4 \tag{3-41}$$

随着溶液中氨饱和程度的提高，酸式盐又转为中式盐，其化学反应式为

$$NH_4HSO_4+NH_3\longrightarrow(NH_4)_2SO_4 \tag{3-42}$$

溶液中酸式盐和中式盐的比例取决于溶液中游离酸的浓度。当酸度仅为 1%～2%时，主要生成中式盐；当酸度提高时，酸式盐的含量也相应提高。酸式盐易溶于水和稀硫酸中，故在酸度不大时，从饱和溶液中析出的只有硫酸铵晶体[44]。

硫铵工艺是焦炉煤气中氨回收的传统方法，主要有以下 4 种方式：老式饱和器法、酸洗法、喷淋饱和器法和间接饱和器法。

（1）老式的饱和器法也称为半直接饱和器法生产硫铵，一些老的焦化厂多采用此种工艺。其工艺特点是，由上个工段来的煤气经煤气预热器至饱和器的中央导管，经分配伞穿过母液层鼓泡而出。煤气中的氨被循环的硫酸及其母液吸收而成硫铵。脱氨后的煤气经除酸器分离夹带的酸雾后进入下一工段，沉积于饱和器底的硫铵结晶用结晶泵抽至结晶槽，经离心分离干燥后得到成品硫铵。

这种饱和器既是吸收设备，又是结晶设备，吸收与结晶都在饱和器内，不能分别控制，因此不能得到大颗粒的结晶。煤气要经过分配伞从母液层鼓泡而出，因此煤气系统阻力大，使得煤气鼓风机要提供较大的压头，硫铵的质量也差。

（2）酸洗法硫铵工艺即无饱和器法生产硫铵，它分为氨的吸收蒸发结晶和分离干燥。氨的吸收过程主要是在酸洗塔中进行。酸洗塔为两段喷塔，下段用酸度为 2.5%的母液喷洒，上段用酸度为 3%的母液喷洒。出酸洗塔的煤气经除酸器后进入下一个工段。从酸洗塔来的不饱和硫铵母液送至结晶槽，在此进行蒸发、浓缩、结晶，使硫铵母液达到饱和或过饱和，并使结晶颗粒长大。含有小颗粒的硫铵结晶母液上升至结晶槽顶部，通过母液循环泵经过母液加热器后进入蒸发器，

依靠真空蒸发而浓缩母液，浓缩后的母液再流至结晶槽，使硫铵结晶颗粒不断长大。长大的硫铵结晶沉积在结晶槽底部，用结晶泵抽至供料槽，经离心分离，干燥得成品硫铵。

酸洗法的特点：吸收和结晶在不同设备中进行。操作条件可以分别控制，能够得到大颗粒的硫铵结晶，且提高了硫铵的质量。酸洗塔是空喷塔，煤气系统阻力小，但酸洗法工艺流程长、占地多、投资大。

（3）喷淋饱和器法硫铵工艺中，喷淋饱和器分为上下两段，上段为吸收室，下段为结晶室，是目前中国普遍采用的焦炉煤气脱氨工艺。该工艺虽然吸收与结晶分开，但仍在一个设备内，虽然操作条件不能分别控制，但结晶颗粒的长大，一方面依靠母液的大量循环搅拌，促使结晶颗粒增大，另一方面结晶室的容积较大，有利于晶核的长大，通过自然分级从结晶室的底部可抽出较大颗粒的硫铵结晶。

图3-14为昆明焦化制气有限公司净化车间硫铵工序喷淋式饱和器法硫铵生产工艺流程。来自焦炉的焦炉煤气分别经 A、B 段冷鼓鼓风机加压送至硫酸铵工序煤气预热器前汇合进入煤气预热器，预热后的煤气分两路进入喷淋式饱和器的上段，与喷淋的母液接触吸收煤气中的氨。然后，两路煤气汇合，从切线方向进入饱和器中心的旋风分离部分。煤气中夹带的酸雾分离后沉降至锥形漏斗，净化的煤气从饱和器中心出口管离开，进入粗苯工序。

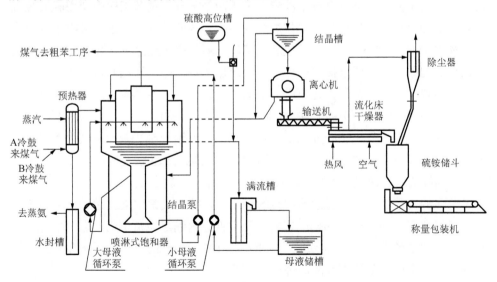

图 3-14　喷淋式饱和器法硫铵工艺流程图

喷淋式饱和器生产硫铵工艺，具有煤气系统阻力小、结晶颗粒较大、硫铵质量好、工艺流程短、易操作、设备使用寿命长等特点。

3.3.3 焦炉煤气除苯洗萘技术

焦炉煤气中所含的苯系物是重要的化工原料，是由多种芳香族化合物组成的混合物，其中苯、甲苯和二甲苯含量占90%以上。每炼1 t焦炭，产生430 m³左右的煤气，焦炉煤气中一般含苯族烃25~40 g/m³。通过净化回收工艺，可将焦炉煤气中粗苯进行脱除回收[45]。

在炼焦工序中，萘是煤高温炭化时热分解形成的产物之一。焦炉煤气中萘含量一般为10 g/m³左右，随焦炉荒煤气进入煤气净化单元。在粗焦炉煤气冷却过程中，大部分萘进入冷凝焦油。在煤气净化单元后续工序中，当煤气中萘含量高于对应工艺条件下萘的饱和含量时，煤气中所含气体萘就转变为晶片萘，在煤气管道和煤气设备中沉积下来逐渐形成堵塞，不仅增加煤气流动阻力，还会破坏正常单元操作，因此，需通过初冷、中/终冷和洗苯等工序，将萘逐步脱除[46]。

从焦炉煤气中净化回收苯族烃的方法有洗油吸收法、活性炭吸附法和冷冻脱除技术。

1. 轻油或轻柴油洗涤技术

洗油吸收法工艺简单，经济可靠，在实际炼焦过程中有着广泛用途。目前国内焦化厂粗苯回收装置主要包括洗苯、脱苯两个部分。洗苯工序中使用轻质焦油或轻柴油为吸收剂，将终冷后的焦炉煤气中大部分的苯族烃洗去。吸收了煤气中苯族烃的洗油称为富油，富油经过脱苯工序，所得粗苯经过进一步精馏得到纯的不同种类的苯族烃，或直接装车外售。脱苯后的贫油则返回洗苯塔循环使用。粗苯回收装置的主要设备包括洗苯塔、脱苯塔、管式炉、各类换热器及输送泵。

洗油不仅吸收煤气中的苯族烃，而且吸收煤气中的萘。焦化厂在正常条件下，洗苯塔后煤气含萘量为200 mg/m³左右。为了更好地控制洗苯后煤气含萘量，需要加强初冷器单元操作，控制好煤气温度，降低煤气含萘量。同时，在洗苯工段中，控制好洗苯洗油温度和含萘浓度在15%以下（一般在5%~10%之间），加强洗苯单元的洗萘能力，加强萘油侧线的采出量，提高采萘效果。通过以上措施，可将煤气含萘控制在125 mg/m³左右甚至更低。为满足城市煤气、燃气发电等用户煤气含萘量冬季小于50 mg/m³、夏季小于100 mg/m³的要求，通常要对洗苯塔后的煤气，采用轻柴油作为洗油进一步洗萘。

韶钢建设了一套净化能力为2000 m³/h焦炉煤气深度脱萘工艺[47]，其工艺流程图如图3-15所示。经初冷、洗苯等工序净化后的焦炉煤气从洗萘塔底部进入，先后与循环轻柴油和新鲜轻柴油逆流接触，经洗涤吸收萘后，煤气从塔顶穿出，去脱硫工序。新鲜轻柴油和循环轻柴油分别由塔顶部和中部入洗萘塔。新鲜轻柴油间断喷淋，而循环轻柴油则连续喷淋，当柴油含萘达到 2%时对其进行更换。

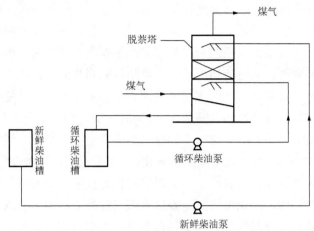

图 3-15　韶钢柴油脱萘工艺简图

然而，洗萘后柴油经济价值大幅降低，采用轻柴油进行精脱萘的工艺因其成本较高，显得难以为继。目前，在焦化厂脱苯工段中采用轻质焦油作为吸收剂，在洗苯的同时完成精脱萘，也成为一种发展趋势。

2．冷冻脱除技术

煤气中萘含量主要取决于煤气温度、压力和所使用的洗萘吸收剂。焦炉煤气在不同温度时的饱和含萘量和萘蒸气压力见表 3-11。

表 3-11　不同温度下焦炉煤气的饱和含萘量和萘蒸气压力

煤气温度/℃	饱和含萘量/(mg/m^3)	萘蒸气压力/Pa
0	45.1	0.8
5	73.8	1.33
10	152.3	2.8
15	249.5	4.7
20	378.3	7.2
25	564.8	10.93
30	901.0	17.73
35	1399.6	28
40	2098.8	42.66
45	3343.9	69.1

粗煤气中一般含萘 5～10 g/m^3，呈气态。绝大部分萘在集气管和煤气冷却器中凝析，并溶于焦油氨水冷凝液中。在煤气净化系统初冷器、终冷塔、洗苯塔等

工序段都可有效地脱萘,其中初冷和终冷都是通过冷冻技术来降低煤气温度,从而使煤气中含萘量降低,达到深度脱萘效果。

煤气初冷器出口含萘量一般为 0.5~1 g/m³,相当于 30~40℃时煤气中萘的露点含量。加强脱萘效果的途径之一就是改进焦炉煤气初冷工艺,使煤气在初冷时达到更好的脱萘效果,从而使初冷后煤气含萘量降到 0.5 g/m³ 以下。间接初冷法采用横管式初冷器,在走煤气的壳程中喷洒含焦油的氨水,可以使初冷后煤气含萘降低到煤气出口温度的饱和含萘量以下。同时在横管初冷器内分两段冷却煤气,下段用 18℃低温水冷却煤气,使初冷后煤气温度降至 20~23℃,煤气含萘量降至 0.5 g/m³ 以下。20 世纪 80 年代中国新建焦化厂,有的已采用这种煤气间接初冷法,该法有良好的脱萘效果,又省掉了焦炉煤气净化流程中传统的煤气脱萘装置。但多数焦化厂没有采用,因此煤气初冷器后的煤气含萘量在 1 g/m³ 以上。在终冷单元中,终冷塔是直接冷却煤气,控制要点是终冷塔出口煤气温度必须高于初冷器出口温度 2℃以上(比萘露点温度高 4~5℃),以防止萘在终冷塔析出。

不同的工艺条件,煤气中萘含量存在差异。在煤气冷却过程中控制煤气中的萘低于对应工作状况下的饱和值是整个煤气净化单元长期平稳运行和净化指标达标的重要基础。在煤气净化单元中,有多种工艺组合脱除煤气中的萘。

依据煤气在不同设备中冷却和脱萘的过程来分,这些工艺组合大体为两类:多步冷却过程中的多步脱萘和多级冷却过程中的一步脱萘。多步冷却与多步脱萘的工艺组合,典型的有:①初冷工序间冷直冷工艺+中冷工序的洗油脱萘工艺;②初冷工序两段间冷+终冷工序的轻质焦油/焦油洗油洗萘的工艺组合。典型的多级冷却与一步脱萘的工艺有:①初冷工序的横管式初冷器内两级间冷+横管式初冷器内含水焦油洗萘;②初冷工序两级间冷(分段横管式初冷器)+横管式初冷器内下段混合液洗萘。

相较多步冷却与多步脱萘工艺而言,多级冷却与一步脱萘工艺具有能耗低、设备少、布置紧凑等优势。马钢在焦炉煤气净化单元的第一道工序初冷工序中,于横管煤气初冷器内完成煤气的多级冷却和一步脱萘,将煤气中的萘脱除到萘的饱和温度在整个焦炉煤气净化单元后续工序中始终低于煤气温度的水平;后续煤气净化工序不再设置洗萘装置;同时可相应提高粗焦油中萘的集中度。其工艺流程如图 3-16 所示。

马钢配套 7.63 m 焦炉组的煤气净化车间,备用初冷器在线运行时,初冷器煤气出口温度稳定在 18~20℃;未开启上段洗萘液泵;阻力稳定在 700 Pa。下段洗萘液泵实际电耗 31.54 kW。出厂煤气萘含量的 2008 年均值为 289 mg/m³(252~373 mg/m³),煤气中萘的饱和温度低于煤气表观温度 2℃以下。

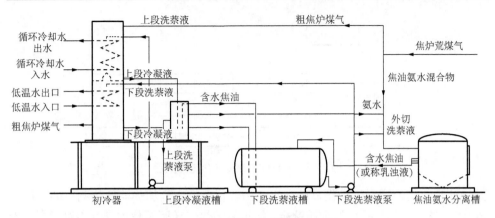

图 3-16　马钢煤气脱萘工艺流程图

3.3.4　焦炉煤气二次净化技术

净化后的焦炉煤气中仍含有 2000~4000 mg/m^3 的苯、50~200 mg/m^3 的萘、50 mg/m^3 的焦油、30~100 mg/m^3 的氨、50 mg/m^3 的 H_2S、100~300 mg/m^3 的有机硫和 10 mg/m^3 的氰化物[26]，在利用焦炉煤气制甲醇等工艺以及钢铁工业对焦炉煤气质量要求较高的情况下，还需要对净化后的焦炉煤气进行二次净化，实现焦炉煤气的循环利用，同时可以有效降低回炉煤气燃烧生成的污染物排放。

焦炉煤气二次净化技术也被称为深度净化技术，主要是根据使用的特殊要求对焦炉煤气进行精净化的过程，例如，在利用焦炉煤气进行燃气-燃汽联合循环发电时，发电机组对煤气的杂质成分要求如表 3-12 所示[48]。

表 3-12　燃气发电机组对焦炉煤气杂质成分的要求[mg/m^3（标态）]

煤气杂质成分	NH$_3$	苯	H$_2$S	焦油	萘	HCN	粉尘
含量	5	615	80	3	65	—	1

因此，通过焦炉烟气的深度净化技术脱除杂质是焦炉烟气综合利用的关键。

1. 变温吸附技术

与干法脱硫技术中活性炭变温吸附（temperature swing adsorption，TSA）技术相类似，从湿法脱硫脱氰出来的焦炉烟气经干法脱硫塔后进入精脱塔，所采用的吸附剂包括氧化铝耐火球、焦炭、活性炭、分子筛或溶剂回收炭，进一步脱除煤气中的焦油、苯及其他杂质，工艺流程如图 3-17 所示。

莱钢焦化厂焦炉煤气主要为宽厚板加热炉提供的洁净煤气，原有的湿法脱硫等单元无法满足加热炉生产的需要，2010 年进行深度净化技术工程改造，经湿法脱硫后的焦炉煤气经过加压后送至干法脱硫塔和 TSA 塔，TSA 塔内主要采用焦炭和氧化铝球，进一步脱除煤气中的焦油、H$_2$S、萘和氨等杂质，当 TSA 吸附塔达

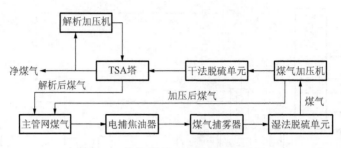

图 3-17　焦炉煤气深度净化工艺流程

到饱和后，切换到再生操作，洁净煤气由解析风机送到加热器加热到 160℃后进入 TSA 塔使吸附剂孔里的杂质解析，解析后的煤气送回至焦炉煤气主管网[49]。投入运行后出现脱硫效率波动和系统阻力升高的问题，经过工艺改进后实现了稳定运行，净化后煤气中 H_2S 含量小于 20 mg/m³，脱硫效率提高至 99%以上，其他杂质浓度均满足了后续使用要求（表 3-13）。

表 3-13　TSA 变温吸附装置出口杂质含量（mg/m³）

组成	苯	萘	NH_3	焦油、灰尘	HCN	总硫
含量	≤5	≤1	≤1	0.2～0.5	≤1	200～350

　　从上述看，变温吸附深度净化技术与湿法脱硫脱氰工艺相结合，可以降低干法脱硫入口的 H_2S 含量，降低运行成本，而对于新建焦炉或搬迁后的焦炉，湿法脱硫脱氰等方法存在流程长、操作复杂、投资高的缺点，因此重庆钢铁在环保搬迁后淘汰了落后的电捕焦油器式的焦炉烟气净化工艺，采用"粗精脱三段串联塔式全干法净化"工艺，脱除 H_2S 的同时一次性去除焦油、萘、苯等杂质。

　　重钢环保搬迁工程 22000 Nm³/h 焦炉煤气净化采用变温吸附 TSA 工艺，由焦炉煤气脱硫、初脱萘、精脱苯系统构成，焦炉煤气经过增压后采用干法粗脱技术脱除原料煤气中的焦油、油雾、萘和 H_2S 杂质，进入二级精脱除单元，进一步脱除煤气中的 H_2S 和残余的杂质。粗脱工艺选择硫容高、选择性好的吸附剂，如氧化铝耐火球、焦炭和活性炭等，粗脱系统由 4 台粗脱塔、1 台粗脱换热器、1 台电加热器组成，饱和的粗脱塔采用电加热器加热蒸汽至 300～320℃再生，解析完成后，用常温净化煤气吹扫吸附床层至常温，粗脱塔的切换时间约为 20 天。精脱系统采用氧化铝耐火球、活性炭和溶剂回收炭等作为吸附剂，饱和后在 130℃下再生，25 天切换，采用全自动操作，工艺简单。脱除塔底部设置有排污口，通过蒸气吹扫，避免净化过程中硫黄、萘等物质堵塞。整个工艺总投入约 1400 万元，相比于常规电捕焦油（1200 万元）较高，但整个工艺耗水耗电较少，每年运行费用节省约 60 万元，具有良好的经济环保效益。

2. 加氢转化技术

从实测结果来看，焦炉煤气中硫化物中的质量浓度很低，只有 2.45 mg/m³，占总硫的 3.5%，有机硫（主要是 COS、CS₂ 和 C₄H₄S）质量浓度共计 67.91 mg/m³，占总硫的 96.5%。吸附法可以有效脱除煤气中的 H_2S 和有机硫，但原煤气中的噻吩、硫醚等很难与脱硫剂直接反应脱除干净，需要将它们加氢转化为 H_2S 再脱除，有机硫化合物氨解反应的平衡常数都很大，但氢解反应的速率随温度的升高而增加，操作温度一般是 320～400℃，通常使用的有机硫加氢转化催化剂为 CoMo 系催化剂、NiMo 系催化剂，是将氧化钴、氧化镍、氧化钼负载于 Al_2O_3、Al_2O_3-SiO_2、Al_2O_3-TiO_2 等载体上制作而成，工业化应用的催化剂牌号有西北化工研究院 T201、JT-4、JT-1G、英国 ICI 公司 ICI41-3、美国 UCI 公司 C49-1、丹麦 Topsoe 公司 TK-450、德国 BASF 公司 M8-10 等[50]。加氢催化剂含有两种酸位，一种是强酸位，另一种是较弱的酸位，强酸位以其充分的亲电性与烯烃相互作用发生加氨反应，而大部分氢解反应则发生在较弱的酸性位上。像 NH_3 之类的强碱可使其中毒，硫化合物在反应前必须在酸位上吸附，所以氨吸附在酸位上必然会降低脱硫活性，失活的程度正比于氨分压，故有机硫加氢催化剂一般要求原料气体中氨的浓度应小于 100 ppm。

加氢转化技术需要和其他单元串联使用，焦炉煤气经过常温脱苯除萘脱油粗脱硫后，进入中温两段加氢转化反应器，在催化剂的作用下，焦炉煤气中绝大部分有机硫转化为 H_2S、氧气转化为水、不饱和烃转化为饱和烃等，通过铁锰脱硫反应器将大部分 H_2S 脱除，在对总硫要求低于 1 ppm 的情况下，还需要经过二级加氢反应器和氧化锌精脱硫反应器，最终可将总硫脱除到 0.1 ppm 以下。在此工艺中常规脱苯除萘脱油粗脱硫也可以采用变温吸附工艺，实现技术的灵活组合。

某焦化企业年产 8 万 t/a 焦炉煤气制甲醇装置深度净化工艺采用 JT-8 型加氢催化剂，有机硫的加氢转化率达到了 98.1%，氧气和不饱和烃加氢饱和转化率达到 100%。

3.4　焦炉烟气污染物控制技术

焦炉烟气是焦炉煤气燃烧后生成的废气，焦炉煤气常用的湿法脱硫工艺是将煤气中的 H_2S 脱除到 200 mg/m³ 以下，煤气中的有机硫不能有效脱除，因此焦炉烟气中含有较高的 SO_2，一般在 50～800 mg/m³，而煤气高温燃烧过程中生成的 NO_x 浓度 200～1800 mg/m³，除 SO_2 和 NO_x 外，焦炉烟气中还含有大量的 PAHs，《焦化行业"十三五"发展规划纲要》明确要求焦炉烟囱二氧化硫、氮氧化物及苯并[a]芘排放全面达标，截至 2015 年年底，真正能够达标的焦化企业不足十分之一，究其原因主要在于低温焦炉烟气回收利用难度大，焦炉烟气缺乏成熟的脱硫脱硝技术。

焦炉烟气污染物含量差别较大，受燃料、焦炉炉型、操作制度水平等影响较大，因此在对烟气排放后污染物进行末端控制的同时还需要对生产过程进行有效控制。

3.4.1 SO_2 控制技术

焦炉烟气中 SO_2 主要来自两个方面：①煤气中含硫物质的燃烧，其中来自加热煤气中 H_2S 的 SO_2 占 30%～33%，来自有机硫的占 9.6%～12.5%；②焦炉炉体中荒煤气泄漏进入炭化室和燃烧室，其中的 H_2S、有机硫、HCN 等与氧气反应生成 SO_2，占烟气中 SO_2 排放总量的 55%～65%。从来源来看，焦炉烟气中 SO_2 排放浓度难以达标的原因主要体现在以下方面[51]：

（1）现有焦化烟气脱硫基本采用湿法脱硫，且相当一部分焦化企业采用前脱硫工艺，煤气中 H_2S 含量较高；

（2）由于入炉煤质差异，部分焦化厂煤气中有机硫含量较高，而现有煤气净化所采用的脱硫工艺对有机硫又基本无脱除效果；

（3）焦化企业由于长期运行，可能会造成炭化室与燃烧室窜漏，使 H_2S 含量高达 4～8 g/m^3 的荒煤气进入燃烧室，使焦炉烟气中 SO_2 大幅超标。

因此可通过采取优化煤气脱硫工艺、减少煤气窜漏等措施，从根本上降低焦炉烟气中 SO_2 的含量，对于焦炉煤气中硫组分较高的情况，必须采取措施降低炼焦用煤硫含量，对于烟气中 SO_2 含量严重超标，无法通过改进煤气脱硫、配煤等方案解决的焦炉，可借鉴锅炉等烟气脱硫工艺，在末端安装脱硫装置。

1. 焦炉煤气脱硫工艺优化

我国焦化厂当前焦炉加热用焦炉煤气 H_2S 含量与配套运行的煤气脱硫工艺及其脱硫效率有关，见表 3-14。

表 3-14 焦炉煤气脱硫工艺及脱硫效率

脱硫工艺	设计脱硫效率/%	煤气中 H_2S 设计质量浓度 /（mg/m^3）		净化后煤气中 H_2S 实际质量浓度/（mg/m^3）
		净化前	净化后	
HPF 法	98	5000	100	200～1000
ADA 法	98	5000	100	20～250
AS 法	96	5000	200	400～900
真空碳酸钠法	90	5000	500	500～700

续表

脱硫工艺	设计脱硫效率/%	煤气中 H_2S 设计质量浓度 / （mg/m³）		净化后煤气中 H_2S 实际质量浓度/ （mg/m³）
		净化前	净化后	
真空碳酸钾法	96	5000	200	400～700
改进型氨作碱源湿式氧化法	99.8	10000	≤20	5～10
压力脱酸氨水法	95	5000	200	250～300
TH 法	96	5000	200	200
FRC 法	99.8	5000	20	20
索尔菲班法	97	6000	200	200
碳酸钠作碱源湿式氧化法	99.8	10000	≤20	≤20

由上表可知,供焦炉加热用的焦炉煤气 H_2S 质量浓度大多在 200～1000 mg/m³ 波动, 以 H_2S 完全燃烧计算, 1 m³ 净煤气燃烧后生成的烟气量为 6.23 m³, 因此, 在不考虑煤气中有机硫燃烧的情况下, H_2S 燃烧对烟气中 SO_2 浓度的贡献值在 60～300 mg/m³, 现有重点区域焦炉 SO_2 应执行 50 mg/m³ 的特别排放限值, 因此 对不适应 SO_2 排放标准要求的煤气脱硫技术应采取改造措施, 使净煤气中 H_2S 控 制在 20 mg/m³ 以下。

武钢焦炉煤气产量 180000 m³/h, 脱硫采用改良 ADA 湿法脱硫系统, 净化后 的煤气主要用于热轧、冷轧等工序,净煤气中 H_2S 含量在 150～190 mg/m³ 间波动, 脱硫效率低于 94%, 由于进口煤气中 H_2S 含量超出设计标准 2 倍, 脱硫过程中硫 黄产量高于设计量, 致使积硫严重, 影响正常生产。为降低煤气中 H_2S 含量, 保 证系统稳定运行, 该公司采用卧式螺旋离心机作为硫黄回收装置, 解决现有设备 处理量偏小的问题,对内部空气管网进行优化, 减少系统阻力损失, 增加脱硫 溶液控制温度, 提高 H_2S 的吸收速度。工艺优化后, 净煤气中 H_2S 含量降低至 100 mg/m³ 以下, 运行成本降低 30% 以上, 因此对于现有煤气脱硫工艺改造, 应 进行系统分析, 找出影响脱硫的关键因素, 采取相应的措施进行优化[52]。

山西焦化集团 3 套焦炉煤气净化分别采用 AS、HJ-H、真空碳酸钾脱硫工艺, 脱硫后 H_2S 的含量分别为 700 mg/m³、300 mg/m³ 和 300 mg/m³, 不能满足燃烧后 烟气 SO_2 的排放标准, 煤气总量为 159000 m³/h, 其中一系统为 49000 m³/h, 二、 三系统均为 55000 m³/h; 针对一系统, 提出在洗苯塔后新增 HPF 一塔式脱硫装置, 原系统脱硫后的煤气, 经管道进入脱硫再生一体塔脱硫段, 在塔内自下而上与脱 硫母液逆流接触, 脱硫后的煤气经管道送入下一工序, 二、三系统在洗苯塔后增 加 PDS 一塔式脱硫装置。改造后出口净煤气中 H_2S 含量在 10 mg/m³ 左右。

净煤气中除 H_2S 外, 还含有较高浓度的有机硫, 一般在 170～250 mg/m³, 表 3-15 是某焦化厂实测的净煤气中有机硫的组成。以表中数据来计算, 在有机硫 全部燃烧的情况下, 有机硫转化为 SO_2 的贡献值约为 50 mg/m³, 这也是大部分焦

炉在煤气中 H_2S 较低情况下烟气中 SO_2 排放仍然超标的原因。因此在提高焦炉煤气中 H_2S 脱除率的同时，还需要控制有机硫的浓度，大部分煤气脱硫工艺只针对 H_2S，在对现有技术改造或升级的过程中应选择可同时去除有机硫的工艺，实际应用中洗苯工艺对煤气中的有机硫有较为理想的去除作用，因而也可借助洗苯的操作工艺去除有机硫[53]。

表 3-15　焦化厂净煤气中有机硫组成（mg/m³）

有机硫	羰基硫（COS）	CS₂	噻吩（C₄H₄S）
含量	100	80～100	20～50

2. 焦炉配煤优化

炼焦煤主要是指气煤（含气肥煤、1/3 焦煤）、肥煤、焦煤、瘦煤四个煤种，我国炼焦煤储量占总查明储量的 26.24%，一般炼焦煤的原煤灰分含量在 20%以上，硫分含量较高，硫分超过 2%的炼焦煤大约有 20%以上，优质炼焦用煤不多，因此在满足高炉所用焦炭质量的前提下，想要高效利用炼焦煤资源，需要进行配煤结构优化，配煤技术主要包括传统配煤技术、煤岩学配煤技术、配入添加物炼焦技术等，近年来基于降低生产成本等方面的考虑，高硫肥煤和高硫主焦煤的配入比例呈升高趋势，导致入炉煤硫分含量已达 0.9%～1.0%。

配合煤中的硫分在炼焦过程中有 30%～35%进入煤气，因此可根据配合煤中的全硫含量预测煤气中的 H_2S 含量，见表 3-16。

表 3-16　焦炉煤气中 H_2S 含量与配合煤全硫含量的关系

配合煤全硫/%	进入煤气中的硫质量分数/%	煤气中 H₂S 质量浓度/（g/m³）
0.6	0.210	5～6
0.7	0.245	6～7
0.8	0.280	7～8
0.9	0.315	8～9
1.0	0.350	9～10

在炼焦过程中，配合煤中的硫分高低，直接影响焦炭和煤气的硫含量，因此炼焦配煤一定要控制好配合煤的硫分；煤中硫可分为有机硫和无机硫两大类，煤中的有机硫主要包括硫醇、噻吩、硫醌、硫醚等物质，煤中的无机硫主要是黄铁矿硫和硫酸盐。经过炼焦，配合煤中有一部分硫存留在焦炭中，称为固定硫，有一部分进入煤气，称为挥发硫，固定硫和挥发硫随煤种、炼焦条件不同而变化，按煤中硫转化到焦炭中的比例为转化率，按照递增规律一般为肥煤、瘦煤、焦煤、1/3 焦煤、弱黏煤，根据这一结果可以对配煤方案进行优化，降低配合煤的全硫含量。

煤中的碱性物质会在 800～900℃与 H_2S 发生固硫反应，因此可以在保证焦炭质量的前提下，延长这一温度段的停留时间，同时可在配煤方案中添加碱性物质如钙基等固硫剂，钙基固硫剂添加后可使高硫煤中的硫在热解过程中更多地进入固相产物，如图 3-18 中的实验结果，无钙基添加剂时，焦炭中全硫含量为 2.2%，其有机硫所占比例约为 56.0%，无机硫化物为 38.9%，存在钙基添加剂时，焦炭中有机硫所占比例降至 23.0%～30.0%，无机硫化物所占比例增至 67.0%～73.2%，添加剂使焦炭中无机硫化物含量增加，在热解过程中起到了固硫效果，使焦炭中有机硫含量减少，在热解过程中促进了有机硫分解[54,55]。

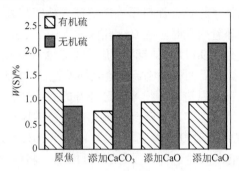

图 3-18　焦炭中有机硫及无机硫化物分布

此外，国内外开发的新型配煤技术还包括配型煤炼焦技术、沸腾床风动选择粉碎技术、入炉煤调湿技术、煤的气流分级分离调湿技术和煤预成型技术等。通过配煤技术优化，可在同等产量条件下减少炼焦炉数和废气排放量，目前这些配煤技术已被国内一些大型焦化企业引入并投入生产，取得了较好的运行效果。

3. 焦炉炉墙窜漏及炭化室密封调整

焦炉炉体窜漏致荒煤气中的硫化物从炭化室炉墙缝隙窜漏至燃烧室，并燃烧生成 SO_2，从而导致焦炉烟囱废气中 SO_2 浓度升高。荒煤气含硫化物（以 H_2S 为主）总质量浓度一般为 6500～10000 mg/m^3，是净化后煤气的 15～25 倍，因此，虽然仅有少量荒煤气窜漏，也会对焦炉烟囱废气 SO_2 排放浓度达标构成严重影响。

焦炉荒煤气因炉体窜漏燃烧所产生的 H_2S 质量浓度为 13000～20000 mg/m^3，以漏气率 2%～3%计，每吨入炉煤所产生的荒煤气有 7～10 m^3 漏入燃烧系统，占焦炉加热用煤气的 4%～6%，若焦炉加热用焦炉煤气 H_2S 含量按现行行业的准入标准（质量浓度 250 mg/m^3）计，焦炉烟囱废气 SO_2 排放质量浓度将达到 230 ～ 300 mg/m^3，是特别排放限值的 5～6 倍。

焦炉质量水平决定了焦化过程发生荒煤气泄漏的频率，间接影响 SO_2 排放浓度，因此应采取有效措施增强焦炉炉体的气密性，使荒煤气泄漏率低于 2%

焦炉炭化室墙面特别是加煤口周边部位由于连续高温生产，受温度应力及推焦杆摩擦力等影响，出现砖缝膨胀变形导致炉墙窜漏将荒煤气窜漏到燃烧室通过烟囱排到大气中污染环境。炭化室中的荒煤气一经窜漏到燃烧室看火孔内，不仅难以检测及治理，而且对焦炉加热调节及其使用寿命造成严重影响，同时恶化操作环境，导致看火孔盖结焦油而不开，最终导致烟囱 SO_2 排放指标达不到国家标准要求，对焦炉寿命及环保要求带来较大影响。

处理炉墙裂缝等炉体缺陷的方法通常有湿法喷补、抹补和半干法喷补以及炉顶灌浆、挖补和机械压入等，但是对于看火孔的窜漏实际只能用喷补、抹补和挖补来处理，尤其是以挖补为主。

抹补就是人工用抹子将抹补泥料压入砖缝或炉墙凹陷处，用泥料将其密封，保证其严密性。在抹补看火孔时，往看火孔内放入用 1 mm 厚钢板制成的杯子，杯子的上部焊有两根具有 90 度弯的钢棍，用它挂在看火孔顶面砖上接渣，然后用长把抹子进行修补。抹补受面积限制，砖缝浆料不饱满、挂料时间短、容易脱落，并且一些细微窜漏缝在高温情况下很难通过抹补方式将浆料挤入窜漏缝内，有时抹补料浆一旦挂不在墙面上容易掉落到看火孔内堵塞砖煤气道，影响焦炉加热。

喷补就是用压空作为动力将喷浆机内含 40%～50%水分的泥浆喷射到炉墙上，利用泥浆中结合剂在高温下有较强黏结性的特点，将耐火泥黏附在炉墙表面，从而对炉墙缺陷、缝隙进行修补。喷补看火孔时，同样先挂上接渣杯，然后再对该看火孔进行处理。在喷补时喷射出来的泥料中水会立即受热变成蒸汽严重影响视线，枪头很难找准窜漏缝隙进行有目地喷射，喷补具有盲目性，喷补效果也大打折扣，喷补泥料相对抹补泥料来说具有很强的流动性，掉落立火道底部的泥料将会成几何倍数增长，且掉落到立火道底部的泥料附着在耐火砖表面上很难处理，将会严重影响加热的正常进行。

挖补就是将原砌筑的有缺陷部位进行拆除后重新进行砌筑，从而保证砌体的整体性和严密性。挖补时需要拆除旧砖并重新砌筑，职工劳动强度非常巨大，由于缝隙是相互交错的，窜漏根源从表面很难判断，给挖补造成很大的技术难题。

传统采用的处理看火孔窜漏方法均存在巨大缺陷[56]，实施起来难度较大，不适宜于焦炉中后期、看火孔窜漏高发期的处理。

针对上述治理方法存在的问题，生产人员已开发了多种新的控制方法及装置，例如，利用窜漏点的相通性，采用灌浆的方法堵塞看火孔处的窜漏，增加焦炉护炉铁件弹簧的吨位，减少砖层之间的位移等方法，在这些方法的实践中开发了一些实用的工具，便于人员操作。

焦炉在长期使用过程中受到高温、机械力及物理、化学等作用，炉体是要衰老的，这种衰老主要表现为墙面剥蚀，炉墙和过顶砖裂缝，炉长增加，炉宽变窄等。而其中炭化室作为焦炉的主体部分，随着温度周而复始冷热交替和机械碰撞、磨损而引起的墙面损坏和开裂现象是必然的，所以我们应该积极地采取措施做好炭化室的密封工作，避免其窜漏所引起的一系列严重后果，保证焦炉有较高的热工效率和较长的炉体寿命。

解决炭化室的密封问题，一般采用湿法喷补（或抹补）的方法，具体方法将配好的泥浆，装入喷浆机中，泥浆在压缩空气的压力作用下，进入料管并经喷嘴喷出。这种喷浆机每次使用后应用水清洗，否则泥浆干固，下次使用便会困难。但此种方法只能针对个别窜漏点，如炉头和干燥孔处，所以喷补的尺度极其有限，对炭化室内部炉墙的窜漏就鞭长莫及了。而且材料施工工程中需要加水搅拌，这样水分又可能对炉体造成损坏。

在炭化室修理后用密封料密封，目的是密封炉墙上任何可能有的裂纹和缝隙。空压密封是通过安装在装煤孔上的专门设备，密封时上升管、炉门一定要封闭，而看火孔一定要打开。空压密封时用 12 mm 水柱的微压压缩空气吹入炭化室炉墙，密封料会浸入到炉墙裂缝和缝隙中，由于热膨胀而达到密封。密封料是硅质料，要求干粉熔化温度要和炉墙的平均温度一致。在裂缝里能熔化生成一层密封薄膜。压缩空气风约 80 mmH$_2$O，35 min 之后压力升到 110 mmH$_2$O，然后停止送风。等待 1 小时 25 分钟，使填充在炉墙里的密封料与炉墙烧结，然后再喷一次，重复 2～3 次，达到密封效果。密封料的主要化学成分是二氧化硅，要求密封料熔化温度要和炉墙的平均温度一致，这样在不需要外界加热的条件下，利用炉墙本身的温度就可以直接将其熔化生成密封薄膜了。

4. 烟气脱硫技术

焦炉烟气脱硫主要采用的脱硫技术有石灰石-石膏法、钠碱法、湿式氧化镁法和氨法等，技术比较成熟，脱硫效率较高，例如，石灰石-石膏法可将焦炉烟气中 SO$_2$ 控制在 30 mg/m^3 以下，钠-钙双碱法对高温高硫的焦炉烟气也具有良好的脱硫效果，SO$_2$ 浓度由进口的 5500～6000 mg/m^3 降低至 400 mg/m^3，脱硫效率大于 95%[57]。

由于焦炉烟气组分复杂多变，含有 H$_2$S、PAHs、焦油等，湿法脱硫液中富集的盐类和有机烟尘含量较高，若脱硫液置换量不足，循环过程中会造成烟气中颗粒超标，脱硫副产物面临价值不高，不易处理的问题，脱硫循环废液不能直接外排，处理难度较大。

氨法脱硫剂的碱性相对于钙基脱硫剂更强，吸收效率更高，脱硫产生的副产物硫酸铵经过结晶、干燥后能够作为氮肥原料，适合焦化厂利用副产品氨水进行烟气脱硫，置换出的脱硫废液可配入酚氰无水处理系统予以处理或掺入煤中回炉处置，产生的硫铵可与饱和器的硫铵系统共同处理。为降低氨逃逸产生二次污染，氨法脱硫反应温度要求控制在 80℃左右。

针对焦炉烟气高温、高含水量、低含硫量的特征，采用焦化自产氨水作为脱硫剂可降低运行成本，山东济南钢铁 8#焦炉烟气通过喷雾氨法已对其中的 5000 Nm^3/h 烟气进行了中试，经氨法脱硫后，SO$_2$ 排放浓度小于 30 mg/m^3，脱硫效率达到 95%[58]。

3.4.2　NO$_x$控制技术

焦炉烟气中 NO$_x$ 的控制技术与其他燃煤烟气中 NO$_x$ 控制技术相同，主要可通过改变燃烧方式和生产工艺以及采用末端烟气脱硝技术两种途径来控制焦炉烟气中 NO$_x$ 的浓度。

1. 改变燃烧方式和生产工艺

控制热力型氮氧化物的主要手段就是控制反应温度，使燃烧温度不在某一区域内过高。一般当立火道温度低于 1350℃时热力型 NO$_x$ 浓度很低，但当立火道温度大于 1350℃，热力型 NO$_x$ 的生成量随温度升高迅速增加。立火道温度每升高10℃，NO$_x$ 浓度增大 30 mg/m^3，当温度高于 1600℃，NO$_x$ 浓度按指数规律迅速增加。同时，高温区中高温烟气的停留时间和燃烧室内的氧气浓度也会对热力型NO$_x$ 的生成造成影响。因此最有效降低焦炉加热过程中氮氧化物生成的方法是降低燃烧室火焰温度，缩短烟气在高温区停留时间以及合理控制氧气供入量，具体措施和方法包括废气再循环技术、分段加热技术、适当降低焦化温度、提高焦炉炉体的密封性等。

废气再循环技术是指将一部分低温废气与燃料以及助燃空气混合，再次送入立火道中燃烧。废气再循环是国内焦化厂燃烧中降低氮氧化物采用的主要方法。废气再循环技术由于掺杂了部分低温低氧废气，从而降低了燃烧环境中氧含量和炉内温度，减少了氮氧化物的生成。Fan 等[59]的研究表明焦炉中废气循环系统的使用可以显著降低废气中氮氧化物的浓度，并对烟道气再循环技术过程中 NO$_x$ 的反应行为进行了研究。废气循环量的选取存在最佳取值范围，一般为40%，具体数值需要经过科学和实际工艺才能确定。循环烟气量过大或过小都不能达到工艺要求，如果废气循环量过大，大量的热量被带走并造成热能缺乏；如果烟气循环量过小，则对 NO$_x$ 排放浓度的降低程度有限，难以达到焦化行业烟气排放标准。

分段加热技术主要通过分段加热和控制合适的空气过剩系数 α 值来降低焦炉烟气中NO$_x$ 的浓度。第一，分段加热可以通过增加燃烧的分散度降低整个过程燃烧强度，从而使立火道温度下降，减少热力型 NO$_x$ 的生成，利用焦炉煤气再燃脱硝效率能够达到60%。第二，控制合适的空气过剩系数 α 值，α 过大，会带走燃烧气体热量；α 过小，会导致燃烧不完全不能提供足够热量，影响焦炭质量，因此存在一个最佳的空气过剩系数范围，一般将其控制在1.20左右。

适当降低焦化温度更能直接减少立火道燃烧温度，控制 NO$_x$ 的生成，但会对冶炼的焦炭质量产生影响[60]。此外可以通过减少炭化室与燃烧室之间的温度梯度，来间接降低立火道温度从而控制 NO$_x$ 生成。此外应尽量提高焦炉炉体密封性，最大限度地减少焦炉煤气的泄漏。如果发生焦炉炉体的开裂等，焦炉煤气窜漏到燃烧室内，其中的氮组分在燃烧室中与氧气反应生成一定浓度的 NO$_x$，从而使烟道废气中 NO$_x$浓度增加。

从焦化行业大气污染物排放量来看，欧盟国家现有焦化企业中，没有采用分段加热和废气循环技术的焦炉，NO$_x$ 排放量为 1300～1900 g/t（以焦炭计）。应用了以上技术后，焦炉 NO$_x$ 的排放量大大减小，可降低至 450～700 g/t。可见，采用低 NO$_x$ 燃烧技术可以在很大程度上减少燃烧过程中 NO$_x$ 的生成，对焦化行业节能减排工作具有极其重大的意义。但是随着我国《炼焦化学工业污染物排放标准》（GB 16717—2012）的执行，焦炉烟囱 NO$_x$ 的排放值必须控制在 150 mg/m^3 以下，因此必须采用尾气脱硝技术才能达标排放。

2. 烟气脱硝技术

烟气脱硝技术是采用合适的还原剂、吸附剂或尾部烟气吸收剂对烟气中 NO$_x$进行脱除，从而减少氮氧化物的排放量。目前，焦炉烟气脱硝技术尚处于起步阶段，在国内外已有应用的以 SCR 催化法和氧化吸收法脱硝技术为主。

SCR 脱硝技术是指在合适的催化剂的催化作用下，用氨气作为还原剂将 NO$_x$还原成无毒无害的氮气。中温催化剂的载体是 TiO$_2$，另外在 TiO$_2$ 载体上面负载 V、W 和 Mo 等组分。根据催化剂适用的烟气温度条件，SCR 脱硝技术被分为高温 SCR 技术（反应温度大于 450℃）、中温 SCR 技术（反应温度在 320～450℃之间）和低温 SCR 技术（反应温度在 120～320℃之间），目前工业应用最多的是中温催化剂。中温 SCR 脱硝技术对 NO 的脱除率高，能除烟气中 90% 以上的氮氧化物。由于焦炉烟气温度较低，对于焦炉烟气的脱硫脱硝可以先加热再采用中温 SCR 法进行脱硝，或者采用低温 SCR 催化剂。

由于中温 SCR 需要对焦炉烟气进行再次加热，系统能耗较高，近年来低温 SCR 技术开始在国内焦化行业中得到推广[61]，例如，宝钢湛江焦炉烟气净化采用的由中冶焦耐开发的低温 SCR 脱硝技术，出口 NO$_x$浓度控制在 150 mg/m^3 以下，山东铁雄一座 150 万 t 捣固焦炉烟气低温脱硝于 2015 年运行至今，脱硝效率稳定在 97% 左右，出口 NO$_x$ 浓度小于 50 mg/m^3。日本的 Kawasaki 钢铁千叶焦化厂、Amagasaki 钢铁冲绳焦化厂和横滨 Tsurumi 煤气厂均采用低温 SCR 脱硝技术，催化剂的反应温度在 220～250℃，脱硝效率可达 90%[62]。

氧化吸收脱硝技术是利用强氧化剂，如 O$_3$、H$_2$O$_2$、KMnO$_4$ 等，在烟道或在吸收塔中将 NO 氧化成 NO$_2$、N$_2$O$_3$、N$_2$O$_5$ 等高价态的氮氧化物，然后利用碱液喷淋吸收的脱硝工艺。该方法氧化效率较高，能同时脱除汞等其他污染物，设备占地面积小，部分氧化剂反应后无二次污染，氧化脱硝技术一般需要和脱硫技术联合使用。

3.4.3　烟气脱硫脱硝技术

焦炉烟气属低温、低 NO$_x$ 浓度、低 SO$_2$ 含量、含氧、微尘烟气，但由于 NO$_x$

超标和 SO_2 波动，脱硝脱硫需同时考虑，脱硫脱硝技术包括联用技术和一体化技术。

1. 钠基脱硫与低温 SCR 脱硝联用技术

由中冶焦耐、安徽同兴环保、北京方信立华、韩国纳米科技股份四家公司合作开发的焦炉烟气脱硫脱硝工艺在达丰焦化厂中试实验的基础上（$25000 \sim 40000 \ m^3/h$，烟气温度 $180 \sim 280℃$；半干法脱硫效率 $80\% \sim 98\%$；中温脱硝效率：$210 \sim 230℃$ 时脱硝效率 $> 65\%$、$240℃$ 以上时脱硝效率 $> 85\%$；低温脱硝效率：$180℃$ 以上时脱硝效率 $> 90\%$），在宝钢湛江焦炉烟气净化项目上完成技术应用，该脱硝技术与日本的焦化脱硝技术类似，也是采用先脱硫、再中温脱硝的方式，脱硝后的催化剂也要加热再生。

中国科学院兰州化学物理研究所开发的低温 SCR 催化剂在兖州某焦化厂进行的试验结果显示：在 $158 \sim 165℃$ 时，入口 NO_x 浓度不超过 $1200 \ mg/m^3$ 且 SO_2 浓度不超过 $150 \ mg/m^3$ 时，脱硝率可达 85%。由合肥工大、合肥晨晰环保和湖北思搏盈环保共同研发的焦炉煤气焚烧尾气中低温 SCR 脱硝技术中催化剂放弃了传统的钒钛系列，采用棒石黏土矿物为载体、MnO_2 等为活性组分，该工艺在河北某焦化企业进行了中试，脱硝效果良好。山西帅科化工设计有限公司在美国利特尔福德先生关于多污染物处理专利技术的基础上，开发了一种焦化烟气综合处理工艺，其主要特点是在氧化剂发生装置改进基础上的脱硝效率的提升和运行成本的降低。此外，陕西国电热工研究所开发的低温稀土 SCR 催化剂，能够实现低于 $200℃$ 的脱硝[14]。

燃煤电厂烟气的脱硫脱硝技术应用较为成熟，主要为 "NH_3-SCR 烟气脱硝+石灰石湿法脱硫" 工艺，若炼焦采用相同工艺，与电厂相比：焦炉烟气温度相对较低，采用中温脱硝（$300 \sim 400℃$）的钒系催化剂的脱硝效率会很低，需大幅加热烟气；烟气中的 SO_2 在 $200 \sim 250℃$ 极易生成具有腐蚀性的硫酸氢铵致使催化剂中毒；采用湿法脱硫后的烟气温度会低于 $130℃$，不能直接从烟囱上升排放。

比较有代表性的是中冶焦耐开发的碱法半干法脱硫+低温脱硝、石灰石脱硫+低温脱硝联合脱硫脱硝技术[63]。该法通过与出口 SO_2 连接的定量给料装置在塔顶雾化 Na_2CO_3 溶液，与 SO_2 反应生成亚硫酸钠，然后氧化成硫酸钠，通过热解吸装置将烟气升温至 $380 \sim 400℃$，分解吸附在催化剂表面的硫酸氢铵，净化催化剂，在催化剂的作用下通过还原剂 NH_3 选择性地催化还原 NO_x。其特点为先脱硫将 SO_2 降低至 $30 \ mg/m^3$ 以下，降低了对 NO_x 脱除的影响[64]。

脱硫采用半干法脱硫工艺，使用 Na_2CO_3 溶液为脱硫剂，其化学反应为

$$Na_2CO_3 + SO_2 \longrightarrow Na_2SO_3 + CO_2 \tag{3-43}$$

$$2Na_2SO_3 + O_2 \longrightarrow 2Na_2SO_4 \tag{3-44}$$

脱硝采用 NH_3-SCR 法，即在催化剂作用下，还原剂 NH_3 选择性地与烟气中

NO$_x$反应，生成无污染的 N$_2$ 和 H$_2$O 随烟气排放，其化学反应式如下

$$4NO +4NH_3+ O_2 \longrightarrow 4N_2 +6H_2O \tag{3-45}$$

焦炉烟气脱硫脱硝的工艺流程如图 3-19 所示，系统主要由脱硫塔、除尘脱硝一体化装置、喷氨系统、引风机、热风炉和烟气管道等组成。两座焦炉排出的烟气（约 180℃）首先进入旋转喷雾脱硫塔，雾化的 Na$_2$CO$_3$ 饱和溶液与烟气接触迅速完成 SO$_2$ 的吸收，脱硫效率在 80%以上；脱硫后烟气进入一体化装置时先经布袋除尘，再由一体化装置配备的烟气加热模块加热至 200℃后与喷入的 NH$_3$ 还原剂充分混合；混合后的烟气进入低温脱硝催化剂模块层，在催化剂作用下 NO$_x$ 被NH$_3$ 还原为无害的 N$_2$ 和 H$_2$O，脱硝效率不低于 80%；净化后的洁净烟气（＞160℃）经过引风机送烟囱排放，小部分烟气通过热风炉小幅加热后回用到一体化装置烟气加热模块中。该工艺采取先脱硫的模式可以有效控制后续脱硝过程中硫酸氢铵的生成，为低温高效脱硝创造条件；一体化装置可以集中进行除尘、加热和脱硝，减少管道输送的热损耗，模块化可提高脱硝操作和检修的灵活性；采用低温脱硝催化剂可使脱硫后的烟气仅需小幅加热即可进行高效率地脱硝。此外，160℃以上的排气温度不会在烟囱周围产生烟囱雨，并可以避免烟气温度低于酸露点而引起的烟囱腐蚀。

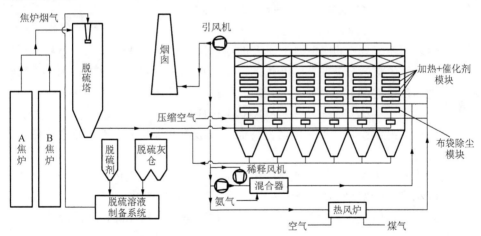

图 3-19　炼焦工序烟气净化工艺流程示意图

先进行烟气脱硫，后除尘，然后低温 SCR 脱硝，实现污染物达标排放，该项目采用碳酸钠半干法脱硫+低温脱硝联合脱硫脱硝除尘工艺:采用碳酸钠作为半干法脱硫工艺，脱硝采用 NH$_3$-SCR 工艺。湛江钢铁炼焦配置 4×65 孔 7 m 的顶装焦炉，单座焦炉烟道废气（180℃）量约为 0.26×10^6 Nm^3/h，其中，烟（粉）尘约为 20 mg/Nm^3；采用混合煤气作为燃料后的 SO$_2$ 含量约为 80 mg/Nm^3；采用废气循环和分段加热的燃烧控制技术后 NO$_x$ 可降至约 500 mg/Nm^3。湛江钢铁炼焦工序采用了"旋转喷雾半干法脱硫+低温选择性催化还原法（NH$_3$-SCR）脱硝除尘"工艺，

成为世界上首个对钢铁企业焦炉烟道废气脱硫脱硝的工程应用实例。

2015 年 11 月 6 日，由中冶焦耐设计供货的宝钢湛江钢铁焦化项目焦炉烟气净化设施正式投产，标志着世界首套焦炉烟气低温脱硫脱硝工业化示范装置正式诞生。目前，装置各系统运行正常。装置达产后，二氧化硫、氮氧化物排放量分别小于 30 mg/Nm³、150 mg/Nm³，各项指标满足国家《炼焦化学工业污染物排放标准》规定的特别地区环保排放限值。

2. 活性炭法脱硫脱硝技术

1）活性炭脱硫脱硝原理

根据活性炭的吸附特性和催化特性，烟气中 SO_2 与烟气中的水蒸气和氧反应生成 H_2SO_4 吸附在活性炭的表面，吸附 SO_2 的活性炭加热再生，释放出高浓度 SO_2 气体，再生后的活性炭循环使用，高浓度 SO_2 气体可加工成硫酸、单质硫等多种化工产品。将烟气中的 SO_2、O_2 和 H_2O 吸附后在脱除剂表面反应生成硫酸，从而达到脱除的目的。

活性炭脱硝主要利用活性炭的催化性能进行选择性催化还原(SCR)反应，在还原剂(NH_3)的作用下将 NO 还原为 N_2。

$$4NO+4NH_3+O_2 \longrightarrow 4N_2+6H_2O \qquad (3-46)$$

$$2NO_2+4NH_3+O_2 \longrightarrow 3N_2+6H_2O \qquad (3-47)$$

活性炭再生机理：将吸附 SO_2 饱和的活性炭加热到 400～500℃，蓄积在活性炭中的硫酸或硫酸盐分解脱附，产生的主要分解物是 SO_2、N_2、CO_2、H_2O，其物理形态为高浓度的 SO_2 气体。主要反应是硫酸与活性炭反应：

$$2H_2SO_4+C \longrightarrow 2SO_2+CO_2+2H_2O \qquad (3-48)$$

再生反应能够恢复活性炭的活性，而且其吸附和催化能力不但不会降低，还会得到提高。

副产物的转化利用：活性炭再生所产生的高浓度 SO_2 气体，其体积浓度达到 20%～30%，高于现有硫酸生产中采用硫黄、硫铁矿燃烧所产生的 SO_2 气体浓度，可以用来生产浓硫酸、稀硫酸（70%）、硫黄、液态二氧化硫、亚硫酸铵、亚硫酸钠等。

2）工艺流程

焦炉烟气在烟道总翻板阀前被引风机抽取进入余热锅炉，烟气温度从 180℃降低至 140℃，然后进入活性炭脱硫脱硝塔，在塔内先脱硫、后脱硝，烟气从塔顶出来经引风机送回烟囱排放。从塔底部出来的饱和活性炭进入解析塔，SO_2 等气体出来后送化工专业处理，再生后的活性炭重新送入反应塔循环使用。

该工艺主要由热力余热锅炉、活性炭脱硫脱硝塔、引风机、解析塔、热风炉及氨系统等组成（图 3-20）。

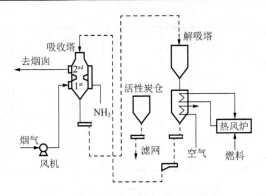

图 3-20　活性炭脱硫脱硝工艺流程

目前国外工业化的活性炭法联合脱硫脱硝技术多采用活性炭作为脱除剂，整个系统主要包括脱硫脱硝反应器、再生反应器和 SO_2 气体回收加工装置。脱硫脱硝反应器为移动床反应器，反应温度为 100～200℃，烟气与活性炭垂直逆流移动，烟气先经过脱硫反应器脱硫后加入还原剂 NH_3，再经过脱硝反应器脱硝后通过烟囱排入大气；活性炭在反应器内从上到下依靠重力缓慢移动，吸附饱和后从底部排出，送入再生反应器进行再生。再生反应器也为移动床反应器，以间接加热的形式把吸附过 SO_2 的活性炭加热到 300～500℃，使活性炭得到再生。反应器内活性炭从上往下移动，停留一定时间后排出反应器，再经筛分送回活性炭脱硫反应器循环使用；产生的高浓度 SO_2 气体送到气体回收生产装置，生产硫酸或其他化工产品。此套装置在一定工艺条件下，脱硫效率可达 95% 以上，脱硝效率可达 70%以上[65]。

3）工艺特点

（1）SO_2 脱除效率可达 98% 以上，NO_x 脱除效率可达 80% 以上，同时粉尘含量小于 15 mg/m^3；

（2）实现脱除 SO_2、NO_x 和粉尘一体化，脱硫脱硝共用一套装置；

（3）烟气脱硫反应在 120～180℃进行，脱硫后烟气排放温度 120℃以上，无需增加烟气再热系统；

（4）运行费用低，维护方便，系统能耗低（每万立方米焦炉烟道气耗能约 2.51 kg 标准煤，相当于吨焦脱硫脱硝耗能为 0.587 kg 标准煤）；

（5）工况适应性强，基本不消耗水，适用于水资源缺乏地区；能适应负荷和煤种的变化，活性炭来源广泛；

（6）无废水、废渣、废气等二次污染产生；资源回收、副产品便于综合利用。

针对焦炉烟气低硫高氮的特点，中国科学院过程工程研究所朱廷钰团队设计了一套两段式活性炭烟气净化装置，如图 3-21 所示。

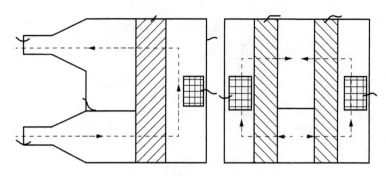

图 3-21　两段式吸附塔结构示意图

由于 SO$_2$ 的存在会影响活性炭对 NO$_x$ 的吸附,且吸附 SO$_2$ 后活性炭表面的硫酸会和 NH$_3$ 反应生成硫酸铵晶体,堵塞活性炭孔结构,进一步导致脱硝效率降低。两段式吸附塔可以很好地避免这一系列缺点,将 SO$_2$ 和 NO$_x$ 的吸附过程完全分开进行,NH$_3$ 在吸附塔中间段通入,最终使脱硫脱硝性能提高。

小试实验平台位于滦县唐钢美锦焦炭厂,项目依托于北京市科委课题,合作单位为河钢集团唐山分公司。项目旨在将活性炭法从基础研究、小试实验向工业化中试、示范工程推进,实现焦炉烟气多种污染物的达标排放及整体工艺的节能减排。实验气量为 3000 m^3/h,小试平台在 2017 年 9 月建成投运。

图 3-22 分别为小试平台整体、吸附塔和中控室的照片。

图 3-22　小试平台照片

图 3-23 为连续运行一周时间,吸附塔进气口 NO$_x$ 和 SO$_2$ 浓度变化,SO$_2$ 浓度约为 150 mg/m^3,NO$_x$ 为 600~750 mg/m^3,低硫高氮是典型的焦炉烟气排放特征。

图 3-24 和图 3-25 分别为吸附塔烟气进出口 SO$_2$ 和 NO$_x$ 浓度变化,烟气经过活性炭的吸附后,两种污染物浓度显著下降。其中,SO$_2$ 浓度降至 20 mg/m^3 以下,脱硫效率高达 88%;NO$_x$ 浓度降至 250 mg/m^3,脱硝效率约为 70%。

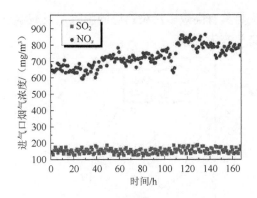

图 3-23　吸收塔入口烟气浓度

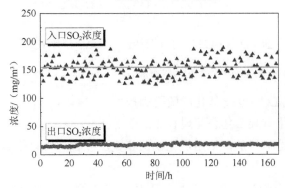

图 3-24　进出口 SO_2 浓度变化

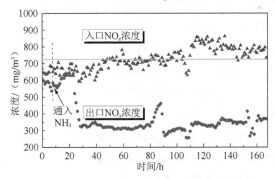

图 3-25　进出口 NO_x 浓度变化

　　图 3-26 为吸附塔连续工作 1 个月，活性炭脱硫脱硝效率的变化。由图中可知，SO_2 脱除效率始终保持在 85% 以上，而 NO_x 的脱除效率会随着氨气的加入量发生变化。

　　小试实验过程中，出口烟气污染物（SO_2、NO_x）浓度均达到要求标准，脱硫效率始终保持在 85%～90%，在通入氨气的条件下，脱硝效率保持在 70% 以上。

活性炭法脱硫脱硝优势具有高效多污染物协同脱除，反应温度较低，活性炭可循环利用，工艺流程简单等优势。

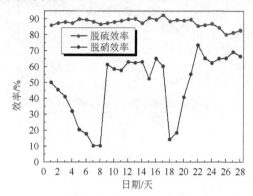

图 3-26　连续运行 1 个月活性炭脱硫脱硝效率变化

3. 氧化脱硝与氨水吸收一体化脱硫脱硝技术

1）焦炉烟气 LCO 法一体化脱硫脱硝技术

山西潞安焦化有限责任公司现有 4.3 m 的焦炉两座，年产冶金焦 96 万 t，为了确保焦炉烟气达标排放，采用氧化脱硝和氨水吸收一体化脱硫脱硝技术（LCO 技术）[66]。

其主要工艺流程为：焦炉烟气分别从地下主烟道被引出后汇总，首先进入 H_2O_2 氧化烟道被强制氧化后，进入余热锅炉，在增压风机升压后，经过臭氧氧化烟气中 NO_x 后进入吸收塔。吸收塔采用喷淋塔，配置三层喷淋，按单元制配置吸收液循环泵，吸收塔自下而上依次为底部反应池、脱硫脱硝吸收段、除雾器段、烟气出口段。烟气由一侧进气口进入吸收塔，烟气在上升中穿过吸收段与催化剂吸收液逆流接触，气体中的 SO_2、NO_x 被吸收，完成烟气脱硫脱硝。催化剂吸收液从塔上部经喷嘴往下喷淋，与上行的烟气接触反应，然后与反应后的产物一起进入反应池，反应池内的混合液通过循环泵被泵到塔上部的喷嘴后喷出，实现循环喷淋。净化处理的烟气流经除雾器，在此处除去烟气携带的混合液微滴，冷却和净化后的烟气经塔顶烟囱被排入大气。

脱硫脱硝及余热回收工程前后烟气中主要污染物排放情况如表 3-17 所示，主要物料消耗表如表 3-18 所示。脱硫脱硝装置氨逃逸小于 3 ppm，脱硫脱硝装置年运行时间 8760 h，每年可向大气中减排 SO_2 706.1 t、NO_x 1543.5 t、粉尘 297.8 t。

表 3-17　脱硫脱硝及余热回收前后主要污染物排放参数

项目	脱硫脱硝及余热回收前 1 组 2 座焦炉	脱硫脱硝及余热回收后 1 组 2 座焦炉
烟气量（干态）/（m^3/h）	252000	253960
烟气温度/℃	280	55
SO_2 排放量/（t/h）	0.0882	0.0076
SO_2 排放质量浓度（干态，实际氧含量）/（mg/m^3）	350	30
系统脱硫效率/%	91.43	
NO_x 排放量/（t/h）	0.2016	0.0254
NO_x 排放质量浓度（干态，实际氧含量）/（mg/m^3）	800	100
系统脱硝效率/%	87.5	
粉尘排放量/（t/h）	0.0378	0.0038
粉尘排放质量浓度（干态，实际氧含量）/（mg/m^3）	150	15
系统除尘效率/%	90	

表 3-18　主要物料消耗表

主要物料	数值
浓度 10%氨水消耗量/（t/h）	1.2
27.5%过氧化氢消耗量/（t/h）	0.5
氧气用量/m^3	460
压缩空气用量/m^3	1.5
循环冷却水用量/t	100

2）焦炉烟气双氨法一体化脱硫脱硝技术

清华大学在 O_3 氧化脱硝结合氨法脱硫的基础上，利用焦化流程副产品的高浓度氨水和低浓度氨水在一台设备上完成 SO_2 和 NO_x 的同时脱除，同时利用焦化流程的硫铵生产工段完成脱硫脱硝产物的产品化，将烟道气脱硫脱硝合理地"镶嵌"入焦化流程，提高了三废治理过程与主流程的自洽相融，完成了含 S、含 N 废弃物的分布式资源化过程[67]。

双氨法一体化脱硫脱硝技术中试工艺流程如图 3-27 所示，其中涉及的主要反应如下：

（1）O_3 氧化烟道气中 NO

$$O_3+NO \longrightarrow NO_2+O_2 \tag{3-49}$$

$$NO_2+O_3 \longrightarrow NO_3+O_2 \tag{3-50}$$

$$NO_3+NO \longrightarrow 2NO_2 \tag{3-51}$$

$$NO_2+NO_2 \longrightarrow N_2O_4 \tag{3-52}$$

（2）NO 的氧化物溶于水形成 HNO₃

$$N_2O_5+H_2O \longrightarrow 2HNO_3 \qquad (3\text{-}53)$$

$$2NO_2+H_2O \longrightarrow HNO_2+HNO_3 \qquad (3\text{-}54)$$

$$N_2O_4+H_2O \longrightarrow HNO_2+HNO_3 \qquad (3\text{-}55)$$

（3）液相中 HNO₃ 和 NH₃ 生成 NH₄NO₃

$$HNO_3+NH_3 \cdot H_2O \longrightarrow NH_4NO_3+H_2O \qquad (3\text{-}56)$$

（4）SO₂ 吸收与氧化

$$SO_2+NH_3 \cdot H_2O \longrightarrow NH_4HSO_3 \qquad (3\text{-}57)$$

$$NH_3+ NH_4HSO_3 \longrightarrow (NH_4)_2SO_3 \qquad (3\text{-}58)$$

$$(NH_4)_2SO_3+1/2O_2 \longrightarrow (NH_4)_2SO_4 \qquad (3\text{-}59)$$

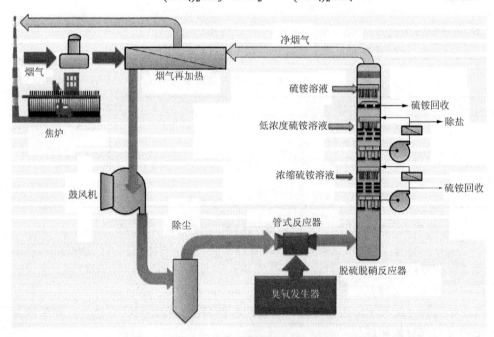

图 3-27　双氨法一体化脱硫脱硝技术中试工艺流程

　　一体化脱硫脱硝得到的硝酸铵、硫酸铵和亚硫酸铵的混合物，利用焦化流程的硫铵工段，通过后续氧化、结晶、干燥，可以增产含有硝酸铵的硫酸铵化肥。

　　2015 年该技术在山东新泰县正大焦化公司建成 10×10^4 m³/h 的中试应用，现场图片如图 3-28 所示，实现出口 SO₂ 平均浓度低于 10 mg/m³，NOₓ 平均浓度低于 150 mg/m³。

工艺现场

臭氧发生器

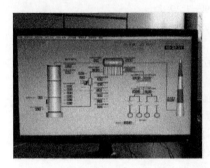

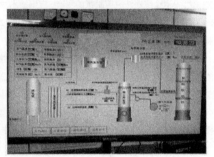

工艺控制界面图

图 3-28　双氨法一体化脱硫脱硝中试实验装置图

参 考 文 献

[1]　梁宁元. 炼焦. 北京: 冶金工业出版社, 1982: 32.

[2]　李云兰. 焦化生产中废气的来源及危害. 煤炭技术, 2004, 12: 82-83.

[3]　刘涛, 丁敏. 焦化污染科学防治探析. 化工中间体, 2015, 5: 11-13.

[4]　李从庆. 炼焦生产大气污染物排放特征研究. 重庆: 西南大学, 2009.

[5]　商铁成, 裴贤丰. 焦化污染物排放及治理技术. 北京: 中国石化出版社, 2016: 98.

[6]　李立业, 田京雷, 黄世平. 焦炉烟气 SO_2 和 NO_x 排放控制. 燃料与化工, 2017, 2: 1-3.

[7]　钟英飞. 焦炉加热燃烧时氮氧化物的形成机理及控制. 燃料与化工, 2009, 6: 5-8.

[8]　何秋生. 我国炼焦生产过程排放的颗粒物和挥发有机物的组成特征、排放因子及排放量初步估计. 广州: 中国科学院研究生院 (广州地球化学研究所), 2006.

[9]　王福生, 唐锐, 李恩科. 焦化厂环境粉尘中多环芳烃分布特征的研究. 工业安全与环保, 2010, 9: 10-11.

[10]　唐锐. 炼焦粉尘中多环芳烃赋存规律的研究. 唐山: 河北理工大学, 2009.

[11]　牟玲. 炼焦生产过程颗粒物和多环芳烃的排放特征. 太原: 太原理工大学, 2010.

[12]　王纯, 张殿印. 废气处理工程技术手册. 北京: 化学工业出版社, 2013: 650.

[13]　邵秀永. 焦炉煤气的回收与利用现状及发展方向. 河北化工, 2012, 2: 13-15.

[14]　陈继辉. 焦炉烟道气低温脱硝技术发展现状及对策分析. 冶金动力, 2016, 3: 13-15,18.

[15]　张建社, 张合宾. 焦炉复合煤气加热氮氧化物形成模拟研究. 山东化工, 2015, 12: 148-149,152.

[16]　赵引德. 烟气治理: 焦化必须迈过的坎. 张家口: 2015 焦化行业节能减排及干熄焦技术交流会, 2015, 3.

[17] 李洪晋. 焦炉烟尘污染及治理. 煤炭科技, 2016, 1: 91-93.

[18] 王跃辉, 梁英娟. 焦化企业备煤车间粉尘治理研究. 北方环境, 2013, 2: 44-45.

[19] 尤文茹. 焦化厂粉尘和烟尘治理实践. 河北冶金, 2013, 4: 74-76.

[20] 梁英娟, 王跃辉, 马亚卿, 等. 焦化厂烟粉尘污染治理技术研究. 河北化工, 2012, 12: 65-66.

[21] 李霖熠. 捣固焦炉装煤烟尘控制措施的探讨. 四川冶金, 2016, 6: 67-71.

[22] 张瑞芳. 焦炉除尘技术的改进与优化. 广东化工, 2014, 10: 197-198.

[23] 裘星. 浅析焦炉烟尘污染及其治理策略. 技术与市场, 2014, 7: 181,183.

[24] 韩栋. 干熄焦环境除尘技术理论与应用研究. 南昌: 江西理工大学, 2010.

[25] 窦艳平. 焦炉煤气净化技术的应用现状与改进方法. 科技传播, 2012, 8: 40-41.

[26] 朱军利. 焦炉煤气深度净化技术工业应用及催化剂失活剖析. 西安: 西北大学, 2016.

[27] 姚仁仕, 朱涛. 宝钢法脱硫脱氰的生产. 宝钢技术, 2001, 1: 10-13.

[28] 杨丽, 张丽颖. 焦炉煤气脱硫脱氰方法. 河北化工, 2011, 6: 5-6,+9.

[29] 朱长光, 许善平. 宝钢 FRC 法煤气脱硫装置的特点. 燃料与化工, 2000, 1: 22-24.

[30] 金学文, 姚仁仕. 宝钢煤气精制三期煤气脱硫脱氰生产对比. 煤化工, 2001, 3: 42,45-50.

[31] 林宪喜, 祝仰勇. 从脱硫原理分析影响 HPF 法脱硫效率的因素. 山东冶金, 2005, S1: 149-151.

[32] 张现林, 朱银惠, 李拥军. HPF 法在焦炉煤气脱硫中的应用. 洁净煤技术, 2009, 3: 71-72+83.

[33] 赵春辉, 王新雷, 王瑞, 等. HPF 法焦炉煤气脱硫工艺的生产实践. 煤化工, 2012, 1: 55-58.

[34] 顾培忠. 改良 ADA 脱硫消耗高的原因分析. 中氮肥, 2002, 4: 22-24.

[35] 钟威. 焦炉煤气脱硫工艺——改良 ADA 法与 OMC 法对比分析. 柳钢科技, 2012, 2: 12-15.

[36] 张鹏飞, 冯宝兴. 单乙醇胺法煤气脱硫生产实践. 燃料与化工, 2014, 1: 41-43.

[37] 王润叶. AS 循环洗涤法的应用. 同煤科技, 2003, 2: 28-29.

[38] 杨翠彦, 李继革, 韩世宝. AS 循环煤气净化工艺及操作综述. 煤气与热力, 2001, 4: 326-329.

[39] 颜杰, 李红, 刘科财, 等. 干法脱除硫化氢技术研究进展. 四川化工, 2011, 5: 27-31.

[40] 胡云涛. 焦炉煤气全干法脱硫净化工艺在攀钢的应用. 冶金标准化与质量, 2009, 3: 50-51.

[41] 王芬, 周敏. 焦炉煤气中氨的回收. 洁净煤技术, 2009, 4: 108-111.

[42] 赵春辉, 苏华. 焦炉煤气用剩余氨水洗氨的生产实践. 煤化工, 2011, 5: 32-34.

[43] 王清涛, 丁心悦, 杨大庆, 等. 焦炉煤气无水氨脱氨净化技术的国产化. 煤化工, 2010, 5: 35-37.

[44] 朱灿朋. 硫铵生产工艺的探讨. 煤气与热力, 2005, 4: 63-65.

[45] 李学术, 徐喜民. 焦炉煤气中苯族烃的回收及影响因素. 内蒙古石油化工, 2010, 4: 42-43.

[46] 沈立嵩, 毕振清. 马钢焦炉煤气脱萘工艺与国内其他工艺的比较. 安徽冶金, 2010, 2: 27-32.

[47] 钟少贞, 戴金华, 危中良. 韶钢精制焦炉煤气脱萘技术的发展与应用. 冶金动力, 2013, 8: 14-16.

[48] 赵雷. 重钢环保搬迁焦炉煤气二次精净化技术的应用与研究. 企业技术开发, 2011, 16: 13-15.

[49] 张利杰, 王元顺. 焦炉煤气深度净化脱硫工艺的应用与改进. 燃料与化工, 2015, 5: 44-46.

[50] Park D W, Chun S W, Jang J Y, et al. Selective removal of H₂S from coke oven gas. Catalysis Today, 1998, 44: 73-79.

[51] 季广祥. 焦化厂焦炉烟囱 SO₂ 排放浓度达标途径. 煤化工, 2014, 1: 35-38.

[52] 韩新萍. 焦炉煤气脱硫工艺分析与优化. 武钢技术, 2010, 1: 10-12.

[53] 张薇, 杨国栋, 朱广起. 现行焦炉烟气 SO₂ 排放现状及整改措施分析. 环境与可持续发展, 2015, 2: 91-93.

[54] 周长海, 杜文广, 杨颂, 等. 钙基高硫煤共热解焦中硫测定方法及分布规律. 煤炭转化, 2017, 2: 16-21.

[55] Jiang M, Zhou R, Hu J, Wang F, et al. Calcium-promoted catalytic activity of potassium carbonate for steam gasification of coal char: Influences of calcium species. Fuel, 2012, 99: 64-71.

[56]　陈勇. 检查及其治理焦炉炉墙串漏实现 SO_2 达标排放的方法及措施. 河南冶金, 2016, 5: 16-18.

[57]　梁勇, 杨婷婷, 周宇, 等. 钠-钙双碱法工艺在高温焦炉烟气脱硫中的应用. 环境工程, 2011, 3: 66-68.

[58]　杨晓东, 张玲, 姜德旺, 等. 有收益的环保——焦炉烟气余热回收及氨法脱硫一体化技术. 张家口: 2015 焦化行业节能减排及干熄焦技术交流会, 2015, 4.

[59]　Fan X, Yu Z, Gan M, et al. Elimination behaviors of NO_x in the sintering process with flue gas recirculation. Isij International, 2015, 55: 2074-2081.

[60]　Li G, Miao W, Jiang G. Intelligent control model and its simulation of flue temperature in coke oven. Discrete and Continuous Dynamical Systems-Series S, 2015, 8: 1223-1237.

[61]　张慧玲. 焦炉烟气脱硝技术的分析与探讨. 山西焦煤科技, 2016, 1: 151-153.

[62]　张杨. 焦化烟气低温 SCR 脱硝的应用. 科技展望, 2016, 17: 79.

[63]　梁利生, 周琦. 宝钢湛江钢铁铁前工序烟气净化新工艺技术. 宝钢技术, 2016, 4: 43-48.

[64]　尹华, 吕文彬, 孙刚森, 等. 焦炉烟道气净化技术与工艺探讨. 燃料与化工, 2015, 2: 1-4.

[65]　Knoblauch K, Richter E, Juntgen H. Application of active coke in process of SO_2 and NO_x removal from flue gases. Fuel, 1981, 60: 832-838.

[66]　郭强. 潞安焦化公司焦炉烟气 LCO 法脱硫脱硝的应用. 山西冶金, 2016, 6: 96-97,100.

[67]　汤志刚, 贺志敏, 郭栋, 等. 焦炉烟道气双氨法一体化脱硫脱硝:从实验室到工业实验. 化工学报, 2017, 2: 496-508.

第4章 炼铁工序污染物控制

4.1 炼铁工序污染物来源及排放特征

4.1.1 高炉炼铁生产流程及产污节点

炼铁工序是钢铁生产的重要环节，是将含铁原料（烧结矿、球团矿或铁矿石等）、燃料（焦炭、煤粉，有时辅以喷吹重油、天然气等）及其他辅助原料（石灰石、白云石等）按一定比例加入高炉炉体，炉料经过加热、分解、还原等反应生成成品铁水、炉渣、煤气等产品，炼铁工序是钢铁生产过程中物料消耗最多的工序[1]。

炼铁工序由供料系统、上料系统、高炉炉体、送风系统、渣铁处理系统、煤气处理系统构成。在高炉炼铁生产中，从高炉上部装入的铁矿石、燃料和熔剂向下运动，下部鼓入热空气使燃料燃烧，产生大量的高温还原性气体（CO、H_2）向上运动，将炉料中的含铁物料还原为Fe，在炉缸收集液态铁和炉渣，经炉缸出铁口排出的铁水装入鱼雷罐或钢包，送至钢厂，炉渣精加工后可用于道路建设和水泥生产，煤气在炉顶收集，经过净化后用作燃料或发电。

高炉炼铁生产工艺流程及产污节点见图4-1。

（1）供料上料。入炉的块矿（烧结矿、球团、块矿）、焦炭分别由传输系统送入各自的矿槽，通过给料机、筛分后称量卸到供料皮带运至炉顶装料入炉。筛分后的焦粉由汽车运回烧结厂。

（2）高炉熔炼。装入矿槽的铁矿石、焦炭和熔剂等物料在高炉内向下运动，从高炉的下部风口鼓入预热空气，温度一般在1000～1300℃，同时喷入燃料。在高炉炼铁过程中原料经过加热、还原、熔化、造渣、渗碳、脱硫等一系列熔炼被还原成金属铁（铁水）。熔炼产生大量高温高炉煤气向上运动，铁水从高炉底部的出铁口流出，铁渣从炉体下部出渣口排出。

（3）热风炉。热风炉通常是以高炉煤气或天然气、重油、煤炭为燃料的，送入高炉的空气经过热风炉加热至1000℃以上。

（4）煤粉喷吹。无烟煤经传送带送入磨机磨成粉末，再送入高炉喷吹系统喷入炉内。

（5）煤气处理。将高炉冶炼产生的荒煤气进行净化的过程，获得合格的气体燃料。

（6）炉渣处理。炉渣处理是高炉炼铁的重要环节，将冶炼产生的高炉炉渣进行处理后综合利用。

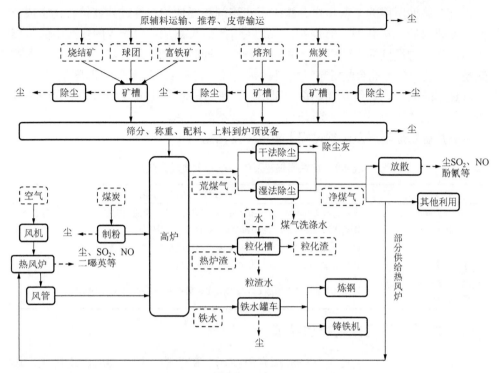

图 4-1　高炉生产流程及产污节点

炼铁过程实质上是一个还原过程，主要反应为 Fe_2O_3 或 Fe_3O_4 与 C、CO、H_2 发生还原反应生成 Fe 的过程，在炼铁工序中，高炉是工艺流程的主体，高炉本体是一个直径不等的圆形竖炉，外部为钢结构，内衬为耐火材料并装有冷却设备，高炉炼铁生产流程及主要设备示意图如图 4-2 所示。

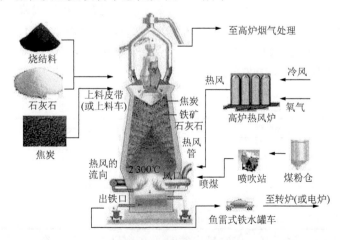

图 4-2　高炉结构示意图

高炉炼铁所用的原料焦炭、铁矿石和溶剂等固体炉料经过处理符合化学成分及粒度要求后，从高炉上部装入。到达风口的焦炭被从风口鼓入的热风中的氧燃烧而产生平均温度为 1200℃ 左右的高温煤气，同时燃烧的还有随鼓风一道喷入的煤粉、重油、煤水混合物等辅助燃料。高温煤气自下而上地流动，温度不断下降，含氧量不断减少，最终从高炉炉顶引出。而铁矿石在从上向下的运动过程中不断被煤气加热和还原，温度不断升高，含氧量不断下降。

高炉炼铁原辅料及炼铁过程主要成分变化见表 4-1。

表 4-1　炼铁原辅料及炼铁过程主要成分变化

炼铁原辅料	炼铁过程主要成分变化
含铁原料：铁矿石、烧结矿、球团矿	含铁原料含有大量的赤铁矿（Fe_2O_3）。有时含有少量的磁铁矿（Fe_3O_4）。在高炉中，铁氧化物逐渐还原，形成海绵铁，最后生成熔融生铁
助熔剂：石灰石	脉石与助熔剂结合形成渣，渣是复杂的硅酸盐混合物，其密度比铁水低
还原剂：焦炭	还原剂碳反应后形成 CO 与 CO_2 在炉顶收集
辅助还原剂：煤粉、石油、天然气、塑料	还原剂中碳反应后形成 CO 与 CO_2 在炉顶收集，氢与氧反应形成蒸汽

4.1.2　炼铁工序污染物排放特征

高炉炼铁工序的主要废气排放源有出铁场、矿焦槽、炉顶装料、均排压、煤粉制备、热风炉等。主要污染物为烟粉尘及废气，具体为[2]：

（1）运输及装料废气，高炉压力高于大气压力，所以使用"钟形"或"无钟"的密闭装料系统。原料经矿槽、皮带、振动筛、上料小车储运、装料系统进入高炉，这一过程排放的主要污染物是粉尘。污染物特点是：冷态源（常温），无组织排放，产尘点多而且分散，产尘点可达上百个，粉尘初始浓度大。

（2）热风炉的废气，热风炉通常是以高炉煤气混合焦炉煤气或天然气、重油、煤炭为燃料的，每座热风炉排放的废气量是 100000～500000 m^3/h，这一过程排放的主要污染物是粉尘、SO_2、NO_x（表 4-2）。污染物特点是：热态源（高温），高温燃烧，烟气温度达 1000℃。

表 4-2　热风炉烟尘及 SO_2 排放浓度

企业名称	污染物	样本数	平均浓度/(mg/m³)	最大浓度/(mg/m³)	最小浓度/(mg/m³)
鞍钢	烟尘	5	10	10	10
	SO_2	5	41.6	45	39
首钢	烟尘	5	10	10	10
	SO_2	5	59.0	—	—
本钢	SO_2	5	15.0	—	—

（3）出铁场排放废气，出铁场出铁时，在出铁口、撇渣器、铁水沟、渣沟、铁水装入铁水罐时会排放出颗粒物（炉尘）。这些颗粒物主要是铁水、炉渣与周

围氧的相互作用产生的。污染物特点是：热态源（高温），烟气温度达 1000℃，尘源控制难度大。

（4）渣处理排放废气，目前，高炉渣的处理有以下三种工艺：渣的粒化，渣坑处理，渣的球团化。高炉渣通常采用水进行冲制冷却处理，高炉熔渣中的硫含量为 1%～2%，水与熔渣，特别是与硫化物（基于 CaS 与 MnS）的反应，会产生蒸汽和扩散的 H_2S、SO_2 等气体。污染物特点：浓度较低，间断地无组织排放。

（5）高炉煤气放散废气，由于煤气管网不平衡，高炉煤气处理系统无法及时处理高炉产生的煤气，高炉煤气将从高炉顶向大气放散，此过程主要排放 CO、粉尘、噪声等。

（6）煤粉制备系统主要产生煤尘，一般经布袋除尘后排往大气，主要污染物是煤尘。污染物特点是：冷态源（常温），无组织排放，产尘点多，粉尘原始浓度大。

高炉炼铁工序废气污染的主要特点为：

（1）高炉产生的废气点多，含尘浓度较高，粉尘量大，对大气环境的污染较严重。炉前出铁场烟气含尘浓度为 0.6～12 g/m^3，转运、筛分等原料系统废气含尘浓度为 0.5～6 g/m^3，制粉系统煤粉浓度为 1～5 g/m^3。

（2）煤气具有回收利用价值。高炉煤气是高炉炼铁时的副产品，在高炉中的热风环境下，焦炭首先燃烧产生 CO_2，CO_2 接触未燃烧的焦炭还原成 CO，由 CO 来还原铁矿石，产生的 CO_2 气体上升再次同焦炭接触一部分还原成 CO，它与未还原的 CO_2 气体从高炉炉顶排出，这就是高炉煤气。高炉煤气的主要成分包括 N_2、O_2、CO、CO_2 以及微量的气体杂质，其中夹杂有一定炼铁原燃料固体颗粒组成的灰分，高炉煤气各组分体积分数如表 4-3 所示[3]。

表 4-3　高炉煤气各组分体积分数

气体成分	CO	CO_2	N_2	H_2	CH_4	O_2
浓度范围/%	15～18	20～27	50～58	0.8～2.5	0.8～2.5	0.4～0.6

（3）热风炉燃料燃烧产生的废气是 NO_x 排放的主要来源，其排放量为 10～580 g/t 铁，排放浓度为 70～400 mg/m^3；SO_2 的排放量为 20～250 g/t 铁；CO 排放量为 2700 g/t 铁，在使用高效燃烧器时，其浓度可从 2500 mg/m^3 降低到 50 mg/m^3 [4]。使用清洁燃料，可直接排放。

（4）炼铁工序烟（粉）尘排放严重，总量占钢铁生产烟（粉）尘总排放量的 50%以上，其中高炉工序出铁场产生的烟尘成分主要为铁氧化物、二氧化硅和碳，组分约占 96%。铁沟、渣沟、撇渣器、摆动流嘴、铁水罐产生的烟尘颗粒粒径较大，其中 10～250 μm 的占 72%，铁口产生的二次烟尘数量较小，只占出铁场总烟尘量的 13%～20%，但烟尘颗粒粒径很小，小于 10 μm 的约占 80%，小于 1 μm 的约占 60%。

4.2　高炉出铁场烟尘控制技术

国内高炉出铁场除尘系统一般有一次除尘和二次除尘两个部分。一次除尘主要采取在密闭与加盖的前提下，对污染源附近设置侧吸罩或顶吸罩作为烟尘捕集的措施，吸尘罩的位置距离污染源较近。但实践证明，这种方式对铁口烟气的捕集是不彻底的，在开、堵铁口时，在高达约 1200 Pa 的高炉炉内余压的作用下，铁口处将喷射出高温高压的烟气，烟气具备极大的初速度，可以瞬时冲出炉前的集尘罩"负压区"，从而使烟尘大量外溢和失控；且这一部分二次烟尘主要是粒径极小的细微颗粒[5]。

日本的出铁场除尘技术处于国际领先水平，目前国内外的高炉除尘系统基本上都是参照日本技术或是在其基础上发展起来的。我国从 20 世纪 70 年代末开始引进日本的除尘技术，主要治理的是一次烟尘。同时，宝钢、首钢等企业也尝试了垂幕、局部排烟罩、密闭室等二次除尘装置[6]，基本上控制了高炉出铁场烟尘对环境的污染。

4.2.1　高炉出铁场烟尘特性

高炉出铁场烟尘主要产生于出铁口、主沟、铁水沟、渣沟、渣嘴、铁水罐及开堵出铁口的操作，表 4-4 是高炉各抽风点烟气含尘情况[7]。

表 4-4　高炉各抽风点烟气含尘情况

项目	测定浓度/(mg/Nm^3)	平均浓度/(mg/Nm^3)	产尘量/(kg/h)	百分比/%
铁口	100～1000	840	168.0	23.1
主沟、砂口	70～1200	500	39.5	5.4
摆动流嘴	90～4370	2100	476.2	65.4
渣沟	60～420	230	3.1	0.4
炉顶皮带	900～1700	1210	41.3	5.7

同时，粉尘的粒径与成分也是除尘工艺所必需关注与考虑的因素，表 4-5 和表 4-6 分别列出了出铁口粉尘粒径组成和化学成分。

表 4-5　出铁口粉尘颗粒粒径分布

粉尘粒径	<1 μm	1～3 μm	3～5 μm	5～10 μm	>10 μm
出铁口处/%	16	29	27	23.5	4.5
铁水灌处/%	8.5	22.5	39.5	22.5	7

表 4-6　粉尘化学成分（%）

组成	烧灰量	SO₂	P	TFe	FeO	Fe₂O₃	CaO	MgO	MnO	S
质量分数	13.84	5.06	0.013	48.9	9.12	59.76	5.38	0.30	0.013	1.24

4.2.2　高炉出铁场除尘工艺

为了控制高炉出铁时所形成的炉尘，主要控制方法是在出铁口、撇渣器、铁水沟、生铁装入铁水罐的罐位（或摆动流嘴）设置密闭收尘罩收尘，再用干法除尘器除尘后排放。目前主要采用的工艺有两种：收尘罩加布袋除尘、收尘罩加静电除尘。武钢 3# 高炉出铁场采用电除尘器，如图 4-3 所示。

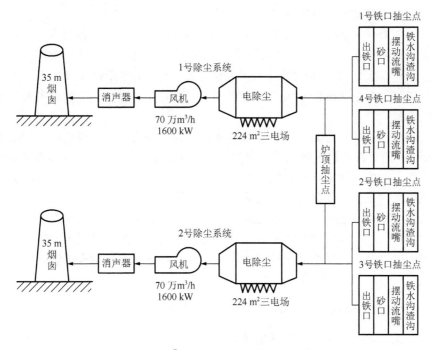

图 4-3　武钢 3# 高炉出铁场电除尘系统工艺流程

4.2.3　高炉出铁场一次除尘

高炉出铁场在一次除尘处理方面主要使用沟、槽全面加盖的方式，该方式收效明显，具有示范和推广意义。在钢铁厂的冶炼车间中，高炉出铁场的烟尘散发的污染源集中在操作人员呼吸带以下，且污染源较为分散，污染范围极其广泛。同时，由于受到出铁场内的辐射换热和对流换热，污染烟气变得更加分散。因此，出铁场内沟、槽的密闭与加盖是控制出铁场烟尘污染的必要条件[8]。

国内大多数钢铁厂至今仍沿用由一次除尘和二次除尘构成的烟尘除尘系统，对污染源进行直接除尘的为一次除尘，目前来说一次除尘效果比较显著，主要是因为在污染源附近处设置侧吸、顶吸排风罩，在保证除尘效果的情况下，可以使除尘风量降到最低，同时保证节能。

1. 铁口集尘罩

在高炉出铁场中，烟尘量产生最大的地方就是铁口部位了，因此铁口处集尘罩布置得是否合理，对除尘效果的好坏起着决定性作用，是除尘系统除尘效率的核心因素[9]。由于出铁口上方布置风口平台，前方还有开口机，场地较为狭小，同时开堵铁口又非常频繁，因此捕集开铁口时的烟气难度很大。铁口集尘罩的形式一般有直线移动式、旋转臂式和固定式。

宝钢 1# 高炉（4063 m³）铁口区除尘风量为 $17.4×10^4\ m^3/h$，但是在开、堵铁口期间还是会有少量烟尘外泄，外泄量约为其总量的 20%，所以这时候需要设置二次除尘系统。宝钢 2# 高炉改用小垂幕+集尘罩方式，集尘罩设在风口平台上方，垂幕从风口平台上端延伸至风口平台下，靠近尘源点，极大地提高了工人工作区的劳动条件[10]。

武钢新 3# 高炉（3200 m³）[11]，集尘罩设在风口平台下方，淡化掉二次除尘系统的概念，通过将铁口区域的除尘风量加大到 $20×10^4\ m^3/h$ 来提升除尘效果。同时车间内还存在着一些横向气流的干扰，为了避免其干扰，特在风口平台与炉壳之间布置可活动盖板，使得铁口处的除尘效果非常好。

包钢 4# 高炉（2500 m³）[12]仿照武钢 3# 高炉的除尘方式。在风口平台下布置铁口集尘罩，侧吸罩尺寸长 3.6 m 左右。同时因为当地的室外风速比较高，为了避免横向气流对铁口除尘效果造成的影响，在出铁场四周都布置可活动挡板。其铁口除尘风量为 $20×10^4\ m^3/h$。

2. 撇渣器集尘罩

在出铁前期，撇渣器处的烟尘量相对来说比较少，到了出铁后期，因为有渣层的覆盖，产生的烟尘量增加，但是也不多。另外，撇渣器处的排烟量不能过大，否则会导致铁渣、铁水温度的降低，使其流动性变差。

宝钢 1# 高炉将梯形盖设置在主沟撇渣器上部，在梯形盖上留出抽风口，使得除尘管道与抽风口连接，同时用钢板焊接抽风口，耐火材料砌在内部，设置观察孔。根据新日铁各座高炉实际使用的经验值将抽风量确定为 2250 m³/min。

包钢 4# 高炉为了便于开、堵铁口机的操作，仅在主沟后段范围内设盖排烟，除尘量为 1350 m³/min。

3. 铁水罐位集尘罩

由铁水沟流过来的铁水经铁水沟注入储运设备，此处由于落差和热压的作用，铁水罐位上侧及流嘴处产生大量的烟尘。此处烟尘量大，约占整个出铁场烟尘量的 50%左右，且此处烟温高，热压大，烟尘上升速度很快，而且摆动流嘴处的平台开口也大。

宝钢 1#高炉在铁水罐上部及两侧设置顶吸罩和侧吸罩，再接入除尘系统。

包钢 4#高炉在铁水罐的上侧面设置侧吸罩口，加大抽风量，抽走储运设备底部扬起的烟尘。此处除尘风量为 $20×10^4 \, m^3/h$。

马钢 $2500 \, m^3$ 高炉原设计的排烟罩是下部侧吸，由于罩内烟气温度较高，从下部侧吸效果较差，且降低罩内的清晰度，使工人难以观察到罐内铁水是否装满，现已将侧吸罩改为顶吸罩，效果有明显改善。

4. 铁水沟、渣沟集尘罩

铁水沟、渣沟以及撇渣器改变了过去传统的捣打料方式而采用了浇注料的方式，不需要经常性地修沟，撇渣器、铁沟、渣沟等处的烟尘都可以通过设置可行的沟盖板进行有效的抽风除尘。由于在沟内的铁水温度较高（1200℃左右），辐射热很大，而沟盖板与铁水的距离很近（1 m 以内），容易变形，因此一方面沟盖板的自身强度要提高（如加固筋板的间隔可以设置得再密一些），另一方面建议将沟盖板设计成拱形，为了不影响上部的通行，拱形的弧度可以做平缓一些。铁水沟的烟气属于热压作用下的无组织上升气流，烟气量不大，每一条沟所设置的抽风口只需要 1~2 处，视沟的长度而定，一般 8 m 以内设一处（宜设在中部），15 m 以内设两处，每处抽风量为铁水沟 $34×10 \, m^3/h$，渣沟 $1×10^4 \sim 2×10^4 \, m^3/h$。

4.2.4　高炉出铁场二次除尘

二次烟尘是在开、堵铁口时，在高达约 1200 Pa 的高炉炉内余压的作用下，铁口处将喷射出高温高压的烟气，烟气具备极大的初速度，可以瞬时冲出炉前的集尘罩"负压区"，从而使烟尘大量外溢和失控；同时，空气中横向气流的干扰也会影响烟尘捕集效率，致使二次烟尘产生。而这一部分二次烟尘是无组织排放的，主要是粒径极小的细微颗粒，通常需要另外采取二次除尘措施方能达到净化出铁场的目的。

1. 大垂幕

对于高炉出铁场的二次烟尘治理，宝钢、首钢等企业早在 20 世纪 90 年代就尝试了使用垂幕、局部排烟罩、密闭室等二次除尘装置，在二次烟尘的控制方面起到一定作用。

大垂幕式高炉出铁场除尘方式是 20 世纪 70 年代中期一种初级阶段的二次除尘形式。幕帘较大，开、堵铁口时将垂幕放下，垂幕下垂后会使吊车作业受到限制，而且垂幕内操作条件极差，幕帘也容易被烧毁，运行成本加大。

2. 小垂幕

小垂幕二次除尘方式是大垂幕方式的一种改进的二次除尘方式，属于局部式二次除尘方式的一种。虽然相对大垂幕方式有一定进步，但是还是会存在垂幕内操作条件差、运行中垂幕易烧毁，排风量大、耗能大的问题。

3. 密闭小室

相对于垂幕式的二次除尘方式，密闭小室的二次除尘方式在排风量节能方面、烟气捕集方面都有着很大的改进，是一种非常有效的二次除尘方式。但是由于炉前设置和操作工艺的关系，操作空间受到了一定的限制，给运行造成不便。

4.2.5　高炉出铁场烟尘治理的不足与改进措施

1. 我国高炉出铁场烟气治理的不足与问题

据不完全统计，全国高炉出铁场烟尘 80% 左右未得到有效控制，污染严重，已投运的除尘系统中近 70%～80% 运行效果不佳。高炉出铁场虽经多次改造，但烟尘污染仍比较严重，其中原因包括：出铁场关键部位（出铁口、撇渣器、摆动流嘴）的配风缺乏理论指导，如按经验增大风量，风机和除尘器负荷不够；集尘罩结构未充分考虑工艺操作和检修，造成使用率低、烟尘收集效果差；出铁场烟尘量处于不断变化中，除尘系统不同设备无法同步调节运行压力，达不到最佳除尘效率；同时能耗较高，且容易影响炉前操作工艺。

2. 高炉出铁场烟尘治理的改进措施实例

目前高炉出铁场烟尘治理的具体改进措施主要是在出铁口处增设吸尘罩、采用顶吸和侧吸结合、增大吸尘罩捕集面积等。

安钢炼铁厂 $6^\#$ 380 m^3 高炉[13]年产铁水约 42 万 t，日出铁次数约 15 次，每次出铁时间 30 min 左右，在出铁开炉门、铁水流动、入罐及堵炉门过程中产生大量烟尘。特别在开、堵炉门的瞬间及铁水入罐时烟气量更大，一般浓度在 0.45～3 g/m^3，对厂区及周边的环境造成极大污染。

改进措施：针对出铁口开口及上炮时阵发烟气量大、上升速度快、正常出铁时烟气量少的特点，采取侧吸为主、顶吸为辅的复合抽风方式，并在侧吸主管道前端设置了缓冲式降渣装置，避免管道堵塞，保证系统长期可靠运行。铁罐上方采用顶吸罩，为了减少混入冷风量，罩内设导流板。考虑两个罐位轮流出铁，在两个抽风罩的支管上分别设气动阀，以减少系统风量。出铁场除尘的关键问题是密封，在高炉出铁场车间周围及高炉后侧设 3 m 高的挡板，减少东、西、北风对出铁口除尘的影响，在必要的部位设门以方便生产；在出铁罐东、西两侧设电动大门，平时打开，出铁时关闭，减少野风和穿堂风的影响。

莱钢炼铁厂[14] 6 座 1080 m³ 高炉共设 9 个出铁场，其中 1#、5#、6#高炉分别设有两个出铁场，出铁沟为储铁式铁沟，出铁场主要采用布袋除尘，吸尘点设在高炉铁口及罐位处，吸尘效果良好。但在高炉出铁时段，产生大量烟尘并从出铁口、渣口、铁水沟、渣沟等部位同时散发出来，尤其是铁口、流铁沟部位的烟尘产生量大且持续时间长，不易捕集，现场环境受到一定影响。其改造措施是在铁沟上方增设除尘罩密封除尘，能够明显改善现场作业环境，对铁沟内的铁水也具有一定保温作用，从而保护铁沟内衬与沟底不受侵蚀破坏；同时，确保作业人员安全通行，减少现场安全隐患。

河钢邯钢 5#高炉（2000 m³）在生产过程中暴露出以下不足[15]：出铁场偏小，且多孔洞、多台阶、高低不平，不利于检修机械的行走及渣铁沟的维护；除尘效果差；冲渣沟从出铁场平台下通过，冲渣过程中出铁场区域弥漫大量蒸气；整个出铁场显得零乱、拥挤，环境恶劣。

为响应国家节能减排政策，河钢邯钢 5#高炉出铁场对铁口除尘进行了改造。原铁口顶吸罩捕集面积较小，出口面积仅 10.9 m²，烟气不能完全进入顶吸罩，容易造成烟尘外溢。改造中充分增大铁口顶吸罩捕集面积，出口面积达到 17.6 m²，改善顶吸罩的烟气缓冲和排烟能力，提高捕集效果。对摆动流槽除尘的改造具体为封堵摆动流槽四周的多余的孔洞，取消其顶吸凸罩抽风形式，改为摆动流槽侧壁抽风除尘形式设两处侧抽点，抽风口设置为喇叭口形式，摆动流槽顶加设平盖板，盖板底面及四周内侧壁喷涂隔热保护，盖板顶面与出铁场面平齐。

马钢 2#、3#高炉出铁场高炉出铁时[16]，开铁口的高温烟气在炉内压力作用下喷出的速度快，尽管高炉出铁口处均设置了烟气捕集装置，仍有部分烟尘弥散于出铁场厂房内，污染了周边环境。结合目前工艺操作要求和场地条件，在原有的侧吸罩条件下考虑的方案如下，在铁口烟气外喷集中部位上的设置：2#炉为上下可移动悬式顶吸捕集烟罩，3#炉为左右可移动式顶吸捕集罩。从出铁口烟尘捕集效果来看，顶吸式捕集罩的捕集效果要优于侧吸罩，故在此次改造中采用保留原有的出铁口单侧吸风罩，增设二次顶吸罩的捕集形式来解决出铁口时的烟尘捕集。

以往出铁场除尘系统只考虑了铁口出铁时一次烟尘的治理，对异常情况，如炉压过高、炮泥质量波动、铁口潮等考虑不足，在开铁口时，极易发生喷溅，瞬间形成大量的烟尘，出铁场除尘罩不能及时捕集，造成无组织排放。南钢 1#、2#炉当高炉正常出铁时，现场的粉尘排放状况良好，实际使用的风量富余，当铁口大喷时，设计风量明显不足，并且两座高炉同时大喷的概率很小。所以出铁场除尘风量集中改造技术的改造思路是考虑在大喷时，风量集中到一个出铁场使用，如果考虑极限情况，一个出铁场使用全系统的 72 万 m³/h 风量，炉前除尘罩罩面风速可以提高 2.7 倍，风速从 5.1 m/s 提高到 14 m/s 以上，极大地提高炉前除尘罩捕集效果[17]。

4.3　高炉煤气除尘净化及回用技术

相比于焦炉煤气，高炉煤气热值低、可燃范围窄、理论燃烧温度低，且压力变化不稳定、燃烧状态不稳定、火焰易产生脉动和脱火，一直被视为"鸡肋"。长期以来，高炉煤气除了被用于高炉热风炉燃烧外，绝大部分剩余高炉煤气均直接燃烧后放散，总放散率达 40%～60%。直到 20 世纪末，全国主要钢铁企业高炉煤气放散率仍在 10% 以上，每年的能耗损失达数十亿元以上[18]。每生产 1 吨生铁可得 1600～2000 m^3 高炉煤气，产量很大，但是可燃成分很少，主要是 CO 再加上少量的 H_2，热值也比较低，为 3000～3200 kJ /Nm^3。高炉煤气的着火温度较高，大于 700℃，其理论燃烧温度较低，约为 1200℃。高炉煤气燃烧速度较慢，火焰较长。

高炉炉顶直接出来的原煤气中含有大量的污染物，如表 4-7 所示，高炉荒煤气中含有颗粒物、CO、CO_2、硫化物、氨水、氰化物、碳氢化合物与 PAHs。

表 4-7　高炉荒煤气组成

原高炉煤气成分	数值	单位	单位因子	单位
高炉煤气产量	1.0～7.0	$1\times10^5\,m^3$/h	1200～2000	m^3/t 生铁
粉尘	3500～30000	mg/m^3	7000～40000	g/t 生铁
碳氢化合物	67～250	mg/m^3	130～330	g/t 生铁
氰化物（CN^-）	0.26～1.0①	mg/m^3	0.5～1.3	g/t 生铁
氨	10～40	mg/m^3	20～50	g/t 生铁
多环芳烃②				
苯并[a]芘	0.08～0.28	mg/m^3	0.15～0.36	g/t 生铁
荧蒽	0.15～0.56	mg/m^3	0.30～0.72	g/t 生铁
CO	20～28	%(体积分数)	300～700	kg/t 生铁
CO_2	17～25	%(体积分数)	400～900	kg/t 生铁
H_2	1～5	%(体积分数)	1～7.5	kg/t 生铁

①排污量可能会显著增加；

②存在许多其他的多环芳烃

经过两段除尘净化后，高炉净煤气的组成如表 4-8 所示。

表 4-8　高炉净煤气组成（两段处理后）

处理后的高炉煤气组成	数值	单位	单位因子	单位
高炉煤气产量	1.0～7.0	$1\times10^5\,m^3$/h	1200～2000	m^3/t 生铁
粉尘	1～10	mg/m^3	1～20	g/t 生铁
碳氢化合物	NA	mg/m^3	NA	g/t 生铁
H_2S	14	mg/m^3	17～26	g/t 生铁

处理后的高炉煤气组成	数值	单位	单位因子	单位
氰化物（CN⁻）	NA	mg/m³	NA	g/t 生铁
氨	NA	mg/m³	NA	g/t 生铁
重金属				
Mn	0.10～0.29	mg/m³	0.22～0.37	g/t 生铁
Pb	0.01～0.05	mg/m³	0.02～0.7	g/t 生铁
Zn	0.03～0.07	mg/m³	0.07～0.22	g/t 生铁
CO	20～28	vol%	300～700	kg/t 生铁
CO_2	17～25	vol%	400～900	kg/t 生铁
H_2	1～5	vol%	1～7.5	kg/t 生铁

注：NA 表示不可用的数据

　　高炉含尘煤气净化除尘技术是实现高炉煤气资源合理利用所必不可少的关键技术，同时也是一项先进的环保技术。荒煤气从高炉炉顶出来后，经过煤气下降管首先进入干式重力除尘器，在此除尘器中，随着煤气速度下降、方向改变，密度较大的灰尘分离沉淀，此时高炉煤气中剩余的粉尘主要来自于高炉入炉原料中的细粉粒，这些细粉粒在高炉炉内压力差的作用下，进入高炉煤气，高炉煤气含尘浓度为 40～100 mg/m³，要经过进一步的精除尘过程后加压回收利用。

　　目前，国内外用于含尘煤气净化除尘技术主要有重力除尘技术、旋风除尘技术、离心湿式除尘技术、超重力除尘技术、布袋除尘技术、电除尘技术、洗涤式除尘技术以及高性能阻挡式过滤除尘技术等。煤气净化除尘系统多是采用几种除尘器的组合模式，高炉煤气先经过粗除尘后再精除尘，粗除尘一般采用惯性除尘方法，即利用尘粒的惯性（重力或离心力）将固体颗粒从气体中分离出来，除尘效率 45%～85%，出口煤气含尘量在 2.5～12.0 g/m³。常用的粗除尘设备有重力除尘器和旋风除尘器。

　　经过粗除尘后的高炉煤气还需要进行精除尘，国内外大型高炉煤气的精除尘工艺大致可以分为干式除尘和湿式除尘两种，湿法除尘工艺主要依靠喷淋大量水，采用文丘里管和洗涤塔实现粉尘的去除，由于系统结构简单，操作维修方便，在早期高炉除尘中曾得到大量的应用，但由于湿法除尘耗水量大，煤气温度下降多，压力损失大，严重影响了净煤气的使用，因而近年来高炉煤气除尘技术多采用干式除尘，干式除尘又包括了干法电除尘和干法布袋除尘，除尘过程中不会带来水污染和污泥的处理，干的粉尘可直接返回烧结工序作为原料使用，除尘过程中煤气的压力损失小，温度高，比湿法高 100℃以上。

　　表 4-9 列出了部分除尘设备的分级除尘效率。

表 4-9　部分除尘设备的分级除尘效率

除尘器名称	除尘效率/%		
	粉尘粒径 50 μm	粉尘粒径 5 μm	粉尘粒径 1 μm
重力除尘器	95	26	3
旋风除尘器	96	73	27
空心洗涤塔	99	94	55
湿式电除尘器	>99	98	92
文氏管除尘器	100	99	97
布袋除尘器	100	99	99

　　高炉煤气干式除尘在发展过程中先后采用了电除尘、小布袋脉冲式除尘、大布袋反吹方式除尘、大布袋脉冲式除尘等几种工艺。其中电除尘工艺因除尘效率低、排灰系统排灰不畅等问题已停止使用；各钢厂从 20 世纪 70 年代开始运用的数十至数百立方米级高炉煤气的小布袋脉冲除尘工艺应用范围较广；太钢、攀钢、首钢采用的大布袋除尘技术因反吹风机、除尘布袋、排灰阀组等关键设备国产化率低，进口设备价格较高，导致推广困难；而莱钢、韶钢等企业采用的布袋脉冲除尘工艺虽然布袋寿命短、排灰系统故障率高、寿命短，但因工艺简单、设备制造难度低、控制容易、除尘效果较好而在一定范围内得以推广。表 4-10 汇总了国内部分大中型高炉煤气干式除尘系统[19]。

表 4-10　国内部分大中型高炉煤气干式除尘系统主要参数

项目	攀钢	攀钢	太钢	韶钢	莱钢	小仓	首钢	包钢
高炉炉容/m³	1350	2000	1250	2650	1880	1850	2100	2200
煤气发生量/(万 m³/h)	24~28	36~45	18~21.6	48	40	23.3	40~46	30(40)
炉顶压力/kPa	<150	<180	<150	<250	<250	<170~180	<140	<250
除尘方式	干湿两用	干式	干湿两用	干式	干式	干湿两用	干湿两用	干式
箱体个数	6	12	7	28	24	5	8	12
清灰方式	反吹风	反吹风	反吹风	脉冲	脉冲	反吹风	反吹风	脉冲
风速/(m/min)	0.8	0.83	0.74	0.41	0.42	1.01	0.84	0.41
布袋材质	Nomex 覆膜	Nomex 覆膜	Nomex	美塔斯9806	美塔斯9806	Nomex 覆膜	Nomex	美塔斯9806
布袋寿命/a	4	2	1~2	1~2	1~2	—	1~2	1~2
净煤气含尘量/(mg/Nm³)	0.64~1.2	1.2	—	—	—	—	—	2~3
运行率/%	98	100	98	100	100	—	—	100
排灰阀寿命/a	15	9	0.5	0.5	0.5	—	0.5	0.3~0.5

4.3.1　高炉煤气粗除尘技术

高炉炉顶煤气正常温度应小于 250℃，炉顶应设置打水措施，最高温度不超过 300℃。粗煤气除尘器的出口煤气含尘量应小于 10 g/Nm³。

目前国内有三种粗除尘方式：一是传统的重力除尘器，二是重力除尘器加切向旋风除尘器组合的形式，三是轴向旋流除尘器。传统的重力除尘器是利用煤气自身的重力作用，灰尘沉降而达到除尘的目的。重力除尘器结构简单，除尘效率低，尤其在喷煤量加大的情况下。轴向旋流除尘器是气流通过旋流板，产生离心力，将煤气灰甩向除尘器壁后沉降，从而达到除尘的目的，其结构复杂，除尘效率较高。

荒煤气经除尘器粗除尘后，由除尘器出口粗煤气管进入精除尘设施。除尘器的除尘效率高低，直接影响到精除尘系统中湿式除尘的耗水量和污水处理量，除尘效率高，可减轻干式精除尘的除尘负担，提高其使用寿命。

1. 重力除尘器

世界上大部分高炉煤气粗除尘都是选用重力除尘器。重力除尘器是一种造价低、维护管理方便、工艺简单但除尘效率不高的干式初级除尘器。

重力除尘器是借助重力作用使尘粒沉降下来从而实现除尘目的的最简单的除尘设备。它是在风机的作用下将含尘气体鼓入或吸入沉降室，由于沉降室内气流通过的横截面积突然增大，含尘气体在沉降室内的流速将比输送管道内的流速小得多，利用粉尘重力的沉降作用使粉尘与气体分离（图 4-4）。

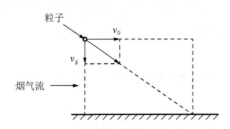

图 4-4　粉尘粒子在水平气流中的理想重力沉降

煤气经下降管进入中心喇叭管后，气流突然转向，流速突然降低，煤气中的灰尘在惯性力和重力的作用下沉降到除尘器底部，从而达到除尘的目的。煤气在除尘器内的气流速度需小于灰尘的沉降速度，而灰尘的沉降速度与灰尘的粒度有关。荒煤气中灰尘的粒度状况与炉况与炉内气流分布及炉顶压力有关。重力除尘器直径应保证煤气在标准状态下的流速不超过 0.6～1.0 m/s。高度上应保证煤气停留时间达到 12～15 s。通常高炉煤气粉尘构成为 0～500 μm，其中粒度大于 150 μm 的颗粒占 50% 左右，煤气中粒度大于 150 μm 的颗粒都能沉降下来，除尘效率可

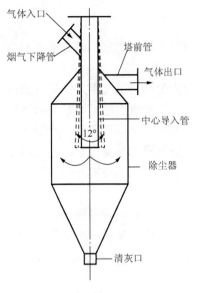

气体入口

烟气下降管

塔前管

气体出口

中心导入管

12°

除尘器

清灰口

图 4-5　高炉煤气重力除尘器

达到 50%，出口煤气含尘量可降到 6～12 g/m³ 范围内。

例如，宣钢 8# 高炉采用重力除尘器进行高炉煤气粗除尘（图 4-5），煤气含尘量处理前为 20 g/m³ 左右，经重力除尘器净化后含尘量在 10 g/m³ 左右，除尘效率为 50%[20]。

目前，国内使用的重力除尘器普遍存在结构单一、煤气进口的位置不合理、气流在内部的流动不充分，以及无法使粉尘颗粒有效沉降等缺陷，粉尘粒度越小，除尘效率越低。针对这些问题，实际改造中可考虑将传统的中心进气方式变为锥顶进气，含尘气体在除尘器内部产生旋流，并在进气口末端设置一定角度的旋流板，改变除尘器内部流场，并在除尘器底部加 45° 挡板，有效降低沉降尘卷起率，解决钢铁企业高炉产量增加和扩容造成的重力除尘器除尘能力不足的问题[21]。

2. 旋风除尘器

旋风除尘技术是利用尘粒的离心作用将固体颗粒从气体中分离出来，实际应用表明，依靠离心力作用要比单纯利用重力或惯性力对尘粒有更大的捕集能力。

气流在旋风除尘器内做旋转运动时，任何一点的速度都可以分解成三个分速度，沿着圆周方向的切向速度、沿着竖直方向的轴向速度和沿着半径方向的径向速度。

根据理论推导，尘粒在除尘器内做旋转运动时具有的切向分离速度可以用公式（4-1）表示：

$$\mu_p = \frac{d_p^2(\rho_p - \rho_g)\mu_\theta^2}{18\mu r} \qquad (4-1)$$

式中：μ_p 为含尘气体中在半径 r 处尘粒具有的切向分离速度，m/s；d_p 为尘粒粒径，m；ρ_p 和 ρ_g 分别为尘粒和载流气体的密度，kg/m³；μ_θ 为气流在半径 r 处的圆周速度，m/s；μ 为含尘气体的黏性系数，kg/(m·s)。

连续不断地进入圆筒体内的含尘气体，在旋转运动过程中，气流中大于极限粒径（d_c）的尘粒（d_p）都具有较大的分离速度（μ_p），当 μ_p 大于指向轴心的径向速度时，这些尘粒就逐渐被推移到器壁附近，这种现象连续不断地进行下去，聚集在器壁处的尘粒不断增加，直至碰到壁面，失去动能，在重力的作用下掉入灰斗，从而实现了气固分离。小于极限粒径的细微尘粒，由于它获得的分离速度不足以克服指向轴心的径向速度，不得不随载流气体一起流动，最终经排气管排出（图 4-6）。

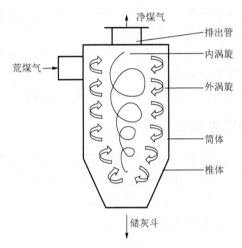

图 4-6　旋风除尘器工作原理

旋风除尘器有切向进气和轴向进气两种。

1）切向进气型旋风除尘技术

切向进气型旋风除尘技术的工作原理是煤气切向进入除尘器，产生向下的旋流，一直到底部，再从底部中央反向旋转至煤气出口管。煤气中的颗粒依靠离心作用与容器壁碰撞后沿器壁下落到底部被留存下来，只有小颗粒被上升的旋转气流夹带出除尘器，该除尘器一般安装在重力除尘器后，用于分离直径较小的颗粒，该除尘器除尘效率比重力除尘器略高，一般为 60%左右，切向进气型旋风除尘器具有结构简单、安全可靠、阻力损失小、寿命长、运行费用低等优点，但该设备体积庞大，除尘效率受温度影响较大。

2）轴流式旋风除尘技术

近年来，国内部分钢铁企业采用了轴向旋风除尘器。其工艺比较复杂，除尘效率较高，曾发生过除尘器内耐磨衬板碎裂和脱落，对生产造成一定的影响。

轴流式旋风除尘器是在进气口处设置约 60°的导流叶片使煤气流在除尘器内产生向下的旋流，通过调整导流叶片的角度可改变除尘效率。该除尘器的除尘原理与上述的切向进气型旋风除尘器的除尘原理类似，来自下降管的高炉煤气通过 Y 形接头进入轴向旋风除尘器，在轴向旋风除尘器的分离室内通过旋流板产生涡流，产生的离心力将含尘颗粒甩向除尘器壳体，颗粒沿壳体壁滑落进入集尘室。气流由分离室底部的锥形部位分流向上，通过分离室上部的内部管道离开轴向旋风除尘器。在旋流板处的高流速煤气不仅对旋流板有强烈的磨损，而且对除尘器壁体也有强烈磨损。因此在磨损强烈的部位必须衬以高耐磨性能的衬板。

该除尘器可用作煤气粗除尘，用于分离直径较小的颗粒，该技术除尘效率一般为 85% 以上，可通过改变叶片角度来调节旋风除尘的分离效率。通过更换不同形状的叶片，可确定旋风除尘器的分离效率和尘粒分布。在调解分离效率时，可从壳体外部很方便地更换叶片。

轴流式旋风除尘器具有结构尺寸小、可支撑高炉的上升管和下降管、安全可靠、寿命长、运行费用低、除尘效率高等优点，但是该除尘器的阻力损失比切向进气型旋风除尘器略高，需要结合实际参数进行优化调整[22]。

4.3.2　高炉煤气精除尘技术

经过粗除尘后的高炉煤气还需要进行精除尘，国内外大型高炉煤气的精除尘工艺大致可以分为干式除尘和湿式除尘两种。湿式除尘是利用雾化后的液滴捕集气体中尘粒的方法，湿式除尘包括洗涤塔、文丘里管和环缝洗涤器等，干式除尘主要包括静电除尘器和布袋除尘器。

1. 洗涤塔

洗涤式除尘技术是利用雾化后的液滴捕集气体中的尘粒，同时冷却气体。对于高炉煤气净化除尘，通常采用压力雾化和气流雾化两种方式进行雾化，压力雾化时喷嘴前后气体的压差需大于 0.2 MPa，气流雾化时气体速度需大于 100 m/s，才能保证较好的除尘效率，煤气在塔内流速为 1.8～2.5 m/s，压力损失为 80～200 Pa，除尘效率为 80%～90%。

高炉煤气洗涤除尘包括重力喷雾洗涤塔、填料洗涤塔和环缝洗涤塔，其中环缝洗涤塔结构简单、操作方便、耗水小，对炉顶压力调节效果好，适用于大型高压高炉，在余压透平发电装置（TRT）停止运行时，能够很好地替代调节阀降低，因此在国外应用较多，国内大中型高炉（1000～3000 m³）也越来越多地采用此技术[23]。

高炉煤气环缝洗涤技术也被称为 Bischoff 煤气清洗工艺，是德国 Bischoff 公司开发的技术，环缝洗涤塔是重力除尘后半净煤气处理的关键设备，包括预洗段和环缝洗涤段，环缝洗涤塔从上到下根据处理煤气量的不同依次布置多层不同规格的喷嘴，喷嘴在塔体内同心布置，并有单向和双向两种喷淋方式，在预洗段靠喷嘴喷出的雾化水对高炉煤气进行除尘、降温，顶部 3 或 4 个喷嘴的水由再循环泵供给，预洗段的其他喷嘴由净环水系统供给，工艺示意图如图 4-7 所示。

环缝洗涤塔中的关键设备是环缝元件，环缝元件由外部锥形壳体和内部锥形体组成，之间形成环形流通通道，并保持最小 10 mm 的导流间隙，锥形壳体与导流管连接，内部锥体在液压杆的作用下可做上下调节，改变环缝间隙，在环缝洗涤段，通过文丘里管对高炉煤气进行精除尘，并可在高炉顶压控制模式下，靠调

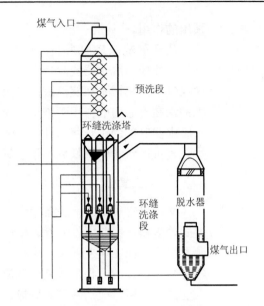

图 4-7　环缝洗涤工艺系统图

节三个环缝的开度实现稳定的高炉顶压。

　　来自高炉炉顶的荒煤气经重力除尘器（或旋风除尘器）脱除大颗粒灰尘，然后从顶部进入环缝洗涤塔上部喷淋区，先后被再循环浊环水和供水系统来的净环水喷淋冷却并粗除尘。在该喷淋区，高炉煤气与喷嘴喷出的雾化水进行热交换，使煤气温度降低到 60℃ 以下，煤气中较大颗粒的灰尘同时与雾化水相互撞击，灰尘被水滴捕集，大部分含尘水滴在重力作用下从煤气中分离出来，汇集在环缝洗涤塔中部的集水锥形斗，并经过排水系统排出，再经高架流槽到高效澄清器沉淀后，进入浊环水处理系统进行进一步的加压、加药处理，该段的除尘效率可达 40%～60%。

　　经过预洗段洗涤的半净煤气再经过位于环缝洗涤塔中部的 3 根并列的导流管进入环缝元件中，环缝元件上方各设一个喷嘴再次喷水，并在内锥表面形成一层水膜，喷淋水被充分雾化，含有较小颗粒尘埃的半净煤气经过环缝元件时，煤气流速大大提高，可达约 100 m/s，由于煤气流速和流向在文丘里管处发生较大变化，较小的灰尘颗粒在雾化水中被再次捕获，从而实现半净煤气的精除尘，并在差压 $\geqslant 30$ kPa 的情况下使煤气含尘量达到 $\leqslant 5$ mg/Nm^3。由这 3 个喷嘴喷出的水汇集在筒体底端的锥形斗中，并通过连通管道与脱水器底部锥形集水斗中的水汇集在一起，然后通过再循环泵将此部分水加压，输送到环缝洗涤塔预洗段的最上端喷嘴，进行再循环利用。

　　当 TRT 系统不运行时，高炉顶压靠环缝元件进行自动调节。当高炉顶压高时，内锥体向下移动，增大环缝间隙，增大流通面积，起到降低高炉顶压的作用；当高炉顶压低时，内锥体向上移动，减小环缝间隙，减小流通面积，起到提高高炉

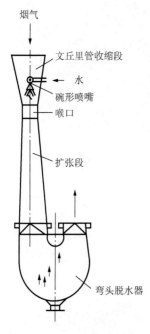

图 4-8　文丘里管结构示意图

顶压的作用。

从环缝洗涤塔出来的高炉净煤气机械水含量较高，需要使用脱水器脱除净煤气中的大部分机械水，净煤气中的机械水在旋流板的作用下形成漩涡气流，机械水在离心力的作用下被甩到脱水器内壁上，再流到脱水器底部的锥形集水斗中，经过脱除机械水的高炉煤气机械水含量降低到小于或等于 7 g/Nm³。

2. 文丘里管

文丘里管（文丘里洗涤除尘器）是一种高效率的湿式除尘器，主要由收缩管、喉管、脱水管以及给水装置组成，如图 4-8 所示。其除尘机理是使含尘气流经过文丘里管的喉径形成高速气流，并与在喉径处喷入的高压水所形成的液滴相碰撞，使尘粒黏附于液滴上而达到除尘目的。

在湿法净化系统中常采用双文丘里管串联，通常以定径文丘里管作为一级除尘装置，并加溢流水封，即溢流文丘里管，以调径文丘里管作为二级除尘装置。通过洗涤塔与文丘里管串联来进行除尘，该方法可将出口煤气含尘量降至 10 mg/m³ 以下，除尘效率为 94%～98%，两级文丘里管洗涤器中一级速度设计较低，用于冷却煤气和粗除尘，二级用于煤气精除尘，这样虽有一定的效果，但是增加占地和投资。煤气流速与用水情况直接影响文丘里管的工作效率。当高炉生产波动或水量不稳定时，文丘里管的工作效率将明显下降。

文丘里管除尘器对于微细尘粒（1 μm 以下）也具有很高的除尘效率，其阻力损失一般控制在 980～7842 Pa 范围内，称为低能文丘里管；炼钢烟气常用 7842～11764 Pa，称为高能文丘里管。

文丘里管洗涤除尘技术具有技术成熟、安全可靠、耗水量低、除尘效率高等优点，其除尘性能与布袋除尘相近，除尘率可达 99% 以上，如此高的效率和简单的结构，不仅能减少安装面积，而且能脱除烟气中部分硫氧化物和氮氧化物，这是文丘里管除尘器的主要优点。但是文丘里除尘器存在寿命短，检修非常不便等问题，而且压力损失大，动力消耗大，并需要有污水处理装置。

3. 电除尘器

德国鲁奇（Lurqi）公司自 1969 年研究开发煤气干法静电除尘技术，首先应用于 125 t 转炉煤气除尘和回收系统，处理烟气量为 11.5 万 m³/h，净化后煤气含尘浓度为 10 mg/m³，与转炉煤气相比较，高炉煤气温度及含尘量均低于转炉煤气，因此日本于 1985 年首次将煤气干法静电除尘技术用于福山钢铁 3000 m³ 高炉，1987 年，我国武钢引进日本设备，在 3200 m³ 高炉上建成电除尘工艺，同时备用一套湿式除尘系统。

静电除尘器的工作原理是煤气气流在强电场作用下气体被电离，被电离的气体离子一方面与尘粒发生碰撞并使它们荷电，另一方面在不规则的热运动作用下，扩散到固体表面而黏附下来使尘粒荷电，带负电荷的细颗粒在库仑力的作用下被驱赶到集尘电极表面，从而达到除尘目的，静电除尘器可用于煤气精除尘，除尘效率可达 90.0%～99.6%，压力损失<500 Pa。但是要求煤气入口温度以低于 200℃ 为宜，否则除尘效率会大幅度下降。

高炉煤气中 CO 含量较高，CO 是比负电性气体 N_2 的负电性略强的气体，高炉煤气中 N_2+CO 高达 80%～88%，直接影响着电除尘器的电场电压，由于高炉煤气中无 O_2，水蒸气含量仅为 3%～6%，在一般烟气电除尘中不予重视的 CO_2 气体，在高炉煤气电除尘中成为主要的负电性气体，图 4-9 中曲线 1～3 之间为我国高炉煤气的成分范围，其伏安特性曲线较陡，因此高炉煤气干式电除尘提高电场电压比一般烟气困难得多。

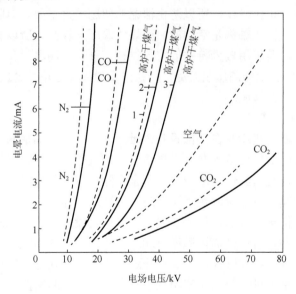

图 4-9　常压高炉压力下各种气体的伏安特性曲线（气体温度 30℃）

通过实验得到煤气压力提高 0.01 MPa，电场电压提高 10%，当高炉煤气压力由高压操作（0.08 MPa）转为常压操作（0.02 MPa）时，其场电压由 45～63 kV 下降至 38～49 kV，因此，高炉煤气干式电除尘应用于高压高炉能获得较高的除尘效率。

与常规电除尘器设计不同，受高炉煤气特殊性质的要求，用于高炉煤气净化的电除尘器在结构设计上需要考虑设备耐压、防爆、密封等问题[24]，具体如下：

1）设备耐压问题

常规烟气如烧结烟气一般是负压操作，且负压较小，通常小于 3000 Pa，即使是烧结机烟气也不超过 0.015 MPa。而高炉煤气均为正压，大型高炉压力则为 0.1～0.2 MPa。因此普通电除尘器的方型结构很难满足耐压要求，此外，考虑到煤气主除尘器内流动性要好，不能有"死角"区出现。因而对于高炉煤气净化，电除尘器在结构上需采用圆形截面的壳体。

2）防爆、密封问题

高炉煤气易燃、易爆、有毒，其安全性尤为重要，高炉冶炼是密闭操作，且电除尘器为正压操作，因此，一般情况下不会发生煤气与空气混合的情况，爆炸的可能性较小，在电除尘器开始运行时，需要采取在充入煤气前先用氮气吹空气的措施，避免爆炸的发生。考虑到煤气与空气局部混合的可能性，需要在除尘器上设置一定数量的安全阀，开启后可自动关闭，在泄压时，安全阀迅速关闭，不致有大量煤气泄漏，同时，在安全阀上设置连锁装置，在安全阀打开的同时，高压电源自动断电，从而可避免继续爆炸。相对于爆炸问题而言，电除尘器不是一个密闭容器，且为正压操作，所以防止泄漏的问题更为重要。电除尘器的阴阳极振打轴、刮灰轴、输灰轴都是活动的，而煤气温度又较高，所以普通的密封材料难以满足要求，需要采用较为特殊的密封材料，既可耐高温，又可有效地起到密封作用。此外，电除尘器高压引线处，入孔门及顶部保温箱等处的密封也很重要，也应采取相应的密封措施。

3）清、排灰方式

常规电除尘器一般均是在下部设几个锥形灰斗或几个船形灰斗，由阳极板、阴极线震落下来的灰自动落入灰斗，再由星形卸灰阀或螺旋输送机等卸灰。而高炉煤气压力较大，且密封性要求较高。不宜在除尘器下部设置具有大面积平面的储灰斗，普通的卸灰方法也满足不了密封性的要求。需要设置一套由刮灰机构、输灰机构及卸灰机构组成的清排灰装置。刮灰机构设置在圆形电除尘器各电场底部，通过机械传动，可沿圆筒内壁做 120°往返运动。由阳极板、阴极线震落下来的灰落入除尘器下部的圆孔，由螺旋输送机送到一室四阀卸灰机构，再由卸灰机构将灰卸出，整个过程都是在密闭状态下进行的，可卸灰但不漏气。

4）阴阳极配置及振打装置的设置

常规电除尘器为四方结构，阴阳极的配电、振打装置的设置均较易安排，而圆形电除尘由于其结构的特性，在内部板线、振打装置的设置上就要考虑其特殊的地方。圆形电除尘器采用顶部提升脱钩侧面振打的方式，这样可以避免使用耐温不超过 250℃的聚四氟乙烯板，便于解决电场与顶部保温箱的密封问题。

5）高压供电设备及其他

高炉煤气使用的电除尘器一般采用间歇供电方法，1/3～1/5 时间供电，2/3～

4/5 时间不供电。其作用一是节能，二是提高电压、电流的峰值，从而提高除尘效率。此外，考虑到高炉冶炼过程中有可能出现短期的异常现象，温度会突然升高，在电除尘器前边需设置蓄热缓冲器，可使高炉煤气温度为 1000℃时，5 min 内保持电除尘器入口温度为 350℃。

干式电除尘器具有流程短、操作简单、操作环境好、安全可靠、运转费用低、维修量小、寿命长等优点，但是也存在电晕稳定性差、材料稳定性差、材料的热胀等问题，且基建投资比布袋除尘高 15%～30%。煤气干法静电除尘技术能够满足高炉煤气除尘净化的要求，高炉煤气采用干式电除尘净化回收和顶压发电技术，既能够回收能源、节约电力，又能够消除煤气洗涤污染，可最大限度回收煤气显热。我国邯郸钢铁总厂在容积为 1260 m^3 的高炉上引进了德国干式电除尘技术，处理煤气量为 18 万 m^3/h，煤气处理后含尘量为 5 mg/m^3[25]。

4. 布袋除尘器

1981 年应用布袋除尘技术净化高炉煤气在日本获得成功。这种方法与过去的湿法洗涤煤气相比，具有节能、节水、运行费用低等优点，并且消除了洗涤水对环境的污染，获得高温煤气的显热，因此这项技术在钢铁领域迅速发展。1987 年我国太钢的 1200 m^3 高炉采用该技术，这是我国首次对高炉煤气应用布袋除尘技术。

布袋除尘器能将高炉煤气中的粉尘捕集，这是由煤气中尘粒和过滤介质综合作用的结果。高炉煤气中的粉尘是由超细微粒和粗粒组成的。当含尘气流流过清洁的滤料时，粒径大于滤布空隙的微粒，由于重力作用沉降或因惯性力作用被纤维挡住；比滤布空隙小的微粒和滤布的纤维发生碰撞后或经过时被纤维钩附在滤袋表面（钩附效应），由分子间的布朗运动留在滤布的表面和空隙中，最微小的粒子则随气流一起流经滤布排出。随着滤料上捕集的粉尘不断增加，一部分粉尘嵌入到滤料内部，一部分附着在表面，在织孔和滤袋表面形成灰膜，这层灰膜又称为过滤层，煤气通过布袋和灰膜后达到良好的净化除尘目的。当灰膜增厚，阻力增大到一定程度时，再进行清灰，去掉大部分灰膜，使阻力减小到最小，再恢复正常过滤。高炉煤气布袋除尘中，灰膜起着比滤料更重要的作用，使捕集尘的效率显著提高。积灰的滤料比清灰后的滤料除尘效率高，清洁滤料除尘效率最低。因此清灰时应保留粉层，以保证高的除尘效率，过渡清灰会引起除尘效率下降，加快滤袋破损。

高炉采用低压氮气脉冲反吹法来清灰，影响清灰效果的主要有喷吹压力和喷吹间隔。喷吹压力是指脉冲喷吹的气体压力。喷吹方式相同时，喷吹压力越大，诱导的二次气流越多，形成的反吹气速越大，滤袋压降越明显，清灰效果越好，允许入口含尘浓度相应提高；但喷吹压力过高，若出现了过度清灰，破坏了初尘层，反而影响了除尘效率，同时耗气量增加，浪费能源，可见控制合适的喷吹压力是保证高效除尘的必要条件。某 750 m³ 高炉布袋除尘采用低压氮气脉冲反吹，喷吹压力为 0.25～0.4 MPa，运行效果良好。喷吹间隔的长短影响除尘器的压降。为了使除尘器基本保持稳定状态的运行，可采用定时喷吹与压降控制相结合、压降控制优先的控制方式。在不影响正常运行的条件下，应尽量延长脉冲间隔，可减少用气量，同时保证了煤气的显热值，延长脉冲阀膜片及滤袋寿命。高炉煤气喷吹间隔时间一般为 30～120 min。喷吹时间即脉冲阀开启的时间。一般喷吹的时间越长，清灰效果越好。实践证明，高炉煤气布袋除尘器低压脉冲喷吹的时间为 0.1 s 较好。在 0.1 s 后，随喷吹时间的增加，除尘器压降几乎不变[26]。

　　高炉煤气参数的稳定是保证布袋除尘器高效的前提，高炉操作要为煤气布袋除尘创造稳定的煤气参数。目前常用于高炉滤袋的滤布最高的瞬时耐温为 260～300℃，如果炉况不稳定，荒煤气温度时高时低，会造成滤袋烧坏或结露，严重时除尘器停运。生产中如果高炉冶炼压力提高到 0.15 MPa，煤气灰吹出量比常压时少得多，炉顶压力波动过大，入炉原料水分过高，影响布袋除尘器的正常运行。因此要努力提高原燃料质量（如精料、成分稳定、粒度均匀、冶金性能良好、炉料结构合理），稳定高炉供风，控制下料速度均匀，才能确保高炉布袋除尘器稳定高效地运行[27]。

　　目前国内高炉使用较多的滤袋主要有两种：①尼龙布袋，薄膜复合 Nomex 机织布滤袋，长期连续使用温度在 200℃以下；②玻纤滤袋，玻璃纤维针刺毡、氟美斯针刺毡、玻璃纤维与 P84 纤维复合针刺毡，长期连续使用温度在 280℃以下。但炉顶煤气温度往往在 150～300℃之间，在高炉故障时，煤气温度甚至高达 400～600℃，远远超出了滤袋所能承受的温度。同时，炉顶煤气温度也有低于 80℃的时候，接近煤气露点温度，造成滤袋黏结。因此，需采取相应的措施，以保证滤袋系统的正常工作。目前普遍采用的降温方式是在重力除尘器内喷水降温或增设换热器，喷水降温方式直接，降温快，但很难控制喷水量及保证水的雾化效果。喷雾量过多时，会使重力除尘器内积灰变湿、黏结致使其输灰不畅通，重力除尘器的除尘效果降低，甚至无法排灰而导致停产检修。

　　可采取的主要对策有以下几种：①设置降温换热器，采取喷水降温的间接冷却方式；②设置升降温换热器，温度高时，通过鼓空气冷却；温度低时，利用热风炉的烟气（或蒸汽）作为热媒，加热煤气；③设置燃烧放散塔，当炉顶煤气温度高于 280℃或低于 80℃时，打开放散阀，燃烧放散；④在重力除尘器内喷水降温，该方式需严格控制水量，并保证水的雾化效果。

　　在设计大型高炉的布袋除尘系统时，首先应以高炉的稳定运行为前提，确保除尘系统的稳定性为原则进行设计，主要有以下几点：①选取合理的过滤面积和过滤负荷，应考虑到炉顶压力变化给系统带来的影响。滤袋材料应选用强度高、耐温高、过滤风速大的滤料，并尽可能选用覆膜滤料以缓解结露问题。②应设计较为可靠的煤气温度控制设施，并尽可能控制煤气的含水量。③设计应选用可靠性大的设备和材料，确保生产的运行可靠。④进一步完善布袋检漏技术，能准确发现漏损滤袋，并设有相应的控制手段，减少生产管理的劳动强度和对后续工段的影响。⑤在设计大型高炉布袋除尘时，不应该简单地通过增加箱体个数来实现增加过滤面积；而应考虑扩大单箱体的过滤面积，尽量减小箱体的个数。这样既可以减少占地面积和设备数量，达到节省投资的目的，又可以减少生产以后的设备维护工作量，降低生产管理成本。

4.3.3　高炉煤气除尘工艺

按净化方法的不同，高炉煤气除尘可分为湿式除尘和干式除尘工艺。

1. 湿式除尘工艺

湿式除尘是指高炉煤气经重力除尘器粗除尘后，进入湿式精细除尘，依靠喷淋大量水，最终获得含量为 10 mg/m³ 以下的净煤气。湿式精细除尘装置又分为塔文系统和双文系统。

（1）塔后文丘里管系统。该系统由重力除尘器、洗涤塔和文丘里管组成，工艺流程如图 4-10 所示，过去我国炼铁厂多采用此种除尘系统。该系统技术成熟，结构简单，造价低，除尘效果良好，基本可以满足工业燃烧器要求。

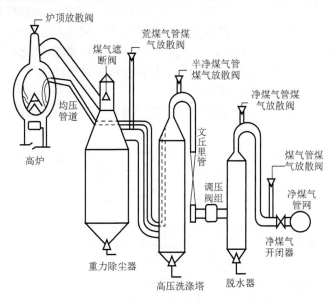

图 4-10　塔后文丘里管系统

Bischoff 法是一种湿式环缝煤气清洗器，安装于高炉重力除尘器后，如图 4-11 所示。

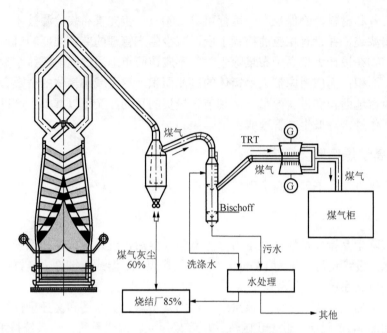

图 4-11　Bischoff 煤气清洗工艺

在 Bischoff 清洗器的第一阶段,煤气通过预清洗可将约 90%的颗粒炉尘去除,而且气体的冷却几乎可在此阶段完成,在清洗塔中心配置多级喷头,这种结构可在很低的阻损条件下（<1000 Pa）达到很高的清洗和冷却效果。煤气清洗的第二阶段通过一环缝清洗器去除煤气中细小的粉尘并同时进行绝热冷却。在降压条件下,可保证煤气含尘量始终低于 5 mg/Nm³。

（2）双文丘里管系统。该系统由重力除尘器和双文丘里管组成,见图 4-12,为全湿法除尘。

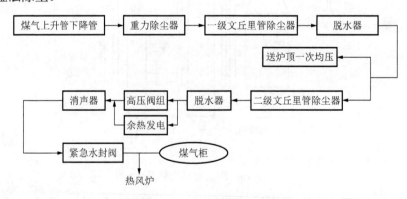

图 4-12　双文丘里管串联清洗系统

串联调径文丘里管系统的优点是操作维护简便、占地少、节约投资 60%以上。但炉顶压力为 80 kPa 时,在相同条件下,煤气出口温度高 3～5℃,煤气压力降低

8 kPa 左右。一级文丘里管磨损严重，但可采取相应措施解决。然而在常压或高压操作时，两个系统的除尘效率相当，即高压时或常压时净煤气含灰量分别为 5 mg/m³ 或 15 mg/m³，因而当给水温低于 40℃时，采用调径文丘里管就更加合理。当炉顶压力在 0.15 MPa 以上，常压操作时煤气产量是高压时的 50%左右时，根据高炉操作条件的需要，采用串联调径文丘里管的优点就更加显著，即煤气温度由于系统中采用了炉顶煤气余压发电装置反而略低于塔文系统。此外，文丘里管供水可串联使用，其单位水耗仅有 2.1~2.2 kg/m³ 煤气。而塔文串联系统的单位水耗则为 5~5.5 kg/m³ 煤气。因此，当炉顶压力在 0.12 MPa 以上时采用串联调径文丘里管系统较为合适。该工艺在日本新日铁采用较多，我国宝钢 1# 高炉、包钢 4# 高炉等曾经采用此工艺。

除上述湿法除尘工艺外，在高炉煤气除尘工艺的发展中，还采用过文丘里管加电除尘器等干湿相结合的工艺。

为了节省能源，让高压炉顶煤气余压发电装置增加 10%的电量，降低文丘里管的阻力损失，1987 年 1 月日本君津厂 3# 高炉煤气清洗采用了一级文丘里管和电除尘器的 R 翻板调径文丘里管系统，其中一级文丘里管阻力损失为 4900 Pa，二级文丘里管阻力损失为 1960 Pa（包括电除尘器的阻力损失），这样可多发电850 kW·h。

湿法除尘工艺由于除尘器结构简单，造价低，占地面积小，操作维修方便，在高炉除尘中曾经得到大量的运用，但湿法除尘耗水量大（5.0~5.5 t/km³），需庞大的供排水设施，煤气温度下降多（清洗后温度 35~45℃）、煤气压力损失大（0.025 MPa）、煤气含水量过高，饱和水和机械水在 80 g/m³ 左右，严重影响净煤气的使用。而排放的洗涤水含有大量灰泥，其中还有氰化物、硫化物、酸和砷等多种有害成分，排放后易造成环境污染，在节能、环保要求越来越高的今天已不能很好地适应低成本生产及可持续发展的要求。

2. 干式除尘工艺

近年来高炉煤气除尘技术多采用干式除尘，干法除尘具有净煤气含尘量低，炉顶煤气能量回收多等优势，除尘过程中不会带来水污染和污泥的处理，干的粉尘可直接返回烧结作为原料使用，除尘过程中煤气的压力损失小，温度高，比湿法高 100℃以上，全干式除尘包括干法布袋除尘工艺和干法电除尘工艺。

1）干法布袋除尘工艺

该系统由重力除尘器和布袋过滤除尘器组成，工艺流程见图 4-13。

高炉煤气经重力除尘器及旋风除尘器粗除尘后，进入布袋除尘器进行精除尘，净化后煤气经煤气主管、调压阀组（或 TRT）调节稳压后，送往厂区净煤气总管。滤袋过滤方式一般采用外滤式，滤袋内衬有笼形骨架，以防被气流压扁，滤袋口上方相应设置与布袋排遣数相等的喷吹管。在过滤状态时，荒煤气进口气动蝶阀及净煤气口气动蝶阀均打开，随煤气气流的流过，布袋外壁上的积灰将会增多，过滤阻力不断增大。阻力增大（或时间）到一定值，电磁脉冲阀启动，布置在各箱体布袋上方的喷吹管实施周期性的动态氮气反吹，将沉积在滤袋外表面的灰膜吹落，使其落入下部灰斗。在各箱体进行反吹时，也可以将此箱体出口阀关闭。清灰后应及时启动输灰系统。输灰气体可采用净高炉煤气，也可采用氮气，将灰输入大灰仓后，用密闭罐车通过吸引装置将灰装车运走。

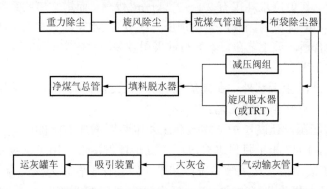

图 4-13　高炉煤气全干法布袋除尘工艺

　　过去在我国中小型高炉上常采用，但煤气温度控制有一定问题，滤袋质量未过关，故该除尘过程效果尚不够理想。现有新建大型和巨型高炉多采用此工艺，原有大高炉也增加干法除尘装置，如宝钢六座高炉均已采用干法除尘工艺。

　　济钢 1#、2# 1750 m³ 高炉煤气采用湿法洗涤工艺除尘，3# 1750 m³ 高炉采用全干法布袋除尘，两种除尘工艺的主要参数如表 4-11 所示[28]。

表 4-11　济钢高炉煤气湿法洗涤除尘和干法除尘工艺参数比较

工艺参数	湿法洗涤（1#、2#高炉）	干法除尘（3#高炉）
占地面积/m²	5017	2137
动力消耗费用/（万元/a）	224.93（水、电消耗）	270.84（氮气、压缩空气、水、电消耗）
TRT 发电量/（万 kW·h）	4873	7441
物料消耗/万元	181.62（水质调节剂、阻垢剂等）	145.63（滤袋更换）
煤气含尘量/（mg/m³）	7.36	6.23
煤气含水量/（g/m³）	24.75	—
压力损失/kPa	20～35	3～5
煤气热值/（kJ/m³）	—	比湿法高 210～290

　　高炉煤气干法布袋除尘系统相对于传统高炉煤气湿法除尘系统，不仅投资少，占地少，简化了工艺系统，从根本上解决了二次水污染和污泥的处理问题，而且配合煤气余压发电系统可以合理回收利用煤气显热，显著增强发电能力，增加高炉炉顶压差发电系统（TRT）发电量 20%左右，有效降低吨铁能耗。同时，由于煤气含水率较低，煤气发热值得到了提高。

干法布袋除尘工艺具有以下特点：①不直接用水来清洗和冷却高温煤气，从根本上解决了污水、污泥排放对环境造成的污染问题，高温能量损失小；②除尘效率高，净煤气的含尘量小于 5 mg/m³，净煤气温度较高，煤气湿含量低，且不含机械水，提高了煤气的发热量和理论燃烧温度，从而降低了用户的燃料消耗；③对于高压高炉，若采用布袋除尘配干式煤气压差发电装置，由于进入压差发电装置的煤气具有较高的温度（一般是 100～200℃）和较高的压力（一般比湿法高20～30 kPa），可增加发电量 30%～40%；④高炉煤气采用干法布袋除尘可以多回收和利用煤气显热；⑤高炉煤气采用干法布袋除尘可提高煤气的热值和理论燃烧温度，从而降低燃料消耗；⑥高炉煤气采用干法布袋除尘和干式 TRT，发电量可以增加 35%～40%；⑦高炉煤气纯干法布袋除尘占地小，运行费用低；⑧干式布袋除尘器对介质适应性强，使用范围广。

经过干法布袋除尘的净煤气对煤气用户大有益处。同时，配合 TRT 余压发电，也进一步提高了能源利用效率。但是，在实际的运行过程中由于高炉生产和干法布袋法除尘的特殊性，也由于设备设计存在着许多问题和缺陷，从而影响了干法布袋除尘的正常运行和高炉正常生产。干法除尘使用的布袋对环境温度要求严格，工作温度只能在 90～280℃之间，温度过高会烧坏布袋，温度低会使布袋结露，正常情况下，各高炉在正常生产时，炉顶温度基本稳定在 120～220℃，就可以满足干法除尘的温度要求。

2）干法电除尘工艺

该工艺由重力除尘器和静电除尘器组成，武钢 5#高炉采用此流程，如图 4-14所示。

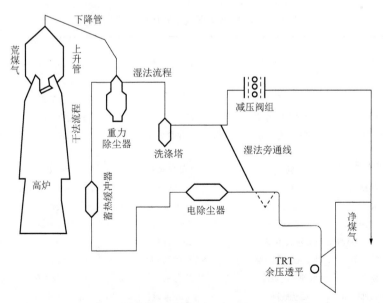

图 4-14　武钢 5#高炉煤气电除尘系统流程

　　煤气干法静电除尘技术能够满足高炉煤气除尘净化的要求，高炉煤气采用干式电除尘净化回收和顶压发电技术，既能够回收能源、节约电力，又能够消除煤气洗涤污染，可最大限度回收煤气显热。我国邯郸钢铁总厂 1992 年引进德国鲁奇技术，在容积为 1260 m³ 的高炉上，处理煤气量 18 万 m³/h，煤气处理后含尘量为 5 mg/m³ [25]。

　　与干式布袋除尘容易出现"糊袋"现象相比较，干式电除尘器对高炉炉况的适应性更好，具有操作简单、操作环境好、安全可靠、运转费用低、维修量小、寿命长等优点，但是干式电除尘存在电晕稳定性差、材料稳定性差、材料的热胀等问题，基建投资比布袋除尘高 15%～30%。

　　据武钢和邯钢的使用情况来看，上述干法静电除尘系统的正常运转率均低于 70%，可靠性较差，不能实现全干法操作，一旦发生故障，需转为高能耗的湿法系统运行或高炉休风，影响高炉正常生产，现均已拆除，改换为其他除尘系统[29]；日本仓敷水岛厂 2# 高炉干电系统也在 2003 年扩容大修时拆除，改用高炉湿法环缝系统，干法电除尘系统运行过程中主要问题及缺陷有：①蓄热砖堵塞、电除尘系统无法正常运转；②除灰尘板结、输灰不畅，配套的机械刮、输灰装置长期处于高温、高粉尘浓度的作业环境，除尘器内部的刮灰、输灰系统磨损严重，润滑系统故障率高。

　　因此针对电除尘器前煤气温度的调节方法，我国采用了换热缓冲器，使高炉煤气温度在 80～250℃之间，国内外主要的四种干式电除尘流程比较如表 4-12 所示。

表 4-12　四种高炉煤气干式电除尘工艺比较

项目	日本 NKK 流程	德国 Lurgi 流程	芬兰 Koverhar 流程	中国 CISRI 流程
干式除尘器型式	圆形卧式	圆形卧式	上部圆形 下部船形	圆形卧式
温度控制方式	蓄热缓冲器	蓄热缓冲器	炉顶喷水冷却	换热缓冲器
工艺设备特点	干式+湿式备用	全干式双系列并联 2×60%设计负荷	单系列全干式	单系列全干式
净煤气含尘/(mg/m³)	<10 非正常<30	<10 非正常<30	<10	<10
工作压力/MPa	<0.25	<0.25	<0.03	<0.25
正常工作温度/ ℃	250	250	250	250
煤气温度>250℃	转湿式系统	喷水冷却	喷水冷却	换热冷却
煤气温度低于露点时	转湿式系统	蒸汽加热	—	换热加湿
煤气显热利用	TRT 后不能利用	TRT 后不能利用	利用	利用
灰尘处理	水冲入沉淀池	堆存	掺石灰堆存	综合利用
防氯离子腐蚀措施	水洗脱除	水洗脱除	不用	不用

表 4-13 为干式布袋除尘和电除尘工艺的比较,从比较结果来看,大型高炉采用布袋除尘技术更具有优越性,首先大型高炉因为炉顶压力高,煤气实际体积小,过滤负荷就大,可减少过滤面积,从而可以减少建设投资和生产经营管理费用;其次是大型高炉装备水平高,操作稳定,煤气含水少,更适应于布袋除尘技术。从实践上来讲,随着高炉技术的发展,中型高炉的装备水平、操作水平也越来越接近大型高炉,因此在大型高炉中采用全干式布袋除尘具有良好的应用前景。

表 4-13 干式布袋除尘与干式电除尘的比较

项目	干式布袋除尘器	干式电除尘
系统阻力/kPa	1.5~5.0	0.5~1.5
出口含尘量/(mg/m³)	3~5	5~10
耐热性/℃	<250	<400
设备维修	容易	困难
设备投资	低	高
存在的主要问题	布袋存在耐温限制,因此必须严格控制进入布袋的煤气温度	煤气温度及压力对除尘效率影响较大,应严格控制煤气温度,但其温度控制范围较布袋系统宽;并严格控制进入电除尘器煤气中的含氧量

高炉煤气干法除尘能使炉顶余压发电装置多回收 35%~45%的能量,但是过去干式煤气除尘技术不够成熟,所以用湿式除尘备用,因此没有得到广泛推广。从 1979 年至今的 30 余年中,我国高炉煤气干法滤袋除尘工艺发展迅速,技术日臻完善。因此,《高炉炼铁工艺设计规范》条文说明规定了积极采用高炉煤气干式煤气除尘装置的具体要求:①1000 m³ 级高炉必须采用全干式煤气除尘和干式 TRT 发电,不得备用湿式除尘;②2000 m³ 级高炉应采用全干式煤气除尘和干式 TRT 发电,不宜备用湿式除尘;③3000 m³ 级和大于 3000 m³ 的高炉研究开发采用全干式煤气除尘和干式 TRT 发电,为稳妥起见,可备用临时湿式除尘,并采用干湿两用 TRT 发电装置。

4.3.4 高炉煤气脱氯技术

在高炉冶炼过程中,铁矿石、焦炭和煤粉都会将微量的 Cl 元素带入高炉,进入高炉的 Cl 元素经过一系列的化学反应后绝大部分以 HCl 的形态进入高炉煤气中。传统的高炉煤气除尘净化工艺采用湿法水洗,高炉煤气中的 HCl 等酸性气体绝大部分被水吸收,净煤气中的氯离子浓度小于 0.5 mg/m³。近些年来,由于干法除尘的推广应用及冶炼所用物料等,氯元素对高炉冶炼过程的影响日渐突出,一些研究表明在部分热风炉内的蓄热室格子砖黏结物、高炉风口结渣物、TRT 叶片黏结物、布袋除尘箱内壁黏结物中都分别检测到大量的氯元素,在这些黏结物中有的氯含量可达到 60%以上[30],严重影响整个高炉冶炼系统的正常运行。

目前,国内外针对煤气脱氯的工艺主要分为湿法脱氯和干法脱氯。其中湿法脱氯工艺采用注水、缓蚀剂、碱性中和剂等来直接脱除煤气中的无机氯；干法脱氯工艺则是利用固体脱氯剂与煤气中的氯化氢进行化学反应从而使气体形态的氯固定在脱氯剂上以达到脱除目的。随着工业技术的发展及市场的需求，针对脱氯工艺的研究也越来越多，其中干法脱氯技术的研究已成为当下脱氯技术的研究主流[31]。

从化学反应机理方面来看，煤气中的氯化氢与脱氯剂进行化学反应，反应生成的金属氯化物以晶体形式被固定下来，其化学反应为

$$M_xO_y + 2yHCl \Longrightarrow M_xCl_{2y} + yH_2O \qquad (4-2)$$

从这个化学反应式中可以看出，整个脱氯反应的实质就是酸碱中和反应。脱氯剂活性物质中的碱性金属离子与氯离子进行反应，生成物以盐类形式被固定下来。

针对一些有机氯的脱除，需要使用催化剂（常见的催化剂有 Co-Mo 催化剂、Ni-Mo 催化剂）将有机氯转化为无机氯，然后对转化生成的 HCl 进行固定脱除。转化方式如下：

$$R—Cl + H_2 \Longrightarrow R—H + HCl \qquad (4-3)$$

$$CCl_4 + 4H_2 \Longrightarrow CH_4 + 4HCl \qquad (4-4)$$

目前，针对高炉煤气中氯化氢脱除的脱氯技术都属于化学吸收分离技术，并采用固体脱氯剂进行脱氯反应，其主要有两种脱氯工艺：一种是将固体脱氯剂放置在一定的位置，然后煤气通过脱氯剂进行过滤式脱除；另一种是将粉状固体脱氯剂喷入煤气所处的特定环境中直接进行脱氯反应。

对于脱氯过程来讲，温度会在一定程度上影响化学反应的速率，所以对于化学吸收型脱氯剂的吸收率会有一定的影响，在一定范围内温度升高氯容量会相应增加；压力对脱氯剂氯容量的影响不大；特定范围内的气流速度对脱氯剂氯容量的影响不大；较低含量的水蒸气对脱氯剂性能影响不大[32]。

国内早期对于脱氯剂的研究开发，主要针对的是石油化工行业的高温煤气，起初研究的脱氯剂整体处于种类少、低性能、高成本及低产出的状态，而且现场应用中的脱氯剂由于脱氯反应差及氯容量低，需要在很短的时间间隔内进行更换，这些大大增加成本的投入。随着技术的进步，近年来开发的脱氯剂大多以碱金属或碱土金属为活性组分，以天然黏土为黏结剂，常见的体系有 CaO-ZnO 系、CaO-Al$_2$O$_3$ 系、Na$_2$O-Al$_2$O$_3$ 系等，其发展趋势已从中低温向高温脱除发展，由低氯容向高氯容发展，由单组分 HCl 脱除到多组分污染物的协同净化发展，目前国内主要的脱氯剂性能特点如表 4-14 所示。

国外对高温煤气脱氯剂的研究开发相对于国内要早很多且范围相对较广。典型的研究例如，Krishnan 利用固定床反应装置研究了在 525～650℃下小苏打矿脱除煤气中 HCl 的性能，结果显示其氯容量可达 45%；还有一些针对新型脱氯剂及

表 4-14 国内主要的脱氯剂性能特点

型号	外观	强度/(N/cm)	温度/℃	压力/MPa	空速/h⁻¹	氯容/%	应用领域
T402	白色小球	>30	120～350	1.0～5.0	1000～3000	>14	精细化工
T407	灰色圆柱状 Φ4 mm×(4～10)mm	>60	4～200	常压～5.0	<3000	20	石化
T411Q	淡红球状	>50	200～510	常压～5.0	<2000	>30	石化
GH1	Φ2～6 mm	平均84	150～600	常压～10.0	<4000	>20	高湿煤气
NC-H	淡红球状 Φ3～4 mm	>100	80～480	常压～10.0	<2000	>25	石化

新工艺的开发研究，如将新型陶瓷作为脱氯活性物的载体、用锶或钡的化合物制取脱氯剂[33]、利用先进的喷吹技术使得喷粉式脱氯达到更好的效果等。

在吸收相近领域气体干式脱氯技术的基础上，结合高炉干法除尘的特点，中冶赛迪开发出一种高炉煤气干式脱氯工艺技术[34]，布置干式除酸塔在干法除尘后、TRT 之前，塔内装填有专用的脱氯剂，煤气中的 HCl 经过床层时被吸附在脱氯剂上，其工艺流程如图 4-15 所示。

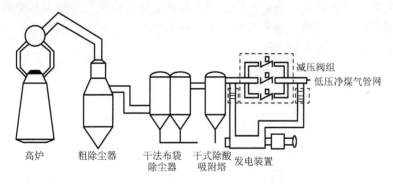

图 4-15 高炉煤气干式脱氯工艺流程图

运行后出口净煤气氯含量低于 5 mg/m³，煤气 HCl 脱除率为 80%，解决了 TRT 及管路腐蚀和积盐的问题。

4.3.5 高炉均压放散煤气回收技术

1. 高炉均压放散煤气回收技术的必要性

高炉炉顶下料罐向炉内装料完毕后，罐内充满与炉顶压力相同的高压煤气，而常压上料罐向下料罐下料前，下料罐必须先将其内部高压煤气进行均压放散、经过旋风除尘器和消音器后直接排入大气，上、下料罐都是常压后，才能将上料罐炉料装入下料罐内。由于旋风除尘器只能除去煤气中一部分直径较大的粉尘，其余的粉尘都随着放散煤气直接排入大气中，并且高炉煤气中含有大量的 CO 和少量的 H_2、CH_4 等有毒、可燃的混合气体，这对大气环境尤其是高炉生产区域造成严重的污染，同时也浪费了这部分煤气。另外，均压煤气一般含有较高的水分，通过消音器对空放散时，压力突然降低，煤气中的水分容易析出结露，随均压煤气排放的粉尘遇水变湿后常常黏糊、堵塞放散消音器，使其不能正常工作，给高炉的生产维护带来很大困难。因此，回收高炉炉顶均压放散煤气非常必要[35]。

在现代大型高压高炉上，回收炉顶均压煤气是减轻炉顶消音器负荷、改善炉顶设备维护条件、回收能源、改善环境行之有效的技术措施。

2. 高炉均压煤气回收工艺

高炉均压煤气回收由煤气回收系统和净化系统两部分组成。煤气回收系统位于高炉炉顶，包括回收/放散设施，以及相应的控制系统，煤气净化系统一般设在高炉旁边的地面上，得到实际应用的有湿法文丘里管清洗和干法布袋除尘工艺。干法电除尘回收高炉煤气虽然也具有一些优势，但是还未能应用于均压煤气回收。

1）湿法清洗技术

湿法清洗技术在高炉煤气净化工艺上的应用历史悠久，具有操作简便、煤气工况适应能力强的特点。最初的均压煤气回收工艺，均是在湿法文丘里管清洗技术上发展而来的，其控制系统简单、单体设备较小。采用湿法煤气清洗回收均压煤气的工艺流程如图4-16所示。

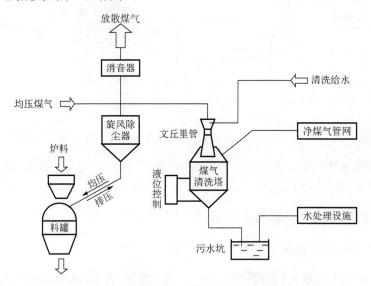

图 4-16　湿法清洗回收均压煤气工艺流程

料罐内的均压煤气先经过旋风除尘器一级除尘，再通过回收/放散控制阀组将煤气切换至回收通道或选择放散。通过固定回收/放散控制阀组的开、关时间，料罐内的大部分均压煤气得到回收，接近常压的残余煤气则通过煤气放散管路，经消音器后排空放散。煤气回收净化管路上设置煤气清洗塔，清洗塔具有煤气除尘和减压的功能。煤气清洗塔内设置文丘里管洗涤器，利用煤气清洗水来洗涤回收煤气，洗涤下来的粉尘随着污水排入污水坑，然后送至污水处理设施。清洗塔后的煤气管路上可以设置一个调节蝶阀来控制回收初期煤气压力对净煤气管网的冲击。

湿法煤气清洗回收工艺的特点：①适于炉顶煤气采用湿法清洗的企业，来自湿法洗涤器的均压煤气，含有大量的机械水，这会限制采用干法布袋除尘回收均压煤气，而对于文丘里管清洗则无不利影响；②洗涤用水由炉顶煤气清洗系统提供，排污水进入炉顶煤气清洗区的污水处理系统，循环使用，不需单独设置清灰装置和水处理设施，一次性设备投资较少；③除尘效率低，净化处理后的均压煤气平均含尘量仍在 200 mg/m³ 左右，远远超过现在对净煤气含尘量不超过 5 mg/m³ 的标准，即使并入主管网后，含尘浓度会稀释降低，但也对净煤气造成了一定程度的污染。

2）干法布袋除尘回收工艺

采用干法布袋除尘回收均压煤气，可以解决湿法净化除尘效率低的问题，并且煤气回收率较高。采用干法布袋除尘回收均压煤气的工艺流程如图 4-17 所示。

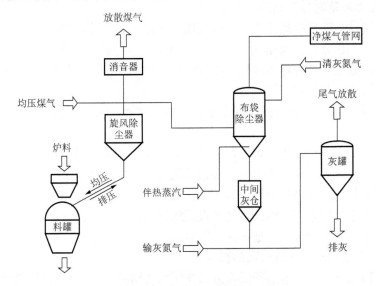

图 4-17　干法布袋回收均压煤气工艺流程

煤气回收系统与湿法清洗工艺一样，均压煤气通过回收/放散控制阀组选择进入回收通道或排空放散。回收时，均压煤气通过回收管道进入专门设置的一组布袋除尘器，经过除尘器的二次除尘，煤气中的粉尘基本都被过滤并沉降下来，煤气压力也降低至接近常压，然后送入净煤气主管网。过滤下的煤气灰通过中间灰仓排出，可采用气力输送方式输送至集中灰罐储存。

干法布袋除尘回收工艺的特点：①除尘效率高，均压煤气进入净煤气管网前经一次旋风除尘，二次布袋除尘，最终的净煤气含尘量≤5 mg/m³，完全符合高炉净煤气的指标要求，实现了清洁回收，解决了湿法均压煤气回收工艺对主管网净煤气造成一定粉尘污染的问题；②干法布袋除尘不需用水，无需设置水处理设施，尤其适于当前国内众多炉顶煤气采用干法布袋除尘的高炉；③均压煤气的温度较低，煤气中的水分易结露，造成煤气灰黏糊在布袋上影响正常回收，也使卸灰、输灰难度增加。

3．工艺问题分析

1）回收过程对高炉作业率的影响

均压煤气的回收对炉顶系统的操作会带来一些影响，若回收时间控制不合理，将延长炉顶设备的排压时间，降低炉顶设备的装料富裕能力。对煤气回收/放散控制阀的动作时间、纯回收时间和自由放散时间上的设置不同，将会导致装料周期有一定差异。对于采用干法布袋回收工艺的高炉，煤气回收率按90%考虑，经炉顶时序验算，采用合理的控制方案，炉顶装料周期仅增加5～7 s，几乎不会影响到高炉的作业率。

2）压力波动对净化系统的影响

采用湿法清洗回收均压煤气，煤气压力波动是影响除尘效率的主要因素。回收前期，煤气压差大，流速高，除尘效率较高；回收后期，煤气压差降低后流速大幅降低，除尘效率也相应降低，导致回收煤气的平均含尘量较高。采用调径文丘里管虽然可以起到稳定煤气流速的作用，但由于均压煤气回收的周期短，波动频繁，给控制系统和调节设备带来了更高的精度控制要求，并且会降低煤气回收率。

采用干法布袋回收均压煤气，压力波动对除尘效率几乎无影响，但会影响滤袋的使用寿命。布袋除尘所用的滤袋通常为玻璃纤维，其抗折性较差，频繁的压力波动冲击易使滤袋破损漏风。为了增强布袋承受煤气脉冲冲击的能力，回收均压煤气的除尘器宜采用外滤式，袋笼设置较密的纵筋和反撑环加强支撑，这样可以有效防止滤袋变形过大，延长其使用寿命。

3）压力波动对净煤气管网的影响

均压煤气是靠压力差进行回收进入净煤气管网的，其压力存在周期性的波动。若回收煤气与净煤气的并网点选择在热风炉接口之前，由于回收初期压差大，回收量也大，会对热风炉的煤气管网造成较大的压力冲击，从而导致热风炉燃烧不稳定；当并网点选择在热风炉接口之后，避开高炉煤气这一最近的关键用户，则并网点与其后的用户保持了相当长的距离，脉冲式的回收煤气与主管网的净煤气可以充分混匀，压力冲击逐渐减弱到很低，到达用户点处的煤气压力波动更小，完全满足用户的使用要求。

4．高炉均压煤气回收技术的发展

高炉均压煤气回收降低了钢铁行业的污染物排放，具有重要的环保意义和可观的经济效益。历年来由于环保意识不强和回收工艺存在的一些技术问题，世界上只有少数高炉配备了均压煤气回收设施，且大多数运行情况不甚理想。20 世纪 80 年代，国外开发了湿法均压煤气回收技术，如日本的君津 3#、4#高炉及千叶 5#、6#高炉。后来国内也对湿法回收技术进行过研究并得到实际应用。例如，我国攀钢 2#高炉大修设计中和马钢 2500 m³ 高炉设计中考虑过采用这项技术，但受回收煤气粉尘浓度偏大、回收时间较长等不利因素影响，该工艺未能取得预期的效果。直到近年来得益于高炉自动控制技术的发展和干法除尘工艺的完善，才为均压煤气回收提供了新的途径。

近期，国内已有钢铁企业成功应用干法布袋除尘回收均压煤气，例如，梅钢公司炼铁厂 5#高炉利用干法布袋除尘工艺对原有高炉均压放散工艺进行改造，取得了良好的经济和社会效益。这对其他大中型高炉配置均压煤气回收设施起到了推动示范作用，也为均压煤气回收技术的进一步发展奠定了基础。

4.3.6　高炉煤气余压透平发电技术

高炉煤气余压透平发电装置（top gas pressure recover turbine，TRT）是利用冶炼的副产品——高炉炉顶煤气具有的压力能及热能，使煤气通过透平膨胀机做功，将其转化为机械能，驱动发电机或驱动其他装置的一种二次能源回收装置。在高炉煤气系统设置透平机组，与调压阀组并联，利用煤气的压力能和热能发电。高炉车间设置透平机组余压发电，可满足高炉车间自身用量（除高炉鼓风机电耗外）。

高炉煤气余压透平发电装置的原理是使高炉煤气经过透平膨胀机做功，将高炉煤气自身的压力能和热能转化为机械能，从而带动发电机组发电。高炉煤气余压透平发电装置投资省、成本低、设备简单、不消耗煤气、无污染、噪声小、设备费用回收期短，是回收煤气压力能的有效措施。目前国外高炉煤气余压透平发电装置发展最快、水平最高、数量最多的是日本，近年来，随着我国高炉大型化和节能工作的深入开展，TRT 技术也得到了前所未有的发展和应用。截至 2010 年年底，我国共有超过 600 座高炉配备了 597 套 TRT 设备，大于 2000 m³ 的高炉已经全部配备了 TRT 装置，大于 1000 m³ 高炉的 TRT 普及率达到 98%。其中，重点钢铁企业 TRT 的发电量已经达到 30～50 kW·h/t 铁。

高炉煤气余压发电工艺主要取决于高炉煤气除尘工艺，余压发电设备必须与除尘工艺相匹配。传统的大容积高压高炉煤气除尘均采用湿式除尘工艺，因此与之配套的余压发电为湿式透平发电工艺，国内外早期建成的大容积高压高炉煤气余压发电工艺均为湿式透平发电。

随着高炉向高压炉顶方向发展及干式除尘装置的推广应用，干湿两用煤气除尘及余压发电在近些年新建或改造的大、中型高炉上运用越来越多，如日本水岛 3#高炉，我国首钢 1#、2#高炉，唐钢 2#及攀钢 4#高炉均采用干湿两用煤气除尘与余压发电工艺。干式 TRT 是为了适应高炉煤气干式除尘系统而研制的新一代 TRT，由于采用干式除尘，煤气阻力损失小，温降低，有效提高了进入透平的煤气压力和温度，与湿法相比，透平功率可提高 25%～45%，并节约大量除尘水，节能效果更为明显。而干湿两用工艺没有从根本上解决湿式除尘系统带来的环保问题，干湿两套除尘系统同时存在，会造成工程投资高，日常运行维护成本及工作量增加，因此目前国内外大、中型高炉上逐步采用全干式煤气除尘及余压发电工艺[37]。

煤气膨胀透平机是 TRT 最关键的设备，它是将高炉煤气的物量能转换为机械能，从而驱动发电机发电的主体设备。主机采用静叶可调轴流反动式透平机，两级全静叶可调（液压伺服控制），可使透平在高炉工况变化时，仍维持较高的效率并控制炉顶压力。透平主轴及可调静叶都采用氮封和机械密封，透平出口管采取了隔音措施。

攀钢新 3#高炉（2000 m³）透平系统基本工艺参数如表 4-15 所示。

表 4-15　攀钢新 3#高炉（2000 m³）透平系统基本工艺参数

工艺参数	数值
透平入口煤气流量/（Nm³/h）	42 万～48 万（平均 45 万）
透平入口煤气压力/kPa	135～185
透平出口煤气压力/kPa	14～18
透平入口煤气温度/℃	140～190
透平入口煤气含尘量/（mg/Nm³）	≤5

计算透平出力设计值公式为

$$L = \eta Q C_p T \left[1 - \left(p_2/p_1 \right)^{(K-1)/K} \right] \div 860$$

式中：L 为透平输出功率，kW；η 为透平效率，取 85%；Q 为煤气流量，Nm³/h；C_p 为煤气比热，取 0.326 kcal[①]/Nm³；T 为透平入口煤气温度，K；p_1 为透平入口煤气压力，kPa；p_2 为透平出口煤气压力，kPa；K 为煤气绝热指数，取 1.37。

$L=0.85×480000×0.326×(273+185)×\{1-[(89.0+18)÷(89+185)]^{(1.37-1)/1.37}\}÷860$
$=15885.98(kW)$

年发电量：15885.98 kW×350×24=13344.2（万 kW·h）

---

① 1cal=4.184 J

参 考 文 献

[1]　项钟庸，王筱留. 高炉设计——炼铁工艺设计理论与实践. 北京: 冶金工业出版社, 2014: 914.

[2]　王社斌，许并社. 钢铁生产节能减排技术. 北京: 化学工业出版社, 2009.

[3]　张兴良. 宝钢高炉煤气和转炉煤气中灰尘成分的测定与分析. 宝钢技术, 2005, 1: 39-41.

[4]　张春霞，齐渊洪，严定鎏，等. 中国炼铁系统的节能与环境保护. 钢铁, 2006, 11: 1-5.

[5]　周龙义. 对高炉铁口区除尘的思考. 钢铁, 2001, 9: 62-65.

[6]　郭丰年. 宝钢高炉出铁场除尘工程的回顾与展望(上). 通风除尘, 1993, 1: 43-49.

[7]　王旭汗青. 高炉出铁场高效集尘罩的数值模拟研究. 武汉: 华中科技大学, 2014.

[8]　张殿印. 除尘工程设计手册. 北京: 化学工业出版社, 2010: 257.

[9]　王亮. 高炉出铁场尘源捕集方法与措施. 炼铁, 2004, 2: 25-30.

[10]　熊放鸣. 宝钢 3 号高炉出铁场设计. 四川冶金, 1995, 1: 9-14.

[11]　刘谭璟. 武钢 3200 m³ 高炉出铁场设计. 炼铁, 2006, 3: 19-22.

[12]　赵廷立. 包钢四号高炉出铁场除尘系统的实践. 通风除尘, 1997, 3: 47-50.

[13]　翟兴忠，贾振栋，胡利英，等. 安钢高炉出铁场除尘工程实践. 工业安全与环保, 2003, 11: 9-10.

[14]　尚根凤，张国全，周海成. 高炉出铁场铁沟除尘改造实践. 山东冶金, 2013, 3: 54-55.

[15]　朱必炼. 邯钢 5 高炉出铁场改造设计. 炼铁, 2013, 3: 10-13.

[16]　胡彤. 马钢二铁总厂 2#、3#高炉出铁场炉前除尘改造实践. 安徽冶金科技职业学院学报, 2015, 4: 11-15.

[17]　李金明. 南钢 1#、2#高炉出铁场除尘系统风量集中改造的实践. 工业安全与环保, 2012, 2: 19-20.

[18]　张传秀，倪晓峰. 浅谈高炉煤气发电的经济效益、环境效益和社会效益. 冶金环境保护, 2005, 1: 45-48.

[19]　张元兴，杨静翎. 高炉煤气除尘工艺综述. 科技与企业, 2013, 24: 260.

[20]　魏志江. 宣钢 8 号高炉煤气除尘及余压发电技术. 炼铁技术通讯, 2005, 9: 4-7.

[21]　张延辉，李永胜，张殿安. 提高高炉煤气重力除尘器除尘率的实验研究. 鞍钢技术, 2007, 6: 13-17.

[22]　王庆丰，陈先利，申秀华，等. 高炉粗煤气除尘系统中的新技术. 金属世界, 2014, 5: 43-46.

[23]　庞显鹤. 环缝洗涤工艺在邯宝公司 3200 m³ 高炉煤气除尘中的应用. 河北冶金, 2010, 1: 54-57.

[24]　汤楚贵. 高炉煤气干法电除尘的研究. 冶金动力, 2001, 6: 26-27.

[25]　贾彩清，胡堃，贾艳艳. 新型高炉煤气全干法静电除尘技术研究. 冶金动力, 2014, 11: 17-18.

[26]　李茹. 高炉煤气干法滤袋除尘工艺及主要设备的改进. 鞍钢技术, 2003, 1: 27-31.

[27]　韩明荣，张生芹，邓能运. 高炉煤气布袋除尘的机理与效果分析. 重庆科技学院学报, 2005, 2: 40-43.

[28]　胡江山，尹元生，吕化军. 济钢 1750 m³ 高炉煤气干湿法除尘工艺比较. 炼铁, 2009, 2: 48-50.

[29]　张治良，焦英占，周强，等. 邯钢 1260 m³ 高炉扩容大修技术改造. 炼铁, 2005, 3: 5-8.

[30]　韩晓光，胡宾生，贵永亮. 煤气中氯对高炉冶炼过程的影响及防治预测. 河北联合大学学报(自然科学版), 2013, 3: 36-38.

[31]　滕艾均. 高炉炉顶煤气中 HCl 气体脱除的动力学研究. 唐山: 华北理工大学, 2015.

[32]　李新怀，吕小婉，李耀会，等. ET 系列精脱氯剂的研制与开发. 中氮肥, 2001, 3: 6-8.

[33]　Theiss F L, Couperthwaite S J, Ayoko G A, et al. A review of the removal of anions and oxyanions of the halogen elements from aqueous solution by layered double hydroxides. Journal of Colloid and Interface Science, 2014, 417: 356-368.

[34]　胡堃，贾彩清. 用于高炉煤气系统防腐治理的干式脱氯技术. 2014 年全国冶金能源环保生产技术会, 湖北武汉, 2014, 4.

[35]　季乐乐，林杨，张金良，等. 二次放散法高炉顶均压放散煤气回收工艺. 冶金设备, 2016, 2: 47-49.

[36]　王洪军. 高炉炉顶料罐均压放散煤气回收的研究与应用. 冶金能源, 2016, 6: 40-42.

[37]　肖志军. 攀钢新三号高炉煤气全干式除尘及余压发电工艺研究. 重庆: 重庆大学, 2006.

第5章 炼钢工序污染物控制

5.1 炼钢工序污染物来源及排放特征

5.1.1 转炉炼钢工艺污染物来源及排放特征

1. 转炉炼钢工艺流程及产污节点

转炉炼钢是以铁水和少量废钢等为原料，以石灰（活性石灰）、萤石等为熔剂，在转炉内用氧气进行吹炼的炼钢方法。根据冶炼期间向炉内喷吹氧气、空气、惰性气体部位的不同，转炉炼钢又可分为顶吹、底吹和顶底复吹转炉炼钢。顶吹是从炉顶吹入空气或氧气，底吹是从炉底吹入空气或氧气，顶底复吹是从炉顶吹入空气或氧气、炉底吹惰性气体（如 Ar 或 N_2），熔剂等辅料由炉顶料仓加入炉内。转炉炼钢的主要目的是燃烧掉（即氧化）铁水中过多的碳和其他杂质，使之氧化成气体或炉渣除去，转化产物的主要元素包括碳、硅、锰和磷，硫元素主要在铁水预处理过程中去除。

转炉炼钢工艺流程：铁水预处理→转炉复合吹炼→炉外精炼→连铸。铁水由炼铁厂用铁水罐车或鱼雷罐车送到炼钢厂，采用铁水罐车运送铁水时，铁水进入炼钢工序无需倒罐，直接将铁水罐吊到脱硫台车上进行脱硫作业；采用鱼雷罐车运送铁水时，铁水需要倒入预处理罐进行脱硫。为了提高钢种质量和转炉炼钢的技术经济指标，需要脱硅的铁水先在高炉炉前脱硅，之后兑入转炉进行炼钢。需要脱磷的设置脱磷转炉运用双联工艺，或采用同一座转炉进行的双渣工艺。转炉吹炼时，由于氧气和铁水中碳发生化学反应，产生大量含 CO 的炉气（转炉煤气）；同时铁水中其他杂质的氧化物和少量的氧化铁与熔剂相结合生成炉渣。当吹炼结束时，倾倒炉体排渣出钢。出钢时向钢包中加入一定量铁合金料，使钢水脱氧和合金化。为了冶炼优质钢种，将钢包中钢水再送至炉外精炼装置（根据钢的品种，选择如 LF 钢包精炼炉、RH、VOD 真空处理炉等）中进行精炼，对钢水进行升温、化学成分调节、真空脱气和去除杂质等处理，最后在连铸机上浇铸成连铸坯。

转炉炼钢生产工艺流程及产污节点见图 5-1。

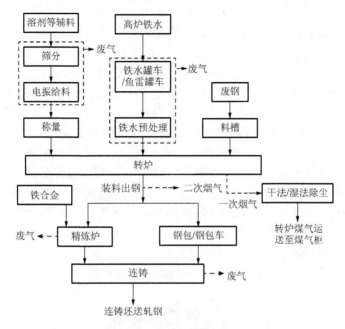

图 5-1　转炉炼钢生产工艺流程及产污节点

2. 转炉炼钢工艺污染物排放特征

转炉炼钢工艺过程主要废气排放来自于铁水预处理烟气、转炉一次烟气、转炉二次烟气、精炼炉烟气及连铸废气等[1]。

1）铁水预处理过程含尘烟气

铁水预处理的目的是减少铁水中的硫、磷及硅等物质的含量，一般采用碳化钙作为脱硫剂，此外还有生石灰、镁、氧化钙及苏打等以及以它们为基础的复合脱硫剂，脱硫剂与铁水混合，将铁水中的硫固化形成炉渣。在铁水倒包、脱硫及除渣过程中均会产生粉尘，在脱硫过程及后续的炉渣分离过程所产生的废气中粉尘浓度高达 10000 mg/m³，一般采用除尘罩和布袋除尘器进行净化，可实现排放浓度低于 10 mg/m³。

2）转炉一次烟气

转炉运行是半连续的，包括装料、吹氧及出钢，一般一个周期为 30～40 min。转炉吹炼过程中，金属熔池局部温度可高达 2500～2800℃，铁及其氧化物蒸发会随炉气带出，所产生的炉气被称为转炉一次烟气，含有大量的 CO 和少量 CO_2，其中还夹带着氧化铁、金属铁粒和氟化物（主要为 CaF_2）等。

转炉吹氧冶炼过程炉内铁水与吹入氧气发生的化学反应如下：

$$2C+O_2 \xediff 2CO\uparrow$$

$$C+O_2 \xediff CO_2\uparrow$$

$$2CO+O_2 \stackrel{}{=\!=\!=} 2CO_2\uparrow$$

在吹炼过程中向转炉添加各类辅助原料时也会产生 CO，其反应式为：

$$Fe_2O_3+3C \stackrel{}{=\!=\!=} 2Fe+3CO\uparrow$$

$$Fe_2O_3+C \stackrel{}{=\!=\!=} 2FeO+CO\uparrow$$

当炉内温度较高时，碳的主要氧化物是 CO，约占 90%，同时有少量的碳与氧直接作用产生的 CO_2，或者 CO 从钢液表面逸出后再与氧作用生成的 CO_2，其总量约 10%。在转炉冶炼过程的初期和末期，炉气的发生量较少，炉内温度较低，CO 含量也较少，炉气不具备回收价值，考虑到低 CO 含量和安全，在吹氧开始和结束时产生的煤气一般在除尘后点燃。在冶炼中期，炉内温度高达 1400～1600℃，炉气的产生量大，且主要成分为 CO，在这个冶炼过程中可对炉气净化、回收、储存，形成转炉净煤气。宝钢 250 t 转炉生产过程采集了 100 多炉钢的冶炼过程数据，绘制出不同吹炼时刻 CO 浓度散点图，如图 5-2 所示。冶炼中期是煤气回收的重要阶段，是回收平稳期，CO 浓度在此期间处于最高值，CO 浓度越高，煤气热值越高，折算成标准热值（2000×4.18 kJ/m³）体积量越大[2]。

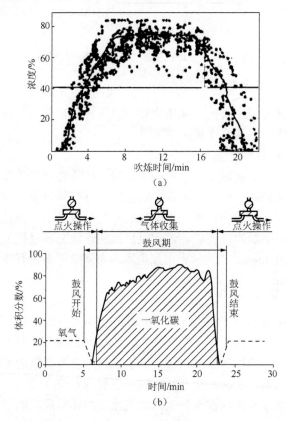

图 5-2　转炉吹炼过程 CO 浓度变化散点图（a）和煤气收集过程示意图（b）

转炉一次烟气的典型组成见表 5-1，主要成分为 CO、CO_2 和 N_2，还含有硫、磷、砷、氟等有害成分，因此要回收利用转炉煤气，必须对其做净化处理，脱除其中的硫、磷、砷、氟等杂质。

表5-1　转炉一次烟气化学组成

组分	H_2	O_2	N_2	CO	CO_2	ΣS	ΣP	ΣAs	ΣF	H_2O
体积分数/%	2.00	0.47	21.50	60.00	16.00	0.01	0.02	1 ppm	1 ppm	饱和

转炉一次烟气中主要成分包括大量一氧化碳、铁及其他氧化物的高温粉尘，烟气中粉尘会在烟道堆积，加剧了烟道壁的磨损，同时降低了烟气的除尘效率，转炉一次烟尘成分如表 5-2 所示。

表5-2　转炉一次烟尘化学成分

成分	ΣFe	Fe	FeO	Fe_2O_3	SiO_2	MnO	CaO	MgO	C
含量/%	71	13	68.4	6.8	1.6	2.1	3.8	0.3	0.6

转炉烟气出炉口的粉尘浓度 70～200 g/m^3，离开炉口后，通常都采用汽化冷却烟道或水冷烟道将温度冷却至 900～1000℃，然后进入烟气除尘系统，使粉尘浓度满足国家排放标准和煤气用户的要求。

转炉一次烟气特性如表 5-3 所示。

表5-3　转炉一次烟气特性

项目	转炉烟气特性
排放量	烟气量大，转炉吨钢产生尘量为 50～100 m^3
含尘量	平均为 80～150 g/m^3，在吹炼中期或加料瞬间高达 200 g/m^3
比电阻	比电阻高，经调质后比电阻降到 10^4～10^{10} $\Omega \cdot cm$
温度	炉口烟气温度一般在 1450～1600℃，经蒸发冷却器冷却后温度为 180～250℃
粒径	未燃法尘粒大于 10 μm 的达 70%
烟气成分	粉尘主要是铁的氧化物，总铁含量高达 70%；气体主要成分为 CO、O_2、CO_2、N_2 和 SO_2

转炉烟气高温、有毒、烟气量大、含尘量高、粉尘粒径小等特性给其净化除尘工作带来一定的难度，同时，转炉炼钢间歇式生产的特点导致转炉烟气产生也是间断的，从而使得烟气净化除尘系统变得更加复杂。

3）转炉二次烟气

在转炉装料或出钢过程中，转炉倾斜，由顶部的伞形罩和储存室等二级除尘系统捕集的烟气为转炉二次烟气，二次烟尘包括：转炉吹氧过程中一次除尘外逸的烟尘，同时在兑铁水和出钢水过程中剧烈的高温反应产生的颗粒物粉尘。转炉二次烟气组成如表 5-4 所示，所产生的粉尘化学组成如表 5-5 所示。

表5-4 转炉二次烟气化学成分

成分	CO$_2$	CO	O$_2$	N$_2$	其他
含量/%	19	11	7	61	2

表5-5 转炉二次烟尘化学成分

成分	水分	挥发分	CaO	MgO	Fe$_2$O$_3$	FeO	Al$_2$O$_3$	SiO$_2$
含量/%	4.38	6.96	13.2	6.25	52.8	1.15	5.87	9.39

转炉二次烟尘具有温度高、粉尘粒径小、瞬间烟气量大的特点，其散发过程为阵发性，二次烟气约占炼钢过程总量的 5%，平均扬尘量约 1 kg/t 钢，转炉平均产尘量在 15～25 kg/t 钢，烟尘中铁的氧化物占 40%～60%，并含石墨粉等；转炉二次除尘烟气含尘浓度在 3～5 g/m³。转炉二次烟气以兑铁水时散发的烟气量最大，其次是出钢、加废钢等过程。兑铁水时，黄褐色的高温烟气从铁水罐和转炉炉口之间以很快的速率向上扩散，初始温度为 1200℃左右。由于冶炼钢种、原料及工艺的不同，转炉所产生的二次烟气组成及烟尘成分均不相同，颗粒组成也不同。转炉二次烟气的特点是：粒径小、含尘浓度大、烟气量大和温度高，影响它们的主要因素是炉料组成和质量，冶炼工艺和氧气消耗量等。

转炉三次烟气：当转炉兑铁速度加快，特别是在加入含有碳氢化合物杂质的低质廉价废钢时，将产生大量的阵发性烟气并在炉口上方燃烧、引起烟气温度的急剧上升和体积的膨胀，导致传统的转炉集尘罩二次烟气捕集能力下降，从而使环境状况不断恶化；另外，当转炉兑铁结束时，剩余在铁水包内的铁水将进行新一轮的氧化反应，从而又一次产生较大量的烟气并通过厂房通风气楼排入大气，而转炉二次除尘的集尘罩无法捕集到这部分烟气，因此需要进行三次除尘，主要是厂房除尘。

4）精炼炉烟气

钢水的炉外精炼是将转炉和电炉中初炼的钢水，移到炉外的钢包或专用容器中进行精炼，以便获得多品种更优质的钢水。炉外精炼又称为二次炼钢，在不同的炉外精炼设施中，可以分别对钢水进行脱硫、脱碳、脱氧、脱气、去除夹杂物或改变形态等处理，调整钢水成分和温度，使其分布均匀、晶粒细化，还可向其中加入特殊合金元素，对钢成分精确调整。精炼炉在冶炼时，产生大量的烟气从电极孔、加料口、炉盖与钢包结合的部位溢出，以钢包精炼炉为例[3]，烟气中 CO$_2$ 体积分数为 15%，CO 为 10%，O$_2$ 为 10%，N$_2$ 为 65%，烟尘浓度为 2～5 g/m³，烟尘成分中 Al$_2$O$_3$ 质量分数为 11.6%，Fe$_2$O$_3$ 为 30.0%，MnO 为 1.6%，SiO$_2$ 为 17.3%，MgO 为 6.5%，CaO 为 20.8%。炉盖接口处温度较高，接近 1250℃，一般由可移动烟罩引到二次除尘系统进行净化。

5）连铸废气

连铸是将合格的钢水连续铸造成钢坯的过程，主要设备包括钢包回转台、中间包、结晶器、拉矫机等。将装有合格钢水的钢包运至回转台，回转台转动至浇注位置后，将钢水注入中间包，再由水口将钢水分配至结晶器中，结晶器使铸件成形并迅速凝固成坯壳，在拉矫机和结晶器振动装置共同作用下，将结晶器内的铸件拉出，经二次冷却后，由火焰切割器切割成一定尺寸的铸坯。此过程中产生的污染物主要为颗粒物和水蒸气，一般并入二级除尘系统进行除尘。

5.1.2 电炉炼钢工艺污染物来源及排放特征

1. 电炉炼钢工艺流程及产污节点

电炉炼钢是以电能为热源，以废钢和铁水为主要原料，以铁矿石、铁合金、石灰、萤石等为辅料，对废钢进行熔化、脱碳、去除杂质、精炼的炼钢方法。

钢铁行业中常见的电炉种类有电弧炉、感应熔炼炉、电渣重熔炉、电子束炉、等离子炉等，其间的主要差异是电能转换为热能的方式不同。目前，世界上电炉钢产量的 95% 以上都是由电弧炉生产的，因此电炉炼钢主要是指电弧炉炼钢。电弧炉的结构如图 5-3 所示。

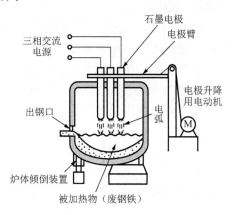

图 5-3　电弧炉结构示意图

炼钢电炉有交流电炉和直流电炉两种，传统的多为三相交流电炉，按其功率大小又可分为普通电炉、高功率电炉和超高功率电炉。电炉炼钢工艺流程：电炉（兑铁水）冶炼→二次精炼→连铸。电弧炉炼钢是靠电极和炉料间产生电弧，使电能转变为热能，并通过辐射和电弧的直接作用加热、熔融金属和其他炉料，加入铁矿石（氧化铁皮）、石灰、萤石并吹氧去除金属中的杂质，然后用铁合金、铝等使钢水脱氧和合金化。精炼和连铸工艺同转炉炼钢。有些电炉炼钢工艺还对废钢进行预热处理，处理方式包括利用电炉烟气在炉外预热，或直接在电炉上方设预热罐预热。

与转炉炼钢相比，电炉炼钢有一系列的优点：

（1）能灵活掌握温度。电弧炉中电弧区温度高达4000℃以上，远远高于炼钢所需温度，因而可以熔炼各种高熔点的合金。在冶炼过程中通过对电流和电压的控制，可以灵活掌握冶炼温度，以满足不同钢种冶炼的需要。

（2）热效率高。电弧炉炼钢没有大量高温炉气带走的热损失，因而热效率高，一般可达60%以上。

（3）炉内气氛可以控制。在电弧炉中没有可燃气体，根据工艺要求，既可造成炉内的氧化性气氛，又可造成还原性气氛。因而在碱性电弧炉炼钢过程中能够大量地去除钢中的磷、硫、氧和其他杂质，提高钢的质量，合金的回收率高且稳定，钢的化学成分比较容易控制，冶炼的钢种也较多。

（4）设备比较简单，工艺流程短。电弧炉的主要设备为变压器和炉体两大部分，因而基建费用低，投产快。电弧炉以废钢为原料，不像转炉那样以铁水为原料，所以不需要一套庞大的炼铁和炼焦系统，因而流程短。

目前的电弧炉是在微正压或微负压气氛下操作，不具备良好的密封性，即使在电炉冶炼时有炉内排烟的情况下也将有部分烟气溢出炉外，另外电炉在加料时会有大量烟气外溢[4]。

电炉冶炼一般分为熔化、氧化和还原三个冶炼期。熔化期主要是由于炉料（废钢）中的油脂类可燃物质的燃烧，以及金属在高温时的气化而产生黑褐色的烟气；氧化期主要是吹氧、加矿，使炉内熔融态金属激烈氧化脱碳，产生大量赤褐色烟气；还原期为除去钢液中的氧和硫，调整钢水的化学成分，而投入炭粉或硅铁等造渣材料，产生白色或黑色烟气[5]。电弧炉在整个冶炼过程中均产生烟气，不同时期烟气量不同，以氧化期产生的烟气量最多、烟气温度最高、含尘浓度最大、粉尘粒径最小。

电炉烟气中粉尘的产生量、浓度和粒径及其组成成分，与炉料种类、冶炼方法、洁净度、所含杂质及操作方式有关。电炉烟气中粉尘粒径很小，不大于1 μm的超过50%，电炉粉尘在各冶炼期颗粒径分布如表5-6所示。

表5-6　电炉各冶炼期粉尘颗粒粒径分布（%）

冶炼期	粒径/μm						
	<0.1	0.1～0.5	0.5～1.0	1.0～5.0	5.0～10.0	10.0～20.0	>20.0
熔化期	1.4	4.9	17.6	55.8	7.1	5.6	6.6
氧化期	17.7	13.5	18.0	35.3	7.9	5.3	2.3
还原期	—	—	—	—	—	—	—

电炉烟气的成分与所炼钢种、冶炼方法、炉料种类及排烟方式有关，且变化幅度较大，烟气中主要含有CO_2、CO、N_2、O_2，还存在极少量的NO_x和SO_x。其中NO_x的产生是由于空气中的N_2和O_2在炉内高温电弧的加热作用化合而成，而

SO$_x$ 则是由于某些电炉采用重油助燃而产生。

炼钢生产过程中，为了增加钢渣的流动性和易于除去磷、硫等杂质，需加入少量萤石作为助熔剂（每吨钢平均耗量 3～5 kg）。萤石主要成分为 CaF$_2$，因此，烟气中还含有少量氟化物（多以 HF 和 SiF$_4$ 的状态存在）。

由于电炉冶炼用废钢中含有重金属及油、塑料等有机物，电炉烟气中也含有重金属及二噁英和呋喃等有害物质。钢铁企业中烧结和电炉炼钢流程烟气中的二噁英主要是含杂质（塑料、油类、PVC 等）的废钢在冶炼和废钢加热时生成[6]，其排放的二噁英总量占全国二噁英年排放总量的 45%。

二噁英成分在高温下严重裂解，但在冷却过程中当废气温度降到 200～600℃ 范围时，有机成分与氯化物发生反应再次生成二噁英。在 250～400℃ 时，二噁英再合成速率最快。图 5-4 示意了二噁英的生成和裂解与温度的关系。由于二噁英的再生成与温度和时间有关，实际生成的二噁英数量就成为随温度变化的气体动力学参数和气体处于再合成温度区内的停留函数[7]。

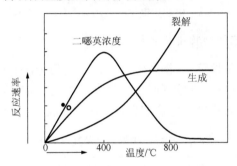

图 5-4　二噁英的生成和裂解与温度的关系

废钢进入电炉前，首先进行预热，自常温加热至 250～800℃；预热后的废钢进入电炉内进行冶炼，出钢温度范围为 1600～1640℃；一炉钢冶炼完成后，电炉倾斜出钢[8]。电炉生产过程中二噁英的生成机理主要如下：

（1）化合反应生成：废钢带入的油脂、油漆涂料、塑料中含有二噁英及二噁英前驱物，会在废钢预热环节直接化合反应生成二噁英，反应温度区间为 300～500℃。

（2）热分解反应生成：在废钢预热或电炉冶炼过程中，含氯高分子化合物通过燃烧/热解反应，分解生成二噁英，反应温度区间为 500～800℃。

（3）从头合成：冶炼过程中，温度超过 800℃ 后，二噁英会彻底分解，但是在烟气降温的过程中，会通过基元反应再次生成二噁英，反应温度区间为 300～500℃。

综上所述，电炉炼钢生产工艺流程及产污节点见图 5-5。

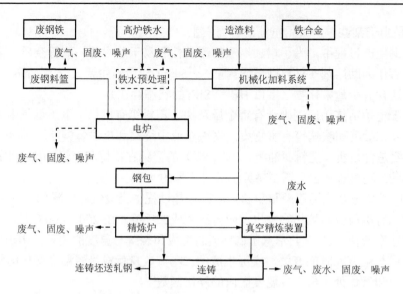

图 5-5　电炉炼钢生产工艺流程及产污节点

2. 电炉炼钢工艺污染物排放特征

一般中小型电炉每熔炼 1 t 钢产生 8~12 kg 的粉尘,而大电炉每熔炼 1 t 钢产生的粉尘量可高达 20 kg;在吹氧时,烟气含尘浓度(标态)可达 20~30 g/m³。电炉烟尘主要成分是氧化铁。电炉烟尘具体成分如表 5-7 所示。

表5-7　电炉烟尘的成分及其质量分数

成分	Fe₂O₃	FeO	Fe	SiO₂	Al₂O₃	CaO	MgO	MnO
质量分数/%	19~60	4~11	5~36	1~9	1~13	2~22	2~15	3~12
成分	Cr₂O₃	NiO	PbO	ZnO	P	S	C	其他
质量分数/%	0~12	0~3	0~4	0~44	0~1	0~1	1~4	少量

根据奥钢联对两台电炉的测试发现,二噁英在烟气中的分布以一次烟气浓度较高,二次烟气浓度较低,一次烟气一般在 5~12 ng TEQ/m³,二次烟气一般在 0.2~1.5 ng TEQ/m³ 之间,而无组织排放的二噁英则根据烟气的捕集率不同而差异较大。从表 5-8 可以看出,电炉一、二次烟气的排烟量不同也会导致二次烟气二噁英浓度有差异。实际上,现有电炉炼钢烟气中二噁英含量为 2~8 ng TEQ/m³,是现行标准(0.5 ng TEQ/m³)的 4~6 倍。

表5-8　二噁英在电炉一、二次烟气中的浓度

编号	电炉一次烟气		电炉二次烟气	
	二噁英浓度/（ng TEQ/m³）	风量/（万 m³/h）	二噁英浓度/（ng TEQ/m）	风量/（万 m³/h）
电炉 1	5~12	8.5	0.8~1.5	58
电炉 2	5~12	11	0.2~0.4	55

5.1.3 炼钢辅助工序铁合金炉污染物来源及排放特征

我国是铁合金生产大国，2010 年全国生产量占世界总产量的 50%以上。铁合金是炼钢过程必备的辅料，其主要用途一是作为脱氧剂，去除钢液中过量的氧；二是合金元素添加剂，改善钢的质量和性能。表 5-9[9]为铁合金产量与粗钢产量的对照表，从表中可以看出，近些年来铁合金产量增速已经远大于钢铁产量增速，出现了明显的产能过剩，因此，我国铁合金生产行业需要做出调整，从增量向提高质量、调整产业结构方向发展，由"高速粗放"向"减速精细"转型。

表5-9 2006～2012年的铁合金产量与粗钢产量对照表

年份	粗钢产量/亿 t	同比增长速度/%	铁合金产量/万 t	同比增长速度/%
2006	4.19	19.87	1439	34.16
2007	4.89	16.82	1758	22.21
2008	5.00	2.30	1901	8.12
2009	5.68	13.46	2210	16.24
2010	6.27	10.36	2436	10.23
2011	6.89	8.90	2842	16.70
2012	7.16	3.18	3129	15.00

铁合金生产大致分为电炉法、高炉法、氧气转炉法、真空固态还原法和炉外法等，其中应用最为广泛的是还原电炉法，约占生产总量的 75%。铁合金生产电炉工艺又分为敞口式、半封闭式和封闭式，目前敞口式矿热电炉已经全部淘汰，国外主要使用封闭式电炉，但我国受限于技术条件，大部分采用半封闭式[10]。半封闭式矿热炉的烟气量为封闭式的 10～15 倍，且半封闭式矿热电炉在生产铁合金过程中，大量的金属会因高温而挥发到烟气中，并且由于不完全燃烧，烟尘中还存在一些危害性有机物，如二噁英等，对人体及周围环境造成危害。

还原电炉法即电热法，是以碳作还原剂还原矿石生产铁合金。炉料加入炉内并将电极插埋于炉料中，依靠电弧和电流通过炉料而产生的电阻电弧热，进行埋弧还原冶炼操作。熔化的金属和熔渣集聚在炉底并通过出铁口定时出铁出渣，生产过程是连续进行的。此方法生产的品种主要有硅铁、硅钙合金、工业硅、高碳锰铁、锰硅合金、高碳铬铁、硅铬合金等。

现有 80%的企业采用电炉法生产铁合金产品，主要原料为矿石与还原剂，原料经上料系统、布料系统、料管入炉后，在熔池高温下呈还原反应，生成含有 CO、CH_4 和 H_2 的高温含尘可燃气体，称为炉气。它透过料层逸散于料层表面，当接触空气时 CO、CH_4、H_2 燃烧形成高温含尘烟气；在生产中放出的液态熔渣流入渣罐，再从渣罐下部卸渣管流入冲渣沟，用高压水对熔渣喷冲水淬，水与渣均流入沉渣池，渣经自然沉淀分离出来，冲渣水循环使用。

铁合金矿热炉冶炼原材料为锰矿、焦炭、硅石、铁矿石等，冶炼烟尘的颜色通常为黄褐色，冶炼过程中产生的烟尘主要来源为：在高温条件下，矿热炉中物料与空气中的氧发生氧化还原反应生成的 CO、CO_2 和部分焦粉、矿粉以及被气化蒸发的金属等形成混合气体。烟气的主要成分是 N_2、CO_2、SO_2、H_2O 等，各组分质量分数 N_2 为 75%～78%、CO_2 为 15%～18%、H_2O 为 2%，O_2 为 0.2%[11]。当前大部分电炉都采用半封闭式，CO 等可燃气体在料层上部燃烧，因此烟气一般不含可燃气体，烟气温度在 240～560℃之间，含尘浓度为 3300～5100 mg/Nm³，粒径小于 2 μm 的粉尘占 80%[12]。铁合金电炉主要生产硅铁、锰铁、锰硅铁以及铬铁等铁合金，不同种类的铁合金所排烟气的特征不同，如表 5-10～表 5-12 所示，锰硅合金和铁锰合金电炉烟气在烟气组成、粉尘粒径、成分等特性方面均存在很大差异，因而需要针对不同的铁合金烟气采用不同的净化技术。

表5-10　铁合金电炉烟气参数

冶炼品种	烟气温度/℃	粉尘浓度/(mg/Nm³)	烟气成分/%			
			CO_2	H_2	N_2	O_2
锰硅合金	240～560	3300～5100	3	1～2	77	18
铁锰合金	140	2800～3500	3	1～2	75～78	18

表5-11　铁合金电炉烟尘粒径分布（质量分数，%）

冶炼品种	<2 μm	2～5 μm	5～10 μm	>10 μm
锰硅合金	77	18	3	2
铁锰合金	64	25	5	6

表5-12　铁合金电炉烟尘主要化学成分（质量分数，%）

冶炼品种	MnO	SiO_2	FeO	Al_2O_3	CaO	MgO
锰硅合金	24.58	23.86	4.15	10.3	4.78	1.06
铁锰合金	23.93	4.55	15.75	6.34	10.67	1.32

铁合金生产工序产生的烟尘是一种非常典型的工业废气，特点是废气量大、温度高、烟尘浓度高、粒度小、部分有剧毒。烟尘颗粒较细，粒径一般在 2 μm 以下，硅铁合金产生的烟尘更甚，80%都在 0.1 μm 以下，密度小、停留时间长、不易沉降、比电阻大，气体的黏度随温度增高而增大，在金属或纺织品表面上的黏结性很强，附着力大，亲水性好，易于结团，布袋过滤时可使布袋带静电。这种粉尘在空气中有较强的扩散能力，除尘设备不易捕集，当布袋的容尘能力饱和以后除尘器的阻力由于布袋阻塞而变大，清灰时很难清落，给铁合金烟气除尘带来了困难。

以钢铁工业主要使用的硅铁合金生产过程为例，生产 1 吨 75%的硅铁，理论上全封闭式矿热电炉产生 1500～2000 Nm³ 的炉气，烟气中烟尘主要由两部分组成，一部分是炉料的机械吹出物，主要是焦粉和煤粉，另一部分是硅石中的 SiO_2 被还原形成的 SiO，形成无定形的极细颗粒，被烟气带出炉外，硅回收率为 85%～95%时，1 吨硅铁产生 200～300 kg 粉尘，粉尘平均粒径为 0.1 μm，具体硅铁电炉烟气烟尘排放特点如下：①烟气量大，为减少烟气量，必须提高烟气温度，因此除尘前需要降温；②烟气热含量大，1 吨 75%硅铁烟气中含热量相当于输入的电量，回收余热的潜在能量很大；③烟尘细，比电阻高，必须使用高效率的除尘器，才能满足达标排放。

2007 年中国环境科学研究院初步发布铁合金行业排污系数，生产 1 吨锰硅合金产生烟气量为 24000～27000（全封闭式矿热炉 4000）Nm^3、含 Mn 粉尘 54～62 kg、SO_2 为 1.24～1.60 kg，生产 1 吨高碳锰铁产生的烟气量为 28000～36000（全封闭式矿热炉 2280）Nm^3、含 Mn 粉尘 62.5～74.5 kg、SO_2 为 0.46～1.24 kg。

5.2　转炉烟气净化技术

5.2.1　转炉一次烟气（转炉煤气）净化技术

转炉在吹氧冶炼期，钢水的碳元素与氧气反应产生含有大量 CO、含铁粉尘的高温烟气，其温度高达 1400～1600℃，如果让这些烟气出炉口后任意放散，不但会污染环境，同时会造成能源的浪费。通常，每炼 1 吨钢可回收转炉煤气 60～70 kg，粉尘 10～20 kg，回收蒸汽 60～70 kg，因此无论从治理环境还是回收能源方面考虑，都必须对转炉一次烟气进行净化处理和回收利用。

转炉一次烟气具有高温显热和化学潜热，对于转炉一次烟气的处理方式包括燃烧法和未燃法[13]。

燃烧法，即从转炉顶部吸入较多的空气或氧气，在烟道内使煤气完全燃烧，燃烧法是炉气从炉口进入烟罩时，令其与足够的空气进入烟气系统与炉气混合并使可燃成分燃烧形成高温废气，利用汽化冷却设备冷却烟气，并回收燃烧放出的热量生产蒸汽，文丘里管或电除尘器对烟气进行除尘净化后排放于大气。这种方法可增加烟道冷却系统的热能回收，只适用于确实无法实现煤气回收的地方。采用燃烧法烟气量大，尘粒直径小于 1 μm 的约占 90%以上，接近烟雾，较难清除；采用未燃法烟气量仅占燃烧法的 1/6～1/4，尘粒粒径大于 10 μm 的达 70%以上，除尘难度比燃烧法小得多。国内也采用过燃烧法对转炉烟气进行处理，在实际运行过程中，整个烟气处理系统利用显热效率低、废气量增加等，并且需要更大的对废气处理的除尘系统，成本相对也要增加。大多数国家采用未燃净化工艺并结合煤气回收技术将转炉烟气余热、煤气和粉尘加以回收利用[14]。

未燃法是在炉口上方用可以升降的活动烟罩和控制风机抽风量等，使烟气在收集过程中尽量不与空气接触，或少量吸入空气燃烧，经冷却净化，通过风机抽入回收系统回收烟气。如日本的 OG 法、德国的克虏伯法、法国的敞缝法，其中 OG 法使用得最多。未燃法主要从两个方面控制烟罩少吸入空气：①炉口微压差控制，检测烟气从炉口进入烟罩时的压力，通过微压差调节系统控制烟气流量，维持烟罩口内外压差 Δp 等于 0 或在 20 Pa 左右稍大于零，在保证尽量减少烟气外逸的情况下同时少吸入空气，保证回收转煤气质量。因转炉烟气含尘量高，易造成烟气取压点堵塞，测量不准确或控制滞后，使用不少，但效果并不理想。②在活动烟罩与固定烟罩间进行活动密封，因为在冶炼过程中活动烟罩需要下降而在吹炼结束后要提到高位，需要将活动烟罩和固定烟罩进行密封，一种方式是在活动烟罩和固定烟罩间通入氮气或蒸汽将空气与烟气隔绝，混入烟气的仅为氮气和蒸汽，比较可靠，使用也比较普遍，但需消耗氮气或蒸汽，同时因为蒸汽进入烟气中高温分解出氢气，如果采用静电除尘方式，可能在电除尘器内部因氢气含量高遇极线火花放电产生的火花而造成泄爆，因此静电除尘方式中一般采用氮气。

国内关于转炉烟气净化回收利用已经有了长期的发展，平均的回收量为 47 m³/t 钢，宝钢作为国内在转炉烟气回收行业的领先者，回收量最高可以达到 99 m³/t 钢，并且使转炉工序能耗达到 8 kg/t 标准煤，几乎实现了"负能炼钢"。

1. 转炉一次烟气除尘技术

转炉一次烟气净化除尘处理技术主要有湿法除尘、干法除尘、半干法除尘、全干法除尘等类型。

（1）湿法除尘。湿法除尘系统主要由一、二级文丘里管、重力脱水器、湿旋脱水器等部分组成，是利用尘粒与水的碰撞凝并，使尘粒与气流分离，从而达到净化效果。湿法除尘工艺具有技术成熟、管理和操作要求简单、安全可靠、投资回收期短等优势，但仍存在耗水量大、产生二次污染、污泥处理费高等问题。

（2）干法除尘。干法除尘系统主要由汽化冷却烟道、蒸发冷却器、静电除尘器和煤气冷却器等部分组成，先利用减速增湿使粒径较大的粉尘颗粒沉积除去，再在电极放电作用下使细粉尘颗粒荷电，并利用电场将其在电场力作用下吸附在集尘电极上。干法除尘系统优点主要有占地面积小、能耗低、除尘效果好、煤气回收量高、不需要污水处理站等；缺点是投资大、后期维护管理成本高、泄爆事故率高。

（3）半干法除尘。半干法除尘系统主要由蒸发冷却器、喷淋塔及二级文丘里管等组成，利用尘粒与水碰撞凝聚的喷雾除尘，使尘粒与气流分离。半干法的优势是投资成本低、设备故障少；其劣势是能耗大、运行成本高、占地面积大、风机维护量大、需要建专门的污水处理站。

（4）全干法除尘。全干法除尘系统（布袋除尘系统）主要由重力除尘器、余热锅炉、布袋除尘器组成。主要是利用过滤布将烟气中的尘粒过滤，适应性强，具有广阔的应用前景，但需要定期对除尘器布袋进行清洗或更换。

转炉烟气除尘目前常见的处理工艺为湿法和干法两大类，最具代表性的是 OG 湿法除尘技术和 LT（Lurgi-Thyssen）干法除尘技术[15]。

1）OG 湿法除尘技术

氧气转炉烟气回收（oxygen converter gas recovery，OG）法为湿法除尘，是目前国内外最常用的转炉烟气净化回收方式，此方法需要净化的烟气量少、除尘效率高、水电消耗量小，对于烟气中的余热可以回收利用。OG 湿法除尘技术又有两种，传统 OG 湿法除尘技术和新 OG 湿法除尘技术。

A．传统 OG 湿法除尘技术

传统 OG 法是 20 世纪 60 年代初在日本开始应用，由日本川崎公司研制，其基本原理是基于文丘里效应而实现的，即当风吹过阻挡物时，在阻挡物的背风面上方端口附近气压相对较低，从而产生吸附作用并导致空气的流动，称为文丘里效应。传统的 OG 法工艺就是一种基于文丘里效应并运用文丘里洗涤器进行除尘的全湿法除尘技术[16]。

湿式除尘器的除尘方式主要有四种：雾滴与粉尘颗粒物之间相互碰撞与拦截；粉尘颗粒物加湿后之间的相互凝并；饱和态高温烟气降温时以尘粒为凝结核凝结。文丘里管除尘过程是惯性碰撞、拦截、扩散、凝并等多种效应的共同结果，其中惯性碰撞和拦截作用是其主要除尘机制。

OG 湿法除尘的核心系统为文丘里洗涤器，文丘里洗涤器由文丘里管和捕滴器组成，整个过程分为三个阶段：水系统的雾化机制、粉尘颗粒物与雾滴之间的凝并、雾气脱除机制。前两个阶段是在文丘里管内部实现，最终加湿的烟气会经过捕雾器进行处理。文丘里管是整个除尘器的预处理部分，包括收缩管、喉管、喷水装置和扩散管，在收缩管和喉管中气液两相间相对流速很大，从喷嘴喷射出来的液滴在高速气流的冲击下进一步雾化成更小的液滴，粉尘颗粒物与雾滴之间发生激烈碰撞、凝并；在扩散段流速降低，静压回升，以尘粒为凝结核的凝并作用加快，出现大颗粒捕集小颗粒，小颗粒附着于大颗粒等凝并现象，凝并成直径较大的含尘液滴，在捕滴器内被捕集。

系统由汽化冷却系统、除尘系统、煤气回收系统三部分组成。该流程是转炉烟气由烟罩进入汽化冷却烟道，烟气温度冷却至 800～1000℃，然后依次进入溢流定径文丘里管、重力脱水器、可调喉口文丘里管，此时烟气经过两次除尘后温度降至 70℃左右，再经弯头脱水器脱水后进入除雾器除雾，将烟气冷却到 60℃后用风机送入煤气回收系统。

1985 年，宝钢一期 300 t 转炉引进了日本的 OG 技术和设备，即第三代 OG 法技术。该技术的核心是二级可调文丘里管（简称二文）喉口，其作用主要是控制转炉炉口的微差压和二文的喉口阻损，进而在烟气量不断变化的情况下，不断调整系统的阻力分配，从而达到最佳的净化效果，工艺流程如图 5-6 所示。

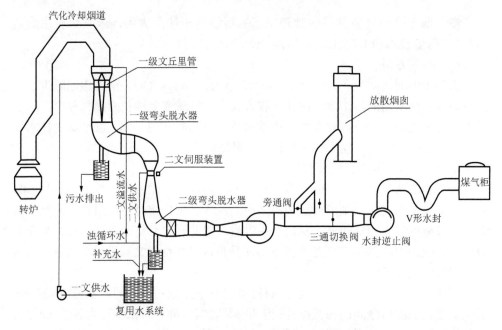

图 5-6　传统 OG 湿法除尘工艺流程

　　传统的两文 OG 系统在使用一段时间后，往往因为转炉超装、吹氧强度提高、风机叶轮沾灰、喷嘴和设备堵塞等原因，系统总阻力超过风机全压，导致烟囱排放超标或炉口大量冒烟。如果不改动文丘里管，就只有加大风机一个选择，这是国内很多钢厂实际采用的方案。该技术被引进、消化吸收后，逐渐成为国内回收转炉煤气的主要方法，对提高转炉烟气的除尘效果和煤气回收水平产生了积极作用，但随着国家节能减排要求的提高，第三代 OG 系统已不能满足排放要求，存在的主要缺点包括：①处理后的煤气含尘量较高，不能达到 10 mg/m³ 以下，还需要进一步设置电除尘器进行精除尘；②系统存在二次污染，污水需进行处理；③系统压力损失大，能耗大，占地面积大。

　　B. 新型 OG 湿法除尘技术

　　新型 OG 湿法除尘技术称为"塔文"式湿法除尘。第三代和第四代过渡技术采用喷淋塔代替了传统 OG 湿法中的一文和重力脱水器，这部分的设备阻损从原来的 4500 Pa 降低至 500 Pa，从而很大程度上解决了湿法除尘系统阻力大的问题，同时将部分节省下来的设备阻损用在二文喉口上，提高了精除尘的效率，使得除尘系统排放浓度降低至 80 mg/m³。这种形式的除尘系统，系统阻损降低，在不换风机的情况下，提高了除尘系统的处理能力，在当时国内一些老转炉扩容改造中广泛应用，工艺流程如图 5-7 所示。

　　用洗涤塔和环缝文丘里管取代 OG 工艺中两级文丘里管进行转炉烟气的粗、精除尘，称为"塔环式"净化法，也称为环缝洗涤器（ring slit washer，RSW）工艺。

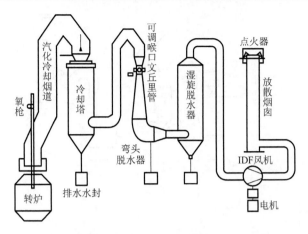

图 5-7　第三代"塔文"式湿法除尘工艺流程

该技术是在 OG 工艺的基础上改进而来的，俗称第四代 OG 工艺。基本原理是运用环缝洗涤器的阻力特性进行转炉炉口烟气压力控制，环缝洗涤器内是一个高速可压缩的三维流动过程，并伴有煤气和雾化水滴的两相流动传热，环缝装置移动时，改变环缝装置与煤气通道的接触面积，从而改变了烟气的流通量和烟气压力，同时也调节了煤气清洗的洗涤效果。

第四代"塔环"式湿法除尘，在"塔文"式之后，对二文精除尘进行了改进，用环缝洗涤器（RSW）替换了原来的 RD（rice damper）阀式喉口[17]。RSW 洗涤器解决了 RD 阀自身无法克服的问题：首先，RSW 洗涤器全程线性可调，突破了RD 阀可调范围 30°～90° 的限制；其次，RSW 洗涤器的线性变化度更好，喉口通过面积变化更平顺，有利于更好地进行炉口微差压控制，提高烟气净化效果和煤气回收率；再者，RSW 洗涤器克服了 RD 阀式喉口两侧喷嘴易堵易变形以及阀板两侧易卡等问题。RSW 洗涤器的使用，进一步降低了系统排放浓度，达到 50 mg/m³ 以下的水平。

其工艺流程为：从汽化冷却烟道来的转炉烟气进入洗涤塔，雾化气体将水滴进一步雾化，在高温下迅速蒸发，将烟气降温至饱和温度 75℃ 以下，并用水进行一次喷淋清洗，洗掉较粗颗粒的烟气，实现粗除尘；在上行式长径环缝文丘里管中进行二次喷淋清洗，然后进行除湿，完成烟气精除尘后进入煤气回收系统。工艺流程如图 5-8 所示。

2）LT 干法除尘技术

LT 干法除尘技术是近年来发展起来的除尘技术，是由德国鲁奇和蒂森公司联合推出的，目前 LT 干法除尘技术上已日趋成熟，是《钢铁工业"十二五"发展规划》中炼钢工序重点推广的节能减排技术，国家新建的大型转炉也采用 LT 干法除尘技术。

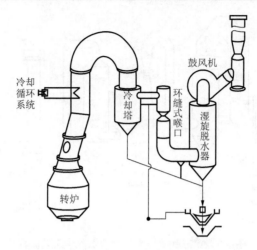

图 5-8　第四代"塔环"式湿法除尘工艺流程

　　干法（LT 法）除尘系统主要由活动烟罩、汽化冷却烟道、蒸发冷却器、静电除尘器、风机、煤气冷却器和煤气柜组成。干法除尘烟气净化回收处理过程是从转炉炉口开始的，在主引风机的抽引下，转炉高温烟气（温度可达 1600℃）在烟罩收集下，进入汽化冷却烟道，在汽化冷却烟道内烟气与循环水进行热交换，从而使温度降至 800～1000℃，并进入蒸发冷却器。在蒸发冷却器内，经过喷嘴喷射出来的高压水及水蒸气与烟气混合，一方面从烟气中吸收大量的热，使烟气降温，另一方面 40%～50%的烟气粉尘颗粒与水蒸气发生凝聚沉降去除，去除的粗粉尘经链式输送机落入粗灰斗中。

　　蒸发冷却器出口处烟气温度降至 200～230℃后，烟气进入圆筒式静电除尘器，电除尘器设置 3～4 个电场，采用高压直流脉冲电源，将经过高压电场的气体电离，烟气内的荷电粉尘在电场力的作用下沉降在收尘极板的表面上，烟气经过静电除尘器之后，含尘量可控制在 10 mg/m³ 以内。聚集在极板上的细灰尘由静电除尘器内的振打清灰装置将其从极板和极线上振打下来，再由输灰设备将除去的粉尘送入细灰仓。经静电除尘器净化的煤气，在除尘风机的抽引加压后，在满足回收条件的情况下，经煤气冷却器再次冷却，此时煤气温度降至 70℃左右，回收进入煤气柜，作为二次能源利用；根据转炉烟气量的变化，轴流风机通过变频控制自动调节引风量。利用氧气浓度分析仪和一氧化碳浓度分析仪确定是否对煤气进行回收和放散，当煤气不满足回收条件时，经放散烟囱点火燃烧，排入大气。其工艺流程如图 5-9 所示。

　　转炉煤气干法净化及回收技术弥补了文丘里管湿法和 OG 法的不足，平均回收煤气量在 100 m³/t 以上，净化后的煤气含尘量不大于 15 mg/m³，转炉炼钢的吨钢工序能耗仅为 2.9×10⁵ kJ。煤气含尘量低，转炉煤气出煤气柜后可直接送至用户使用，因此，在炼钢转炉扩容改造的大形势下，转炉的干法除尘工艺在未来一段时间内具有推广应用的前景。

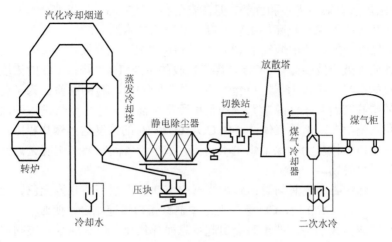

图 5-9　LT 干法除尘工艺流程

目前,国外掌握转炉煤气干法净化及回收核心技术的主要有 GEA 比晓夫公司（原 Lurgi-Bischoff）和西门子-奥钢联（Siemens-VAI）公司,该技术在国外钢厂的应用已达到 40 套以上。国外部分钢企采用转炉煤气 LT 干法技术的运行效果如表 5-13 所示。

表5-13　国外部分钢企采用转炉煤气LT干法技术运行效果

钢铁企业	转炉规模/t	出口粉尘/(mg/m³)	烟气回收量/(m³/t)	蒸汽回收量/(kg/t)
蒂森 Beeckerwerth 厂	265	≤10	100～110	—
德国 Salzgitter 厂	210	≤10	82	107
奥钢联 Linz 厂	150	≤10	70	70～76
韩国浦项制铁光阳厂	280	≤10	80～90	—

自从宝钢二炼钢 250 t 转炉在 1994 年首次引进了转炉煤气 LT 干法技术以来,国内转炉采用干法技术的已有 110 多座。经过多年的实际运行经验积累,目前国内转炉炼钢系统中采用的干法系统运行稳定。和湿法工艺相比,干法工艺吨钢可节约用电约 1.1 kW·h,节约用水约 3 t,可回收含铁量大于 75% 的粉尘 10.5 kg,另外还可回收与 20 L 燃油等热值的优质煤气。国内部分钢企采用 LT 干法技术的运行效果见表 5-14。

表5-14　国内部分钢企采用转炉煤气LT干法技术运行效果

钢铁企业	转炉规模/t	出口粉尘/(mg/m³)	烟气回收量/(m³/t)	蒸汽回收量/(kg/t)	电耗/(kW·h/t)	水耗/(kg/t)
宝钢	295	≤10	100.27	70.23	3.25	50
莱钢	120	≤10	76.17	27.72	2.95	16
太钢	180	≤10	103.00	83.00	2.60	20
武钢新区	120	≤10	100.00	90.00	3.05	18

　　LT 法虽然有很多进步和优势，但在安全和工艺方面仍然存在一些问题，对系统的操作和控制要求比较高，主要问题及其防范措施如下：

　　（1）爆炸问题：转炉烟气中 CO、O_2 和 H_2 的浓度达到爆炸极限时，遇到电火花或其他明火就会发生爆炸。CO 是煤气回收的主要气体，降低 CO 的浓度将失去煤气回收的意义，所以为了避免爆炸要尽量降低 O_2 和 H_2 的含量。为了避免爆炸可采取的措施有避免干法除尘系统的负压段产生泄漏，防止空气进入干法除尘系统中；在系统中充入惰性气体，避免 CO、O_2 和 H_2 的浓度达到爆炸极限；控制煤气回收进出口风机压力，保证煤气不倒流；减少设备因摩擦产生明火，设备远离火源及易燃可燃物。

　　（2）气体中毒和窒息问题：转炉煤气中 CO 浓度较高，且为无色、无嗅的有毒气体。当人吸入 CO 后，CO 会与血液中血红蛋白迅速结合，使血液缺氧，对心脏和大脑造成巨大伤害，严重时会引起窒息而导致死亡。在现场安装固定式及配备便携式 CO 报警监测仪器，可以有效减少煤气中毒的发生。在进入干法除尘系统设备前，要将转炉倒放，系统设备通风降温，关闭设备中所有的氮气阀门，电除尘器要停电、放电、验电，进入设备内部时，要带空气呼吸机和携带仪器检测 CO、O_2。

　　（3）蒸发冷却器喷嘴堵塞与内壁积灰问题：喷淋水多为煤气冷却器回水，内部含有一定量的杂质，随着使用时间的增加，水中的杂质易在喷嘴内部积累，积累到一定程度会造成雾化喷嘴的堵塞现象，导致蒸发冷却器内部的喷淋效果不佳，喷淋效果对整个除尘系统和除尘效率都具有关键作用。通过合理布置喷枪，保证雾化介质（氮气或蒸汽）的压力，并且经常检查和清理喷枪，能够有效避免喷嘴堵塞与蒸发冷却器积灰的现象。

　　（4）静电除尘器泄爆问题：泄爆是转炉 LT 干法除尘系统常见的问题之一，并且对生产影响最大。静电除尘器的泄爆对整个除尘系统影响极大，将会对除尘器造成不同程度的损坏，降低转炉作业率。泄爆问题的根本原因是静电除尘器内烟气中的 CO（或 H_2）与 O_2 混合后浓度达到爆炸极限后，在电场中高压闪络的电弧火花作用下引起爆炸。在除尘系统中这种爆炸是不可能完全避免的，因此静电除尘器泄爆时有发生。目前可通过优化转炉吹氧流量、分批多次加料、控制第一炉吹炼、规范冶炼操作、氮气吹扫等手段来降低泄爆发生的可能性。

　　3）OG 法与 LT 法的比较

　　传统 OG 法较其他方法在烟气净化、烟气回收、节约能源方面有很大的进步，净化后烟气含尘浓度在 100 mg/m³ 左右，但长期运行后除尘效果不太稳定，目前已经很少用于转炉烟气净化回收；RSW 工艺系统总阻损比 OG 工艺减少了 20%，除尘效率有所提高，烟气排放浓度在 50 mg/m³ 左右，循环水量也显著减少，但 OG 工艺与 RSW 工艺均属于湿法除尘，未彻底摆脱水洗烟气模式，除尘效果无法进一步提高，还需建设污水处理系统，同时设备维护量大，故障率高。LT 工艺中静电除尘器能有效捕集亚微米级的粒子，并且可以通过提高电除尘器工作电压提高除尘效果，烟气净化效率显著提高，烟气排放浓度在 20 mg/m³，系统阻损及电能消耗明显降低，且不含污水处理系统。干湿法优缺点比较如表 5-15 所示[18]。

表5-15 转炉烟气干法除尘与湿法除尘比较

比较项目	干法	湿法
除尘效果	净化效率高，不需要再精除尘，煤气可直接送用户使用	需要在转炉煤气储配站精除尘后再送用户使用
能耗	系统阻力小，能耗低，风机运行费用低，寿命长	系统阻力大、能耗高，主要是风机电机部分能耗高
操作	设备控制水平先进，对操作人员技术水平要求高	设备运行简单，符合国内操作习惯，操作条件比较安全
污水处理	不需要沉淀池和污水处理设施，灰尘可以压块回收	需要沉淀池和污水处理设施，污泥处理困难
维修	除尘器内部空间小，蒸发冷却器前后测温易损，蒸发冷却器喷嘴需要定期更换，系统技术含量高，对设备管理和维修人员的专业水平要求高	不易堵塞喷嘴，烟尘附着积灰堆积少，清灰简单易操作，风机叶轮磨损严重，需要定期更换

以宝钢 250 t 转炉干法与湿法除尘为例，对干法与湿法净化回收的技术参数进行比较，如表 5-16 所示[19]。

表5-16 宝钢250 t转炉干法与湿法净化回收技术参数比较

对比项目	湿法	干法
除尘量/(mg/m^3)	烟气 100；煤气 100	烟气 15～30；煤气 10～15
系统阻力/kPa	18～20	7～8
吨钢净耗水量/m^3	0.233	0.128
吨钢水系统耗电量/(kW·h)	2.39	1.59
吨钢风机运行耗电量/(kW·h)	2.75	1.0

LT 法相比于 OG 法有很多优势：①用电场除尘，除尘效率高达 99%，煤气含尘量最低可到 10 mg/m^3 以下，且煤气回收量高；②采用干法处理，不存在二次污染和污水处理问题；③节约了大量冷却水和污水处理系统；④回收的粉尘压块可返回转炉代替铁矿石，避免了泥浆的处理和污染；⑤系统阻力损失小，风机电耗低。

4）转炉一次烟气除尘改进技术

由于 OG 法和 LT 法在生产运行中都存在一些不同程度的问题，国内外对 OG 法和 LT 法原工艺都做出了不同程度的改进，改进后的净化回收工艺以半干法和全干法为主。

A. 转炉烟气半干法除尘技术

转炉烟气半干法除尘工艺是针对国内转炉除尘系统存在的问题提出的一种解决方案[20]。半干法采用"半干式喷雾蒸发冷却+湿式电除尘器"进行转炉煤气的除尘，所产生的粉尘由原有的污水处理系统回收和处理。采用湿式电除尘，控制要求与湿法基本相同，节省了控制系统费用。粉尘回收处理利用现有的污水处理系统，既节省了投资，又节省了改造所需的时间。

转炉半干法除尘工艺相对于 LT 法和 OG 法，具有以下一些优势：①出口温度低，无需再进行冷却，可以直接进入煤气柜；②净化效果最好，可以确保粉尘浓度低于 10 mg/m³；③吨钢节能 50%，与干法相同；④比 OG 法减少 50%~90%的循环水，基本上没有循环水耗，仅用少量循环水进行设备清洗；⑤用水冲洗电极还可以消除干法的二次扬尘和电极板/阴极线积灰等问题。

目前该工艺的半干式蒸发冷却塔技术已经应用于我国 10 多座转炉的改造或新建项目中。

此外，宝钢开发的转炉煤气湿式布袋系统和高温布袋除尘系统也都是在现有系统上改进而来的，都能较好地减少水、电消耗，降低烟气的含尘量，实现节能减排。

B．转炉烟气全干法布袋除尘技术

目前转炉烟气净化回收工艺流程中的高温显热回收只在烟罩和汽化冷却烟道内进行，利用高温烟气的热辐射回收 800℃以上显热。从烟道出来的 800℃左右的烟气再进行喷水、雾或蒸汽，使烟气急剧降温到 70℃或 200℃以下，致使转炉烟气中大量的显热无法被回收利用。转炉煤气全干法布袋除尘技术通过汽化冷却烟道和管束式换热器进行降温余热回收，后经过布袋除尘器除尘，在减少水耗的同时保证煤气低含尘量。

转炉煤气全干法布袋除尘的工艺流程如图 5-10 所示。

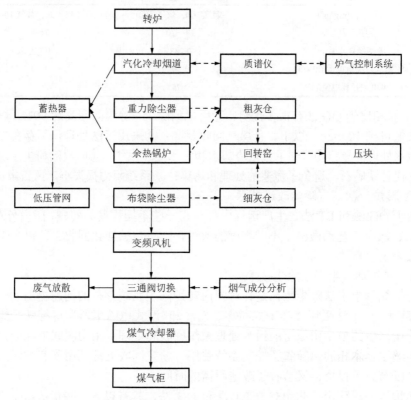

图 5-10　转炉煤气全干法布袋除尘工艺流程

全干法具体的工艺流程为：转炉烟气出炉口后，通过活动烟罩、固定烟罩进入汽化冷却烟道，炉口炉气温度在 1600℃ 以上，在汽化冷却烟道内通过换热使出口烟温降至 800℃ 左右。烟气进入重力除尘器进行粗除尘，使烟尘含量 <30 g/m³。

在粗除尘消除烟气中的明火后进入出口烟气温度可调的余热锅炉，烟气在余热锅炉内温度从 800℃ 降至 150℃ 以下，并实现部分除尘功能。将余热锅炉出口的烟气温度调节在合适范围内后，再进入布袋除尘器，以免烧坏布袋除尘器。烟气进入布袋除尘器进行精除尘，以保证出口烟气含尘量 <10 mg/m³。精除尘后的烟气经过烟气成分分析仪，分析烟气中的 O_2 和 CO 含量。回收期内 CO 含量 ≥30%，O_2 含量 ≤2% 时，三通阀切换，烟气进入板式煤气冷却器，待烟温降至 70℃ 以下后，通过眼镜阀和 V 形逆止阀进入煤气柜回收。前、后燃烧期的燃烧废气和回收期内的少量不达标烟气，则通过放散系统进行放散。

以南京钢铁 120 t 转炉实际生产数据为输入[21]，计算几种不同煤气净化系统参数如表 5-17 所示。

表5-17　120 t转炉的几种不同煤气净化技术比较

	煤气净化技术	OG 法	LT 法	新 OG 法	全干法
	主要组成设备	一文+重力脱水+二文+弯头脱水器+水雾分离器+脱水塔	喷雾塔+干式静电除尘+冷却器	除尘器（一塔一文）	重力除尘器+余热锅炉+布袋除尘器+煤气冷却器
技术参数	转炉公称容量/t	120	120	120	120
	风机风量/(m³/h)	210000	210000	210000	210000
	风机全压/Pa	27160	13600	23000	13000～14000
	风机入口温度/℃	70	150～180	70	≤150
	煤气温度/℃	63	65	65	≤70
	净化后含尘量/(mg/m³)	100	10	50	10
运行能耗	风机功率/kW	2323	1163	1967	≈1200
	喷水量/(t/t)	780	150	450	—
	喷水用电/kW	212.4	40.8	122.5	—
	电耗/[(kW·h)/t]	8～10	3～4	6～8	3～4
	新水耗量/(t/t)	0.5	0.1	0.3	—
	浊环水耗/(m³/t)	2.3～2.6	—	1.2	—
收益	热值/kcal	1600～1700	1900～2000	1600～1700	2000～2200
	2000 kcal 热值煤气/(Nm³/t)	≤80	91.4	80	104.4
	汽化冷却蒸汽回收/(kg/t)	≤80	80	≤80	89.9
	汽化冷却烟道后蒸汽回收/(kg/t)	—	—	—	47.2

从综合数据来看，全干法技术参数与 LT 法相当，优于 OG 法和新 OG 法，具有很好的推广前景，但目前该技术在国内还处于研制应用阶段，还有待进一步应用和实践。

2. 转炉一次烟气硫/磷/砷脱除技术

现有的转炉煤气净化技术主要针对降温除尘以及铁粉的回收，回收的净化气由于仍存在体积浓度为 100 ppm 的硫、磷、砷及其化合物等有毒有害杂质，一般只能用作燃料，这造成了资源的浪费。为进一步提高转炉煤气的应用价值，使其成为合格的化工原料，需要对其进行深度净化。

作为化工原料一般要求硫、磷、砷及其化合物等有毒有害杂质体积分数均小于 0.1 ppm，可用的净化技术有湿法和干法两大类。湿法脱硫是以碱性溶液为脱硫剂，化学吸收脱除硫化物，主要脱除硫化氢，湿法脱硫量大，但精度有限；干法脱硫是以固体吸附剂为脱硫剂，吸附脱除硫化物，干法可达较高精度，但硫容偏低，经济性较差。典型的转炉煤气脱硫技术有石灰石-石膏法、喷雾干燥法、电子束法、氨法等。由于转炉煤气中硫化物形态多为氧化态的 SO_2 和 COS，对氧化态的 SO_2 和 COS，尤其是 COS 要达到精脱指标，需要进行水解转化为 H_2S，再通过吸收或吸附的方法脱除，流程复杂、成本较高。

其中关于烟尘中砷的深度脱除，重金属冶炼过程通常会把含 As_2O_3 的烟尘作为白砷的原料，对于烟尘中的砷的净化回收方法包括火法挥发和湿法浸出。火法挥发是利用 As_2O_3 是一种低沸点氧化物的特殊性质。烟气温度在 465℃以上，蒸气压达到 0.1 MPa 情况下，As_2O_3 激烈挥发。当冶金炉温度升高到 500～700℃时，As_2O_3 会升华进入烟气，然后经过冷却系统对烟尘中的 As_2O_3 进行深度净化。

国外对烟尘中砷的净化大致为两段式收尘器，第一段为高温段，净化高熔点的重金属烟尘，如铜、铅、锌等。第二段为低温段，净化含砷烟尘。例如，瑞典隆斯卡尔炼铜厂采用两段电收尘器，烟气进入低温收尘器之前经蒸发冷却器，使其温度很快降到 200℃以下，净化烟尘中的砷元素。该法的优点是：收尘效率高，低温收尘器的烟尘杂质少，收砷尘含量达 80%，但成本高，操作难以控制。加拿大卡贝尔雷德湖矿山公司采用电收尘器和布袋收尘器，经电收尘器的烟气进入布袋收尘器之前，会使烟气进入一个通入冷却空气的混合器内部，温度下降使烟气中的含砷烟尘净化脱除。该方法成本相对较低，操作方便。

1）化学吸收法

化学吸收法是气-液接触传质过程，从而使有害物质从气相进入液相而被脱除。气、液接触的吸收设备按气、液分散的方式不同分为两类：一类为液体分散式，在吸收设备中气体是连续相，液体是分散相，这类装置有喷淋塔、文丘里洗涤器、旋风洗涤器等；另一类为气体分散式，在这类吸收设备中液体是连续相，气体是分散相，此类设备有气泡塔、鼓泡板式塔、搅拌釜等。在化学吸收中，当化学反应的速率较快时，如果选用合适的塔器强化吸收过程，可提高吸收效率。因为此时扩散速率慢，起控制作用，通过强化来提高吸收速率。采用湿式化学吸收法净化工艺，首先要根据烟尘的物理化学性质选择吸收剂，使其与气相中有害组分发生不可逆化学反应。而吸收剂本身要不易挥发，使用寿命长，生成的反应物易于回收或处理，不产生新的有害物质。

转炉烟气脱硫工艺可以借鉴火电厂湿法脱硫技术，湿法脱硫是以碱性溶液为脱硫剂，化学吸收脱除硫化物与 SO_2，工业中常用的湿法脱硫方法为：石灰石（石灰）-石膏湿法脱硫工艺，采用价廉易得的石灰石或石灰作脱硫吸收剂，石灰石经破碎磨细成粉状，与水混合搅拌成吸收浆液，当采用石灰为吸收剂时，石灰粉经消化处理后加水制成吸收剂浆液。在吸收塔内，吸收浆液与烟气接触混合，烟气中的二氧化硫与浆液中的碳酸钙以及鼓入的氧化空气进行化学反应被脱除，最终反应产物为石膏。脱硫后的烟气经除雾器除去带出的细小液滴，经换热器加热升温后排入烟囱。脱硫石膏浆经脱水装置脱水后回收。由于吸收浆液循环利用，脱硫吸收剂的利用率很高。

2）固体吸附法

对于烟气中有害污染物净化采用固态吸附剂法，常用的固态吸附剂有活性炭、氧化钙（氧化钙、石灰、苏打石灰）等。原料气加压后进入吸附净化单元，在此原料气中的 S、P、As、F 等微量杂质组分被净化塔中装填的吸附剂选择性吸附。吸附在吸附剂上的杂质组分经加热冲洗脱附，每台吸附器在不同时间依次经历吸附、逆放、加热冲洗、冷吹、升压等步序。净化气再进入精制单元，在此净化剂为一次性使用，两塔配置，可利用大修期间更换，以保证装置稳定运行。获得的达标净化气输出至合成气压缩机进口。

转炉煤气原料气组成如表 5-18 所示，原料气处理量为 13025 m^3/h。

表5-18　转炉煤气原料气组成

组分	H_2	O_2	N_2	CO	CO_2	ΣS	ΣP	ΣAs	ΣF	H_2O
体积分数%	2.00	0.47	21.50	60.00	16.00	0.01	0.02	10^{-6}	10^{-6}	饱和

注：净化后要求 $\Sigma As \leqslant 5 \times 10^{-9}$，$\Sigma P \leqslant 0.1 \times 10^{-6}$，$\Sigma F \leqslant 0.1 \times 10^{-6}$

所采用的吸附剂通过改性使其表面呈现弱碱性和一定的活性，有较强的吸附硫、磷、砷及其化合物的能力和较高的脱除精度，采用变温吸附方式，在常温下吸附、在升温后冲洗再生。精制单元主要是采用固定床反应器催化吸收，脱除混合气中的砷化物，净化气出口砷的体积分数可低至 5×10^{-9} 以下。硫化物、磷化物会使净化剂的活性组分失活，因此将精制单元放在净化末端[22]，工艺流程如图 5-11 所示。

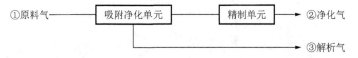

图 5-11　转炉煤气硫/磷/砷吸附净化工艺流程

5.2.2　转炉二次烟气除尘技术

转炉二次烟气、上料系统含尘废气、铁水预处理烟气、混铁炉烟气及精炼炉烟气的除尘统称为二次除尘，也称局部除尘，通常采用高效布袋除尘器净化，排放烟气中的烟（粉）尘浓度一般可控制在 20 mg/m³ 以下。

由于布袋除尘器已是比较成熟的技术，收尘罩的形式则成为二次除尘的核心技术，收尘罩的合理设计可以提高无组织废气的捕集率，减少无组织废气的排放量。目前国内炼钢企业采用的烟气捕集形式主要有炉前挡火门封闭、顶吸罩和转炉厂房屋顶除尘系统等，采用的布袋除尘器主要有脉冲清灰布袋除尘器和大室大灰斗脉冲布袋除尘器，国内炼钢厂普遍使用转炉车间二次除尘，即炉前挡火门和顶吸罩，废气捕集率达 95%以上。

转炉生产产生的最大烟气量出现在兑铁期，铁水包与转炉炉膛之间的高度差较大，高温铁水倒入转炉时使周围空气瞬间加热膨胀，产生大量阵发性烟尘，需要抽入空气作为混风，使进入除尘器的烟气温度降到 120℃以下。而烟尘产生的位置接近转炉炉口，正上方设置烟罩较为困难，因此对产生的烟气必须依靠炉前门形罩立即予以捕集，这就要求烟罩形式的设计更为合理，保证烟气的捕集效果。

转炉出钢、出渣时产生的烟尘基本都位于转炉主平台下方，依靠转炉炉前排烟罩捕集效果不够理想，烟尘通过炉前、炉后渣包车、钢包车通道逸出厂房外或进入车间内，污染车间内外的大气环境。故在转炉炉后设置炉后排烟点，捕集因出钢时瞬时产生的大量烟气不能由出钢排烟罩捕集而从转炉平台下逸出的烟气，并在出渣、出钢通道上设置挡烟措施，可以有效提高烟气捕集效率，减少污染。

二次除尘可根据扬尘地点与处理烟气量大小分为分散除尘系统和集中除尘系统两种形式，各排烟点并非同时排烟，因此各排烟点都设有电动阀门，风机配置调速装置，根据转炉炼钢过程中烟气量的变化进行系统调节，烟气经布袋除尘器净化并达标排放，转炉二次集中式除尘系统如图 5-12 所示[23]。

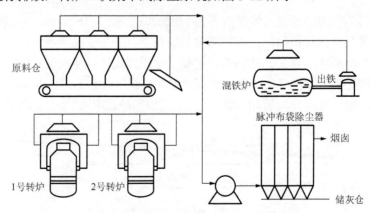

图 5-12　转炉二次集中式除尘系统

转炉二次除尘系统中一些关键设备参数的选择如下：

1）二次烟尘捕集器（门形罩）

①功能：主要捕集转炉兑铁、加废钢、吹炼及倒渣时产生的烟气；②材料：Q235A。由于捕集的烟气温度较高，且工作环境温度高，捕集器内敷设轻质耐火材料，外表面耐高温涂料；③安装位置：转炉密闭罩与活动挡火门之间。

2）炉后位烟气捕集设施

①功能：捕集在转炉出钢时，从转炉平台下方逸出的烟气；②安装位置：在转炉密闭罩炉后颈部位置开口设置罩子与密闭罩连接；③材料：Q235A。均在内部敷设轻质耐火材料。

3）二次烟尘系统风量的确定

宝钢引进的日本 300 t 转炉二次烟尘炉前罩罩口中心的吸气速度为 15 m/s，边缘罩口的吸气速度为 7 m/s，垂直于烟柱的罩口平均吸气速度为 9～10 m/s，基本上将兑铁水的烟气全部捕集，重庆钢铁设计院在引进日本二次除尘技术后，抽气量按罩口速度平均 10 m/s 来确定，投产后收到了明显的效果，捕集效率在 95%以上。

出钢时烟尘源在炉后侧，烟气温度大约为 500℃，烟气含尘浓度较兑铁水时浓度低，一般情况下，如果二次烟尘系统抽风量按兑铁水抽风量确定，则出钢时抽风量是足够的。根据国内二次除尘系统运行经验，出钢时采用的抽风量是兑铁水时抽风量的 1/3 左右即可。

4）除尘器的选择

转炉二次除尘的净化方式目前绝大多数采用布袋除尘器，技术也已较成熟。常选用脉冲布袋除尘器，其主要优点有可离线清灰、反吹气流阻力低、脉冲清灰效果好、高架式、灰仓锥角大、不易积灰搭拱。所有除尘器的灰尘均采用埋刮板机输送方式输送至集中灰仓。

5）除尘风机的选择

对于除尘风机的选择既要满足工作效率，同时也能够达到低能耗的要求：①选用合适的风量，对炉前集尘罩改造，满足烟尘的捕集效率＞95%，选择合理的风量；②选择合适的烟道尺寸，保证低阻力运行，减少能耗；③风机采用变频调速技术，针对转炉炼钢工艺特点，对不同工况风量进行实时调节，转炉兑铁水时风量最大，出钢时风量次之，转炉等待期间风量最小[24]。

马鞍山钢铁 300 t 转炉二次烟气除尘系统风量如表 5-19 所示[25]。

表5-19 转炉二次烟气量分配

工作状态	风量/（m³/h）	温度/℃	工作时间/min
兑水铁	600000	220	5～6
吹炼	300000	80	47～18

续表

工作状态	风量/（m³/h）	温度/℃	工作时间/min
出钢	180000	80	5
合金微调	300000	100	17～18

为避免因烟气温度过高而造成除尘器滤料烧袋，将烟气温度冷却至 100℃以下，设计将转炉合金微调站的除尘加入转炉二次烟气除尘系统，解决转炉合金微调站加料系统的除尘问题，在系统中掺冷风，将转炉二次烟气温度降到 100℃。

为使除尘器设备阻力变得更低，采用长袋脉冲除尘器，主要性能参数如表 5-20 所示。

表5-20　除尘设备主要性能参数

项目	参数	项目	参数
型号	LCMD-23300	滤袋数量/条	5610
处理风量/（m³/h）	1400000	滤袋规格/mm	Φ60×8000
入口含尘浓度/（g/Nm³）	<2～10	脉冲阀数量	374
出口含尘浓度/（g/Nm³）	≤30	设备工作负压/Pa	8000
烟气温度/℃	≤130	除尘器阻力/Pa	<1500
过滤面积/m²	23300	漏风率/%	≤2
过滤风速/（m/min）	1.01		

除尘器阻力仅为 800 Pa，烟囱排放浓度小于 30 mg/m³。改造后一定程度上改善了转炉兑铁水时，火焰和烟尘大量外溢的现象，减少污染。

宝钢二炼钢转炉二次除尘系统进行新技术的改造，改造前除尘系统的运行风量远低于设计风量，转炉在兑铁水、吹炼和出钢过程中均有大量的烟气外逸，改造方案中提出兑铁水风量达到 180 万 m³/h 方能使烟气的捕集率达到 95%以上，但是大风量意味着高能耗与高投资，经过多重对比计算分析后，得出转炉兑铁水风量要达到 100～120 m³/h 并且对炉前罩进行了扩容改造，以保证转炉兑铁水时烟气捕集率达到 95%以上。炉前罩尺寸受到兑铁水工艺的限制，在不影响正常兑铁水操作前提下增加炉前罩的容积，并且加大罩口风速，改造后炉前罩储烟能力提高了 20%。在除尘管路改造方面使管路走向合理，布置顺畅，尽量减少管道弯头等局部阻力，改造后管路系统阻力降低到 1000 Pa。

5.2.3　转炉车间烟尘控制技术

三次除尘主要是集中在厂房内部除尘，当转炉兑铁速度加快，特别是在加入含有碳氢化合物杂质的低质廉价废钢时，将产生大量的阵发性烟气并在炉口上方燃烧，引起烟气温度的急剧上升和体积的膨胀，导致传统的转炉集尘罩二次烟气捕集能力下降，从而使环境状况不断恶化。另外在铁水包兑铁结束后，残余铁水及铁水包内壁的耐火材料发生氧化反应，产生大量烟尘，这些烟尘随着铁水包的移动弥漫在整个车间内，甚至通过屋面通风气楼溢出厂房，造成粉尘的无组织排放，给操作人员的健康造成危害。转炉二次除尘系统只能抽走冶炼过程中产生的烟气量的 80%，剩余 20%的烟气逸散在车间里，而遗留下来的大多是粒径小于 2 μm 的微尘，转炉二次除尘系统很难能捕集到这类粉尘，因此国际上普遍采用厂房车间除尘来解决这一问题。

利用转炉炉前顶部原有的自然通风气楼，对其进行局部改造，使之增加除尘捕集罩功能。当转炉兑铁开始时，气楼开始作为捕集罩使用。当铁水包经行车吊离该工位后，气楼仍作为自然通风气楼使用，进行车间内的通风换气。转炉三次除尘解决了厂房冒烟的问题，并且保留了车间自然通风的功能，改善了车间内的空气质量。

由于含尘量较少，一般采用大风量压入型布袋除尘器，经过厂房除尘，车间空气中的尘含量可降到 5 mg/m³ 以下。

厂房除尘不能代替二次除尘，只有二者结合起来，才能对车间除尘发挥更好的效果。

宝钢基于二次除尘系统的基础开发出转炉车间厂房除尘装置，如图 5-13 所示，该装置解决了在兑铁水期外逸的烟气，同时兑铁水结束后残余铁水与钢包内部耐火材料产生的烟气也能够进行捕集，又可对炼钢热车间进行厂房气楼式通风换气。

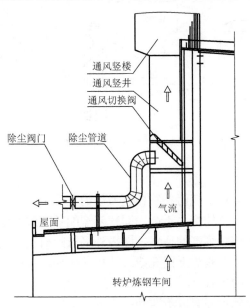

图 5-13　转炉厂房气楼除尘装置

在转炉兑铁水开始时，竖井内部通向大气的气流切换阀门被关闭，而通向除尘系统的除尘阀门自动打开，将烟气送入二次除尘系统净化。转炉兑铁结束时，竖井内部通向大气的气流切换阀门打开，而通向二次除尘的除尘阀门被关闭，车间内部进行通风换气。宝钢二次+三次除尘改造之后，车间岗位的粉尘浓度低于 5 mg/m³，除尘排放浓度低于 20 mg/m³。

5.3　电炉烟气净化技术

5.3.1　电炉烟气除尘与资源化技术

一般把电炉冶炼及废钢预热时电炉炉内排烟称为一次烟气，电炉冶炼、加料及预热时从炉内溢出的烟气称为二次烟气。电炉烟气净化系统的原则是尽可能在不影响工艺的条件下通过炉内排烟捕集绝大部分的一次烟气，另外溢出的二次烟气通过密闭罩及屋顶罩等进行捕集。典型电炉烟气除尘系统如图 5-14 所示，通过烟气捕集系统收集，进入排烟管道，二次燃烧室中排出的烟气通过水冷管道和冷却器，进入预分离器和除尘器净化后，从烟囱排出。烟气捕集系统和烟气净化系统是电炉烟气治理的关键。

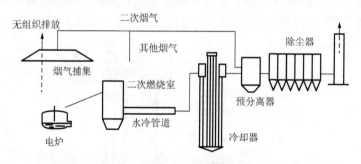

图 5-14　典型电炉烟气除尘系统示意图

1. 烟气捕集系统

烟气捕集系统是电炉烟气污染物控制系统的重要组成部分，关系到电炉烟气无组织排放量。如果烟气捕集率不高，即使末端配备高效除尘器，也难以达到治理效果。目前，对于电炉烟气的捕集，国内外采取的捕集形式主要有三类：一是吸尘罩单独排烟方式；二是炉上四孔或二孔单独排烟方式；三是吸尘罩和炉上四孔或二孔排烟相结合的方式[5]。

电炉采用的吸尘罩主要有以下四种：

1）开放式吸尘罩及屋顶吸尘罩

此法是将烟罩悬挂在厂房顶构架上，距炉顶很远，烟尘自炉内自由溢出，利用热抬升由吸尘罩收集进入除尘系统。该法的优点是完全不影响炉内冶金过程和电炉的操作，设计简单，较好地解决了车间多处烟气的排放问题。由于烟尘与车间冷空气一起吸入除尘系统，不需要专门设置烟气冷却系统。缺点是对烟尘的捕集效率低，烟气量很大，系统体积大。由于较低的捕集效率很难达到越来越严格的环保要求以及庞大烟气量带来的高能耗，因此开放式吸尘罩应用较少。

2）密闭罩或半密闭罩

此法是将电炉全部或部分罩起来，将电炉产生的烟尘抽走。优点是捕集效率高，有一定的隔声、隔热作用，可以用较小的风量吸走绝大部分烟尘，风机功率小，能耗低；缺点是全密闭罩几乎没有野风进入除尘系统，烟气温度高，对烟气冷却系统要求较高，全密闭罩的固定影响电炉的正常操作。在电炉的除尘中首先应该考虑到的问题就是不影响电炉冶炼的正常操作，因此固定式的密闭罩或半密闭罩用在电炉除尘上并不合适。而且全密闭罩对烟气冷却系统的高要求提高了设备投运费用。

3）移动式半密闭罩

移动式半密闭罩是在吸取了半密闭罩较好的捕集效率和混风效果的基础上，改进其影响操作的缺点而形成的。优点是在加料、倾倒钢水时可自动移开，不影响操作；在冶炼过程中又为闭合状态，有效地抑制了烟尘的扩散，取得了较好的吸尘效果；采用下部开放、上部密闭的形式，能混加一部分冷风，有效降低烟气温度。缺点是对加料时产生的烟尘捕集效果较差。

单纯炉内和单纯的屋顶及密闭罩等捕集都存在二次烟气捕集率低、烟气中有害物质燃烧分解不充分的缺点，炉内排烟和密闭罩及屋顶罩相结合的方式效果最好，如图 5-15 所示，但是存在投资及运行费用较高的问题。综合考虑，移动式半密闭罩的性价比较高。目前，国内已有越来越多的电炉炼钢企业采用移动式半密闭罩这种捕集形式，如杭州钢厂、广州钢厂、株洲钢厂、抚顺钢厂、大连钢厂等。

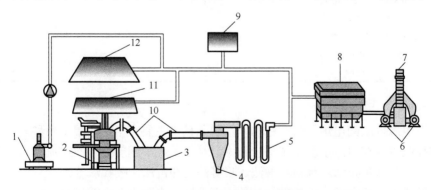

图 5-15　炉内排烟、密闭罩及屋顶罩结合除尘示意图

1. 钢包炉；2. 电炉；3. 沉降室；4. 旋风除尘器；5. 冷却器；6. 风机；7. 烟囱；
8. 布袋过滤器；9. 辅助设备；10. 水冷除尘管道；11. 密闭罩；12. 屋顶烟罩

炉内排烟是在电弧炉炉盖上的适当位置设置一个排烟孔（俗称第四孔），将水冷排烟弯管插入其中，直接从炉内引出烟气的排烟方式，如图 5-16 所示。炉内排烟方式具有排烟量小、排烟效率高、可以加快反应速率、缩短氧化期、降低电耗等优点，使得电炉在冶炼、加料及预热时一次烟气最大限度得到收集和净化，避免电炉烟气及有害物质的无组织排放，以及最大限度地减少操作工人对颗粒物的吸入量，但热损失大，对炉内冶金过程有一定影响。

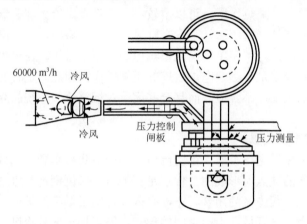

图 5-16　电弧炉炉内排烟示意图

国内外钢铁企业电炉除尘系统排烟量比较结果如表 5-21 所示。

表5-21　国内外电炉除尘系统排烟量

电炉名称	容量/t	主电机功率/kW	2 或 4 孔排烟量/（万 m³/h）	排烟罩烟气量/（万 m³/h）
埃及 Ain Sukhna Ezz 交流电炉	185	4×1200	23	175
德国巴登钢铁公司交流电炉	2×90	—	180	180
韶钢 CONSTEEL 电炉	135	—	28	—
珠江钢厂电炉	150	2×1300	13.5	60
珠江钢厂电炉	150	4×2000	25	207

2. 烟气净化系统

有组织排放的电炉烟气颗粒物末端脱除技术主要有干法和湿法两种，干法颗粒物控制主要有电除尘及布袋除尘技术，是目前电炉烟气控制的主流技术；湿法主要是水膜除尘技术，包括喷淋法、喷雾法、冲击法、吸收法等。

随着钢铁行业污染物排放标准的逐渐严格，电除尘器很难满足电炉烟气排放标准。2000 年后，电炉冶炼烟气末端控制通常采用布袋除尘器。

布袋除尘器效率高，能达到 99%～99.99%，且运行稳定，不受粉尘比电阻的影响，也不受粉尘种类、浓度大小、粒径大小的限制，能适应工艺工况较复杂的除尘系统。排放浓度在 30 mg/Nm³ 以下甚至可达到 5 mg/Nm³，处理风量范围大且灵活，可处理风量为 $1×10^3 \sim 5×10^6$ m³/h，占地面积相对较小，当需维护检修或更换滤袋时，可随时分室进行而不停机，由于其高效的除尘效果和稳定的运行，可大量回收有用的原料及其他物料。

当然布袋除尘器也有缺点，滤袋耐温能力受滤料材质的限制，目前可用于 ≤280℃ 的除尘；耐受 550℃ 及 800～1000℃ 的高温滤料价格昂贵。另外在捕集黏性强或吸湿性强的粉尘、处理露点很高的烟气时，滤袋易被堵塞，需采取保温或加热等防范措施，设备阻损较大，滤袋易损坏，一般滤袋寿命目前只能达到 2～4 年。

布袋除尘器的品种较多，有机械振打式、气流反吹式及脉冲喷吹式。机械振打式布袋除尘器主要是利用手动、电动或气动的机械装置，使滤袋产生振动清灰。机械振动方式的清灰作用不强，只能允许较低的过滤风速，目前使用越来越少。气流反吹式布袋除尘器主要利用与过滤气流相反的气流，使滤袋形状变化，粉尘受挠曲力的作用而脱落。该式除尘器允许的过滤风速较低，设备压力损失较大，维护工作量大，特别是耗钢量大，至今已很少使用。经过多年的实践和改进提高，脉冲喷吹式除尘器是目前清灰能力最强、效果最好的，允许高的过滤风速并保持低的压力损失，其结构为单元模块式组合，可灵活布置的除尘设备。在电炉冶炼除尘中得到广泛的应用。

宝钢 150 t 电炉区域采用一套集中式的布袋除尘系统，来担负电炉、钢包精炼炉等的排烟和含尘烟气的净化处理，但经过产能扩容改造后，增加了兑入铁水的比例和吹氧量，导致除尘系统的处理能力严重不足，因此对电炉除尘系统进行综合改造。改造后除尘器的最大处理烟气量将达到 3824000 m³/h，烟气温度 <120℃。电炉粉尘粒径很小，且黏度较大，因此采用负压脉冲布袋除尘器替代原有的正压反吹布袋除尘器，脉冲式布袋除尘器的清灰能力远远大于反吹风等弱能量清灰方式。

在原有布袋除尘器内部重新进行设计和布置，改造后的脉冲布袋除尘器的最大过滤面积能够达到 34581 m²，比原有的 27484 m² 增加了约 7100 m²，改造后除尘器过滤风速的最大设计值将达到 1.84 m/min，将考验设备运行的阻力控制和滤袋使用寿命。

电炉除尘系统的工况随冶炼周期变化，冶炼周期为 40～45 min。对 1 个周期内不同时间段的含尘气体浓度情况进行检测，测定结果见表 5-22。

表5-22　电炉冶炼周期不同时间段颗粒物浓度变化（mg/m³）

序号	1	2	3	4	5	6	7
质量浓度	2100	5147	1417	1304	1363	2586	2085

将检测结果与生产过程相结合，发现颗粒物低浓度的时间段对应电炉的加料和出钢时间。据此选择风机的变频时段。改造后的脉冲清灰布袋除尘器主要设计性能参数见表 5-23。

表5-23　脉冲清灰布袋除尘器主要设计性能参数

项目	性能参数
处理烟气量/（m³/h）	2540000～3824000
烟气温度/℃	<120
过滤面积/m²	34581
过滤风速/（m/min）	1.22～1.84
清灰方式	压缩空气脉冲喷吹、离线或在线清灰
滤袋材质	聚酯纤维 PTFE 覆膜
设备阻力/Pa	≤2500
滤袋寿命/年	2

2007 年除尘器改造完成，布袋除尘器多数时间运行在非满负荷状态下，过滤风速约 1.3 m/min，设备阻力<1800 Pa；满负荷运转时间较少，过滤风速最大约 1.9 m/min，设备阻力<2300 Pa。除尘器外排粉尘质量浓度<10 mg/m³。

在电炉冶炼过程中，有 CO 等可燃性气体进入管道继续燃烧，如果在管道中未燃烧完则会进入除尘器，造成烧袋。为了让 CO 在进入除尘器前完全燃烧，防止大颗粒火星进入除尘器，直接把滤袋烫出小洞，发生烧袋，在布袋除尘器前设置燃烧室，可由耐热材料砌筑而成，其主要作用是除去烟尘中颗粒较大的飞尘（起到沉降室的作用）；烧掉烟气中的 CO，保证系统的安全运行；烧掉烟气中所含油脂及部分有机物。燃烧室设计中需注意控制烟气的速度和烟气在燃烧室内停留的时间，烟气的速度越慢，停留时间越长，对大颗粒的灰尘和沉降的 CO 的燃烧都较有利。但太慢则燃烧室体积大而高，因此一般取 8～10 m/s 的烟气流速。

3. 电炉除尘灰综合利用

电炉冶炼过程中除尘灰产生量为 8～20 kg/t 钢，炉型越大，除尘灰产生量越多。电炉除尘灰中含 Fe_2O_3 在 40%以上，以及大量的锌、钾、钠、铅等对高炉生产危害较大的元素。锌、钾、钠、氧化物会造成高炉炉壁结瘤，恶化高炉炉况，影响高炉顺行，这种危害对高炉是致命的，甚至影响一代炉龄。铅在高炉炉缸内聚集将影响高炉的使用寿命，存在安全隐患。因此，电炉灰不能直接加入高炉使用。

电炉除尘灰的处理方法可分为火法、湿法、火法与湿法相结合、固化或玻化以及直接填埋等。火法、湿法和火法与湿法相结合的处理方法投资较大、处理成本高；固化或玻化以及直接填埋处理电炉粉尘，有价金属没有得到回收利用，浪费金属资源。目前已有钢铁厂将电炉除尘灰造球，进入电炉回用。

宝钢集团八钢公司 70 t 与 110 t 电炉每年产生约 3 万 t 电炉除尘灰，其堆比重为 0.74 t/m³，除尘灰中小于 300 目的达 90%，小于 200 目的达 95%，其化学成分见表 5-24。

表5-24　宝钢八钢电炉除尘灰化学成分（%）

编号	CaO	SiO$_2$	Al$_2$O$_3$	MgO	FeO	TFe	S	Zn	P	K	Na	烧失
1 号	7.57	6.46	1.93	6.27	6.97	45.55	0.287	6.69	0.158	2.15	1.27	—
2 号	8.25	5.75	0.72	4.90	6.43	44.00	0.34	—	—	—	—	1.85
3 号	7.18	5.61	0.89	5.15	6.49	43.00	0.38	—	—	—	—	1.24
4 号	9.66	5.61	0.96	5.06	7.20	42.60	—	—	—	—	—	0.85

采用水玻璃和水泥作为黏结剂，将八钢电炉灰用于造球。电炉灰直接造球，生球在 100℃以上温度干燥时，由于电炉除尘灰中含有大量的 CaO 与 MgO，在造球过程中，CaO、MgO 与水未充分反应，在加热过程中，CaO、MgO 与水的反应加剧，瞬间体积膨胀，造成生球破碎，发生严重粉化现象。经过充分润湿造球，生球在 100℃以上温度干燥时，未发生粉化现象，工业试验表明（表 5-25），含水 6.6%的生球可以加入电炉中冶炼，对电炉生产未产生不良影响。

表5-25　电炉灰润湿后造球试验结果

原料配比	生球水分/%	原始生球		100℃烘干球团	
		抗压强度/（N/个球）	落下次数/（次/0.5 m）	抗压强度/（N/个球）	落下次数/（次/0.5 m）
100%电炉除尘灰	10	30.38	10.2	214.62	8.7
80%电炉除尘灰 +20%水玻璃	9.5	11.76	6.3	34.3	1.3

最终确定的工艺流程如下：圆盘造球机将电炉除尘灰造球，将造好的生球加入生球料斗中，控制生球水分为 9%～10%、生球粒度为 10～16 mm，造球过程中仅添加水分；然后将料斗中的生球加到电炉中，无需干燥，当除尘灰中的锌含量富集到一定程度后，将除尘灰从灰仓旁路取出，进行提锌处理。

5.3.2　电炉烟气二噁英控制技术

目前电炉烟气中二噁英的控制主要有以下措施：一是通过废钢纯净化减少原料中带入杂质；二是热处理方式，电炉烟气通过二次燃烧，尽量燃烧掉所有的有机物；三是通过高效的除尘过滤设施，烟气急冷及喷入吸附剂等措施[26]。

1．源头控制

源头控制主要是消除二噁英合成的必备原料及条件，是控制二噁英最节能有效的措施。

国内外废旧汽车的废钢中含有较高的氯化物和油类碳氢化合物，冶炼这种废钢极易产生二噁英，因此应该对废钢的质量把好关。另外，要对废钢进行分选，最大限度地减少含有油脂、油漆、涂料、塑料等有机物废钢的入炉量，并对这类含有机物的废钢另行加工处理，同时要严格限制进入电炉的氯源总量。分选出的含有机物废钢不宜采取预热处理。这类废钢在电炉加料时应缓慢连续加入，可使废气达到较高的氧化程度（提高氧化程度可降低未燃有机化合物成分）和较低的二噁英生成量。

2. 改善电弧炉炼钢工艺

二噁英前驱物的产生是二噁英生成的基本条件，为抑制二噁英前驱物的生成，对电弧炉炼钢过程，可采用的措施包括提高燃烧温度、延长冶炼时间、提供充足的氧气等。

在焚烧过程中掺煤燃烧或炉内喷入碱性氧化物，通过抑制氯源也可以抑制二噁英产生。类似地，在电弧炉炼钢中，在原料中加萤石、石灰等碱性氧化物，也可以抑制二噁英的产生。

日本所开发的环保型高效 ECOARC（ecological and econmical arc furnace）电弧炉已通过 5 t 试验并成功地进行了小规模商业化生产，该电弧炉由熔化废钢的熔化室和与熔化室直接连接在一起的预热竖炉构成。尤其是，在其后段设有用于对废气中的二噁英、白烟和恶臭进行热分解的燃烧室、用于防止热分解后二噁英再合成的水直接喷雾式冷却室和除尘装置，熔化室和预热竖炉直接连接在一起可一起倾动，因此不会有空气从其结合部侵入竖炉。

燃烧室能满足二噁英充分热分解所需的温度和滞留时间；水直接喷雾式急冷室能将废气温度充分降低，以防止二噁英的再合成。从炉子排出的废气经燃烧室、水直接喷雾式急冷室和除尘装置后被排放到大气中。实测结果表明：废气中的二噁英含量小于 0.5 ng TEQ/m³，烟尘颗粒物中的二噁英含量小于 3.0 ng TEQ/m³。

电弧炉炼钢操作实际中还可以通过缩短炉顶的敞开进料时间，减少空气向电炉内的渗漏，以及避免或减少操作延时等措施抑制二噁英产生[27]。

3. 尾气控制

1）快速冷却法

电炉一次烟气温度在 1000℃以上，此时各种有机物已经全部分解，如果对燃烧后的烟气进行急冷，使其快速冷却至 200℃以下，避开二噁英生成的温度区间（200～550℃），可避免二噁英的再次合成，急冷方法有空气直接冷却法和水冷却法。采用蒸发冷却法如图 5-17 所示，第四孔烟气经过燃烧沉降室燃烧脱除二噁英后，立即进入蒸发冷却塔，喷入塔内的水雾可使高温烟气快速冷却，而且还能使部分细烟尘颗粒凝聚成大颗粒而更易去除，最大限度地减少烟气在二噁英最适宜生成温度区间的停留时间。

与传统的掺冷风等降温措施相比，这种方法具有烟气总量少、运行设备总阻力小、噪声小等特点，也比空气换热强制冷却方法冷却时间短，运行阻力小。这种快速冷却降温，可使二噁英减排 80%～95%。但此方法对控制要求的精度高，

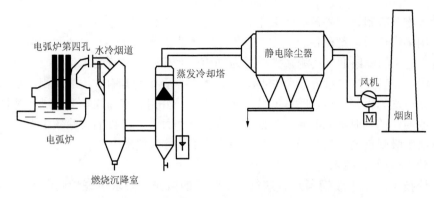

图 5-17 蒸发冷却降温电弧炉烟气净化工艺流程

因为烟气含湿量大，一般采用静电除尘器除尘，蒸发冷却塔后的管道要求保温，余热不能利用，喷入的水随废气排往大气，不能循环利用。

太钢不锈钢厂 160 t 电炉采用该急冷技术，二噁英排放浓度在 0.01 ng TEQ/m³以下。欧洲柯勒斯钢铁公司在荷兰的艾莫依登钢厂采用喷雾冷却手段可以大大减少二噁英的生成，该公司采用 Airline 烟气净化工艺，电炉烟气可在不到 1 s 的停留时间从 650℃下降到 200℃，降温后烟气中残存的或新生成的有机物通过在烟气中喷入活性炭或者褐煤焦等吸附剂来脱除。

2）高效除尘技术

200℃以下的温度条件下，二噁英绝大部分都以固态形式吸附在烟尘表面，而且主要吸附在微细的颗粒上。湿法除尘对二噁英的净化效率为 65%～85%，静电除尘器则要低一些，静电除尘器实测平均净化效率为 95%，而袋式除尘器则一般可以达到 99%或更高，如表 5-26 所示。除尘器入口烟气温度的高低决定了二噁英的减排效率，温度越低，效果越佳。有关研究资料表明，若采用合适的滤料，布袋除尘器后二噁英的排放浓度不到电除尘器的 10%。因此，电弧炉的二噁英减排应尽可能选用布袋除尘。二噁英最终的排放浓度与排放废气中的含尘浓度呈正比关系，因此必须尽最大可能降低烟尘的排放浓度，应尽可能提高除尘效率。但是，当烟尘排放浓度降低至一定水平（如 5 mg/m³ 以下），二噁英不会再有明显降低。

表5-26 各类除尘净化设施对二噁英的去除效率

除尘设施	静电除尘器	文丘里管	布袋除尘器	布袋（巴登公司）
二噁英去除效率/%	69	61	61±23	97

目前电炉烟气主要采用高效脉冲布袋除尘技术。据德国巴登钢铁公司 2×90 t 电炉实测数据，采用高效布袋除尘器可使粉尘排放浓度小于 2 mg/m³，能够将 97%的二噁英截留在粉尘中[28]。

3）物理吸附技术

二噁英可被多孔物质（如活性炭、焦炭、褐煤等）吸附，利用这一特性可对其进行物理吸附，国外已广泛采用。

用褐煤作吸附剂可使废气中二噁英最终排放量降低 80%左右，欧洲多家钢厂在含二噁英的烧结烟气实测减排效果为 70%。使用焦炉褐煤粉末作吸附剂进行布袋除尘，二噁英排放量可减少 98%。该技术要求吸附剂具有大比表面积，喷入时要求分散均匀性好，但在喷入某些型号煤粉时最好用石灰与煤粉混合进行惰性化处理或喷煤的同时喷入石灰，以防引起火灾和爆炸。二噁英的去除效果很大程度上取决于吸附剂的均匀分布及其与二噁英分子的接触概率。

4）高温氧化技术

该技术适用于废钢预热后烟气中二噁英的减排，要求焚烧炉膛温度控制在 850℃以上，烟气在高温区停留时间在 2 s 以上，高温区应有适量的空气（含氧量保持在 6%以上）和充分的紊流强度。99%以上的二噁英及其他有机物都会被高温分解。为了避免"从头合成"，可向焚烧炉内或烟道中（或设置专门装置）喷入碱性物质（如石灰石或生石灰），可使生成二噁英的氯源减少 60%～80%，向炉内喷氨（氨对 Cu 等金属的催化活性有抑制作用）也可以达到类似效果；同时，对烟气进行急冷（如喷雾冷却）、使烟气温度快速降至 200℃以下，以最大限度减少二噁英在易生成温度区间的停留时间。喷入碱性物质可与"急冷"合并成一套装置，如喷入石灰水溶液、$NaHCO_3$ 溶液或氨水，既可以减少生成二噁英的氯源又可以缩短烟气在二噁英易生成温度区间的停留时间，预计减排效率可达 97%～99%[29]。

5）戈尔 Remedia 催化过滤技术

戈尔 Remedia 催化过滤技术是由美国戈尔公司1998年发明的一种"表面过滤"与"催化分解"相结合的"覆膜催化滤袋"技术，在垃圾焚烧、危险废物（包括医疗废物）焚烧及再生铝等行业已有大量应用。该滤袋由特殊薄膜与催化底布组成，底布是一种针刺结构，纤维是由膨体聚四氟乙烯复合催化剂组成。这种覆膜的催化毡材料能够把 PCDD/Fs 在一个低温态（180～260℃）通过催化反应来摧毁 PCDD/Fs，同时在催化介质表面将二噁英分解成 CO_2、H_2O 和 HCl。这种滤袋表面的特殊薄膜也可以捕集亚微粉尘，这种膜就是 Gore-Tex 薄膜，能够阻挡任何细微的颗粒穿透到底布中。就这样，表面的薄膜承担了阻挡任何吸附了 PCDD/Fs 的颗粒的功能，气态的 PCDD/Fs 穿过薄膜进入催化毡料被有效分解。

该技术主要应用于带余热回收装置的电炉除尘工艺当中，二噁英的去除率可达 97%～99%。该技术不仅可以减少总废气量、降低运行成本，而且二噁英去除彻底、不存在二次污染；适合现有布袋除尘器的技术改造，施工简单方便，不需要喷吸附剂或碱性物质，也不需要改造现有设备。

5.4　铁合金炉烟尘控制技术

铁合金烟气治理的关键在于除去冶炼过程中产生的粉尘，铁合金烟尘的最大特点是温度高、粒径小、黏性大，因而治理难度较大，选择合适的除尘工艺及设备至关重要。国内外硅铁电炉一般采用的除尘设备包括机械除尘、湿法除尘、电除尘及布袋除尘。

机械除尘（旋风除尘和重力除尘）是利用粉尘的重力将其除去，它的除尘效率与粉尘质量密切相关，粒径较大的粉尘，因为它的质量较大，故容易除去，然而对于小粒径的粉尘，由于质量较小，难以除去，优点是除尘设备简单，维护方便。因而像旋风除尘主要用于除尘系统的预处理阶段，除去烟尘中大颗粒粉尘，提高后续设备的治理效果。

湿法除尘对于高温铁合金烟气来说，也有其优势，例如，它不像布袋除尘对烟气温度有很高的要求，而且使用湿法除尘不需要在系统最前面使用空气冷却器，除尘过程就可以降低烟气温度。湿法除尘设备类型效率差异较大，对净化铁合金电炉烟尘来说，旋风水膜除尘器、冲击式除尘器、喷雾除尘器等都不能达标，只有采用高能文丘里除尘器和强化湿式除尘器才能达到要求[30]。不过湿法除尘最大的问题就是需要消耗大量的水，造成二次污染，而且在水资源匮乏的地方不宜使用。

电除尘是含尘气体在高压电场中电离使得尘粒荷电，再在电场力作用下使荷电颗粒沉积到集尘板上面，促使粉尘从气体中分离出来，因此电除尘对细微颗粒非常有效。然而，电除尘最大的缺点是对粉尘的比电阻要求高，其要求粉尘的比电阻在 $10^4 \sim 10^{10}\ \Omega\cdot cm$，但硅铁炉烟气中粉尘的比电阻为 $10^{13}\ \Omega\cdot cm$ 以上，因此需要对粉尘进行调质，而这种调质技术相当复杂，控制难度大，国内专业研究机构 20 世纪 80 年代中期曾在峨眉铁合金厂开展过粉尘调质工作，但收尘效果不理想，再加上前期投资大、设备占地面积大，阻碍了电除尘在铁合金烟气治理中的广泛使用。

布袋除尘是目前国内外治理硅铁合金炉烟气的主要手段，不但除尘效率高，而且运行稳定，操作简单。随着近年来新型滤料的使用，它的除尘效率更高、耐高温性更强。其缺点是布袋需要定期更换；对于很细的微粒，为达到去除目的，势必要求过滤风速较小，相应地所需过滤面积较大，因此通常设备体积较大。

铁合金炉污染物排放特性与其炉型及原料均密切相关，所采用的除尘技术也不同，因此，本节主要对我国目前应用较多的半封闭式矿热电炉和封闭式矿热电炉除尘和净化技术进行介绍。

5.4.1 半封闭式矿热电炉烟气除尘技术

国外半封闭式矿热电炉的烟尘治理主要采用干法布袋除尘器，按是否回收能源分为热能回收型和非热能回收型两种，采用热能回收型净化设施时必须对炉气燃烧的过剩空气量严格控制，一般要做到使半封闭罩出口的废气温度控制在 700～900℃，然后进入余热锅炉，余热锅炉出口的废气温度小于 250℃，净化设备采用吸入式和压入式布袋除尘器均可，原料还原冶炼操作炉型偏小，余热利用方式和生产管理等限制了热能回收型净化工艺的推广应用，所以国内当前处理半封闭式矿热电炉废气，绝大多数是采用非热能回收型干法布袋除尘技术。

1. 热能回收型干法布袋除尘技术

据生产数据统计分析、铁合金冶炼高温烟气余热回收利用率仅为 33.5%，铁合金烟气余热回收具有很大的挖掘潜能和利用空间。以半封闭式矿热炉冶炼硅铁为例，烟气量为每吨 25000～30000 Nm³，炉口烟气温度为 250～400℃，烟气显热在整个输出显热中占 50%～60%[31]。目前对于其余热回收主要有两种方式，一是用工业锅炉回收余热生产饱和蒸汽或者热水，用于日常生活，如食堂、采暖，对蒸汽的质量要求较低。但这种方式对余热的利用率较低，不能充分发挥余热的作用。二是用发电锅炉回收余热，产生的过热蒸汽用于推动透平机发电，这种方式理论上余热利用率可达到 60%以上[32]。

但半封闭矿热炉烟气量大，烟温波动较大，平均烟温在 400℃左右，主要成分是 N₂ 和 O₂，与空气接近，所以只能利用其显热，因铁合金烟尘粒度非常细，不易清灰，且热量综合回收利用效率低，国内目前有采用钢珠、钢刷两种清灰方式对锅炉清灰，在硅铁矿半封闭炉上取得了良好的使用效果[33]，所采用的工艺流程如图 5-18 所示。

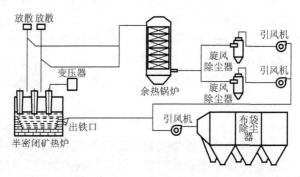

图 5-18　半密闭矿热炉余热回收型干法除尘工艺流程

经过半密闭烟罩收集的高温气体由主风管送到余热锅炉的对流管束中，余热锅炉的高温烟气将对流管束中的水加热使其达到过热蒸汽状态，然后再通过保温管道进入汽轮机组推动叶轮转动带动发电机发电，最后水流入冷凝器，再打入真空除氧器循环使用。大的颗粒物粉尘通过空冷器降温后到旋风分离器自然沉降，在混入大量空气后，又经过两次冷却，最后通过布袋除尘器除尘。

2. 非热能回收型干法布袋除尘技术

图 5-19 是典型的铁合金矿热电炉非热能回收型干法布袋除尘工艺流程[34]。工

艺主要由半密闭烟罩、加料口吸烟罩、主管道、风冷器、气动系统、主风机、布袋除尘器、反吸清灰系统等组成。铁合金矿热电炉冶炼产生的含尘烟气通过吸烟罩抽吸后进入风冷器冷却，此时温度已降至 200℃左右，而后烟气通过主风机从灰斗侧边进气管进入布袋除尘器，一部分烟尘在灰斗中自然沉降，而细微烟尘随气流进入滤袋，烟尘被阻留在滤袋内壁表面。当除尘器进、出口压差达到极值上限时，气动切换阀开启，除尘器分室轮流停止过滤进行反吸清灰，如此反复多次达到清灰目的，当除尘器进、出口压差降到规定的下限值时，清灰工作停止，同时恢复过滤程序以达到烟尘净化作用。此工艺采用的是正压工艺，除尘器是反吹风袋式除尘器，采用内滤式过滤，滤料常用玻纤覆膜。

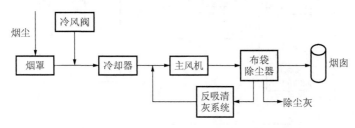

图 5-19　正压式铁合金电炉含尘烟气净化工艺流程

　　一般变压器容量大于 6000 kV·A 的大中型电炉半封闭式烟罩，出口温度在450～550℃，采用 U 形列管自然冷却器使其出口温度小于 200℃，然后进入预除尘器扑灭火星或直接进入布袋除尘器，对于变压器容量小于 6000 kV·A 的半封闭式矿热电炉，直接在半封闭式烟罩内混入冷风，净化后的烟气中粉尘含量低于50 mg/m^3。

　　硅铁电炉烟尘中主要是硅氧化物和铁氧化物，它们占 90%～95%，回收后经处理可以重新用于铁合金生产，而且从市场需求来看，含量 90%以上的 SiO$_2$ 硅粉有着非常广泛的应用前景，因此，为获得更高附加值的回收产品，通常在工艺前段加上旋风除尘用于烟气的预处理，同时还能达到更好的除尘效果，该系统中烟气先通过空气冷却器降温，再进入旋风除尘对烟气进行预处理，除去烟气中的大颗粒，而后烟气进入布袋除尘器，达标后排出。与此同时，增加预处理技术还可以提高后续布袋除尘中收集到的 SiO$_2$ 浓度（市售一般要求 SiO$_2$ 浓度＞90%），提升了回收粉尘的附加值。

　　图 5-20 是目前广泛使用的负压式袋式除尘工艺。电炉烟气在引风机作用下，首先经过机力风冷器冷却，其冷却原理是通过轴流风机，对金属管束强制降温，以达到对烟气降温的作用，通过控制开启轴流风机的数量，可以将出口烟气温度控制在一个较为理想的温度范围内；然后再通过旋风除尘器进行预除尘，最大限度地将烟气中矿粒、焦炭粒等大颗粒杂质除掉；最后再进入袋式除尘器除尘，达标排放。设计采用长袋低压脉冲袋式除尘器，净化效率可高达 99%以上，占地小，

清灰压力低（0.15～0.25 MPa），其清灰的力度是反吹风的几十倍，目前已广泛运用于钢铁冶金、建材等行业。根据硅铁电炉烟气及粉尘特点，滤袋采用常温涤纶针刺毡，可采用单箱体离线清灰卸灰。

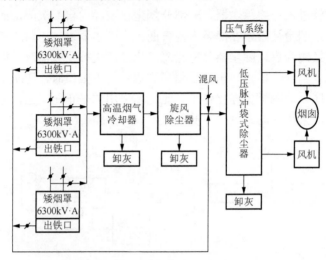

图 5-20　负压式铁合金电炉含尘烟气净化工艺流程

5.4.2　封闭式矿热电炉煤气净化技术

　　锰硅合金、高碳锰铁、高碳铬铁等全封闭型矿热炉冶炼过程中产生的大量烟气，CO 含量较高，一般占到 60%～80%，发热值也较高，因此称为铁合金矿热炉煤气（荒煤气）。表 5-27 是封闭式、半封闭式硅锰矿热炉烟气特性对比表，可以看出即使生产同一种铁合金，两种生产方式在烟气量、烟气温度、烟气和烟尘组分都具有很大的差异。相对于半封闭式矿热炉来说，封闭式矿热炉烟气是荒煤气，经过净化后是一种很好的化工原料或者燃料；从烟尘的组分来看，封闭式矿热炉烟气含有较高比例的碱金属、碱土金属等活泼元素分布粉尘，遇到空气容易自燃；而半封闭矿热炉烟气燃烧更加充分，因而封闭式矿热电炉煤气净化技术与半封闭式烟气净化技术不同。

表5-27　封闭式、半封闭式硅锰矿热炉烟气特性对比

项目	烟气量、烟温对比统计			烟尘粒度对比统计/%			
	电炉容量 /（kV·A）	烟气量 /（Nm³/h）	烟气温度 /℃	烟尘粒径 /μm	≤1.0	1.0～10	≥10
半封闭式	3300	160000	380	半封闭式	60	30	10
全封闭式		7300	850	全封闭式			

续表

项目	烟气量、烟温对比统计			烟尘粒度对比统计/%			
	电炉容量 /（kV·A）	烟气量 /(Nm³/h)	烟气温度 /℃	烟尘粒径 /μm	≤1.0	1.0～10	≥10
	烟气成分对比统计/%						
成分	CO_2	H_2	H_2O	N_2	CO	CH_4	O_2
半封闭式	2～3	0	1～2	76～78	0	0	19～20
全封闭式	6～10	4～6	4～8	5～7	70～75	0.5～1	0.5～1
	烟尘成分对比统计/%						
成分	SiO_2	CaO	Al_2O_3	C	FeO	Mn	
半封闭式	80～90	0.4～1	0.2～0.5	3～10	0.5～3	1.0	
全封闭式	15～30	5～10	1～5	～10	～5	～30	

目前封闭式矿热电炉煤气净化技术主要包括两种：一种是湿法电炉煤气净化；另一种为干法电炉煤气净化。

1. 煤气湿法除尘技术

全封闭式矿热炉荒煤气湿法除尘典型的工艺流程是：荒煤气首先通过集灰箱除去粗颗粒粉尘，经雾化冷却器冷却后，先进喷淋塔一级除尘，再连续通过文丘里管（Ⅰ）、脱水器（Ⅰ）、文丘里管（Ⅱ）、脱水器（Ⅱ）二级除尘脱水，最后通过风机，进煤气柜储存，或直接送用户使用，铁合金厂大多数建在比较偏僻的地方，离生活区较远，因此直接送给用户使用通常难以实现。湿法净化的特点是快速洗涤易于熄火，在很短的时间内就能够使高温荒煤气降到饱和温度，从而消除爆炸因素，实现安全操作，净化后的煤气含尘量在 30～50 mg/Nm³，因此，在国内采用湿法净化工艺流程多于干法。

相对于干法净化工艺，湿法净化工艺种类较多，主要表现在湿法除尘种类多样性上，然而对于铁合金电炉炉气来说，只有高效文丘里除尘和强化湿式除尘才能够满足要求。有代表性的湿法净化工艺主要有"双塔一文"、"双文一塔"流程等。其中"双塔一文"工艺即第一洗涤塔+文丘里洗涤器+第二脱水塔，为我国自主研发，并已在许多企业推广应用，例如，吉林铁合金厂和峨眉铁合金厂就采用该工艺净化烟气。

"双文一塔"工艺即两级文丘里洗涤器+脱水塔，是挪威埃肯集团经过多年实践的成果，在实际应用当中，根据不同情况，处理工艺段会有所不同，但其主线路不会改变。例如，上海某铁合金厂对密闭高碳铬铁电炉高温炉气进行降温、净化，采用的就是"双文一塔"湿式净化。具体工艺路线如图 5-21 所示，初温可达 600℃的炉气，首先通过第一级带水冷的重力湿式除尘器，消除高温、火星，对烟气进行初步净化。此处收集的大颗粒粉尘随着溢流水流一起排入废水处理池。当净化系统需要检修或者排查故障停用时，开启 1#烟囱下起到洗涤和隔火作用的水封调节阀,在热压作用下,重力湿式沉降室上方经水封调节阀排放到 1#烟囱放散。从 1#烟囱调节阀洗涤下来的灰浆由低速链条刮板机排出、定期运走。经过初步净化后的炉气进入低阻文式管降温,再经过 1#惯性除尘器除去部分粉尘,同时对烟气进行脱水。然后进入高阻文式管集聚微细粉尘,再经过 2#惯性除尘器,进入脱水塔使水气分离,并除去夹带在水中的粉尘颗粒。经过脱水后的洁净煤气再通过惯性脱水器除去可能夹带的液滴,最后通过串联风机把净化煤气输送给用户使用和点火放散。

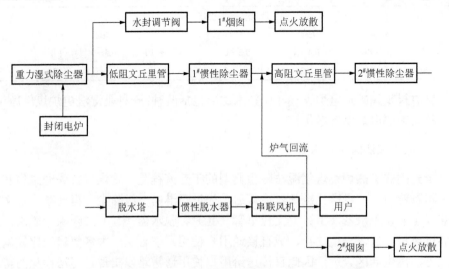

图 5-21　铁合金"双文一塔"炉气净化工艺

2. 煤气干法除尘技术

全封闭式矿热炉煤气干法除尘典型的工艺流程是:荒煤气通过集灰箱除去粗颗粒粉尘,经水冷烟道、风力列管式冷却器降温、旋风除尘器一级除尘后,通过主风机送入布袋除尘器二级除尘,然后经过外淋式空气列管冷却器降温,再进煤气柜储存,或者直接送用户使用。

干法净化除尘工艺从技术的角度来看有一定的难度,其一是对安全防爆、布袋堵塞再生困难;其二是对炉料、矿热炉密封及正常运行等要求高,尽管现今使用干法的企业不多,但却是全封闭式矿热炉荒煤气净化工艺的发展方向。因为湿法净化煤气需要消耗大量水,煤气净化水中含有大量有害物质,直接排放会严重污染环境,而建设水处理设施投资较大、运行费用较高。再者从整体来看,干法净化除尘工艺应用已经在逐渐增多,并已经在炼铁高炉、电石炉上得到广泛应用,也将推动其在铁合金封闭电炉煤气净化上的使用。

四川某厂在 2 台 25000 kV·A 锰硅合金封闭电炉上采用干法净化除尘工艺,通过不断完善,目前已经能够对煤气全部除尘回收。煤气中 CO 含量为 70%~80%,

流量在 3000 Nm³/h 左右，储存于 2 座 $1×10^4$ m³ 的气柜中，供 1 台 $\varPhi$1.5 m×40 m 的钒渣焙烧窑使用，或者供 1 台 $\varPhi$1.5 m×26 m 的钛精矿焙烧窑使用，部分替代了原用的天然气，经济效益明显。

中钢集团天澄环保科技股份有限公司[35]研发了煤气干法净化短流程工艺，并在 12500 kV·A 电炉上开展了工业试验，经过 4 年的运行和改进，净化系统运行稳定，保障了铁合金电炉的正常生产。其工艺流程及基本控制参数如图 5-22 所示。

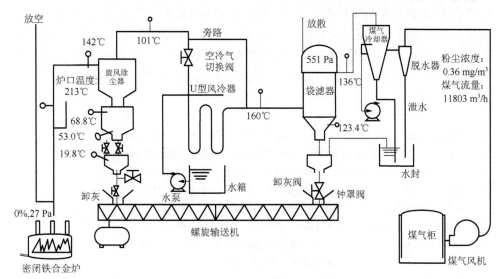

图 5-22　封闭式矿热炉煤气袋式除尘干法净化工艺

封闭式矿热炉煤气首先通过一级冷却降温，从 600℃降至 160℃，然后进入煤气袋滤器净化，此时根据生产要求，经过滤袋净化后的煤气可以作为燃料直接燃烧，或者输送到储柜。入柜后的煤气需要进行第二级冷却，温度降至约 60℃，再通过煤气风机和水封三通切换阀送入煤气柜。其中，一级冷却降温采用的是"烟道自然冷却+旋风冷却分离+空气快速冷却器"组合冷却的形式。高温烟气经过多级的冷却以后，温度降至适用布袋除尘工作的温度要求。该组合还能够对突发异常状况作出调整以到达适宜温度。当烟气温度很高时，快速冷却器配置的喷淋装置启动，强制冷却烟气，确保进入布袋除尘器中烟气温度符合要求；相反，当烟气温度较低时，为了避免进入布袋除尘器中的煤气出现结露，空气快速冷却器可以关闭几组冷却管，减少烟气的换热面积，保障净化系统稳定运行。二级冷却系统则采用"煤气二级冷却器+旋风脱水器"组合方式。经过煤气二级冷却器以后的净煤气温度已经降至 60℃，而此时温度已至露点温度以下，会产生大量的冷凝水和焦油并被气流带走，因此在煤气二级冷却器之后安装一台旋风脱水器，在离心力的作用下捕集液滴，经锥斗汇集进入下部水封，设备阻力小于 500 Pa，脱水率可到达 80%左右。该系统投入运行以后进行了多次检测，测试结果表明，排放粉尘质量浓度均在 5 mg/m³ 以下，袋滤器阻力 1000 Pa，系统阻力 3000 Pa，节水 90%，节能 40%。

针对密闭矿热电炉荒煤气初始温度高，无法实现高温过滤除尘的难题，有研究人员提出采用陶瓷覆膜材料，其具有很高的耐热性、抗腐蚀性，能够解决耐高温问题，但室温脆性高、抗热振性能差限制了它的广泛使用[36]；Fe-Al 金属间化合物多孔材料具有优良的耐高温、耐热振、抗氧化、抗硫化等性能，西宁某高碳铬铁合金 30 MV·A 封闭矿热炉采用了以此材料为核心的过滤原件[37]，辅以防结露和焦油覆膜系统、高压反吹系统、高温排灰系统、自动控制报警系统，实现了高温高精度过滤，实现在 550℃下进行过滤除尘，出口净煤气含尘量小于 20 mg/Nm³，收尘效率高达 99.9%，得到的气体可直接用于发电或生产甲醇、甲酸等化工产品。

参 考 文 献

[1] 郭红, 程红艳, 陈林权. 国内转炉一次烟气除尘技术及其发展方向. 炼钢, 2010, 3: 71-74.

[2] 王爱华, 蔡九菊, 王鼎, 等. 转炉煤气回收规律及其影响因素研究. 冶金能源, 2004, 4: 52-55.

[3] 李叶军, 刘洪, 王春根, 等. 转炉 LF 精炼炉烟气治理. 浙江冶金, 2009, 3: 45-46.

[4] 刘剑平. 大型电炉污染物控制与减排. 炼钢, 2009, 2: 74-77.

[5] 高海林. 电炉炼钢烟气特点及捕集净化措施. 气象与环境学报, 2006, 6: 61-64.

[6] 徐匡迪, 洪新. 电炉短流程回顾和发展中的若干问题. 中国冶金, 2005, 7: 1-8.

[7] Lehner J, Friedacher A, Gould L, 等. 低成本去除电弧炉废气中二噁英的方案. 钢铁, 2004, 1: 63-66.

[8] 李黎, 梁广, 胡堃. 电炉及烧结烟气二噁英治理技术研究. 钢铁技术, 2014, 3: 43-48.

[9] 郭军, 闻昕舒, 赵一鹏, 等. 中国铁合金行业技术进步现状及预测. 铁合金, 2014, 2: 57-64.

[10] 黄凤兰, 张春林, 王伯光, 等. 电炉铁合金飞灰中金属和二噁英分布特性研究. 中国环境科学, 2014, 4: 869-875.

[11] 王文勇. 铁合金电炉烟尘治理技术分析. 四川环境, 2003, 4: 56-59.

[12] 黄志甲, 张旭, 胡万平. 铁合金电炉烟尘治理技术及其工程实践. 铁合金, 2002, 1: 26-29.

[13] 贾育华. 影响转炉烟气净化的因素与治理对策. 钢铁研究, 2002, 6: 15-17.

[14] 孙争取. 干法除尘条件下的转炉冶炼工艺研究. 冶金能源, 2014, 4: 13-15.

[15] 张滔. 转炉干法除尘烟气粉尘特性研究. 唐山: 华北理工大学, 2016.

[16] 原志勇. 转炉烟气除尘技术发展及改进展望. 冶金动力, 2009, 4: 30-31.

[17] 王宇鹏, 王纯, 俞非漉. 转炉烟气湿法除尘技术发展及改进. 环境工程, 2011, 5: 102-104.

[18] 申英俊, 李春和, 刘雪冬. 转炉炼钢除尘工艺技术现状及发展. 中国钢铁业, 2008, 9: 33-35.

[19] 王永刚, 叶天鸿, 翟玉杰, 等. 转炉煤气干法净化回收技术与湿法技术比较. 工业安全与环保, 2008, 5: 10-12.

[20] 王永忠, 施锦德. 转炉煤气节能减排的几种技术措施. 世界钢铁, 2009, 4: 35-40.

[21] 赵锦. 转炉烟气全干式除尘及余热回收新工艺研究. 沈阳: 东北大学, 2012.

[22] 杨云, 张信凯, 李小荣. 钢厂转炉煤气的净化新方法. 天然气化工, 2014, 1: 57-59.

[23] 黄海霞. 炼钢转炉二次烟气除尘技术方案探讨. 江苏冶金, 2005, 3: 44-46.

[24] 白洪娟, 任旭, 魏淑娟, 等. 新钢 2×210 t 转炉二次除尘系统设计. 环境工程, 2012, 1: 51-54.

[25] 刘勇. 马钢 300 t 转炉二次烟气除尘优化. 安徽冶金科技职业学院学报, 2015, 1: 15-17.

[26] 傅杰, 朱荣, 李晶. 我国电炉炼钢的发展现状与前景. 冶金管理, 2006, 8: 20-23.

[27] 张苏, 董慧芹, 王文利. 钢铁行业二噁英减排技术分析. 能源与环境, 2015, 6: 70-71.

[28] 王存政, 李建萍, 李烨. 我国钢铁行业二噁英污染防治技术研究. 环境工程, 2011, 5: 75-79.

[29] 张传秀, 万江, 倪晓峰. 我国钢铁工业二噁英的减排. 冶金动力, 2008, 2: 74-79.

[30] 王文勇, 付永胜. 采用 Calvert 洗涤器净化铁合金电炉烟尘. 四川环境, 2002, 2: 64-66.

[31] 闫志新. 铁合金矿热炉烟气余热利用的分析. 装备制造, 2014, S1: 26-31.

[32] 张曾蟾. 铁合金矿热炉烟气回收能源利用述评. 电力需求侧管理, 2011, 5: 4-6.

[33] 谢奕敏, 宋纪元, 侯宾才, 等. 铁合金矿热炉烟气余热回收及发电工艺系统. 铁合金, 2012, 1: 41-44.

[34] 肖怀德. 铁合金矿热电炉大气污染控制对策研究. 环境工程, 2010, 2: 78-79.

[35] 许汉渝, 姚群, 曹志强, 等. 密闭铁合金电炉煤气干法净化技术. 工业安全与环保, 2016, 9: 34-37.

[36] Nguyen-Manh D, Cawkwell M J, Gröger R, et al. Dislocations in materials with mixed covalent and metallic bonding. Materials Science and Engineering A, 2005, 400: 68-71.

[37] 张祥剑, 王钟辉, 曾伍祥, 等. YT 膜分离技术在封闭矿热炉煤气净化中的应用. 铁合金, 2015, 8: 42-45.

第6章 轧钢工序污染物控制

6.1 轧钢工序工艺流程及污染物来源

轧钢工序是钢铁生产的最后一道工序，主要以炼钢连铸生产的连铸坯和钢坯为原料，经备料、加热、轧制及精整处理，最终加工成指定规格、型号的产品。按照轧制温度的不同，轧钢工序主要可分为热轧和冷轧两大类；而按照产品规格不同，又可分为板材生产（含热轧板卷、冷轧板卷和中厚板材生产，其中冷轧板卷又包括酸洗板、退火板、镀锌板、镀锡板和彩涂板等）、棒/线材生产（含棒材、线材和钢筋等生产）、型材生产（含大型型材、中小型型材和铁道用材等生产）和管材生产（含热轧无缝钢管、冷轧冷拔无缝钢管和焊缝钢管生产）等。典型的轧钢工艺流程如图6-1所示。

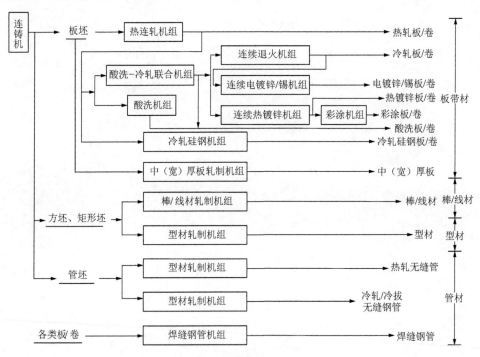

图6-1 轧钢工艺流程

图中所示为碳钢产品生产工艺流程，在不锈钢产品生产中，为获得更好的产品质量，通常还需要在轧制前后进行退火、酸洗（硝酸+氢氟酸）等处理热轧一般是将钢坯在加热炉或均热炉中加热到 1150～1250℃，然后在轧机中进行轧制，以轧制中厚板为例（图 6-2），经过加热炉的坯料需要经过轧制和精整后入库，其中轧制段一般包括除鳞、整形轧制、展宽轧制和伸长轧制，精整段包括轧后冷却、矫直、划线、剪切或火焰切割、质量检查等。

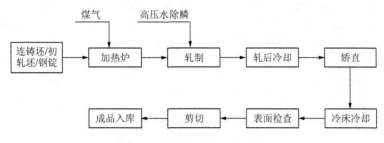

图 6-2　中厚板生产工艺流程

冷轧是将钢坯热轧到一定尺寸后，在常温或再结晶温度下进行轧制，热轧板经过酸洗、冷连轧后热镀锌或经退火后再加工。

轧钢工序主要的大气污染源包括：①钢锭、钢坯加热过程中，各种燃料在加热炉内燃烧产生的废气（燃烧废气）；②红热钢坯在轧制过程中，产生的氧化铁皮、铁屑以及喷水冷却时产生的水汽（轧机粉尘）；③冷轧板轧制过程中，冷却、润滑轧辊和轧件产生的乳化液废气（油雾）；④钢材酸洗过程中，酸槽加热，酸液蒸发，散出的大量酸雾（酸雾）；⑤火焰清理钢坯表面氧化铁层时，产生的氧化铁烟尘（粉尘）；⑥成品轧件表面镀层时，产生的各种金属氧化物烟气等（烟尘、粉尘）。

轧钢工艺产生的大气污染为少量的燃烧废气（含烟尘、SO_2、NO_x 等）、粉尘（氧化铁皮、焊接粉尘）、油雾（乳化液、油类）、酸雾（酸液、酸性氧化物和水汽等）、碱雾和挥发性有机物（VOCs）等，表 6-1 是轧钢工序主要大气污染物及来源。

表6-1　轧钢工序主要大气污染物及来源

工序		大气污染物					
		燃烧废气	粉尘	油雾	酸雾	碱雾	挥发性有机物
	热连轧机组	●	●	●			
	酸洗-冷轧联合机组		●	●	●		
	酸洗机组		●		●		
	酸再生机组	●	●		●		
板材 带材	连退机组	●	●	●		●	
	连续电镀锌、锡机组	●	●	●		●	
	连续热镀锌机组	●	●	●		●	
	彩涂机组	●	●	●	●		●
	冷轧硅钢机组	●	●	●	●		●
	中（宽）厚板轧制机组	●	●	●			

工序		大气污染物					
		燃烧废气	粉尘	油雾	酸雾	碱雾	挥发性有机物
棒、线材	棒线材轧制机组	●	●	●			
型材	型材轧制机组	●	●	●			
管材	热轧无缝钢管机组	●	●	●			
	冷轧/拔无缝钢管机组	●	●	●	●		
	焊管机组	●	●	●	●		
不锈钢产品		●	●	●	●	●	

6.2　加热炉废气排放控制及余热回收技术

近年来我国轧钢技术发展很快,新建或在建的轧钢生产线不断增加。钢铁生产能耗结构中,轧钢工序占总能耗的 10%~15%,其中,轧钢加热炉占轧钢工序能耗的 60%~70%,是轧钢系统的主要耗能设备。随着轧钢产能的提高,轧钢加热炉数量增长迅速,而且向着大型、高效、低污染等方向发展。

当前业内长型材轧钢加热炉大多数采用了蓄热式燃烧技术,燃料主要有高炉煤气、转炉煤气、焦炉煤气及混合煤气,其中高炉煤气和转炉煤气的主要可燃成分为 CO,焦炉煤气可燃成分为甲烷。

轧钢加热炉的主要污染产生方式是燃料燃烧后的烟气排放。加热炉完全燃烧后产生的废气主要成分是 CO_2、H_2O、N_2、O_2、NO_x。如果作为轧钢加热炉燃料的煤气脱硫不完全,则燃烧后的废气中将含有 SO_x;若加热炉没有完全燃烧则烟气中还会含有残留的 CO、C_xH_y 及碳颗粒。

降低轧钢加热炉的废气对大气造成的环境污染,主要控制手段就是降低烟气排放总量以及烟气中有害成分的含量。途径有两个:一是降低燃料消耗和燃用低硫燃料,减少废气排放污染物总量;二是优化燃烧过程,实现燃料的完全燃烧,降低因燃料燃烧不充分引起的烟气中有害成分的上升,具体技术包括蓄热式燃烧技术、数字化燃烧技术、智能化控制技术、低氮氧化物燃烧技术等[1]。

6.2.1　蓄热式燃烧技术

蓄热式加热炉实质上是高效蓄热式换热器与常规加热炉的结合体,主要由加热炉炉体、蓄热室、换向系统以及燃料、供风和排烟系统构成[2]。蓄热室是蓄热式加热炉烟气余热回收的主体,它是填满蓄热体的室状空间,是烟气和空气流动通道的一部分。蓄热式余热回收的优点是炉温更加均匀。由于炉温分布均匀,加热质量大大改善,产品合格率大幅度提高。蓄热式加热炉对燃料种类的选择范围更大,尤其是对低热值的高炉煤气、发生炉煤气具有很好的预热助燃作用,扩展了燃料的应用范围。因此，加热炉燃料消耗量大幅度降低。对于一般大型加热炉，可节能 25%～30%；对于热处理炉，可节能 30%～65%。蓄热式燃烧技术，尤其双预热蓄热式燃烧技术可使加热炉排放的烟气温度降至150℃以下，热回收率80%以上，节能 30%以上；蓄热式燃烧技术还可使加热炉的生产效率提高 10%～15%，氧化烧损降至 0.7%以下。

蓄热式燃烧技术加热炉的 NO_x 生成量更低。采用传统的节能技术，助燃空气预热温度越高，烟气中 NO_x 含量越大；而采用蓄热式高温空气燃烧技术，在助燃空气预热温度高达 800℃的情况下，炉内 NO_x 生成量反而大大减少。蓄热式燃烧是在相对的低氧状态下弥散燃烧，没有火焰中心，因此，不存在大量生成 NO_x 的条件。烟气中 NO_x 含量低，有利于保护环境，有害气体（如 CO_2、NO_x、SO_x 等）排放量大大减少。

6.2.2 数字化燃烧技术与智能化燃烧控制

大部分轧钢加热炉采用高炉煤气、转炉煤气以及含焦炉煤气的混合煤气燃烧以加热钢坯。在实际生产过程中，进炉钢坯温度时常发生变化，并且钢坯加热量随生产节奏发生变化，不同钢坯进炉数量和不同的入炉温度导致对加热过程温度控制要求不同，但出炉温度要求恒定。加热炉的预热段、加热段和均热段各有若干烧嘴，各烧嘴燃烧状态受外部因素如煤气热值变化、空燃比及人为因素影响很大。加热炉本身是一个大惯性、大滞后对象。由于外部因素波动和人为控制燃烧过程的不确定性，会时常出现因空气量不足而导致不完全燃烧，残留煤气排放至大气，污染环境，危及人身安全，并浪费资源，或者由于进风量太大，虽然能充分燃烧，但因大量热量被废气带走，达不到预期炉温，影响生产正常进行。解决方案就是采用数字化脉冲燃烧和智能化的燃烧过程控制。

在轧钢加热炉燃烧控制过程中通过采用智能控制策略，模仿人工智能的工程控制算法；根据钢坯进炉温度、数量、燃料热值、钢坯出炉温度目标值等建立数学模型，对空燃比进行实时智能化控制，实现优化的燃料完全燃烧，可以大幅度减少废气中的有害气体含量，能够降低空气污染而且节约能源消耗。

采用数字化燃烧方式的蓄热式加热炉与传统的燃烧方式比较有以下优点：

（1）保证每个烧嘴始终在额定状态下工作，从而降低了加热炉运行中的燃料消耗，减少氧化铁皮的产生，减少废气的产生，保证稳定的空燃比，可以方便地设定炉内气氛。

（2）与传统的只能实现分段控制比例的燃烧相比，脉冲燃烧可以实现对每一个烧嘴的单独控制，可以任意调节供热段和非供热段的长度，以及精确地控制各供热段的供热量。

（3）在额定的燃气压力、热值下，在脉冲燃烧状态，喷出热气流的热焓、速度以及热气流的长度都是一个定值，通过对多个烧嘴进行适当的组合，合理地布置，可以获得满意的炉内温度场分布，保证极高的坯料加热质量。

（4）从传统的空气、燃料的流量比例调节改变为以控制每个烧嘴额定燃烧条件下的供热时间来控制供热量，系统相对简化，操作简单，维护方便。通过烧嘴间隔性的开闭组合，能够在更大程度上增强炉内各段的炉气紊流搅拌，促进炉气和钢坯的热交换，从而实现节能和提高加热炉热效率。

6.2.3　低氮燃烧技术

低 NO_x 燃烧技术是指根据一定的燃烧学原理，通过改变燃烧条件或燃烧工艺来降低燃烧产物（烟气）中 NO_x 生成量的技术[3]。在轧钢加热炉中，低 NO_x 燃烧技术主要包括空气分级燃烧技术、富氧燃烧技术、稀释氧燃烧技术、蓄热式高温空气燃烧技术。

1. 空气分级燃烧技术

空气分级燃烧技术是目前比较成熟的低 NO_x 燃烧技术之一，该技术的主要原理是：将燃烧所需的空气分成两级送入。第一级燃烧区内燃料在缺氧的富燃料条件下燃烧（$\alpha < 1$），然后将剩余空气以二次风的形式送入，使燃料在空气过剩的情况下充分燃烧，形成富氧燃烧区。基于空气分级燃烧技术，国内外厂商开发了多种低 NO_x 燃烧器，可使 NO_x 排放量降低 30%～40%。典型的空气分级烧嘴如图 6-3 所示。

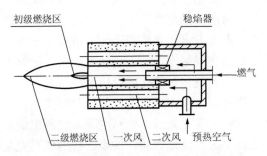

图 6-3　OSAKA 燃气 PAX-20N 空气分级烧嘴

首钢迁钢在热轧加热炉上应用了空气二级燃烧技术，通过控制二次风的供给，使燃料经过一次缺氧燃烧和二次完全燃烧，延长燃料燃烧过程，增长火焰长度，避免火焰产生局部高温。低 NO_x 混合煤气燃烧装置的一次助燃空气和二次助燃空气从前面两个独立支管进入炉膛，二次助燃空气在炉内与煤气边混合边燃烧，使得火焰长度增长；同时二次助燃空气高速喷入炉内时发生卷吸作用，一部分炉内烟气被卷吸到煤气燃烧区域，这样有效增长了火焰长度，同时提高沿炉宽方向炉气温度均匀性，提高加热炉的加热质量。

2. 富氧燃烧技术

富氧燃烧是指供给燃烧用的气体中氧气的体积分数大于 21%时的燃烧。通常空气中的氧气含量为 21%，氮气为 78%，在燃烧过程中只有占空气总量 1/5 左右的氧气参与燃烧，而占空气总量约 4/5 的氮气和其他惰性气体非但不助燃，反而将随烟气带走大量的热量。例如，采用富氧燃烧，在助燃空气中每增加 1%的氧气，则相应减少 4%的氮气，因此可以相应减少 NO_x 的排放量，同时还可加快燃烧速度，提高燃烧效率。

20 世纪 80 年代，德国林德公司首先为轧钢厂和锻造厂的热风炉装备了富氧空燃系统，将燃烧空气中的氧含量提高到 23%～24%，结果燃耗降低，小时产量提高。1990 年，林德公司又在世界上首次将美国铁姆肯公司的钢材加热炉转换成全氧（全部用工业氧替代空气作为氧化剂）燃烧方式。富氧燃烧可使加热炉能力提高，加热时间缩短，燃料消耗降低，氧化铁皮减少，CO_2 和 NO_x 排放减少。

富氧燃烧技术在国内轧钢工业炉上的应用较少，武钢初轧厂和宝钢均热炉曾采用过富氧燃烧，但现在已经停止使用。韶钢小型轧钢厂推钢式加热炉曾进行了富氧燃烧试验，富氧率达到 3.43%时，产量提高 15%，单位燃耗降低 31%，折算后的吨钢加热成本降低 27.1%。太钢对其 4 台轧钢加热炉进行了富氧改造，使煤气热值从改造前的 9447 kJ/m^3 降至 7106 kJ/m^3，吨钢煤气成本下降 4 元，同时降低了烟气中 NO_x 的体积分数。

3. 稀释氧燃烧技术

稀释氧燃烧技术（dilute oxygen combustion，DOC）是由美国普莱克斯公司（Praxair）研究开发。DOC 技术的基本原理是燃料和热稀释氧化剂进行反应以产生低火焰温度的反应区域。该系统采用两支喷嘴从不同方向分别向加热炉内部喷吹氧气和燃料，通过稀释氧化剂来降低燃烧温度。炉内将反应区和混合区分开，以防止未稀释的氧化剂和燃料直接混合燃烧。DOC 技术目前在轧钢加热炉上得到广泛的应用，可有效降低 NO_x 的排放。

2005 年，安塞乐米塔尔北美公司 Indiana Harbor 钢厂（IHW）在 84 英寸[①]热带轧机 3# 加热炉应用了稀释氧燃烧加热技术。2007 年安塞乐米塔尔又在该轧机的 2# 加热炉上应用 DOC 技术。IHW 钢厂采用稀释氧燃烧技术后，与传统空气燃烧相比吨钢节能 9.37 kt，标准煤节能约 50%；吨钢降低用氧 0.026 t，燃料和氧气联合使吨钢成本降低了 1.33 美元，同时 NO_x 排放减少了 25%，生产效率提高 10%～30%。

---

① 1 英寸=2.54 cm

4. 高温空气燃烧技术

高温空气燃烧技术是一种新型燃烧技术，具有高效节能、低污染物排放等优点，又称为温和与深度低氧稀释燃烧技术（MILD）、无焰燃烧（flameless combustion）或无焰氧化技术（flameless oxidation，FLOX)。其基本原理是让燃料在高温低氧气氛中进行燃烧，它与常规燃烧技术的区别在于高效预热系统和低氧无焰燃烧状态。高温、低氧是其两个关键因素，高温是空气温度预热到 800～1000℃以上。低氧是指燃烧区内氧气浓度低于 15%，甚至低至 3%～5%。高温空气燃烧技术可以提高系统热效率 30%以上，同时降低超过 70%的 NO_x 排放。

图 6-4 为蓄热式高温空气燃烧技术原理的示意图，烧嘴 A 工作时，烧嘴 B 及蓄热体充当排烟通道，同时，B 侧蓄热体被烟气预热。一段时间后，控制切换系统，使两个烧嘴交替工作。烧嘴 A、B 两侧的蓄热体轮流地被排出的高温烟气预热，冷助燃空气被预热到较高的温度（仅比高温烟气低 50～100℃），最终四通换向阀排出的废烟气的温度为 150～200℃，在提高烟气显热回收利用率的同时降低污染物排放量。

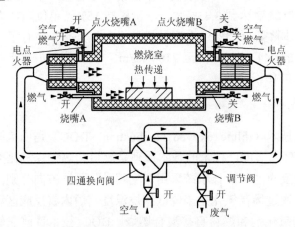

图 6-4　蓄热式高温空气燃烧技术原理示意图

目前，国内中小型钢厂已广泛采用蓄热式高温空气燃烧加热炉，并且大多采用低热值的高炉煤气作燃料，大大提高了高炉煤气的有效利用率。例如，仅直接燃烧高炉煤气一项的年创效益就有 1400 万～2000 万元，氧化烧损降低了 0.5%～0.7%，提高成材率的经济效益约 200 万元。由于提高热效率，燃烧减少 25%，相应的各种燃烧产物如 CO_2 也减少 25%，燃烧过程在高温低氧条件下进行，不但含 CO_2 和 NO_x 烟气的排放体积减小，而且排放浓度也有所降低，总排放量也大幅度减少。

6.2.4　加热炉余热回收技术

　　轧钢加热炉作为钢铁企业的能耗大户，其能耗占整个轧钢工序的 75% 左右，而加热炉烟气损失约占加热炉热损失的 34%。目前，大多数钢铁企业通过在加热炉烟道内串联布置空气换热器和煤气换热器对烟气的热量进行回收，回收余热能力有限，只回收了部分烟气余热，致使加热炉排烟温度仍在 400℃ 以上[4]。为进一步回收加热炉的烟气余热，降低轧钢工序能耗，宝钢不锈钢热轧厂采用加热炉低温烟气余热发电技术，工艺流程如图 6-5 所示。

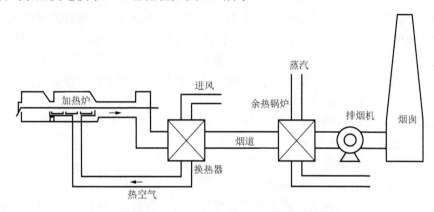

图 6-5　热轧加热炉余热锅炉回收工艺流程

　　热轧厂每台加热炉平均烟气量 85000 Nm³/h，经换热器换热后平均烟温达 350℃，高温烟气的总热焓达 135×10⁶ kJ/h。2013 年，宝钢不锈钢公司启动余热锅炉项目，将烟气通过烟道引入余热锅炉生产蒸汽，排烟温度降至 160℃ 左右。

　　加热炉所配余热锅炉为自然循环水管锅炉，锅炉立式布置，主要受热面为螺旋翅片管结构，翅片材料根据受热面所处位置的烟温不同，分别选用不锈钢和碳钢，锅炉受热面主要包括蒸发受热面和省煤器，沿烟气流向依次布置。单台余热锅炉的基本参数如表 6-2 所示。

表6-2　余热锅炉基本技术参数

项目	烟气参数		余热锅炉蒸汽参数			排烟温度/℃	给水温度/℃
	温度/℃	烟气量/(m³/h)	压力/MPa	温度/℃	流量/(t/h)		
数值	350	7.5	1.8	300	6.8	160	40
工况范围	330~380	5.5~9.5	1.8±0.1	280~320	4.2~10.6	140~170	4~40

　　按两套加热炉余热锅炉平均产量计算，每小时生产 1.8 MPa、300℃ 过热蒸汽，合计平均产汽量为 20.4 t/h，用电设备为锅炉补水泵、锅炉给水泵、引风机等，总用电负荷为 240 kW，消耗软水量约 22 t/h，年作业时间 7200 h，蒸汽按 120 元/t、电价按 0.61 元/（kW·h），软水按 10 元/t 计算，年经济效益约为 1500 万元，折标

煤 1.8 万 t/年。

6.3 精轧机烟气除尘技术

精轧机烟气除尘是指轧机在轧制过程中，对冷却、润滑轧辊及轧制钢材时所产生的烟尘进行收集与净化。根据轧机类别不同及轧制成品的不同，轧机排放的烟尘包括以下三种类型[5]。

（1）热轧轧机排烟。热轧轧机在轧制过程中，由于钢材表面产生的氧化铁皮层被压碎，粗块的氧化铁皮掉入铁皮沟被冷却水冲入沉淀池。细碎的氧化铁尘随冷却轧辊的水汽上升，飞落在厂房内，或被车间内的气流带出厂房。一般对初轧、型钢、中板、厚板的轧机不设机械排气除尘，但对连轧薄板车间的精轧机组，由于产生的氧化铁尘极细，需设机械排烟及除尘措施。其烟尘排放特征为：

烟尘成分：Fe_2O_3、FeO、Fe_3O_4；

烟尘粒径：$1\sim100\ \mu m$，其中小于 $10\ \mu m$ 的占 10%，大于 $10\ \mu m$ 的占 90%；

烟尘堆积密度：$1.5\ t/m^3$；

烟尘性质：有附着力；

初含尘浓度：$300\sim500\ mg/m^3$。

（2）热轧管轧机排烟。被加热的管坯穿孔后，为防止其内壁产生氧化铁皮影响下一步轧制，用氮气往管坯内喷入硼砂，硼砂在高温管坯内熔融产生烟气，管坯进入轧管轧制时，涂有石墨溶剂的芯棒，进入热管坯时产生烟气，轧制完的管材进入脱管机，抽出芯棒时，也有烟气散发。因此，在芯棒穿入、轧管、脱管机处均设有排烟罩，抽出的烟气经净化后排放。其烟尘排放特征为：

烟尘成分：60%～65%为氧化铁，其余为碳化物、油雾；

烟气温度：$40\sim60℃$；

烟尘比电阻：$10^{10}\sim10^{11}\ \Omega\cdot cm$；

初含尘浓度：$100\sim300\ mg/m^3$。

（3）冷轧板轧机排烟。冷轧薄板轧机在轧制时，需喷淋大量润滑冷却剂冷却轧辊，一般轧制薄板时喷淋乳化液。轧机工作时均产生油雾，在轧机进出口上、下方设有排气罩，抽出的含油雾气，经净化后排放。其烟尘主要排放特征为乳化液气体和水汽混合物。

目前针对精轧机烟气的除尘的技术主要有湿法除尘、湿式电除尘、布袋除尘和塑烧板除尘技术。

6.3.1 湿法除尘技术

热轧和冷轧轧机产生的烟气中都混有水汽，因此过去多采用湿法净化装置，如湿泡式除尘器、冲击式除尘器、低速文丘里洗涤器等。

湿式除尘器的基本原理是让液滴和相对较小的尘粒相接触、结合产生容易捕集的较大颗粒。在这个过程中，尘粒通过几种方法长成大的颗粒，这些方法包括较大的液滴把尘粒结合起来，尘粒吸收水分从而质量（或密度）增加，或者除尘器中较低温度下可凝结性粒子的形成和增大。

湿式除尘器是使含尘气流与水密切接触，利用水滴和尘粒的惯性碰撞及其他作用捕集尘粒或使粒径增大的装置。湿式除尘器可以有效地将直径为 0.1～20 μm 的液态或固态粒子从气流中除去，同时也能脱除气态污染物。在湿式除尘器中，液滴捕集粉尘的机理主要有惯性碰撞机理、扩散机理、直接截留机理、重力沉降机理、黏附机理以及凝并机理等几种。根据湿式除尘器的净化机理，可将其大致分成重力喷雾洗涤器、旋风洗涤器、自激喷雾洗涤器、板式洗涤器、文丘里洗涤器、机械诱导洗涤器。表 6-3 给出了有关主要湿法除尘装置的性能及操作范围。

表6-3 主要湿法除尘装置的性能和操作范围

湿法除尘装置	气体流速/（m/s）	液气比/（L/m³）	压力损失/Pa	分割直径/μm
喷淋塔	0.1～2	2～3	100～500	3
填料塔	0.5～1	2～3	1000～2500	1
旋风洗涤器	15～45	0.5～1.5	1200～1500	1
转筒洗涤器	300～750 r/min	0.7～2	500～1500	0.2
冲击式洗涤器	10～20	10～50	0～150	0.2
文丘里洗涤器	60～90	0.3～1.5	3000～8000	0.1

湿法除尘与干式除尘相比：设备投资少，构造比较简单；净化效率较高，能够除掉 0.1 μm 以上的尘粒；设备本身一般没有可动部件，如果制造材料质量好，不易发生故障。更突出的优点是，在除尘过程中还有降温冷却、增加湿度和净化有害有毒气体等作用，非常适合于高温、高湿烟气及非纤维性粉尘的处理，还可净化易燃、易爆及有害气体。

其缺点主要包括以下几个方面：

（1）从湿法除尘器中排出的泥浆需要进行处理，否则会造成二次污染；

（2）当净化有侵蚀性气体时，化学侵蚀性转移到水中，因此污水系统要用防腐材料保护；

（3）不适合用于疏水性烟尘，对于黏性烟尘轻易使管道、叶片等发生堵塞；

（4）与干式除尘器比需要消耗水，并且处理难，在严寒地区应采用防冻措施；

（5）对氧化铁粉尘特别是细粉尘脱除的效果较差。

6.3.2 湿式电除尘技术

湿式电除尘技术是以放电极和集尘极构成静电场，使进入的含尘气体被电离，荷电的含尘微粒向集尘极运动并被捕集，在集尘极释放电荷，并在水雾作用下冲入灰斗，排入循环水池。

湿式电除尘器收尘原理与干式电除尘器相同，都是靠高电压电晕放电使得粉尘荷电，荷电后的粉尘在电场力的作用下到达集尘板，与干式电除尘器机械振打等清灰方式不同，湿式电除尘器采用冲刷液冲洗电极，在极板上形成连续的液膜，使粉尘随着冲刷液的流动而清除。

湿式电除尘器除了要考虑传统干式电除尘伏安特性和电晕电流密度等技术参数外，还要考虑是否有利于水膜的形成，水膜形成是否均匀，是否能消除一般极板的"沟流"现象。宽平板和抗污染鱼骨芒刺线是一种较好的极配组合形式，宽平板为极板强度、水膜和"沟流"等问题提供了解决方案，而鱼骨芒刺极线采用尖端放电代替沿极线全长放电，放电强度高，起晕电压低，电晕电流大，产生强烈的离子流，增大了电风，提高了抗粉尘污染的性能。

湿式电除尘器可在烟气露点温度以下运行，因此适用于轧钢工序热轧火焰清理机、热轧等高湿烟尘的处理[6]。与其他类型除尘器相比，湿式电除尘器具有以下优点：除尘效率大于 95%，外排废气中含尘浓度低于 50 mg/m^3；适用于处理大烟气量的场合，处理单位烟气量的成本较低；适用于烟气温度较高的场合，可以处理温度在 450℃以上的含尘气体；可捕集的粉尘颗粒粒径范围很广，对于小至 0.1 μm 的微细颗粒也能取得良好的处理效果。但设备耗电量大，需要设置废水处理装置，在结构上必须采用良好的抗结露措施和措施防腐等。

6.3.3　布袋除尘技术

布袋除尘器是一种干式除尘装置，主要利用纤维织物的过滤作用对含尘气体进行过滤，除尘效率高，适用于捕集细小、干燥非纤维性粉尘。

该技术适用于轧钢工艺冷轧工序干式平整机、拉矫机、焊机、抛丸机、修磨机等设备的除尘，以及钢管穿孔吹氮喷硼砂工序、矫直及精整吸灰工序等的除尘。但对于精轧机废气中含有油雾的情况下，油雾易在净化设备内形成乳化液或被水捕集，而对于布袋除尘来讲含水或含油较高的粉尘容易堵塞滤孔，使除灰效率下降，此外油雾黏附到滤料上，对布袋除尘器的清灰产生不利影响。

6.3.4　塑烧板除尘技术

塑烧板除尘器是近年来新研发产生的一代高效除尘器，由于其技术成熟、可靠，目前塑烧板除尘已经被广泛应用于各行各业的除尘领域。相比于传统的布袋除尘器，塑烧板除尘器采用独特的波浪式塑烧板过滤芯，其特点是刚性结构、不会变形、无骨架磨损，所以拥有更长的使用寿命，在特殊工况条件下，其使用寿命是布袋除尘的 10 倍以上。由于塑烧板的高精度工艺制造保持了均匀的微米级孔径，所以还可以处理超细粉尘和高浓度粉尘，布袋收尘器的入口浓度一般小于

20 mg/m³，而塑烧板除尘器入口浓度可达 500 mg/m³。此外，由于塑烧板表面经过深度处理，其孔径细小均匀，具有疏水性，不易黏附含水量较高的粉尘，所以塑烧板除尘在处理含水量较高及纤维性粉尘时具有相对较优的性能。

　　塑烧板除尘器本体主要由隔声罩、风机、喷吹系统、塑烧板、电控箱、灰斗、进出风口等组成（图 6-6）。含尘气体首先从塑烧板除尘器入口进入中部箱体，气体由塑烧板的外表面通过塑烧板时，气体中的粉尘被截留在塑烧板表面的 PTFE 涂层上［图 6-7（a）表面过滤］，气体然后透过塑烧板内腔进入净气箱［图 6-7（b）深层过滤］，净化后的气体通过除尘器的出口排出。截留在塑烧板表面的粉尘，由装有脉冲阀和执行器的压缩空气经过喷吹管喷入塑烧板内腔中，由于其强烈的反吹作用，聚集在塑烧板外表面的粉尘受到冲击作用，粉尘一层层的脱落，然后掉入灰斗中，灰斗中的粉尘通过星型卸灰阀开关作用，将粉尘落入螺旋输送机，然后再输送机一端出料口统一回收处理[7]。

　　塑烧板除尘器目前已在化工、制药、冶金、电力等生产工艺中广泛应用，特别是在含水、含油的钢铁轧制除尘净化方面有独特的优越性。与除传统的布袋或滤筒式除尘器相比，塑烧板除尘器具有以下特点。

　　（1）刚性波浪式多孔结构过滤元件：塑烧板过滤元件是由多种高分子化合物粉体及特殊的结合剂严格组成后进行铸型、烧结，形成一个波浪式多孔母体作为塑烧板过滤元件的基板，基板厚约 4 mm，其内部形成大约 30 μm 的均匀孔隙，然后通过特殊的喷涂工艺在母体表面的孔隙里面填充 PTFE 涂层，形成 1～2 μm 的孔隙。

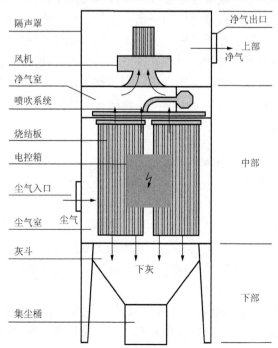

图 6-6　塑烧板除尘器结构示意图

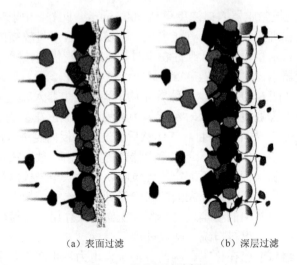

　　　　（a）表面过滤　　　　　　　　　　　　　（b）深层过滤

图 6-7　塑烧板过滤机理

　　（2）捕集效率高：塑烧板过滤元件的高捕集效率是由其本身独特的结构和 PTFE 涂层实现的，而传统布袋的捕集效率是建立在黏附粉尘的二次过滤基础上的。塑烧板除尘器可以有效捕集 0.1 μm 以上的粉尘，对于 1 μm 以上粉尘捕集效率高达 99.999%，排放小于 1 mg/m^3。

　　（3）压力损失稳定：波浪式塑烧板是通过表面的 PTFE 涂层对粉尘进行捕捉的，其光滑的表面使粉尘极难透过与停留，即使有一些极细的粉尘可能会进入空隙，随即也会被设定的脉冲压缩空气流吹走，所以在过滤板母体层中不会发生堵塞现象，只要经过很短的时间，过滤元件的压力损失就趋于稳定并保持不变，这表明，特定的粉体在特定的温度条件下，阻力损失仅与过滤风速有关，而不会随时间上升。因此，除尘器运行后的处理风量将不会随时间而发生变化，这就保证了工艺过程的稳定性。

　　（4）耐湿，可直接用水冲洗：塑烧板基体材料以及 PTFE 涂层具有完全的疏水性，不会产生像纤维织物滤袋因吸湿而形成水膜，从而阻力急剧上升，这对处理含油雾、含水蒸气很高的热轧板氧化铁粉尘，具有很好的使用效果。塑烧板可以用水直接冲洗，无需更换滤料，方便了设备维修。

　　（5）使用寿命长：塑烧板为刚性结构，消除了纤维织物滤袋因骨架磨损引起的寿命问题。寿命长的另一个特征是，滤片的无故障运行时间长，它不需要经常维护与保养。良好的清灰特性将保持其稳定的阻力，使塑烧板除尘器可长期有效地工作，使用寿命长达 10 a 以上。

　　（6）维护保养方便：塑烧板除尘器的过滤元件几乎不需任何保养清洗处理时，操作人员在除尘器外部即可进行操作，卸下一个螺栓即可更换一片滤板，作业条件得到根本性改善。

宝钢热轧厂早在 20 世纪 90 年代使用塑烧板除尘器对精轧机烟气进行除尘，排放后的粉尘浓度小于 15 mg/m³，性能稳定可靠。2008 年日照钢铁在带钢厂的精轧机后安装了塑烧板除尘器，其排放浓度小于 10 mg/m³[8]。安钢 1780 热连轧生产线于 2011 年安装塑烧板除尘器，可以处理 300 mg/m³ 的烟气，排放后浓度低于标准值，含铁粉尘回收量达到 504 t/a，同时能够减少轧钢车间粉尘外溢[9]。

虽然塑烧板具有以上优点，但在使用过程中同样也存在一些问题。首先在冬季塑烧板表面上会凝水，恶化过滤条件并形成泥浆状出灰。收集的粉尘呈泥浆状，虽然除尘效果没有受到太大影响，但泥浆状的粉尘易黏结在灰斗上，造成下灰困难。另外螺旋输送机容易黏堵，需定期进行清理，除尘灰成泥状，含水量较高，部分做法是在输送机末端安装蛇皮袋进行收集后人工搬走。目前解决灰斗表面凝水的主要做法是采用蒸汽盘管的方式对灰斗进行保温处理[7]。

从目前塑烧板除尘器的使用情况来看，其一次性投资费用普遍比布袋除尘器、湿式电除尘器高，但塑烧板除尘器能够解决其他除尘设备难以处理的含油、含水烟气的难题，在轧钢工序的烟气除尘已得到广泛应用。

6.4 轧钢酸洗车间酸雾逸散控制技术

酸洗是生产热轧酸洗板、热轧镀锌板以及冷轧板过程中的重要工序，其目的是去除热轧原料卷表面的氧化铁皮。在酸洗过程中，一般采用盐酸作为酸洗介质。酸液的温度一般在 75~85℃范围内，因此酸洗时会大量挥发并产生盐酸气体，盐酸气体和酸洗时产生的氢气共同形成了酸雾，雾粒直径一般在 1~50 μm 之间，大部分在 1 μm 以下，属于气溶胶，在空气中悬浮不易散去。酸雾不仅危害生态环境和现场工作人员的身体健康，而且会腐蚀厂区内的设备和建筑物，因此必须采用合理的方法对酸洗过程中产生的酸雾进行抑制和净化处理。目前，酸雾抑制技术和酸雾净化技术是降低酸雾危害的常用方法，这两种方法配合使用，可以有效地降低酸雾对周围环境的污染。

6.4.1 酸雾抑制技术

酸雾抑制技术是通过在酸液中添加酸雾抑制剂来实现的[10]。酸雾抑制剂一般是以缓蚀剂、表面活性剂和无机电解质按不同添加量制成的，它含有含氮化合物与表面活性剂，分子中同时具有极性及非极性基团，因此可以在气-液表面形成一层稳定的液膜，从而阻止酸雾的挥发。同时，酸雾抑制剂还含有缓蚀剂成分，它在酸性溶液中能够有效地阻止金属的溶解腐蚀，从而减少因氢气泡引起的酸雾外逸。

酸雾抑制剂的配方是酸雾抑制技术的核心内容，也是不同品牌酸雾抑制剂的主要差异所在。目前市面上常见的酸雾抑制剂主要有 A 型、B 型、C 型等。

　　A 型酸雾抑制剂目前已经在河钢、唐钢等企业得到了应用。该酸雾抑制剂能够在带钢表面吸附并形成单分子膜，从而减轻带钢在酸洗过程中的腐蚀和氧化。实践表明，在没有使用 A 型酸雾抑制剂的情况下，当酸洗速度较慢或酸洗作业出现停顿时，就会产生黑色斑点，同时反应生成的氢气较多，并产生大量的酸雾；在使用 A 型酸雾抑制剂的情况下，即使在酸洗速度低或出现作业停顿时对钢板表面也无影响，得到的是银白色、有光泽且表面清洁的钢板，同时生成的氢气较少，没有出现冒气泡的情况。

　　B 型酸雾抑制剂采用了非离子表面活性剂和微粒技术，目前也已经在一些冷轧带钢生产企业得到了应用。对比实验结果表明，由于抑制了带钢在酸洗过程中的腐蚀，B 型酸雾抑制剂可以将酸的利用率提高近 31.4%；而且该抑制剂能够使氯化氢等有毒气体的排放削减 75% 以上，从而改善劳动环境和大气质量。

　　C 型酸雾抑制剂目前已经在鞍钢等企业得到了应用。实践表明，C 型酸雾抑制剂在添加量为再生酸重量比 0.4% 的情况下，其抑雾效率高达 85% 以上，缓蚀率在 25% 左右，而且对后续的轧钢工序和退火后的钢板表面质量无任何影响，对酸再生过程中的除硅工艺以及氧化铁粉的质量也没有不良影响。

6.4.2　酸雾净化技术

　　酸雾净化技术包括水洗涤、中和洗涤、静电除雾等多种方法[11]。其中，水洗涤、中和洗涤是酸雾净化的传统工艺。为了进一步减少污染物排放，人们又开发了高压静电除雾、活性炭吸附、碱液吸收加活性炭吸附、静电除雾加活性炭吸附等方法，这些也是目前在酸雾净化领域使用最为广泛的工艺。近年来，净化效果更好、盐酸回收利用率更高的干式吸附法和酸雾净化回用技术也有报道和应用。

　　水洗涤法和中和洗涤法是酸雾净化的传统技术。水洗涤法是将酸雾经风管送入酸雾洗涤塔内净化后，由风机抽出，再经烟囱排至室外大气。在酸雾净化塔内，利用漂洗水对酸雾进行一次洗涤。因为水洗涤法的洗涤级数少，所以吸收效果不好；同时，由于没有酸雾冷却装置，洗涤水的酸度和温度（50～60℃）都比较高，酸雾中的 HCl 也得不到很好的净化，进而容易造成盐酸流失严重、单位生产成本高、废气排放达不到环保要求等问题。中和洗涤法是在对水洗涤法改进的基础上形成的，采用碱性溶液对酸雾进行洗涤与中和。中和洗涤法的净化效果虽然优于水洗涤法，但是存在水资源占用量大、洗涤与中和处理后的废水含盐量高、重复利用性能差、部分环评甚至要求不能外排等缺点。

　　针对上述两种工艺的缺点，研究人员开发了包括高压静电除雾、活性炭吸附等方法在内的非洗涤式酸雾处理工艺[12]。高压静电除雾原理与静电除尘类似，通过静电控制装置和直流高压发生装置，将交流电变成直流电送至除雾装置中，在电晕线和酸雾捕集板之间形成强大的电场，使空气分子被电离，使酸雾微粒荷电，荷电酸雾粒子被捕集在阳极板上，在重力作用下流到除酸雾器的除酸槽中，静电除雾相对于酸雾净化塔具有处理效果好（除雾效率大于 95%）、节省酸和水用量的优点，但只适用于硫酸及盐酸酸雾的净化，对其他类型的酸雾则净化效果较差，同时还存在投资费用高、高压电的危险性较大等弊端。活性炭吸附方法适用于氮氧化物的净化，但对其他类型酸雾的净化效果较差，同时活性炭的更换和再生工艺比较烦琐。利用碱液吸收和活性炭吸附相结合的方法，可以有效去除包括盐酸、硫酸和氮氧化物在内的各种类型的酸雾，但是也存在活性炭更换和再生比较烦琐的问题。利用静电除雾与活性炭吸附相结合的方法，可以有效去除硫酸和氮氧化物酸雾，但同样存在两种方法固有的弊端。可见上述方法普遍存在酸雾适用种类少，特别是对于盐酸酸雾处理能力有限等问题。

近年来，干式吸附法和酸雾净化回用技术受到了人们的重视，这些方法能够有效净化盐酸酸雾，同时具有成本低、二次污染少的优点。干式吸附法采用碱性多孔固体吸附剂对酸雾进行化学吸附，它对盐酸酸雾具有良好的净化效果，而且使用后的废弃吸附剂属于普通固废，并由生产厂回收处理，不会造成二次污染。目前干式吸附法已经在首钢获得应用，实践表明，该方法运行稳定，处理效率高，净化后浓度低，可达 10 mg/m^3 或 30 mg/m^3 的要求，不耗水，运行费用较低，操作维护方便，单台处理能力可达 6 万 m^3/h 以上，符合一般酸洗冷轧线的工艺要求。酸雾净化回用技术则是在酸雾管路内冷凝先期收集，再经过冷却器强制冷凝收集，然后经液滴分离器再次收集，最后进入洗涤塔洗涤收集。四步收集到的酸液依靠重力输送至储酸罐并直接利用。该技术属于纯物理方法，最突出的优点是能够在确保了最大酸液收集量的同时，最大程度地净化了排往大气层的 HCl 含量。由于设备和工艺都比较复杂，目前酸雾净化回用技术尚处于试验阶段，尚未在实际生产中获得应用。

6.5　冷轧油雾控制技术

6.5.1　油雾形成的原理及特点

在冷轧过程中，为了减小摩擦系数，降低轧制力，冷却轧辊，控制轧辊辊型，提高带材的表面质量、板型及厚度精度，必须对轧辊及辊缝喷射润滑冷却液，即乳化液。同时，在带钢的平整过程中，也需要喷淋含有乳化液的平整剂进行润滑冷却。乳化液在冷却轧辊及轧件的同时，由于其自身的温度迅速升高，部分乳化液蒸发并形成油雾。

轧钢工序产生的油雾可以分为以下三种类型：

（1）冷轧时，在轧制区由于金属变形产生的热量使喷射的乳化液冲击产生的雾状乳化液，这种油雾的颗粒范围在 3～20 μm 之间，占油雾总量的 96%以上，油雾中不含固体粉尘。

（2）经空气吹扫等装置后，带钢表面仍附着少量均匀的油膜，由于此时钢板的温度在 100℃以上，附着在钢板表面上的油膜将有一部分雾化，油雾的颗粒直径小于 10 μm。

（3）在整个乳化液循环过程中，乳化液的温度控制在 50～55℃，乳化液经喷嘴喷射并与轧机内部的部件撞击，也会产生少量的气溶胶气体。这种油雾的颗粒直径在 0.01～5 μm 之间，占油雾总量的很少一部分。

油雾中的油，一种是雾化后，以很小的微粒均匀分布在空气中；另一种则是以大小不同的油滴离散分布在空气中，两者均以液态形式存在。

6.5.2 油雾控制技术

针对冷轧及平整过程中产生的油雾，现已有的净化方法有洗除法、过滤法、催化剂净化法、活性炭吸附法、静电沉积法、惯性分离法等一系列的分离方法。其中，过滤法、惯性分离法和静电沉积法是目前国内外应用最为广泛的方法。

1. 过滤法

过滤法的主要原理，是利用油雾通过过滤材质时发生的惯性碰撞和接触阻留等现象，从而使其吸附在过滤材料上而被去除。工业上常用的过滤介质主要有滤网、多孔固体介质、粒状介质、金属棒、板等。对于油雾这种介质则要根据油雾本身成分和性质来选择净化效果最好的材质，这样有助于油雾的回收。可以采用测量油雾通过过滤材质前后质量差的方法来确定过滤效果的好坏。

过滤法可用于处理多种类型的油雾，包括水溶液、合成油等，这是过滤法的优点。但是为了克服滤材的通风阻力，使用的风机风压高、功率大、运行费用高，而且油雾废气中的微粒易堵塞过滤材料，需不断更换过滤材料，造成维护费用高，这是过滤法的不足。

2. 惯性分离法

惯性分离法的原理是在一个圆形壳体内，由高速电机带动一个多孔的滚筒，它类似于甩干机，油雾经排风系统进入筒中，筒壁上装有过滤材质，油滴经离心旋转作用撞击到壳体内壁的滤网上并形成油滴，从而实现回收。该方法具有结构简单、造价低的优点，但是风机功率大、使用费用高，装置也容易引起震动，这是惯性分离法的不足之处。

3. 静电沉积法

静电沉积法的原理是利用风机将油雾从吸风口吸入，使其中一部分体积较大的油雾滴、灰尘颗粒在前置过滤网上由于机械碰撞、阻留而被捕集，然后气流进入电离器的高压静电场（电压达 8000～12000 V），在高压电场的作用下，油雾液滴被电离，其中大部分液滴在电离之后发生降解和炭化，其余液滴在收集器（电压达 4000～6000 V）的电场力及气流作用下向电场的正负极板运动并被收集在极板上，之后在自身重力的作用下流到集油盘并经过排油通道排出，从而得以回收利用。

目前使用的静电沉积装置一般为平行板电极式结构。根据乳化液的成分，最大工作静电场强度应小于 5 kV/cm。如果电场强度太小，那么油雾液滴在电场中的运动速度缓慢，净化效率低；而电场强度过高，油雾液滴运动速度会很快，导致粒子在接触电极板时容易被弹回，也会影响净化效率。经验表明，电场强度最好为 3 kV/cm。此外，在通过电场时，适当提高油雾的温度可以降低黏度，从而提高净化效率。但是温度过高也会加快油雾的氧化，造成二次污染。

静电沉积法可以在大量产生油雾、油烟的加工状态下使用，而且电极之间的通气阻力很低，因此利用低压风机就可以维持设备的正常运转，所以运行费用也比较低，这是该方法的主要优点。但是静电沉积法也存在设备结构复杂、制造要求和成本较高、维护难度较大等弊端。

现有的工业油雾净化方法，往往是上述两种或者几种技术的结合，如过滤法与惯性分离法结合、过滤法与静电沉积法结合等，这样可以取长补短，获得更好的净化效率。

参 考 文 献

[1] 肖仕长. 结合轧钢加热工艺和生产管理分析轧钢节能降耗措施和方法. 钢铁技术, 2012, 3: 27-30.

[2] 姜辰初, 张军. 蓄热式技术在轧钢加热领域的应用. 轧钢, 2005, 1: 32-35.

[3] 吴凤玲, 刘民, 江辉, 等. 浅谈低氮燃烧技术及其改造方法. 科技创新与应用, 2014, 23: 11-12.

[4] 孟百宏, 吴斌. 余热锅炉在加热炉余热回收系统的应用. 能源与节能, 2015, 4: 185-186.

[5] 王绍文. 冶金工业节能减排技术指南. 北京: 化学工业出版社, 2009: 25-28.

[6] 郭启超, 李彦涛, 张磊. 钢铁行业高湿烟尘湿式电除尘治理技术. 冶金能源, 2012, 4: 56-58.

[7] 郭志民, 孙鹏辉. 塑烧板除尘在冶金轧制行业中的应用现状分析. 资源节约与环保, 2014, 6: 35-36.

[8] 张鹏, 韩志强, 陈嫒. 塑烧板除尘器在精轧机除尘系统中的应用. 环境工程, 2011, 4: 86-89.

[9] 李军强. 安钢1780热连轧塑烧板除尘器. 金属世界, 2010, 3: 61-62,76.

[10] 陶俊平. 长酸洗槽酸雾捕集的研究. 南昌: 南昌大学, 2005.

[11] 张晓燕, 楚晓燕, 金洪文. 酸洗槽酸雾净化处理的两种方法. 长春工程学院学报(自然科学版), 2001, 2: 38-39.

[12] 刘少宇. 冷轧酸洗系统酸雾净化回用技术. 冶金设备, 2009, S3: 93-94.

第7章　钢铁行业大气污染控制对策与建议

7.1　钢铁行业大气污染物防治最佳可行性技术

7.1.1　钢铁行业最佳可行性技术概况

最佳可行技术，是针对生产生活过程中产生的各种环境问题，为减少污染物排放，从整体上实现高水平环境保护所采用的与某一时期技术经济发展水平和环境管理要求相适应、在公共基础设施和工业部门得到应用、适用于不同应用条件的一项或多项先进、可行的污染防治工艺和技术①。它是代表社会工业制造业等领域各项生产活动、工艺过程和相关操作方法发展的最有效和最先进的阶段，是在满足当前法律排放限值的基础上，用以防止或减少向环境的污染物排放量以及对环境的整体影响的某种或某类特定技术。

"最佳"是指最有效地达到比较高的整体环境保护水平，"可行"是指在经济和技术许可的条件下，同时考虑代价和利益，并且在相关工业领域中已得到一定规模的应用；"技术"则包括所采用的工艺以及设施的设计、建造、维修、操作和退役的方法。最佳可行技术是从整体和系统的角度考虑，确保在某一领域应用该项技术所付出的环保代价是合理的[1]。

最佳可行技术的概念最早来自欧盟。1996年9月，欧盟执行委员会提出了污染综合防治指令（简称IPCC指令）。该指令指出，预防或减少污染物排放的技术措施应基于最佳可行技术。并且，该指令要求欧盟各成员国为若干工业和特定污染物，建立包括制定排放限值、推广BAT的许可制度。目前欧盟已形成33个行业的最佳可行技术参考文件，包括2个能源行业、5个冶金行业、4个采矿行业、8个化工行业等，以最佳可行技术为核心的污染防治技术监督管理体系，已成为欧洲国家对污染源实施综合治理行之有效的重要环境管理制度[2]。

钢铁行业工艺复杂，产污环节众多，是欧盟环境管理的重点行业之一。欧盟钢铁行业最佳可行技术共分95个部分，涵盖炼焦、烧结、球团、炼铁、炼钢等工序，包括19个总项和76个分项。其中，在76个分项中，涉及废气排放的有40个，涉及废水排放的有14个，涉及能源消耗的有12个，涉及生产残渣的有9个，涉及噪声的有1个。以BAT结论发布时间为节点，将设备分为新设备、现有设备，针对同种BAT，设定不同排放水平。以炼焦工序为例，对于焦炉加热BAT氮氧

---

① 资料来源：http://kjs.mep.gov.cn/hjbhbz/bzwb/kxxjszn

化物排放水平，新工厂或大修后的工厂（10 年以下），排放水平为小于 350～500 mg/m^3；而配备有维护良好的燃烧室和采用低氮氧化物技术的老工厂，排放水平为小于 500～650 mg/m^3。钢铁行业 BAT 中关于颗粒物排放水平的要求较为严格。以烧结机头为例，采用布袋除尘器的排放水平为小于 1～15 mg/m^3（日均值），严于我国 40 mg/m^3 的特别排放限值标准[3]。

我国最佳可行技术研究从 2007 年颁布实施《国家环境技术管理体系建设规划》开始起步，一直以来进展缓慢。根据《关于增强环境科技创新能力的若干意见》中"我国到 2010 年要初步建立环境技术管理体系，到 2020 年要建立层次清晰、分工明确、运行高效、支撑有力的国家环境技术支撑体系"的总体目标要求，国家环境保护部随后开展了环境技术管理体系的建设工作，并展开试点行业环境技术管理体系建设和完善工作，试点编制行业污染防治最佳可行技术导则。截至目前，我国启动了面向钢铁、燃煤、水泥等 6 个行业（工艺）最佳可行技术导则的编制工作。2008 年，发布了《钢铁行业污染防治最佳技术导则　烧结及球团工艺》征求意见稿及编制说明；2009 年，发布了《钢铁行业污染防治最佳技术导则　炼钢工艺》、《钢铁行业污染防治最佳技术导则　轧钢工艺》、《钢铁行业污染防治最佳技术导则　焦化工艺》征求意见稿及编制说明。

最佳可行技术的研究和应用在我国尚处于起步阶段，钢铁行业最佳可行技术研究思路是在借鉴欧盟的基础上形成的，结合了现阶段我国钢铁行业发展现状，对于全面掌握世界钢铁企业当前的节能减排技术应用现状，为明确我国钢铁企业在节能减排领域的准确定位提供了重要的意义，可以适度预测出钢铁企业重点工序的节能减排潜力，为钢铁企业引进或改造节能减排技术提供指导方向。

钢铁生产最佳可行技术主要关注钢铁生产各工序及相关辅助工序的节能减排技术。钢铁生产一般通用性技术，如环境管理、能源管理、物料管理、SO$_x$ 减排技术、NO$_x$ 减排技术、监控技术等，本节将结合我国与欧盟钢铁生产可行技术，及近几年应用的新技术，按钢铁生产主要流程对钢铁行业最佳可行技术进行了汇总，由于污染治理技术在本书第 2～6 章已进行详细介绍，本节重点对生产工艺过程中污染物防治技术进行介绍。

7.1.2　钢铁生产各工序最佳可行性技术

1. 烧结（球团）工序

烧结工序污染防治最佳可行技术工艺流程见图 7-1。

1）烧结（球团）生产工艺污染防治最佳可行技术

A. 烧结（球团）生产设备大型化及淘汰落后工艺设备

烧结机大型化在降低投资和运成本、节能减污、优质增效、生产管理和实现自动化等方面均有优势，是国内外的发展趋势。

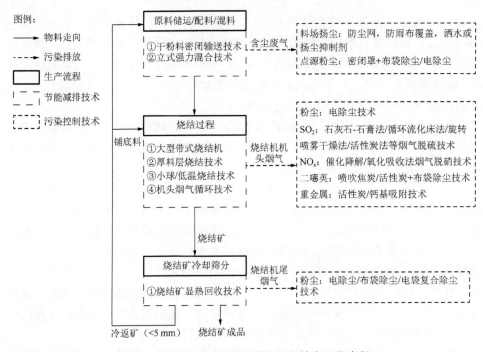

图 7-1　烧结工序污染防治最佳可行技术工艺流程

球团工序污染防治最佳可行技术工艺流程见图 7-2。

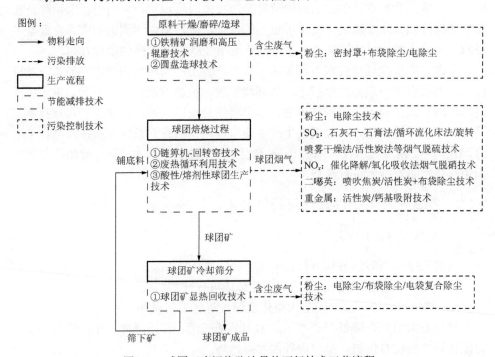

图 7-2　球团工序污染防治最佳可行技术工艺流程

烧结锅和竖炉等是落后的生产工艺设备，应全部淘汰。带式烧结机是现代烧结生产的主要工艺设备；链算机-回转窑和带式焙烧机，是当今球团矿生产的两种主要工艺设备。这两种球团设备相比较，前者具有对原料性质变动的适应性较强、可用煤作燃料、制作时对耐高温材料的要求相对较低和成品球团矿的质量均匀等优点，更适合我国的国情，已成为国内球团生产的首选工艺。

B. 厚料层烧结和铺底料烧结技术

厚料层烧结技术是加高烧结机台车栏板，增加料层厚度进行烧结。厚料层烧结时，机速减慢，表层供热充足，烧结矿粉化率降低，减少了废气中的含尘量；由于厚料层的"自动蓄热作用"，燃料消耗降低，废气量相应减少。根据生产实践，料层每增加 10 mm，燃料能耗可以降低 1～3 kg/t 烧结矿。通常，厚料层烧结布料厚度在 400 mm 以上，以铁精矿为主采用小球烧结法时，料层厚度等于或大于 580 mm，以铁粉矿为主时，料层厚度等于或大于 650 mm。

为保证厚料层烧结操作运行的稳定性和烧结矿的质量，可通过优化原料的结构、改进混合料粒度组成、铺底料烧结技术，是在烧结机上铺放厚度为 20～40 mm、粒度为 10～20 mm 的烧结矿作为铺底料，然后在底料上铺放生料进行烧结的技术。

铺底料烧结技术具有以下优点：避免高温的烧结带与算条直接接触，可以保护设备，保持炉算气流分布均匀，底料组成的过滤层，可防止细颗粒料从算条缝隙抽走，减少烟气含尘量，减轻除尘设备的负荷，延长风机叶轮及壳体的寿命。

C. 废气循环使用

烧结冷却机（或机头）废气循环技术是将烧结冷却机（或机头）产生的热废气收集后回用于烧结工序的技术。废气循环方法可分为整体循环和分段循环，整体循环是将废气量的 40%～45%循环到整个烧结机，分段循环法是按照从高温向低温传热的原则，抽取高温段风箱的烟气循环到低温烧结段。

废气循环技术在减少废气排放量和污染物的同时，缩减了烧结烟气脱硫装置的规模，减少了脱硫装置的一次投资及运行成本。但是，废气循环系统提高了对运行管理水平的要求。

2）烧结（球团）烟气污染物治理最佳可行技术

（1）除尘技术（表 7-1）。

表7-1　烧结（球团）粉尘治理最佳可行技术

可行技术	主要技术指标	技术经济适用性
布袋除尘技术	颗粒物排放浓度可控制在 30 mg/Nm³ 以下	除烧结机头、球团高温段烟气以外的所有新建和改扩建的除尘系统；净化效率高，尤其适用于环境质量要求高的地区
电除尘技术	颗粒物排放浓度可控制在 50 mg/Nm³ 以下	适用于烧结、球团厂所有新建和改扩建的除尘系统，尤其是烧结机头、球团高温段烟尘治理；对高比电阻粉尘的收集较困难，对微细粒子的捕集能力有限

可行技术	主要技术指标	技术经济适用性
电袋复合技术	颗粒物排放浓度可控制在 30 mg/Nm³ 以下	除烧结机头、球团高温烟气段以外的所有新建和改扩建的除尘系统；尤其适用于原有电除尘器增效改造烧结机尾、带冷机、振动筛以及皮带机转运点的扬尘控制
尘源密闭技术	可有效控制岗位粉尘浓度小于 10 mg/m³	

（2）脱硫技术（表 7-2）。

表7-2　烧结（球团）二氧化硫治理最佳可行技术

可行技术	主要技术指标	技术经济适用性
石灰石-石膏法脱硫技术	脱硫效率可达 95%以上，氟化物、氯化物脱除率大于 95%	适用于高浓度、大烟气量、要求脱硫效率在 95%以上的脱硫系统。脱硫剂可采用同类性质碱性较强的废弃物，可以达到以废治废的目的
氨法脱硫技术	脱硫效率可达 95%以上	适用于高浓度、大烟气量、要求脱硫效率在 95%以上的脱硫项目，尤其适用于有焦化厂的钢铁联合企业或厂区附近建有化工厂的企业，采用焦化氨源时，选择合适的氨源获取点，对废氨水进行处理，使氨水品质达到要求后使用
喷雾干燥脱硫技术	二氧化硫脱除率可达到 90%，颗粒物排放浓度小于 30 mg/m³ 或更低	在（半）干法脱硫方法中脱硫效率相对较高，运行稳定，添加活性炭或褐煤具有协同处理氮氧化物、二噁英、汞等重金属的功能。适用于老厂改造、水资源紧缺、中低 SO₂ 浓度的烟气脱硫项目。对于吸附二噁英的除尘灰，应进行无害化处理处置
循环流化床法脱硫技术	二氧化硫脱除率可达到 85%，颗粒物排放浓度小于 30 mg/m³ 或更低	一次投资和运行成本比湿法工艺低，系统占地面积小，添加活性炭或褐煤具有协同处理二噁英、重金属的功能。适用于老厂改造、水资源紧缺、中低 SO₂ 浓度的烟气脱硫项目。对于吸附二噁英的除尘灰，应进行无害化处理处置

（3）NO_x 和二噁英控制技术（表 7-3）。

表7-3　烧结（球团）NO_x和二噁英治理最佳可行技术

可行技术	主要技术指标	技术经济适用性
活性炭吸附法协同脱硫脱硝脱二噁英技术	脱硫效率达到 95%； 脱硝效率可以达到 30%~40%； 二噁英脱除效果，从 1.5 ng TEQ/Nm³ 下降到 0.2 ng TEQ/Nm³； 颗粒物排放浓度小于 20 mg/m³	适用于多污染同时净化、活性炭源方便易得的脱硫脱硝项目，可用于所有新建和改扩建项目，所需活性炭体积较大，投资及运行成本较高
选择性催化还原脱硝（分解二噁英）技术（SCR）	脱硝效率不小于 80%； 氨逃逸浓度小于 2.28 mg/m³； 二噁英排放浓度可控制在 0.1~0.3 ng TEQ/Nm³	适用于氮氧化物浓度偏高、烟气量偏大、要求脱硝效率在 80%以上的脱硝项目，可用于所有新建和改扩建项目，不需要对二噁英单独进行无害化处理

2. 焦化工序

焦化工序污染防治最佳可行技术工艺流程见图 7-3。

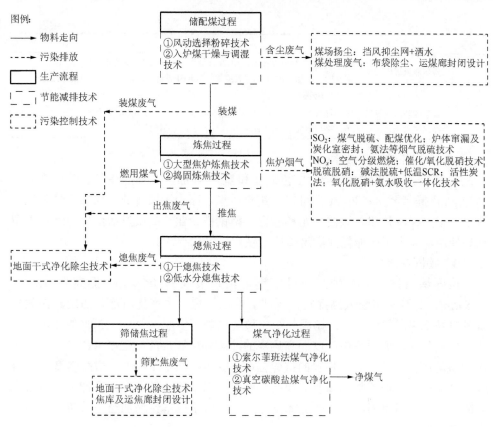

图 7-3　焦化工序污染防治最佳可行技术工艺流程

1）焦化生产工艺污染防治最佳可行技术

焦化生产工艺污染防治最佳可行技术见表 7-4。

表7-4　焦化生产工艺污染防治最佳可行技术

分类	技术名称	主要技术指标	适用性
配煤技术	风动选择粉碎技术	抗碎强度 M_{40} 提高 1%～0.5% 耐磨强度 M_{10} 改善 0.5%～0.8% 焦炉生产能力平均提高 1.8%。	大型焦化企业
	入炉煤调湿技术	将入炉煤水分控制在 6%，焦炉生产能力可以提高 7%～11%；焦炭反应后强度（CSR）提高 1%～3%	大型焦化企业
炼焦技术	大型焦炉炼焦技术	装煤密度可由通常的 760 kg/m³ 提高至 845 kg/m³	大型焦化企业
	捣固炼焦技术	装煤密度可由 0.74 t/m³ 提高到 1.05～1.15 t/m³，焦炭的抗碎强度 M_{40} 可提高 2%～4%，耐磨强度 M_{10} 可改善 3%～5%	焦煤资源不丰富的地区
熄焦技术	低水分熄焦技术	焦炭水分可减少 20%～40%，水分可控制在 2%～4%	传统湿熄焦改造
	干法熄焦技术	与常规湿法熄焦相比，干熄后的焦炭 M_{40} 和 M_{10} 可分别提高 3%～8%和 0.3%～0.8%	原有大型焦炉湿熄焦改造，新建大型焦炉

分类	技术名称	主要技术指标	适用性
煤气净化技术	索尔菲班法煤气净化技术	煤气 H_2S 含量≤0.2 g/m³，HCN 含量≤0.15 mg/m³；脱硫效率 97%，脱氰效率 93%，采用投加 $NaOH$ 碱源情况下还可提高脱硫效率	大型焦化企业
	真空碳酸盐法煤气净化技术	塔后煤气含 H_2S 和 HCN 可降至 300 mg/m³ 和 150 mg/m³ 以下，采用碳酸钾+$NaOH$ 碱源情况下可提高脱硫效率	大型焦化企业

A. 大型焦炉炼焦技术

大型焦炉炼焦技术是炭化室高度和宽度都加大，装煤密度可由通常的 760 kg/m³ 提高至 845 kg/m³，可提高焦炭质量，减少污染排放，增加产量和生产效率，增加经济效益。该技术尤其适合大型钢铁企业，高质量冶金焦可配合大型高炉使用，减少工序能耗并满足高质量铁水生产的要求。

B. 捣固炼焦技术

捣固炼焦技术的装炉煤饼堆密度可由顶装煤的 0.74 t/m³ 提高到 1.05～1.15 t/m³，有利于多配入高挥发性煤或弱黏结性煤，生产优质冶金焦炭。在焦炭质量略好或相同的情况下，捣固焦炉比顶装焦炉可多配入 20%～30%的弱黏结性或高挥发分煤。捣固炼焦可以提高焦炭的冷态强度和反应后强度（CSR），在配入 30%的高挥发分煤时，焦炭的抗碎强度 M_{40} 可提高 2%～4%，耐磨强度 M_{10} 可改善 3%～5%，但配加高挥发分煤会导致煤气量增加。该技术在保持焦炭质量不变情况下，可多用弱黏结性或高挥发分煤，降低了成本，增加经济效益，适用于焦煤资源紧张的地区。

C. 干熄焦技术

干法熄焦的最大优势是可以回收红焦显热。出炉红焦的显热占焦炉能耗的 35%～40%，这部分能量相当于炼焦煤能量的 5%，采用干法熄焦能够最大限度地回收这部分热量（可回收约 80%的红焦显热）。另外，与湿法熄焦相比，干熄后的焦炭质量好，M_{40} 和 M_{10} 可分别提高 3%～8%和 0.3%～0.8%，这对降低炼铁成本、提高生铁产量极为有利。该工艺能适用于原有大型焦炉湿熄焦改造，也适合新建大型焦炉，产品满足大型高炉使用要求，可提高铁水产量，显著节约高炉能耗。

与湿法熄焦相比，干法熄焦存在投资较高及本身能耗较高的缺点。目前，干法熄焦装置工程费投资约为传统湿法熄焦装置工程费投资的 10 倍。干法熄焦本身能耗约为 30（kW·h）/t 焦 [干法熄焦可回收能源 168（kW·h）/t 焦]，而湿法熄焦约 2（kW·h）/t 焦。但整体而言，干熄焦还是收益大于支出，1 套 140 t/h 干熄焦装置国产化投资约 1.5 亿元，年处理焦炭 110 万 t，可创造效益约 7000 万元，吨焦降本达到 63 元，扣除吨焦综合成本 38.7 元，净效益 24.3 元，投资回收期 5.6 年。

2）焦化工序污染物治理最佳可行技术

焦化工序污染治理最佳可行技术见表 7-5。

表7-5　焦化工序污染治理最佳可行技术

技术名称	技术指标	适合性
挡风抑尘网+洒水	通过风速可降低 80%，可在周边 300～3000 m 范围内抑制粉尘颗粒达 85%以上	所有新建和现有的焦化厂煤场扬尘
大型储配一体化储煤仓	杜绝了煤场扬尘，提高配煤效率和准确度	大型、新建焦炉厂
布袋除尘方式，运煤通廊封闭设计	废气捕集率大于 95%，除尘效率 99%以上，外排废气含尘浓度低于 30 mg/m³	适用于所有焦化厂新建和技改煤处理系统废气治理
装煤、出焦地面站干式净化除尘技术	废气捕集率大于 95%，除尘效率 99.5%以上，烟气净化后含尘浓度低于 30 mg/m³	大型焦炉、新建焦炉装煤、出焦废气治理
地面站干式净化除尘技术	除尘效率 99.5%以上，排尘浓度低于 30 mg/m³	大型焦炉、新建焦炉干熄焦废气
地面站干式净化除尘技术、焦库及运焦通廊封闭设计	废气捕集率大于 95%，除尘效率 99%以上，排尘浓度低于 30 mg/m³	所有焦炉筛、储焦系统废气

3. 炼铁工序

炼铁工序污染防治最佳可行技术工艺流程见图 7-4。

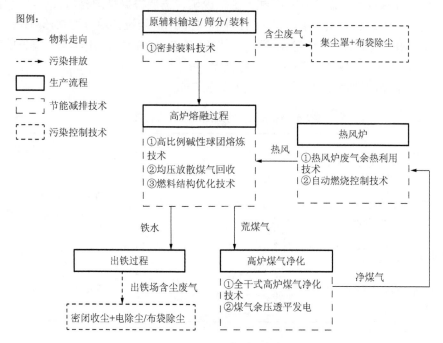

图 7-4　炼铁工序污染防治最佳可行技术工艺流程

1）炼铁生产工艺污染物防治最佳可行技术

A. 高炉大型化及非焦炼铁技术

据不完全统计，世界上大于 2000 m³ 的高炉超过 150 座，大于 4000 m³ 的高炉约有 40 座，与世界主要产钢国相比，我国高炉平均炉容较低，小高炉多，单炉产量低，布局分散，高炉结构不合理，技术装备水平低。而实践证明，大高炉能耗比小高炉低，铁水温度比小高炉高，有利于低硅炼钢铁冶炼。高炉容积应以建厂条件、规模和品种决定，应在可能的范围内减少高炉座数。

原燃料结构是制约高炉炼铁工序环保、能耗的重要瓶颈问题，采用非焦炼铁可节省宝贵的焦煤资源，减少焦化和炼铁工艺的污染物排放。

直接还原铁是冶炼化学成分严格的优质钢、特殊钢所必需的原料，可以用来代替成分不好控制、价格随市场波动较大的废钢，随着电炉短流程钢厂的发展，直接还原铁产量多年来连续增长，代表一种非焦炼铁短流程新工艺，是钢铁冶金的重要发展方向。

熔融还原由于采用廉价的非炼焦原煤炼铁，节省了宝贵的焦炭资源，可采用直接还原或熔融还原等新工艺替代 1000 m³ 以下的高炉。

B. 高炉炉顶压力提高及煤气余压透平发电技术

高压操作可使产量显著提高，焦比降低，提高生铁质量，据统计，高炉炉顶压力每提高 0.01 MPa，产量可提高 2%～3%，焦比降低 0.2%～1.5%，并且因高压操作后炉况顺行，炉温稳定，有利于生铁脱硫，需要根据高炉容积大小及现有设备，提高高炉顶压的设计值，但不宜过高，1000 m³ 级设计顶压约 0.15 MPa，对顶压 0.1 MPa 以上的高炉应增设炉顶余压发电系统，提高高压操作效益，降低能耗。

2）炼铁工序污染物治理最佳可行技术

炼铁工序污染物治理最佳可行技术见表 7-6。

表7-6　炼铁工序污染治理最佳可行技术

	技术名称	技术指标	适合性
出铁场除尘	铁水沟覆盖+抽气处理+布袋收尘器	抽取废气 1200～3300 m³/t 铁水，单位排放量为每吨铁水<10 g，灰尘收集效率>99%	可用于新建的和已经存在的工厂
高炉炉顶烟气净化	无料钟炉顶+半净高炉煤气+气体净化系统	高炉可用性大≥355 d/a，净煤气含尘量≤10 mg/Nm³	可用于新建的和已经存在的工厂，但需配备无料钟上料装置
高炉煤气	全干法布袋除尘工艺+干式 TRT 发电机组	除尘效率≥99%，发电量较湿式除尘技术提高 30% 以上	适用于新建和现有钢铁厂
炉顶压力的能量回收	高炉煤气余压透平发电装置	现在高炉炉顶气体压力月 2～2.5 bar，产生的电能约为 15 MW，相当于 0.4 GJ/t 铁水，节约高炉总能耗的 2%	新建的或具备条件的现有工厂

注：1bar=0.1 MPa

4. 炼钢工序

炼钢工序污染防治最佳可行技术工艺流程见图 7-5。

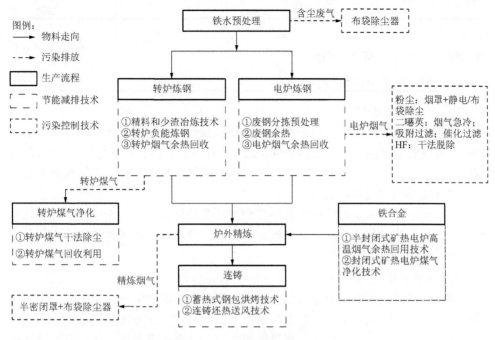

图7-5　炼钢工序污染防治最佳可行技术工艺流程

1）炼钢生产工艺污染物防治最佳可行技术

炼钢工序污染防治最佳可行技术见表7-7。

表7-7　炼钢工序污染防治最佳可行技术

技术名称	主要技术指标	适用性
生产设备大型化	转炉公称容量 120 t 及以上，电炉公称容量 70 t 及以上；沿海深水港地区建设钢铁项目，转炉公称容量大于 200 t	所有新、改、扩建炼钢企业
精料和少渣冶炼技术	采用 100%铁水预处理、顶底复合吹炼、双联少渣冶炼、挡渣出钢、溅渣护炉技术	新、扩建大中型转炉炼钢企业
蓄热式钢包烘烤技术	采用蓄热式燃烧技术，与普通型钢包烘烤技术相比，钢包烘烤温度可提高 200～300℃，煤气利用率可提高 30%～40%	所有新、改、扩建炼钢企业
转炉负能炼钢	最大限度地回收利用转炉煤气和蒸汽，同时节约整个工序的能源介质消耗	所有新、改、扩建转炉炼钢企业
转炉煤气回收利用	采用湿法（OG 法）或干法（LT 法）煤气净化技术，转炉煤气回收量≥50 m³/t 钢	所有转炉炼钢企业
转炉烟气余热回收利用	采用汽化冷却装置，蒸汽回收量≥60kg/t 钢	所有转炉炼钢企业
电炉烟气余热回收利用	采用汽化冷却装置，蒸汽回收量≥50 kg/t 钢	新、改、扩建大中型电炉炼钢企业
废钢分拣预处理	最大限度地减少含油漆、涂料、塑料、残油等的废钢入炉，电炉工序二噁英排放浓度小于 0.2 ng TEQ/m³	以废钢为原料的所有电炉炼钢企业

技术名称	主要技术指标	适用性
废钢预热	预热废钢量≥60%	新、改、扩建电炉炼钢企业
连铸坯热送热装技术	热装温度≥400℃，热装率≥50%	所有大中型炼钢企业

A. 转炉负能炼钢

炼钢主要工艺流程为：高炉热铁水→铁水预处理→转炉→精炼→连铸→热装热送，消耗的主要能源介质包括氧气、氮气、氩气、蒸汽、转炉煤气、焦炉煤气、高炉煤气、水、电等，回收的二次能源有转炉煤气和蒸汽，转炉负能炼钢主要取决于二次能源的回收利用水平。

为实现炼钢工序负能炼钢或炼钢厂全工序负能炼钢，钢铁企业要从以下几方面采取措施：降低能源消耗（包括综合电耗）、提高转炉煤气和蒸汽回收利用水平。

B. 蓄热式钢包烘烤技术

蓄热烘烤是采用高温空气燃烧技术，燃料在高温低氧气氛中燃烧，火焰体积成倍增大，炉气充满钢包，包内温度均匀；同时，平均温度的提高使炉气辐射能力显著增强，热换效率提高，钢包受热均匀，升温速度加快，从而缩短了加热时间，节约了煤气，钢包烘烤温度提高了200～300℃，达到1000℃以上，煤气利用率提高30%～40%，降低了煤气消耗。

C. 转炉/电炉烟气余热回收利用

转炉一次烟气为高温烟气，在与二次烟气混合降温进入除尘系统前，采用汽化冷却装置对烟气进行降温，同时产生大量蒸汽，利用余热锅炉回收这部分蒸汽的物理热，蒸汽回收量为60～100 kg/t 钢。由于余热锅炉产生的饱和蒸汽压力普遍波动在1.0～2.6 MPa，炼钢厂内部使用蒸汽的压力需达到3.5 MPa，余热锅炉回收的蒸汽不能满足要求，造成蒸汽放散。为了充分利用炼钢转炉回收的蒸汽，采用优化转炉设计、提高蒸汽压力、同时将无法利用的蒸汽送电厂等措施，以保证转炉炼钢回收的蒸汽得到全部利用。目前，国内钢铁企业为了有效利用转炉炼钢回收的余热，普遍采用将供热蒸汽与余热回收蒸汽并网，实现转炉回收蒸汽并全部利用，不再由外部锅炉向炼钢厂供蒸汽。

电炉冶炼所产生的一次高温烟气进入除尘系统前，采用汽化冷却装置对烟气进行降温时产生大量蒸汽，利用余热锅炉回收这部分蒸汽的物理热，蒸汽回收量为50～90 kg/t 钢。

2）炼钢工序污染物治理最佳可行技术

炼钢工序污染物治理最佳可行技术见表7-8。

表7-8　炼钢工序污染治理最佳可行技术

类别	最佳可行治理技术	技术指标	适合性
转炉一次烟气	LT 法	烟气排放浓度≤20 mg/m³	所有新、改、扩建转炉炼钢厂
	第四代 OG 系统	烟气排放浓度≤50 mg/m³	所有新、改、扩建转炉炼钢厂
转炉二次烟气	厂房封闭+屋顶抽风+布袋除尘器	废气捕集率约100%，除尘效率>99.5%，外排废气粉尘浓度≤20 mg/m³	转炉二次烟气罩捕集不完全的所有新、改、扩建转炉炼钢厂
	转炉挡火门封闭+布袋除尘器	废气捕集率>95%，除尘效率>99.5%，外排废气粉尘浓度≤30 mg/m³	适用于 250℃以下的干燥含尘废气
电炉烟气	第四孔排烟+大围罩+屋顶罩+布袋除尘器	废气捕集率>95%，除尘效率>99.5%，外排废气粉尘浓度≤20 mg/m³	所有新、改、扩建电炉炼钢厂
		废气捕集率>95%，除尘效率>99%，外排废气粉尘浓度≤20 mg/m³	所有新、改、扩建电炉炼钢厂
精炼烟气	半密闭罩+布袋除尘器	废气捕集率>95%，除尘效率>99%，外排废气粉尘浓度≤30 mg/m³	精炼系统烟气
氟化物	干法净化（喷吹石灰粉等吸附剂）	外排废气中氟化物浓度≤5 mg/m³	使用氟系熔渣进行重熔冶炼的特钢企业

5. 轧钢工序

轧钢工序污染防治最佳可行技术工艺流程见图 7-6。

1）轧钢生产工艺污染物防治最佳可行技术

轧钢工序污染防治最佳可行技术见表 7-9。

A. 热送热装技术

与常规冷装技术相比，热送热装技术在入炉温度为 500℃时，可节能 0.25×10⁶ kJ/t；入炉温度为 600℃时，可节能 0.34×10⁶ kJ/t；入炉温度为 800℃时，可节能 0.514×10⁶ kJ/t。另外由于缩短了连铸坯的加热时间，减少铁的烧损，成材率可提高 0.5%～1.5%。轧机的生产周期也可由常规的 30 h 缩短到 20 h。热送热装中，一般需在连铸机和加热炉间设置保温坑，起到缓冲和协调作用，连铸和热轧可以各自独立地编制生产计划，提高了灵活性。

该技术主要适用于大中型钢铁联合企业，且要求有充足、高温、无缺陷的连铸坯。

B. 低温轧制技术

低温轧制技术可使开轧温度由 1000～1150℃降低至 850～950℃，大幅降低坯料加热所消耗的燃料，减少金属烧损，节能 20%左右。该技术适用于各类钢铁企业轧钢工序使用。

C. 直接轧制技术

直接轧制中，连铸坯在 1100℃条件下不经加热炉而直接送轧机进行轧制。由于取消了中间加热炉的缓冲和协调，直接轧制对连铸与热轧一体化生产的要求更

高、实现的难度更大，但取得的综合经济效益也更为显著。目前国内外普遍采用

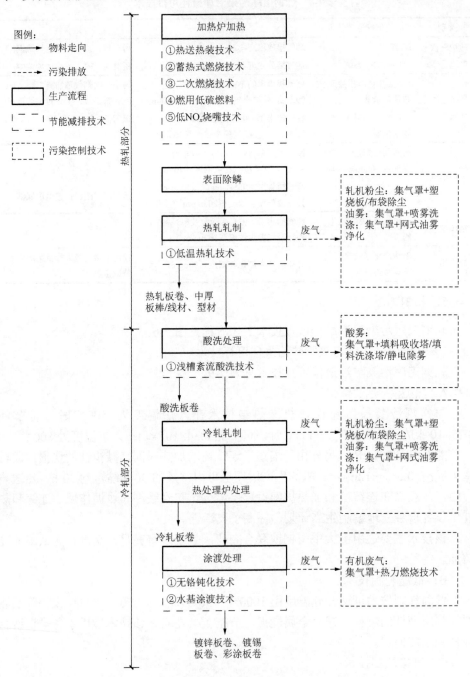

图 7-6 轧钢工序污染防治最佳可行技术工艺流程

表7-9　轧钢工序污染防治最佳可行技术

技术名称	技术及经济指标	适用范围
热送热装技术	入炉温度 500℃时，可节能 0.25×10⁶ kJ/t； 入炉温度 600℃时，可节能 0.34×10⁶ kJ/t； 入炉温度 800℃时，可节能 0.514×10⁶ kJ/t； 成材率可提高 0.5%～1.5%； 生产周期可由 30 h 缩短到 20 h	适用于各类钢铁企业
低温轧制技术	在 950℃与 750℃条件下低温轧制，吨产品能耗分别较常规轧制（轧制温度 1150℃）减少 80 kW·h 和 180 kW·h，金属烧损减少 0.9%和 1.1%	适用于生产各类碳钢、调质钢、轴承钢和弹簧钢等产品的钢铁企业
炉窑节能减排技术（蓄热式燃烧+低 NO$_x$ 烧嘴+二次燃烧+低硫燃料）	燃烧废气 SO$_2$≤100 mg/m^3，NO$_x$≤150 mg/m^3	适用于各类钢铁企业
浅槽紊流（喷流）酸洗技术	可缩短酸洗时间，提高酸洗效率，加快酸循环，减少酸雾排放和酸液消耗，提高带钢表面质量	适用于生产冷轧普碳钢产品的钢铁企业

的连铸连轧技术，即为直接轧制技术的一种形式。

D. 蓄热式燃烧技术

蓄热式燃烧技术，尤其双预热蓄热式燃烧技术可使加热炉排放的烟气温度降至 150℃以下，余热可将煤气和空气温度预热至 1000℃以上，热回收率 80%以上，节能 30%以上；蓄热式燃烧技术还可使加热炉的生产效率提高 10%～15%，氧化烧损降至 0.7%以下，有害气体（如 CO$_2$、NO$_x$、SO$_x$ 等）的排放量大大减少。

E. 浅槽紊流（喷雾）酸洗技术

浅槽紊流（喷雾）酸洗采用湍流或喷流的方式供酸，机组一般串联布置，槽间酸液不互混，有明显的浓度差。槽浅、酸液加热及与钢带热交换所需时间明显缩短，从而大大减少了酸雾的排放。该技术适用于带钢冷轧机组连续式盐酸酸洗工艺，可减少酸雾排放，改善作业场所空气质量。

2）轧钢工序污染物治理最佳可行技术

轧钢工序污染物治理最佳可行技术见表 7-10。

表7-10　轧钢工序污染治理最佳可行技术

技术名称		技术指标	适用范围
轧机粉尘	塑烧板除尘技术	对粒径 2 μm 左右的粉尘，去除率可达 99.99%以上，排气含尘浓度一般可控制在 10 mg/m^3 以下	轧钢过程烟气温度低于 150℃的工段，产生的含湿量高、含油且颗粒较细（<5 μm）粉尘的处理，如火焰清理机、热轧精轧机等设备的除尘
	布袋除尘技术	对于粒径大于 0.1 μm 的微粒，去除效率可达 99%以上，出口粉尘浓度<30 mg/m^3	干式平整机、拉矫机、焊机、抛丸机、修磨机等设备的除尘

	技术名称	技术指标	适用范围
酸雾碱雾	填料吸收塔净化技术	以盐酸为例，除雾效率可达95%，处理后废气中氯化氢浓度可控制在30 mg/m³以下	酸再生系统对酸雾的收集
	填料洗涤塔技术	处理后外排气体中酸、碱浓度可控制在10 mg/m³以下	冷轧酸洗系统酸洗槽含酸废气、电镀锌、锡机组清洗槽、镀锌槽、磷化处理槽及铬化处理槽等含酸气体的净化，以及连续退火机组各碱洗槽、刷洗槽、电解清洗槽等的含碱气体的净化
	静电除雾技术	除雾效率可达95%以上；处理后废气中的酸类物质被集中收集下来，形成酸废液，部分酸液可回收再利用	冷轧酸洗机组各酸洗槽、漂洗槽产生的酸雾的处理
乳化油雾	喷雾洗涤技术	经处理后，废气中的油烟排放浓度可达20 mg/m³以下	烟气量较大的工况，如连续多机架、单机架冷轧机和平整机除尘，要求配备合理的净化排气系统、循环水系统（包括循环蓄水水池和水泵）以及气液分离器
	网式油雾净化器	经处理后，废气中的油类物质浓度可控制在10 mg/m³以下，净化效率在90%以上	冷轧机及平整机等机组的油雾处理。处理后分离出的油滴，需进一步处理
有机废气	热力燃烧技术	对高浓度的有机废气，在适当温度和停留时间条件下，处理效率可达到95%以上	对彩涂机组产生有机废气的处理

7.1.3 最佳可行性技术可实现的减排潜力分析

综合我国钢铁行业节能减排、落后产能淘汰以及末端治理等政策措施，在以2013年为基准年的情况下[4]，分别考虑采用节能减排技术（情景一）、采用大型生产设备（情景二）、结构调整（情景三）和末端治理（情景四）对钢铁行业减排潜力进行分析，情景设置如表7-11所示。

表7-11　钢铁行业污染物减排情景设置

	烧结	球团	炼铁	转炉炼钢	电炉炼钢	轧钢
情景一	采用烧结余热发电、环冷机液密封技术	采用链算机-回转窑球团生产、废热循环利用技术	采用高炉顶压发电、回收高炉煤气、高炉鼓风除湿、旋切式高风温顶燃热风炉、喷吹煤粉技术、燃气蒸汽联合循环技术	采用回收转炉煤气技术	采用电炉余热回收技术	采用高效连铸技术、蓄热式燃烧器、热轧过程控制、强化辐射节能、热轧余热回收、冷轧余热回收、棒材多线切分与控轧控冷、连续退火技术
情景二	全部采用200 m²以上烧结机	全部采用链算机-回转窑	全部采用200 m²以上高炉	全部采用150 t以上转炉	全部采用50 t以上电炉	保持不变

续表

	烧结	球团	炼铁	转炉炼钢	电炉炼钢	轧钢
情景三	产量按照转炉钢比例降低	产量按照转炉钢比例降低	产量按照转炉钢比例降低	钢产量不变，转炉炼钢比例降低为70%	钢产量不变，电炉炼钢比例提升为30%	保持不变
情景四	全部采用脱硫设施效率为90%，全部采用脱硝设施效率为80%，全部采用静电除尘	全部采用脱硫设施效率为90%，全部采用脱硝设施效率为80%，全部采用静电除尘	全部采用布袋除尘	全部采用布袋除尘	全部采用布袋除尘	保持不变

注：1）各情景的计算以基准年产品产量和生产控制水平为基础，且计算过程相互独立；

　　2）情景计算未考虑无组织排放

对各情景的计算表明，末端治理是减排潜力较大的污染物减排情景，SO_2、NO_x、PM、PM_{10}、$PM_{2.5}$ 及 PCDD/Fs 相对于基准年排放量的减排率分别为68%、34%、62%、41%、49%和61%，远超过其他情景的减排率，这是由目前末端烟气控制设施普及率较低、采用的末端治理措施控制运行效果不佳导致的（图 7-7）。采用大型生产设备（情景二）时颗粒物减排潜力较大，约为23%，这是由于相比于小型生产设备，大型生产设备产生的烟气颗粒物排放浓度有较大幅度降低。结构调整（情景三）时 SO_2 和 PCDD/Fs 的减排潜力较大，分别为21%和18%，因为烧结工序是主要的 SO_2 和 PCDD/Fs 排放工序，结构调整时烧结矿产量的下降引起了这两种污染物的大幅减排。

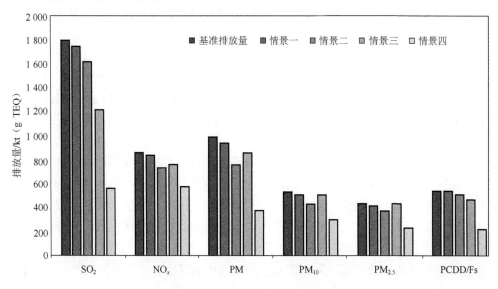

图 7-7　钢铁行业情景减排潜力分析

7.2　钢铁行业大气污染控制对策建议

中国钢铁工业正处于转型发展的重要战略机遇期，行业废气污染控制不是一个简单的末端治理问题。对于钢铁行业大气污染控制，首先废气污染物控制种类要从目前主要对烟（粉）尘及 SO_2 的控制尽快转变到应对复合型污染及 NO_x、二噁英、苯并[a]芘和重金属等污染物的控制上来；其次，废气污染控制方式须在行业结构调整、转型发展的过程中，综合考虑行业各种要求系统整体推进，加大力度淘汰落后产能，合理规划和利用环境资源，调整产业布局；结合行业技术升级加快，优化和提高资源能源利用效率，注重污染物的前端和过程控制，减少废气总量的排放，强化末端治理及协同控制的关键技术开发及示范应用，根据企业现状，分区域、分阶段稳步推进钢铁行业绿色发展[5]。

7.2.1　淘汰落后产能，产业布局调整

1. 淘汰落后产能

2010～2014 年，钢铁行业共下达淘汰落后产能目标任务炼铁 8816 万 t、炼钢 7883 万 t①。在相关部门和钢铁企业的共同努力下，"十二五"期间共完成淘汰落后产能任务炼铁产能 9089 万 t、炼钢产能 9486 万 t，目标任务完成率达到 134% 和 114%，其中河北省钢铁产能淘汰量最高，炼铁、炼钢产能淘汰比例分别占全国的 31.7% 和 35.0%；《国务院关于进一步加强淘汰落后产能工作的通知》规定 2011 年年底前，淘汰 400 m^3 及以下的高炉和 30 t 以下的炼钢转炉、电炉，到 2013 年年底，国内 400 m^3 以下高炉的产能比例已经降到 4.7%，30 t 以下转炉的产能比例仅为 0.9%，"十三五"期间钢铁行业去产能进入"化解过剩"新阶段，工业和信息化部发布的《钢铁工业调整升级规划（2016—2020 年）》提出 2020 年粗钢产能要比 2015 年下降 1～1.5 个百分点，预计继续压缩 1.3 亿 t 粗钢产能，按照全国钢企 2014 年吨钢 SO_2 排放强度 2.2 kg/t，烟（粉）尘排放强度 1.23 kg/t，NO_x 排放强度 0.69 kg/t，预计可减少 SO_2 排放量 28.6 万 t、烟（粉）尘排放量 15.99 万 t、NO_x 排放量 8.97 万 t。

自 2010 年实施以来，钢铁行业以装备规模为落后产能主要判断标准的淘汰机制，发挥了关键作用，缓解了过往落后产能界定难、落实难、执行难等痼疾，大量落后产能得以及时淘汰，工艺技术水平稳步提升，技术经济指标明显提高，节能环保效果不断改善，对化解产能严重过剩矛盾起到积极作用，为促进行业结构调整和优化升级奠定了基础、创造了条件。但是，面对钢铁行业多年来无序发展、矛盾长期积累的复杂局面，淘汰落后产能工作也暴露出一些不足之处[6]。一方面，

---

① 工业和信息化部. 工业行业淘汰落后产能企业名单. 2010~2014

受地方保护、投资盲目、监管缺失等客观因素影响，钢铁行业新增产能规模庞大，虽然淘汰落后产能总体目标超额完成，但行业总产能却越淘汰越多，产能严重过剩矛盾未发生根本性转变。另一方面，淘汰"死产能"的情况的确存在。炼铁行业共淘汰 100 m³ 以下高炉 64 座，其中规模最小的仅为 12 m³；炼钢行业淘汰 5 t 以下小转炉和小电炉共 14 座，规模最小的仅为 1 t。这些处于停产或半停产状态的"死产能"，一定程度上影响了淘汰落后工作的总体实施效果。

随着淘汰落后产能工作的不断开展，淘汰落后装备的平均规模稳步上升。据统计，至 2014 年，钢铁行业已淘汰落后装备平均规模为高炉容积 322 m³、转炉容量 36 t、电炉容量 30 t。

2016 年《关于钢铁化解过剩产能实现脱困发展的意见》提出"十三五"期间要继续压减 1 亿~1.5 亿吨钢铁产能。事实上钢铁去产能工作进展迅速，2016 年和 2017 年钢铁去产能分别完成约 6500 万吨和 5000 万吨，关停 600 多家地条钢企业，涉及产能约 1.4 亿吨。2018 年将继续推进重点地区去产能和产能置换工作，促进钢铁行业结构调整和产业转型升级。

2. 产业布局调整

我国钢铁产业在空间布局上主要呈现"东多西少""北重南轻"的特点，京津冀鲁、长江三角洲、珠江三角洲占国土面积的 8%，消耗全国 42% 的煤炭，生产 55% 的钢铁、40% 的水泥，加工了 52% 的原油，布局了 40% 的火电机组，拥有 47% 的汽车，单位面积污染物排放强度是全国平均水平的 5 倍左右，产业布局过度集中，造成这些地区环境空气污染严重。

以环渤海地区为例，钢铁产能近 4 亿 t，50% 以上产品销往其他地区，而环渤海地区的大气环境承载力已严重超载，成为我国环境空气污染最严重的区域。另外部分地区钢铁工业布局不符合全国主体功能区规划和制造业转移的要求，其中有 16 个直辖市和省会城市建有大型钢铁企业，相互制约，不适应城市的总体发展要求。因此被列入国务院批准《重点区域大气污染防治"十二五"规划》的地区和所属钢铁企业应对照规划要求，积极制定布局和产能调整规划，压缩产能，减量发展和转型发展（规模发展转变为深加工和品种效益型发展），以及对重点城市钢厂实施搬迁，减轻内外部的环境压力。

据工业和信息化部统计，我国炼钢转炉产能合计 10.3 亿 t，占比 89%，巨大的炼钢产能对铁矿石的需求量不断上升，而中国铁矿石资源条件不足，对进口铁矿石的依赖程度高，2014 年，中国进口铁矿石 9.33 亿 t，同比增长了 13.8%，对外依存度为 78.5%，沿海大型钢铁企业具有很高的运输成本的优势，在中国钢铁产能总量下降的前提下，沿海地区长流程钢铁产能比例将逐步上升。

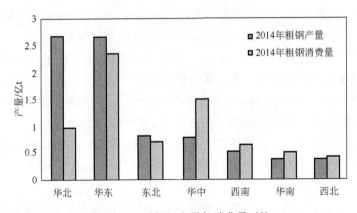

图 7-8　区域粗钢产量与消费量对比

由于中国地域辽阔，具有广阔的内地市场，沿海布局的钢铁企业产品辐射范围受到运输成本的限制，在具备电力优势的内陆地区布局电炉钢产能非常必要。一方面能够稳定供应区域市场，在一定范围内具有市场竞争力；另一方面电炉炼钢的环境污染问题相比长流程企业较小，能够使投入更小，更易于满足环保要求，实现与城市发展的和谐共存。在环保压力下，电炉炼钢企业有更多的发展空间。2014 年，中国电炉钢产量占粗钢总产量约 8%，远低于全球电炉钢 29% 的比例，可以预见中国电炉钢产能比例将有所上升。

我国钢铁行业应该以提高企业市场竞争力为战略出发点，促使钢铁产业生产力布局调整和优化，在市场机制充分发挥资源配置作用下，同时加强规划指引、事中事后监管等管理手段，加快淘汰落后、引导企业兼并重组、推进沿海重大项目落地，逐步形成转炉近海带状分布、电炉内地点状分布、产品深加工网络化的产业布局，实现钢铁产业持续健康稳定发展[7]。

7.2.2　技术升级创新，控制废气产生

钢铁工业在结构调整、技术升级改造过程中，必须转变生产发展和污染防治方式，将节能减排和控制废物产生作为升级改造的重要任务。废气污染控制应通过综合考虑资源和能源的高效利用、流程的合理匹配、高效和连续紧凑运行，把源头控制、过程控制、污染物减量化有效结合，最大限度地在整个生产工艺过程中减少污染物的产生，实施清洁生产，减少末端治理压力。

钢铁工业节能减排绿色发展的主要技术创新方向有：①先进流程技术创新。定位：适合中国能源资源特点，突破资源能源瓶颈，提供绿色钢铁产品和工艺。建议国家相关部门支持重点：适合中国能源资源特点，突破资源能源瓶颈，突破性低碳技术；研发生产全生命周期理念下绿色产品；运用信息化技术研发推广主工艺专家智能控制系统。②节能环保集成优化技术创新。定位：钢铁绿色制造，

节能环保密不可分，需向纵深化、系统化发展。建议国家相关部门支持重点：节能环保的难点技术、稳定支撑和保证先进节能环保标准的清洁生产技术[8]。

钢铁工业要实现节能减排绿色发展，应重点推广的技术主要有：①先进流程技术创新，包括捣固焦技术、低温烧结工艺技术、洁净钢技术、转炉少渣冶炼、新一代控轧控冷技术、耐蚀耐候高性能长寿命钢材开发、热风炉双预热高风温技术；②节能环保集成优化技术创新，包括煤气干法除尘、蓄热式热交换技术、焦化流程负压蒸馏技术、高温高压锅炉的干熄焦技术（CDQ）、烧结矿余热回收利用技术、高炉调湿鼓风技术、转炉煤气回收高效利用技术、转炉余热蒸汽回收利用技术、能源中心及优化调控技术。

钢铁工业要实现节能减排绿色发展，需进一步完善推广的技术主要有：①先进流程技术创新，包括炼焦煤资源高效利用与低焦煤配煤炼焦技术、BPRT 技术、适应劣质矿粉原料的成块工艺优化技术、工序间界面匹配与动态运行技术、薄带铸轧技术、半无头轧制技术；②节能环保集成优化技术创新，包括焦炉烟气煤调湿（CMC）技术、煤气初冷系统余热高效利用技术、烧结烟气选择性循环利用技术、烧结烟气综合净化技术、烟气除尘和余热回收一体化技术（如烧结、转炉、电炉）、钢厂二噁英的防治技术、钢铁企业细颗粒物防治技术、炉外精炼干式真空技术、钢厂能量流及能量流网络优化技术、钢铁生产规模化利用清洁能源（风、水、太阳等）技术。

钢铁工业要实现节能减排绿色发展，需要进一步研究的前沿探索性技术主要有：①先进流程技术创新包括：高炉喷吹还原气体，熔融还原工艺和装备，预还原烧结、球团技术，镶嵌烧结技术。②节能环保集成优化技术创新包括：竖罐式烧结矿显热回收利用技术，钢厂物质流和能量流、信息流协同优化技术。

7.2.3　污染物深度治理，减少排放总量

1. 多污染物协同控制

多污染物协同控制是钢铁行业污染控制的必然趋势，其基本思路是摒弃传统单一污染物孤立管理的思想，将大气环境问题、各种大气污染物控制放在统一平台上或在统一的框架机制下，充分考虑各种污染物控制的协同效应，选择最佳减排技术，从而低成本的实现多污染物的削减目标。

钢铁行业已应用的烧结烟气多污染物协同控制技术可简单分为 3 类：①将较成熟的脱硫、脱硝、脱二噁英等方法串联起来；②在原有脱硫或脱硝方法上做出改进以达到脱除多污染物的目的；③新兴的联合多污染物控制技术。

兼顾烧结烟气源头、过程控制，烧结烟气多污染物协同控制技术[9]，见图 7-9。

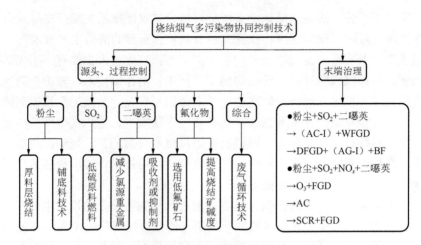

图7-9　烧结烟气多污染物协同控制技术路线

(AC-I)：喷入活性炭；AC：活性炭法；WFGD：湿法烟气脱硫；DFGD：干法烟气脱硫；BF：布袋除尘器；
ESP：电除尘器；GGH：换热器；SCR：选择性催化还原法

1）技术路线一：预除尘+喷入活性炭+湿法脱硫

湿法脱硫主要包括石灰石-石膏法、氨法、氧化镁法和双碱法等，脱硫效率高达90%~98%，当烧结原烟气SO₂浓度大于2000 mg/m³，或要求脱硫效率在95%以上时，为满足钢铁行业烧结工序SO₂排放标准，应优先选择湿法脱硫工艺。因脱硫工艺较难解决二噁英的排放问题，技术路线一将活性炭引入脱硫系统，实现同时脱除硫和二噁英等多污染物。

该技术路线的具体工艺流程：烧结烟气预除尘前，在烟道喷入活性炭，通常选择电除尘器作为预除尘装置，经过电除尘器时，捕集的大部分吸附有二噁英的活性炭与含铁除尘灰一起返回烧结生产，烟气继续进入湿法脱硫装置进行脱硫。

将喷吹活性炭与湿法脱硫相结合，主要控制的污染物有粉尘、SO₂和二噁英等。该路线的技术特点：脱硫效率≥95%，二噁英脱除效率≥70%，二噁英排放浓度≤0.5 ng TEQ/m³；经济特点：投资成本为30~50元/m²烧结机，湿法脱硫工艺的运行成本为4~14元/t烧结矿，系统喷入活性炭后，运行成本增加0.8~2.8元/t烧结矿。

2）技术路线二：预除尘+半干法脱硫+喷吹活性炭+布袋除尘

半干法脱硫主要有循环流化床法、旋转喷雾干燥法和密相干塔法等，脱硫效率一般在90%~95%之间，适用于SO₂浓度小于2000 mg/m³烧结烟气脱硫。技术路线二在半干法脱硫工艺中引入活性炭，能够在脱硫同时有效协同脱除烟气中的二噁英。

该技术路线的具体工艺流程：烧结烟气经电除尘器预除尘处理后，进入半干法脱硫装置，同时喷入活性炭，吸附烟气中二噁英和重金属等污染物，半干法脱硫装置后配置布袋除尘器，捕集吸附有二噁英的活性炭与除尘灰，烟气经布袋除尘器处理后排放。

　　喷吹活性炭与半干法脱硫相结合，主要控制的污染物有粉尘、SO_2 和二噁英。该路线的技术特点：脱硫效率为 90%～95%，除尘效率≥99.7%，粉尘排放浓度≤40 mg/m³，二噁英脱除效率≥80%，二噁英排放浓度≤0.5 ng TEQ/m³；经济特点：投资成本为 30～50 元/m² 烧结机，半干法脱硫工艺的运行成本为 6～10 元/t 烧结矿，系统喷入活性炭后，运行成本增加 0.5～2.5 元/t 烧结矿。

　　3）技术路线三：预除尘+臭氧氧化脱硝+脱硫

　　工艺流程为烟气经预除尘处理后，依次经过臭氧发生系统、混合反应系统和脱硫装置后排放。臭氧发生器配有多级气流分布管和文丘里分布器，且烟道两侧对称错位安装，因此臭氧能够均匀分布，且可与反应气体均匀混合。通过臭氧氧化与脱硫工艺结合，实现对粉尘、SO_2 和 NO_x 等多污染物的协同控制，脱硝效率可达 70%以上。

　　技术路线三主要控制的污染物为粉尘、SO_2、NO_x 和二噁英，适用于 SO_2 和 NO_x 浓度高的烟气。

　　4）技术路线四：预除尘+活性炭法

　　活性炭法脱除技术主要设备由吸附反应塔、再生活性炭的再生塔、活性炭在吸附反应塔与再生塔之间循环移动使用的活性炭运输机系统组成。该技术路线的具体工艺流程：烧结烟气经电除尘器预除尘后，由增压风机加压，升压后的烧结烟气进入活性炭移动床，首先脱除 SO_2、二噁英污染物，然后在喷氨的条件下脱除 NO_x。活性炭再生时分离的高浓度 SO_2 气体进入副产品回收装置，回收硫酸等有价值的副产品。

　　活性炭法主要控制的污染物有粉尘、SO_2、NO_x 和二噁英。该路线的技术特点：脱硫效率＞95%，除尘效率＞90%，脱硝效率可达 40%～80%；经济特点：投资成本为 70～120 元/m² 烧结机，运行成本为 9～17 元/t 烧结矿。

　　5）技术路线五：预除尘+SCR 法+脱硫

　　SCR 技术可用于烧结烟气脱硝，同时协同控制二噁英。脱硫后烧结烟气温度较低，再热困难，因此技术路线四将 SCR 脱硝装置布置在脱硫装置前，协同脱除 SO_2、NO_x 和二噁英等多污染物。

　　该技术路线的具体工艺流程：烧结预除尘烟气经 GGH 换热器预热，再经燃烧器再热后，将烟气温度升至 SCR 脱硝温度窗口，然后烟气进入 SCR 脱硝装置进行脱硝，同时 SCR 催化剂对二噁英具有降解功能，实现对二噁英协同脱除，经 SCR 烟气再通过 GGH 换热器降温后进入脱硫装置进行脱硫。

　　SCR 法与脱硫工艺相结合，主要控制的污染物有粉尘、SO_2、NO_x 和二噁英。该路线的技术特点：NO_x 脱除效率≥80%，二噁英脱除效率≥80%；经济特点：设备投资费用约为 28 元/t 烧结矿，催化剂投资费用约为 2.5 元/t 烧结矿。

根据我国钢铁行业的发展趋势和国内的环境保护要求，参照国家环保法律法规、钢铁产业发展政策和技术水平，选择技术可行、经济合理、符合清洁生产和节能减排要求的烧结烟气多污染协同控制技术十分必要。对于已建湿法脱硫装置的钢铁企业烧结机，推荐应用技术路线一实现多污染物协同脱除；已建半干法脱硫装置的钢铁企业烧结机，推荐应用技术路线二；未建脱硫装置的钢铁企业，可优先考虑应用技术路线三、四和五。

　　2. 污染物超低排放控制

环境保护部部长在 2018 年全国环境保护工作会议上表示，2018 年我国将启动钢铁行业超低排放改造。目前，我国仅有火电厂燃煤锅炉实施过超低排放改造，是指火电厂燃煤锅炉采用多种污染物高效协同脱除集成系统技术，使其大气污染物排放浓度基本符合燃气机组排放限值，即在基准氧含量 6% 的条件下，SO_2 不超过 35 mg/m^3，NO_x 不超过 50 mg/m^3，烟尘不超过 10 mg/m^3。

与火电厂燃煤锅炉不同，钢铁行业生产工序较多，要实现超低排放，需要烧结、球团、焦化等工序同时实现超低排放，目前各工序均有主要污染物排放标准，如 2017 年 8 月环境保护部《关于征求〈钢铁烧结、球团工业大气污染物排放标准〉等 20 项国家污染物排放标准修改单（征求意见稿）意见的函》中提出烧结机头烟气特别排放限值，即在基准氧含量 16% 的条件下，颗粒物小于 20 mg/m^3、SO_2 小于 50 mg/m^3、NO_x 小于 100 mg/m^3，与该排放限值相比，火电的超低排放限值更为严格，具体执行什么标准，钢铁行业超低排放限值还有待尽快出台。

目前钢铁行业烟气除尘脱硫技术相对比较成熟，但脱硝技术的应用还较少，钢铁行业实现超低排放，应重点突破脱硝技术，从目前大气污染的治理技术来看，活性炭脱硫脱硝技术、氧化脱硝和中高温 SCR 脱硝技术均可以支撑氮氧化物的治理，同时钢铁烧结工序还可以通过实施烟气循环改造，减少废气排放总量，减少末端治理的投资和运行费用。从火电行业超低排放改造经验来看，超低排放系统工程，是实现治理设施之间的相互协同作用，具体技术路线应该结合实际工况，提升治理设施的设计参数和工程质量，实现经济效益和环境效益的有机统一。

7.2.4　健全标准管理体系，强化监督监管

2012 年 9 月 3 日，工业和信息化部修订并公告了《钢铁行业规范条件（2012 年修订）》（2012 年第 35 号），2012 年 10 月 1 日起正式实施。2013 年 10 月 6 日，《国务院关于化解产能严重过剩矛盾的指导意见》（国发〔2013〕41 号）发布，明确化解产能严重过剩矛盾是当前和今后一个时期推进产业结构调整的工作重点，其中，加强行业规范和准入管理是工业主管部门的一项主要任务。

《钢铁行业规范条件》对申报企业须达到的环保标准做了三点明确规定，分别从达标排放、持证排污、总量控制、减排任务、环保设施和环境管理等多个方面

设置了详尽的条件。从文件内容看,《钢铁行业规范条件》(2012 版)对环保的要求并没有降低,实质上更加严格,比如规定:"钢铁企业大气污染物排放须符合《钢铁烧结、球团工业大气污染物排放标准》(GB 28662—2012)、《炼铁工业大气污染物排放标准》(GB 28663—2012)"等五个大气污染物排放标准。此外,《钢铁行业规范条件》(2012 版)对吨钢二氧化硫排放量指标的要求也由之前的 1.8 kg 下降到 1.63 kg,同时增加了"近两年内未发生重大环境污染事故或重大生态破坏事件"等贴近企业实际生产运营的条件。

钢铁工业正处于转型发展的重要时期,行业应从国家生态文明建设要求和可持续发展的高度出发,结合行业结构调整,制定行业废气污染控制标准及规划。各级地方政府可以制定严于国家标准的地方标准加强对钢铁企业的环境监管,除了严格排放标准外,还应该从政策和管理措施以及清洁生产角度减少钢铁企业环境污染,针对存在问题,对废气的控制内容与目标、实现途径,重点研发和推广技术、清洁能源的采用,组织相关技术经济分析和研究,指导企业废气污染控制全面深化发展。

钢铁企业生产流程长、设备多,有组织和无组织排放点位多达几百个,现场环境监察难度大,再加上个别钢铁企业相关人员的人为误导,导致现场环境监察人员无法全面、准确的检查,需要环境监察人员突破重重障碍并且要非常熟悉企业的生产工艺和排污节点,具备判断设备是否正常运行的能力才能顺利开展环境执法。当前国家只颁布了《焦化行业现场环境监察指南(试行)》,尚未颁布烧结、炼铁、炼钢、轧钢等现场环境监察指南,因此环保执法人员应该对钢铁行业生产工艺和排污节点进行详细分析,从生产工艺流程和污染要素两个角度分别研究污染物排放情况,尤其重点关注钢铁行业无组织排放情况[10]。

为规范对钢铁行业现场环境监察,地方环保主管部门可以编制地方钢铁行业现场环境监察指南,在此基础上编制现场环境违法行为检查表,并附上最新违法行为对应的法律条文,方便环境监察人员现场执法。

当前的环境监管主体是指作为监管者的政府和作为被监管者的企业,第三方是指与监管者和被监管者均无利益关系的独立一方,一般作为非政府组织存在,并在一定程度上代表了公共利益。《关于推行环境污染第三方治理的意见》特别提到"在电力、钢铁等行业和中小企业,鼓励推行环境绩效合同服务等方式引入第三方治理"。环境污染第三方治理的大力推行可以提高污染治理专业化水平,促进环保产业化,同时可以提升污染治理设施建设和运营专业化。第三方的介入对于监管者和被监管者而言起到了桥梁的作用,避免了监管者和被监管者的直接矛盾冲突。

此外,目前钢铁行业对于特征污染物苯并[a]芘、细颗粒物、二噁英和重金属的排放特性和监测方法缺乏系统深入的研究,对其认识还有很多局限性,因此开展行业特征污染物排放监测和特性基础研究,掌握其特点和规律,为制定控制技术路线、开发或采用控制技术奠定基础。

在当前环境保护日趋严格的大背景下，钢铁企业提高自身环境监管，积极配合政府完成污染治理任务利大于弊，钢铁企业应当转变旧观念，不能被动地认为污染治理是一种负担，应当将环保理念植根于企业发展中，在将企业做大做强的同时，树立企业的良好环保形象，变被动监管为主动作为。钢铁企业应当加强环境保护基本知识的学习，熟悉掌握新《环境保护法》的有关法律条文规定，增强环保意识，做到知法懂法守法。具体来说必须完善内部环境管理制度，严格落实环保负责人，提高自身环境监测水平，自觉落实环境保护的各项要求。要建立钢铁企业的绿色文化，加强宣传，使得环境责任成本控制的理念深入人心，同时在生产过程中将环境责任成本控制落实到每一个环节，将企业相关责任人的经济利益和环境责任成本控制挂钩，作为业绩考核的重要指标，增加钢铁企业污染信息公开，改变公众对钢铁企业重污染的印象，打造绿色环保型企业。

参 考 文 献

[1]　Directive I. Council Directive 96/61/EC of 24 September 1996 concerning integrated pollution prevention and control. Official Journal L, 1996, 257(10): 10.

[2]　周晶, 石洪志, 刘颖昊. 最佳可行技术研究及其在我国钢铁行业的应用初探. 世界钢铁, 2013, 6: 27-33

[3]　梁鹏, 杜蕴慧, 吴铁, 等. 欧盟最佳可行技术体系研究及对我国的启示——以钢铁行业为例. 环境保护, 2017, Z1: 90-92

[4]　赵羚杰. 中国钢铁行业大气污染物排放清单及减排成本研究. 杭州: 浙江大学, 2016.

[5]　杨晓东, 张玲, 姜德旺, 等. 钢铁工业废气及 $PM_{2.5}$ 排放特性与污染控制对策. 工程研究——跨学科视野中的工程, 2013, 3: 240-251.

[6]　赵宏, 包晓颖. 我国钢铁行业淘汰落后产能进展及展望. 中国钢铁业, 2015, 10: 23-26.

[7]　李新创. 优化产业布局提高钢铁竞争力. 中国冶金, 2015, 6: 1-5.

[8]　黄导, 陈丽云, 张临峰, 等. 推进节能环保技术管理升级 促进钢铁工业绿色转型. 钢铁, 2015, 12: 1-10.

[9]　闫晓淼, 李玉然, 朱廷钰, 等. 钢铁烧结烟气多污染物排放及协同控制概述. 环境工程技术学报, 2015, 2: 85-90.

[10]　王仲旭. 钢铁行业环境监管困境及对策研究. 中国环保产业, 2016, 12: 28-30.

索　引